轻钢(木)建筑墙板图集

任丙辉　著

中国建筑工业出版社

图书在版编目（CIP）数据

轻钢（木）建筑墙板图集/任丙辉著．—北京：中国建筑工业出版社，2011.3

ISBN 978-7-112-12754-2

Ⅰ.①轻… Ⅱ.①任… Ⅲ.①轻型钢结构-建筑结构-墙板-图集②木结构-建筑结构-墙板-图集 Ⅳ.①TU227-64

中国版本图书馆CIP数据核字（2010）第250683号

随着绿色、低碳理念的普及，轻钢（木）建筑体系必将越来越多地得到应用。本书介绍的轻钢（木）建筑墙板是应用在冷弯薄壁轻钢住宅体系和轻木住宅体系当中的重要建筑构件。本书介绍的墙板构造和详细做法适用于轻钢（木）建筑体系。采用该建筑墙板的建筑体系在保温、防潮和隔声等方面的性能比传统建筑有显著提高，能够为使用者创造一个更加舒适的居住环境。

本书可作为大专院校有关专业参考用书，也可作为轻钢（木）住宅建筑研究、设计、施工单位、房地产经营与开发及新农村建设等专业技术人员参考用书。

* * *

责任编辑：张文胜　姚荣华
责任设计：张　虹
责任校对：姜小莲　赵　颖

轻钢（木）建筑墙板图集

任丙辉　著

*

中国建筑工业出版社出版、发行（北京西郊百万庄）
各地新华书店、建筑书店经销
北京红光制版公司制版
世界知识印刷厂印刷

*

开本：787×1092毫米　1/16　印张：20¼　字数：480千字
2011年2月第一版　2011年2月第一次印刷
定价：**55.00**元
ISBN 978-7-112-12754-2
（20026）

前　言

一、墙体系统的基本功能

设计合理的围护系统不但能够提高建筑的整体性能，还可以提高建筑的观赏性，围护系统包括：墙体、屋顶、楼地板和门窗。墙体作为分割建筑内外部环境的工具还可以填充不同的填充物。墙体系统除了具有保温、防潮、防风等功能，还必须要承受动态、静态、长期或短期荷载，此外还担负控制和分配建筑内部功能的作用。

建筑墙体的主要功能包括：承重、控制、外观效果和分布服务四个方面。

承重：墙体包括内墙和外墙都必须能够承受加载其上的内外部荷载，包括静态荷载和动态荷载，及风荷载、地震作用和冲击波荷载，这些荷载均由墙体承担、转移。

控制：建筑的墙体系统，还能够为室内空间提供微循环。除此之外还具有保温、隔声、防潮、防火、防爆、防止异味和昆虫进入建筑内的功能。

外观效果：设计师在设计围护系统时无论是内墙还是外墙，都要从视觉、构造和其他表面展现出建筑美感。墙体系统在建筑外观效果的体现上处于非常重要的地位。

分布服务：在建筑物内不管是简单的单一元素还是复杂的多个元素，都能够通过墙体实现这些服务和功能的分隔。

二、墙体性能

（一）保温性能

热传递有四种方式：传导、对流、辐射和物理状态改变。设计师必须了解热量传递的导向，做到对热传递的量化（包括收缩和扩张）分析，方能做好设计。

1. 传导：通过热分子的直接接触，使热量穿透单一材料或复合材料的过程。通常通过固体材料（建筑材料）将大量的热量进行传递。例如：外墙没有采取有效地保温措施或者单独隔离开时，将会造成大量的热损失。

2. 对流：热分子流（液体或气体）通过其热含量的变化传递热量的过程。这种方法可以在液体和固体之间或者在流动性受到限制的液体间进行热传递。

3. 辐射：通过电磁波穿过气体或者真空进行热量传递，前提是热源与热接触面在一条直线上。一切温度高于绝对零度的物体都能产生热辐射，在计算热辐射量时要考虑这个因素。

4. 物理状态改变：一个物理状态变化或外形变化，从液态到气态，或者从液态到固态，都会导致热量的增加或丢失。在恒温状态下改变状态的热量运动称为潜伏热。

（二）防潮性能

引起墙体受潮的因素有湿空气流动和水分传输。

1. 空气流动

空气可以穿过墙体系统转移热量和水汽。中空的气密层在墙体系统的接口处可以让大量经过调节的湿空气进入建筑内部，要想通过建筑物的墙体系统管理好湿空气，必须了解空气流动的方式。

空气流动有以下三种方式：

渗透：外部的空气通过空气调节系统引入到建筑物或墙体系统的空间内。

潜回：室内损失的经过调节的湿空气也会进入到外墙系统无限制的空间中。

混合：室内空气与室外空气在外墙集结处混合。由于空气的温度和相对湿度在此处混合，冷空气中的水蒸气会凝结（例如，金属螺栓头在夏季遇到冷气）。

2. 水分传输

水分传输可能在建筑物的任何部位通过多种方式发生，防潮问题可能是建筑物面临的最大问题，需要充分理解并采用更好的设计方法来解决水分传输带来的问题。在建筑内设计的排水区域的防潮问题，以及干燥区域受潮的问题都需要认真研究。根据实际的降水量和具体的气候数据来分析建筑墙体系统的受潮、水分存储和干燥问题。设计师必须确保对这三个过程的理解，墙体结构要取得适度平衡、要有一定的存储能力并保证一定的干燥。

受潮：引起受潮的直接或间接因素是大量的雨水渗透，以及水蒸气在外墙系统内的流动、扩散。一旦发生受潮问题，水汽将在墙体的毛细空隙中或者墙体内各层之间流动，并与该处的材料共同作用进一步加强受潮的情况。

干燥：干燥可能发生在两个过程：蒸发和吸附过程。通常影响墙体系统干燥速度、收缩率、膨胀率有下面几方面的因素：

（1）内外墙系统的组装及所用材料含水量的定位；

（2）材料含水量的饱和程度；

（3）室内和室外空气温度和相对湿度；

（4）材料本身的物理特性；

（5）每一个外墙系统或每一层外墙的水汽渗透率；

（6）一个装配式外墙系统的整体蒸汽渗透率；

（7）流动空气穿过系统的速度和比率。

这些特征都必须结合项目所在地的地理环境、气候、方位、光照条件等因素认真考虑。

3. 存储容量

存储容量是任何物质或元素在墙体系统能够安全地吸收和“持有”的水分。各种材料广泛应用于外墙的设计和建造，这些材料对水分的吸收和存储的安全水平有着重要的意义。有些材料长期暴露在潮湿的环境中会引起材料的变质失效，若在潮湿环境中长期使用将影响到建筑物或构筑物的寿命。

扩散蒸气流量：水分通过外墙系统或组装的各层转移。水汽扩散的速度和比率受周围内外部环境的温湿度、内外部的压力差和装配式墙体每层材料透气性的影响。

受潮问题的产生是由于外墙系统或装配时在不当的位置安放的蒸汽缓凝剂，这样的结果抑制或限制以其他方式扩散蒸汽流。

4. 水汽流动的其他形式

重力流：水汽穿过墙体系统后由于重力的作用凝结，使墙体系统湿润。

毛细管作用：材料中的小空洞吸收潮气、湿气，直到吸满为止。建材的毛细孔就像木材的纤维一样吸收湿气，在使用过程中由于吸收水分使外墙及相关系统受到破坏。

潮气平流：空气和潮气一起水平穿过外墙系统和装配结构的机制。例如：在空气潮湿的气候条件下，潮湿空气进入墙体系统内与螺栓的接触点接触后（由于接触点的温度较低）容易产生水汽凝结，长此以往容易导致防潮问题。与此相关的一个例子是，在夏季气温较高的时候室外的湿空气可以通过接口缝隙进入钢结构墙体内部，由于钢螺栓的温度较低，当时湿空气与其接触后将在螺栓表面凝结。潮湿问题也可以归结为湿空气的流动和蒸汽缓凝剂的使用不当。

湿气对流：湿空气对流包括水分子的扩散和空气的水平对流。

风吹雨打：这个过程是雨水对外墙的冲刷，由于外墙本身存在的缝隙，这个缝隙或许是在允许值之内，但在风力的作用下雨水会对墙体造成一定的影响。

通过门、窗户、幕墙、天窗和外墙面板系统的设计可以有效控制和管理风雨的渗透。这个系统需要使用具备相应功能的产品，这些产品是必须通过实验室模拟风雨环境的检测。

三、设计工作

建筑墙体系统的主要功能是保证室内的相对干燥，在设计和选材上要考虑到通风和防潮功能。一般而言，湿空气从高温向低温运动，从高压区向低压区移动，从高含水区域向低含水区域移动。然而，这个驱动力并不总是同一个方向，它会受到内外部空气压差、温度差异和含水量差异的影响。水汽的转移可以通过毛细孔隙、重力、扩散或板材的预留孔洞实现。在温暖的季节，建筑墙体系统内部能够储存一定的水分，当含水量饱和时能够允许室外的冷空气和湿空气混合，从而调节室内温度。

受潮问题一般发生在建筑受损（如腐烂、腐蚀或滋生微生物）后长期暴露在空气中的情况。一般情况下，在设计时允许墙体系统在潮湿环境下保证一段时间的安全强度。受潮问题可能发生在建筑某些部位直接暴露在雨水的冲刷下或者因为设计或施工不当导致不能有效防潮的环境中。当外墙建筑材料是由有机物和纤维材料组成时，这些材料的吸水能力很强，如果这些材料暴露在潮湿环境中不能及时处理，非常有利于霉菌的生长，将会对建筑物造成伤害。

四、墙体系统的基本要素

1. 材料耐久性

必须保证建筑物在其寿命周期中完好的使用，其保证的条件就是所有选择使用的材料要保证在建筑物寿命周期中完好，材料的耐久性要达到上述要求是墙体系统的最基本要素。

2. 可维护性

建筑物均是使用时效较长的产品，在使用中可能会受到损坏，所以必须保证该产品具有良好的可维护性。

通常在对一个项目做设计方案时，设计团队要从了解基本情况入手，如：建筑物用途、朝向、环境采光、气候条件等因素。在项目的设计阶段再逐步完善上述决定，一个详细而精确的设计方案能够很好地解决墙体系统的防潮、材料的选择、排水的设计、耐久性以及外墙和连接结构的性能等问题。这个过程可以被定义为建筑墙体评估过程。在整个过程中，从专业的设计角度进行仔细的思考墙体系统面临的一系列的问题，把建筑材料的选择、有效的调节排水面的接缝问题解决好，就能从整体上提升墙体系统的热效率和防风防潮性能。

五、墙体种类

在本书中，将轻钢（木）建筑墙体分为：外墙保温体系和无保温墙板体系，除了介绍上述两类墙板外，又对墙体的防水隔汽层和墙体各个部位的细部做法作了着重介绍。

六、发展方向

近年来，随着科技的不断进步，设计和建设一个日益完善的通风系统和水分转移系统的外墙材料、部件和系统，可以实现零排放和可持续外墙系统成为墙体系统的发展方向和关注热点，主要包括以下内容

1. 动态缓冲区，机械通气墙；
2. 双层皮外墙；
3. 集成光伏发电；
4. 被动通风墙系统；
5. 辐射采暖和制冷用热质量；
6. 被动加热和冷却；
7. 绿色建筑和绿色设备。

它们通常包括设计特点和个别建筑物的元素，旨在改善或提高的墙体系统的耐用性和整体性能，而且往往针对特定的地理区域或气候区域提供具有针对性的解决方案。建筑师应该认真考虑类似的混合集成墙体，为业主和用户提供一个造价低廉、性能优越的建筑墙体系统。

目　　录

第一章　外墙保温体系

第一节　轻钢结构防水保温墙板

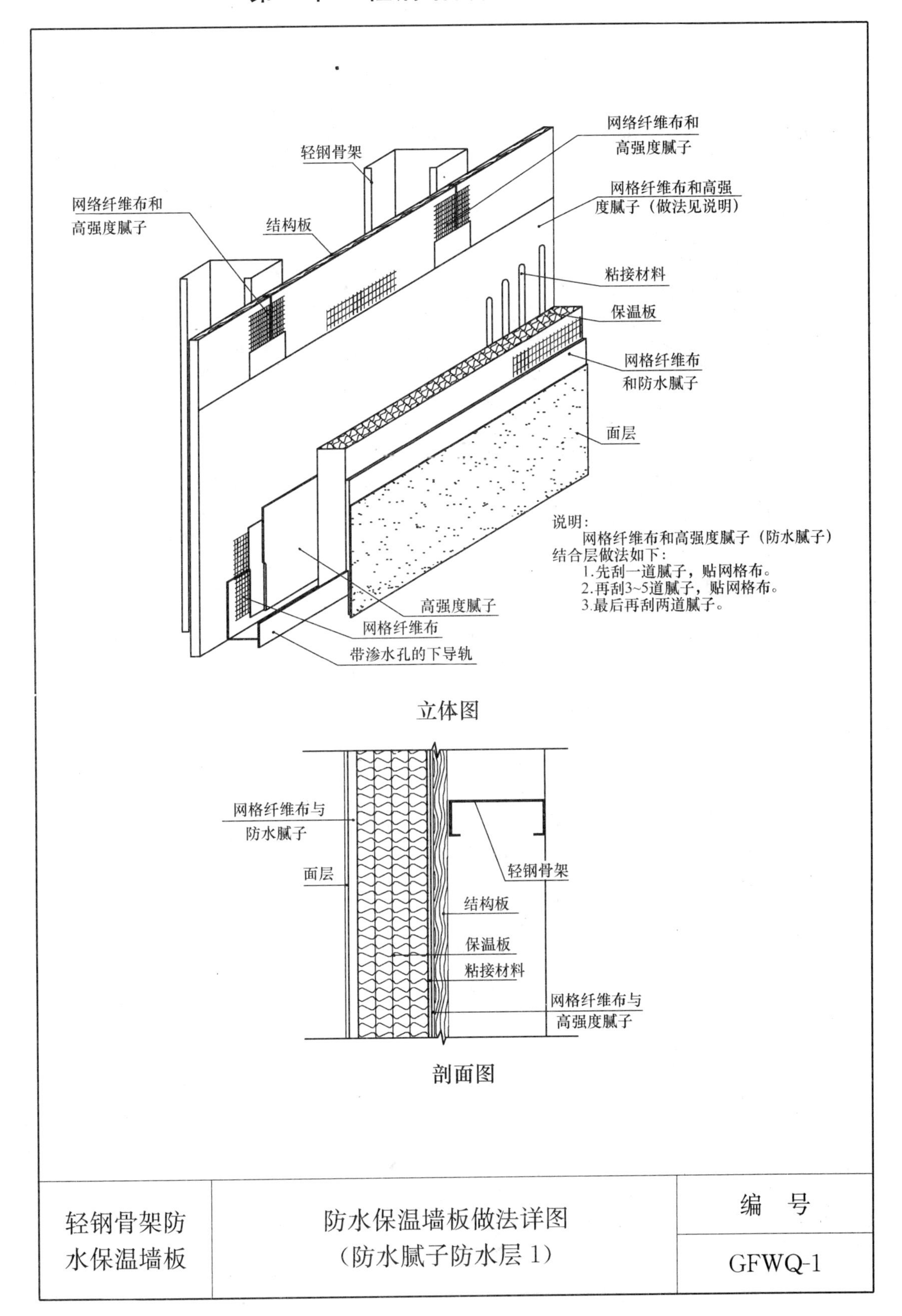

立体图

剖面图

轻钢骨架防水保温墙板	防水保温墙板做法详图（防水腻子防水层 1）	编　号
		GFWQ-1

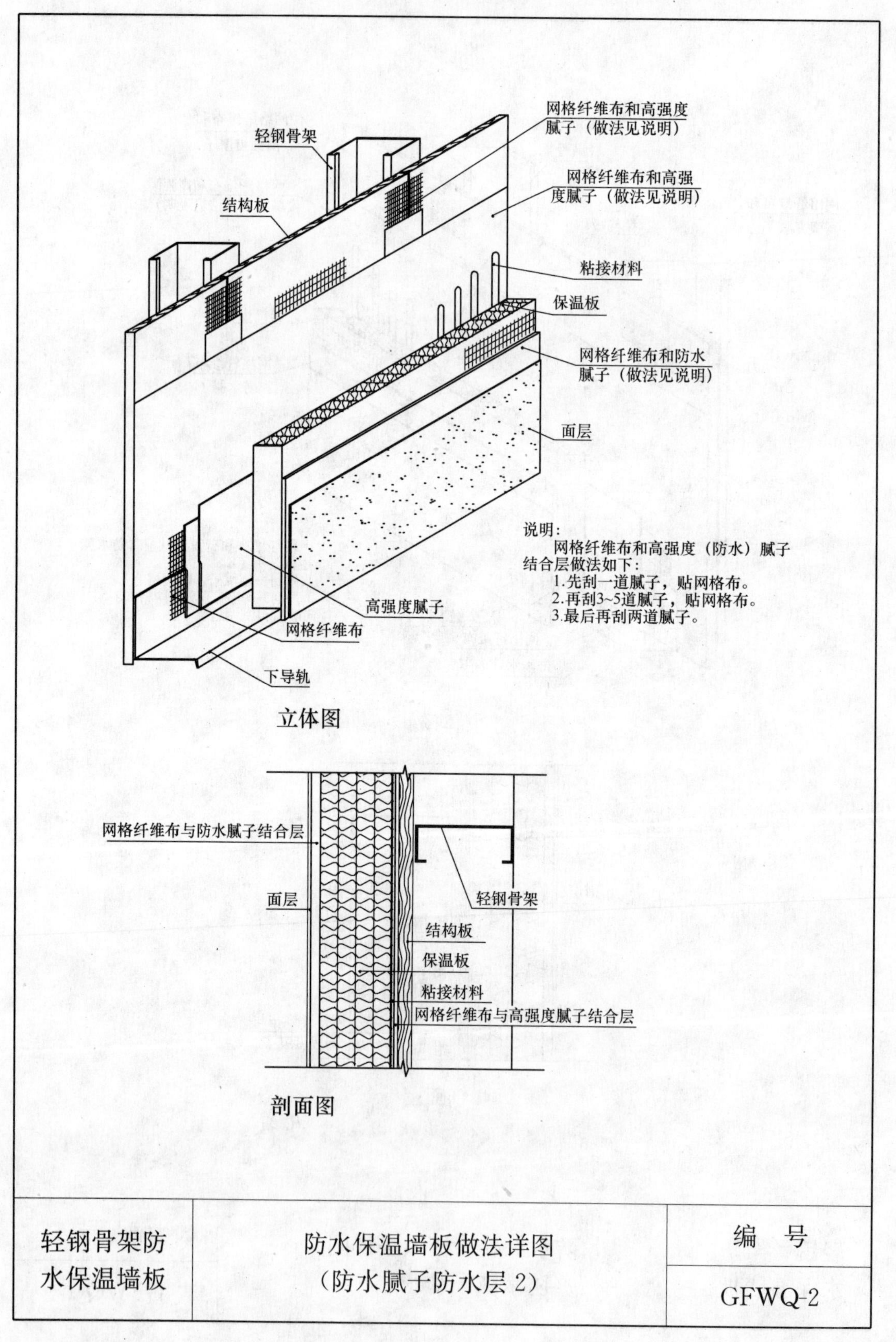
轻钢骨架
网格纤维布和高强度腻子（做法见说明）
结构板
网格纤维布和高强度腻子（做法见说明）
粘接材料
保温板
网格纤维布和防水腻子（做法见说明）
面层
说明：
网格纤维布和高强度（防水）腻子结合层做法如下：
1.先刮一道腻子，贴网格布。
2.再刮3~5道腻子，贴网格布。
3.最后再刮两道腻子。
高强度腻子
网格纤维布
下导轨
立体图
网格纤维布与防水腻子结合层
面层
轻钢骨架
结构板
保温板
粘接材料
网格纤维布与高强度腻子结合层
剖面图
轻钢骨架防水保温墙板
防水保温墙板做法详图
（防水腻子防水层2）
编 号
GFWQ-2

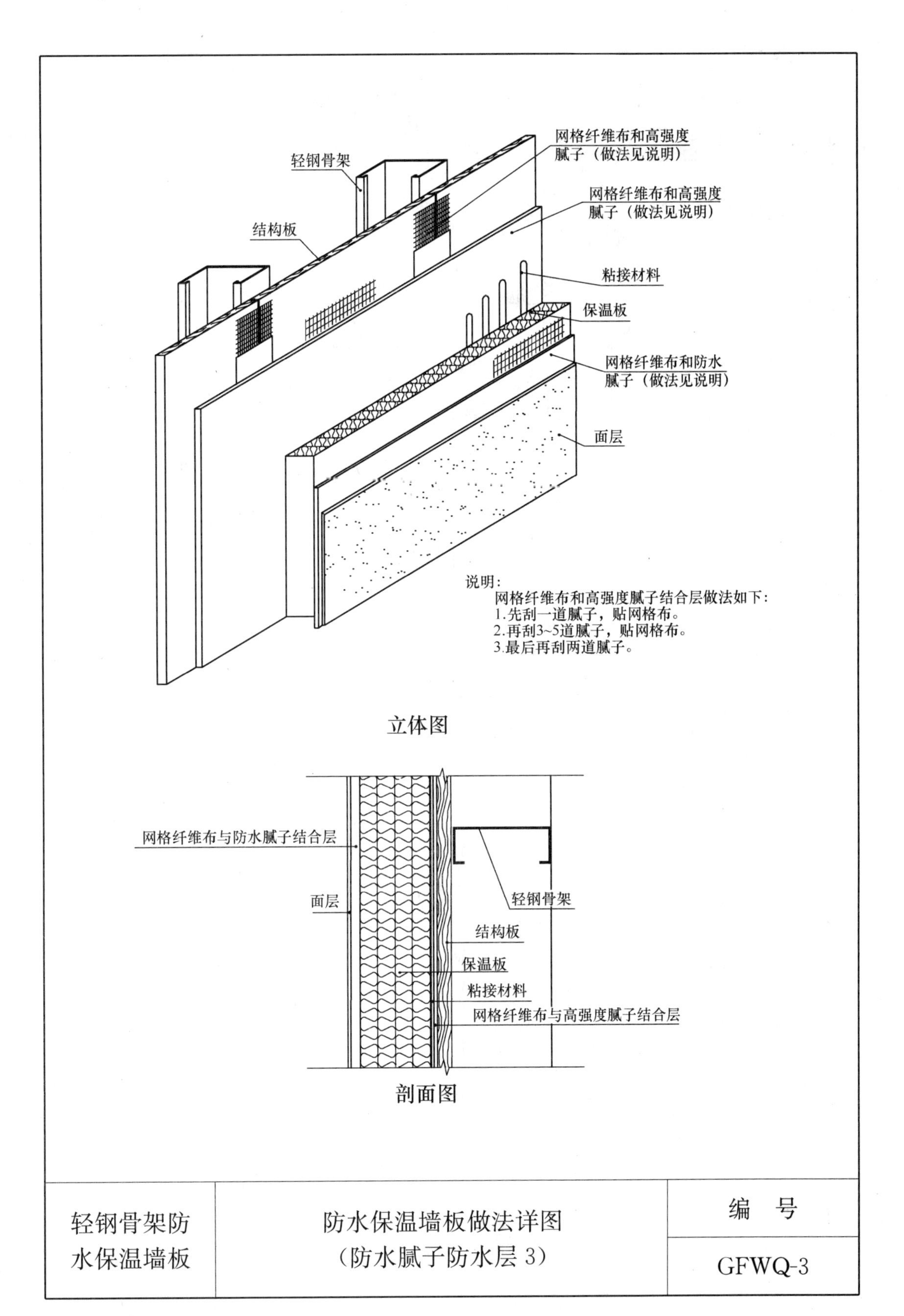

轻钢骨架防水保温墙板	防水保温墙板做法详图 （防水腻子防水层3）	编　号 GFWQ-3

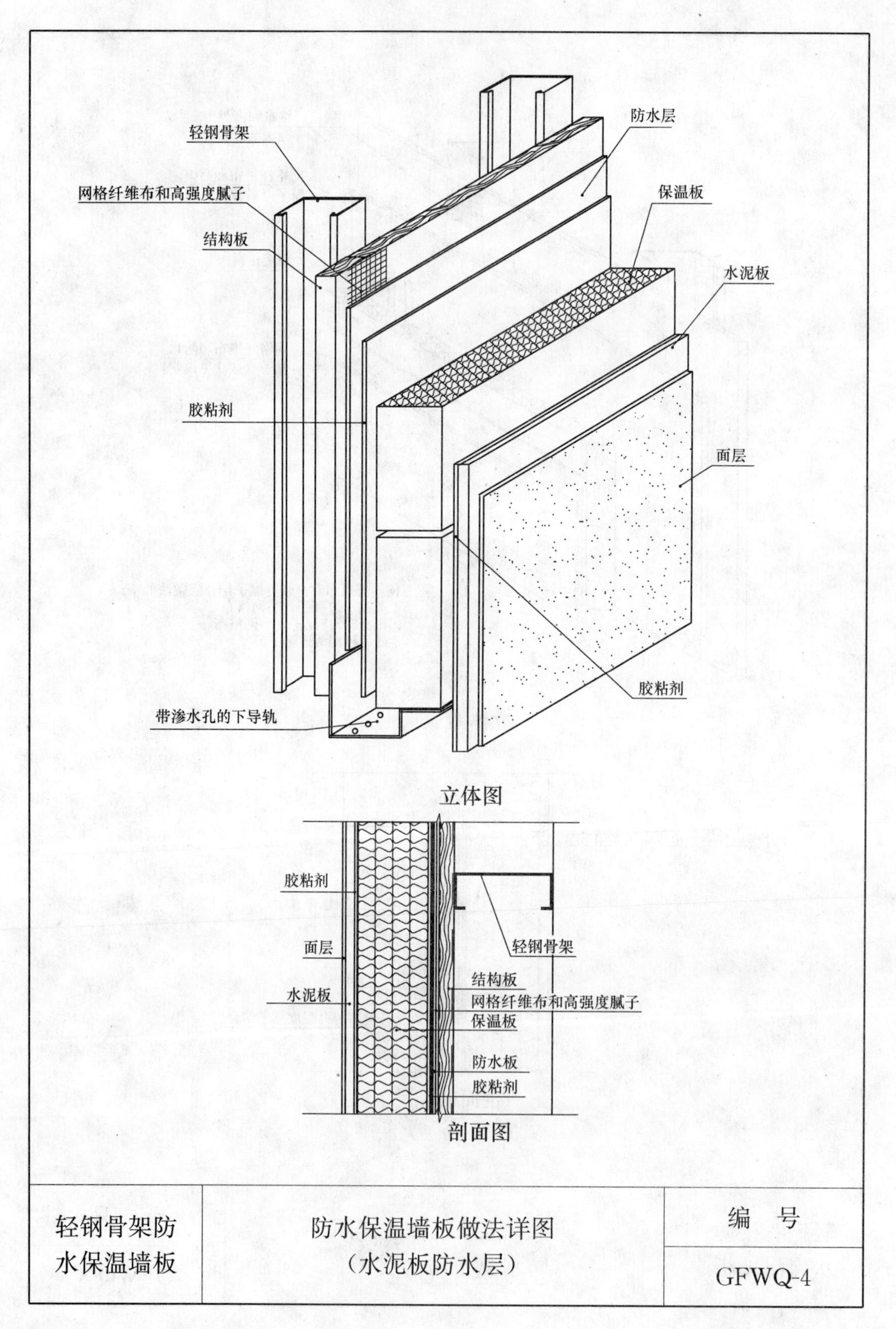

轻钢骨架
网格纤维布和高强度腻子
结构板
防水层
保温板
水泥板
胶粘剂
面层
胶粘剂
带渗水孔的下导轨
立体图
胶粘剂
面层
水泥板
轻钢骨架
结构板
网格纤维布和高强度腻子
保温板
防水板
胶粘剂
剖面图
轻钢骨架防
水保温墙板
防水保温墙板做法详图
(水泥板防水层)
编　号
GFWQ-4

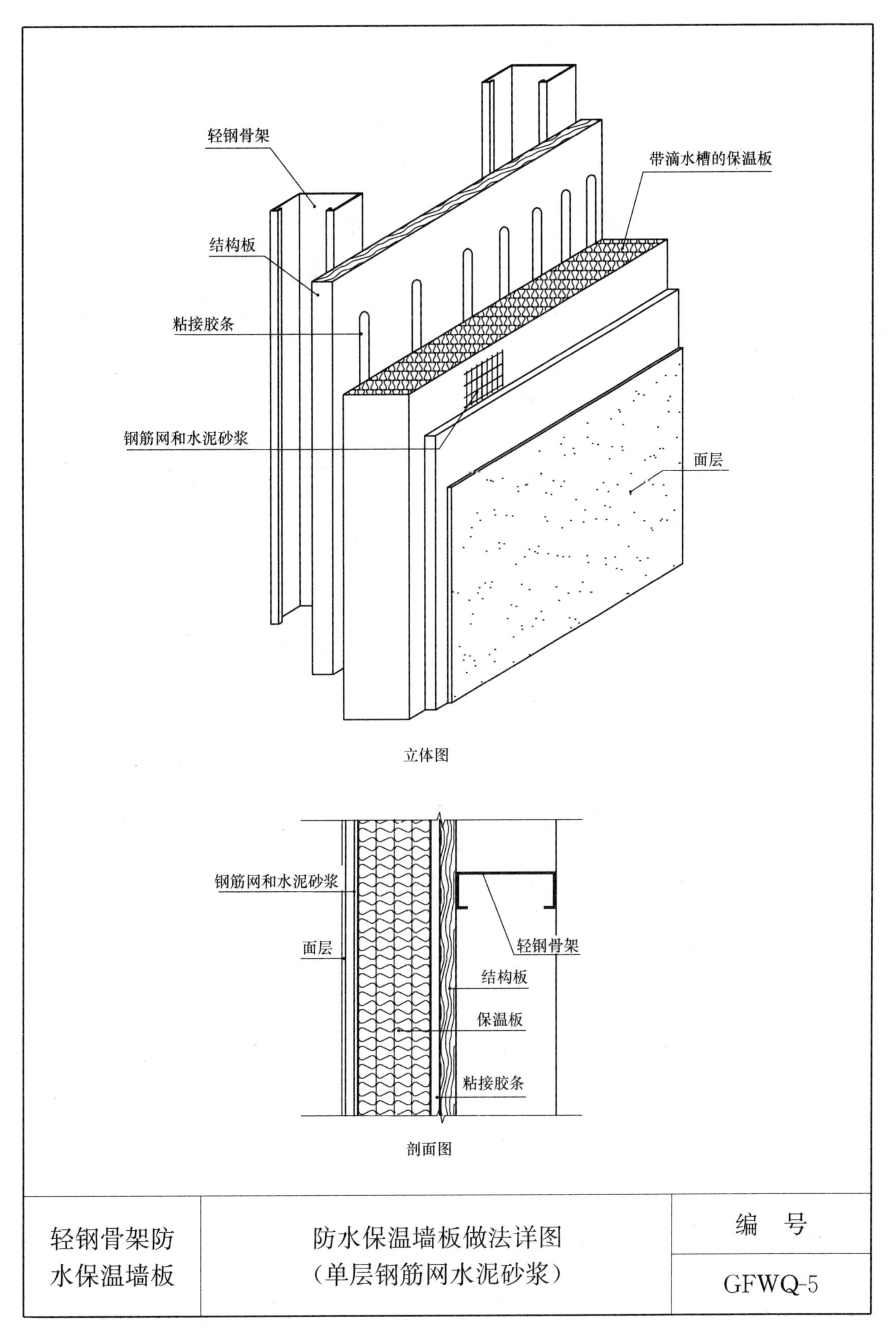
轻钢骨架
带滴水槽的保温板
结构板
粘接胶条
钢筋网和水泥砂浆
面层
立体图
钢筋网和水泥砂浆
面层
轻钢骨架
结构板
保温板
粘接胶条
剖面图
轻钢骨架防水保温墙板
防水保温墙板做法详图
（单层钢筋网水泥砂浆）
编　号
GFWQ-5

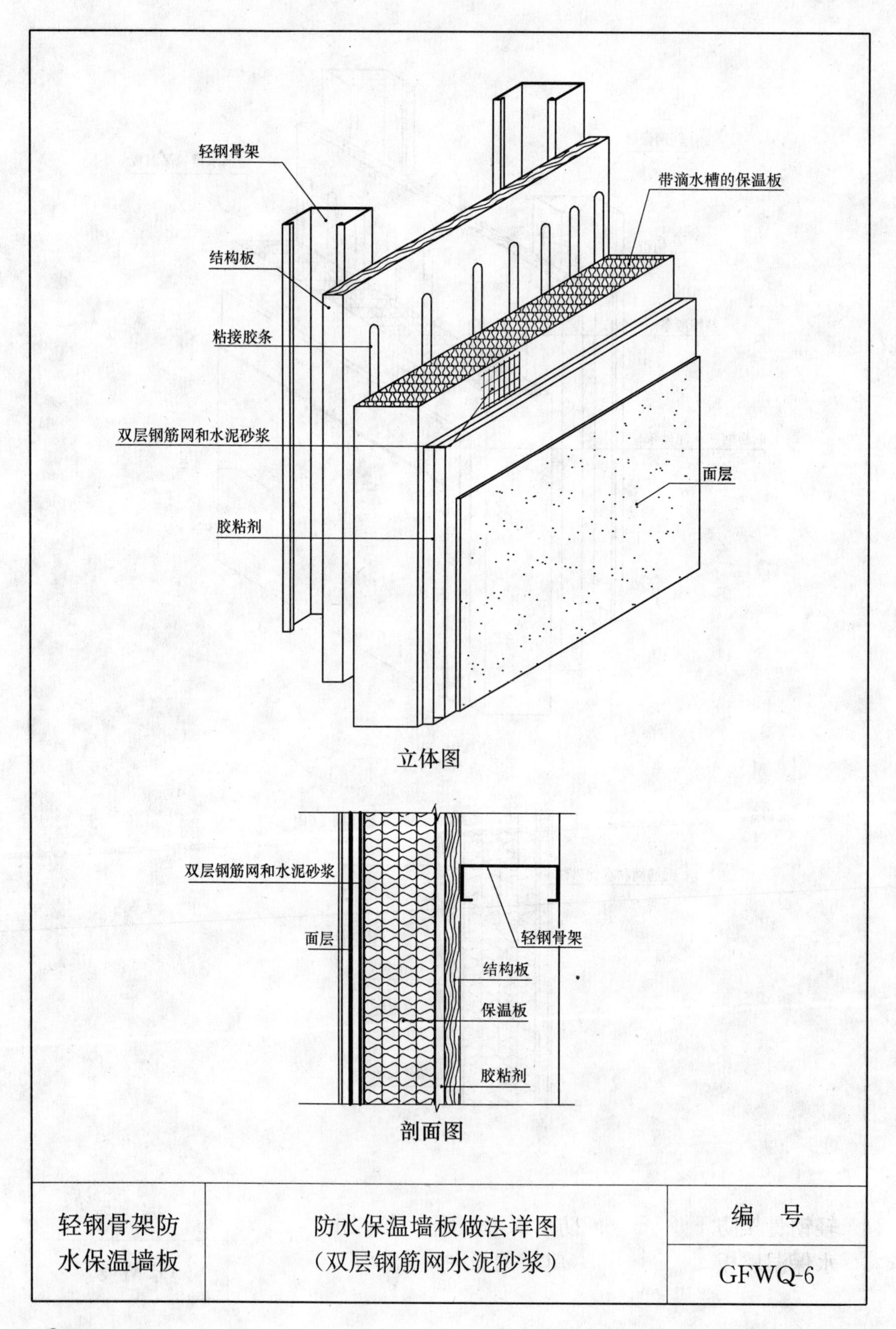
轻钢骨架
结构板
粘接胶条
双层钢筋网和水泥砂浆
胶粘剂
带滴水槽的保温板
面层
立体图
双层钢筋网和水泥砂浆
面层
轻钢骨架
结构板
保温板
胶粘剂
剖面图
轻钢骨架防
水保温墙板
防水保温墙板做法详图
（双层钢筋网水泥砂浆）
编　号
GFWQ-6

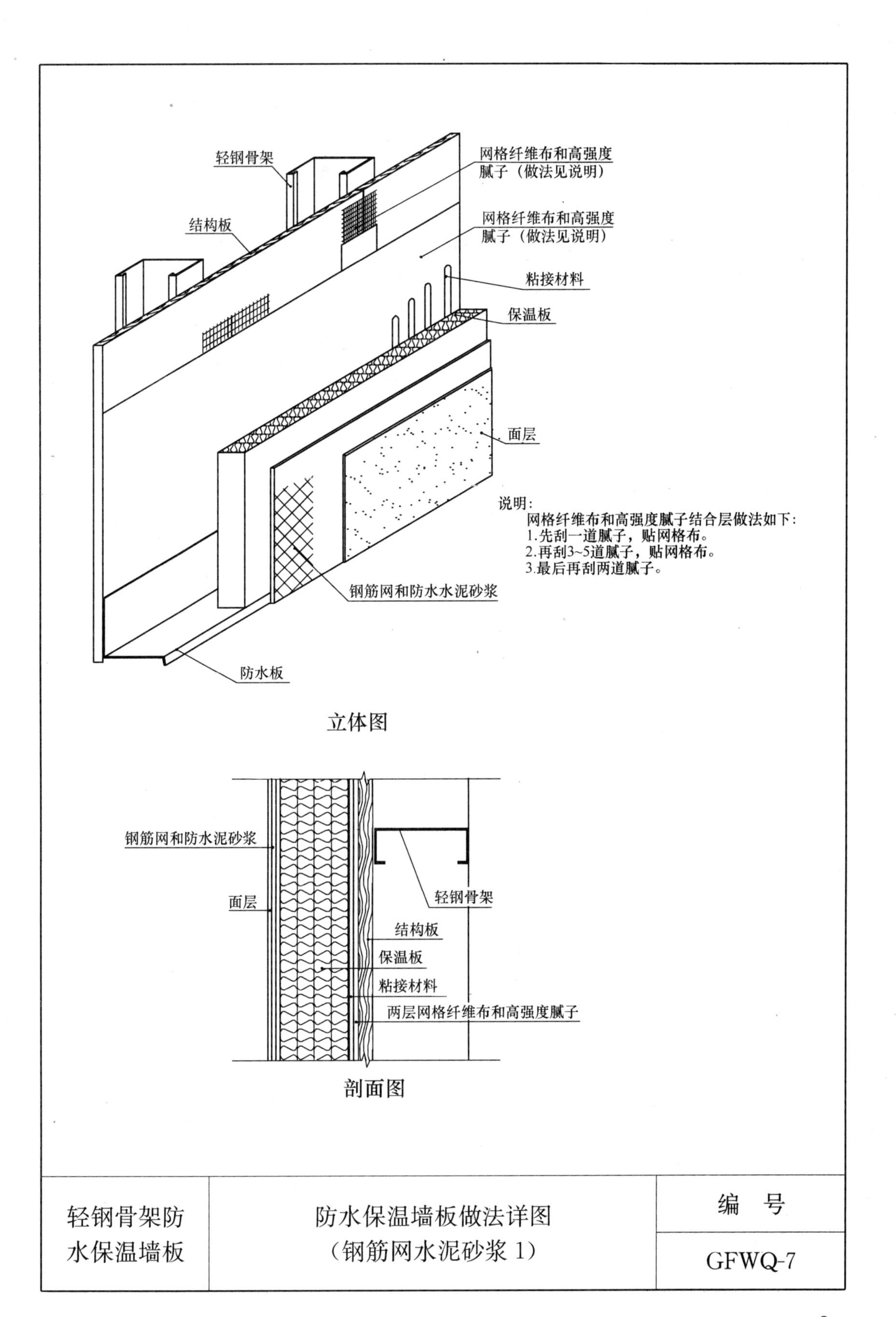

轻钢骨架
网格纤维布和高强度腻子（做法见说明）
结构板
网格纤维布和高强度腻子（做法见说明）
粘接材料
保温板
面层
说明：
网格纤维布和高强度腻子结合层做法如下：
1.先刮一道腻子，贴网格布。
2.再刮3~5道腻子，贴网格布。
3.最后再刮两道腻子。
钢筋网和防水水泥砂浆
防水板
立体图
钢筋网和防水泥砂浆
面层
轻钢骨架
结构板
保温板
粘接材料
两层网格纤维布和高强度腻子
剖面图
轻钢骨架防水保温墙板
防水保温墙板做法详图（钢筋网水泥砂浆 1）
编 号
GFWQ-7

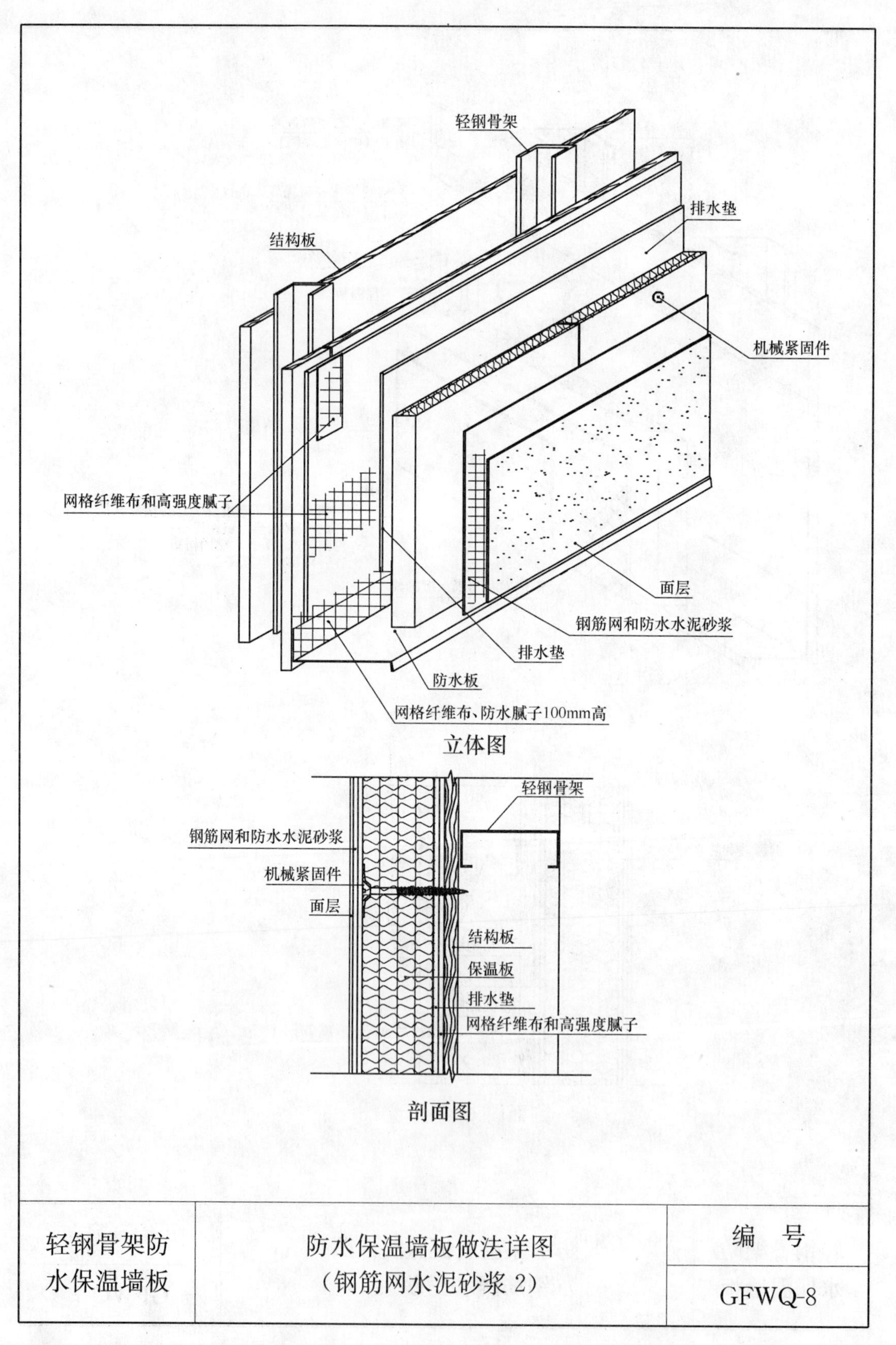

轻钢骨架防水保温墙板	防水保温墙板做法详图 （钢筋网水泥砂浆 2）	编　号 GFWQ-8

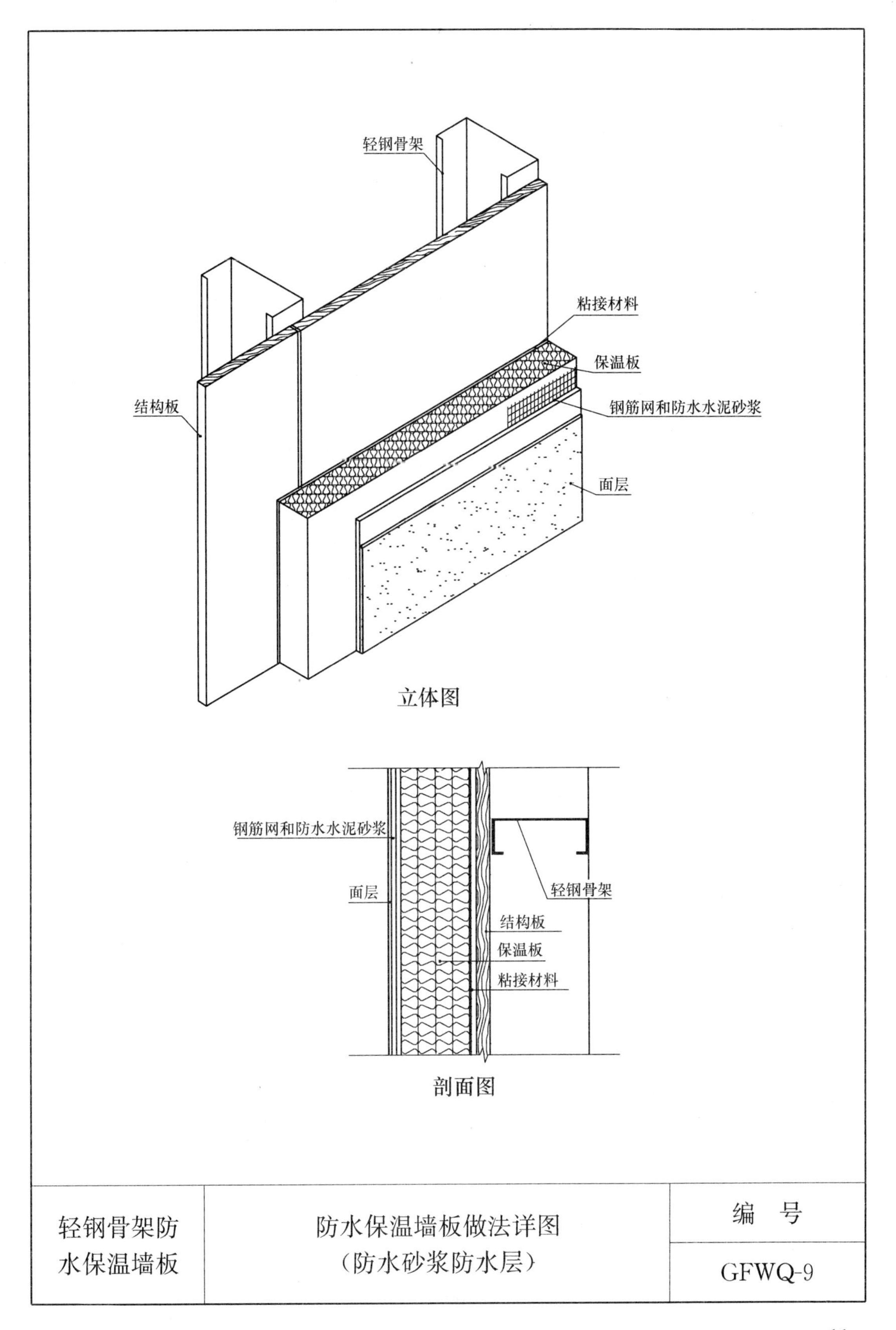

轻钢骨架
粘接材料
保温板
钢筋网和防水水泥砂浆
结构板
面层
立体图
钢筋网和防水水泥砂浆
轻钢骨架
面层
结构板
保温板
粘接材料
剖面图
轻钢骨架防
水保温墙板
防水保温墙板做法详图
（防水砂浆防水层）
编　号
GFWQ-9

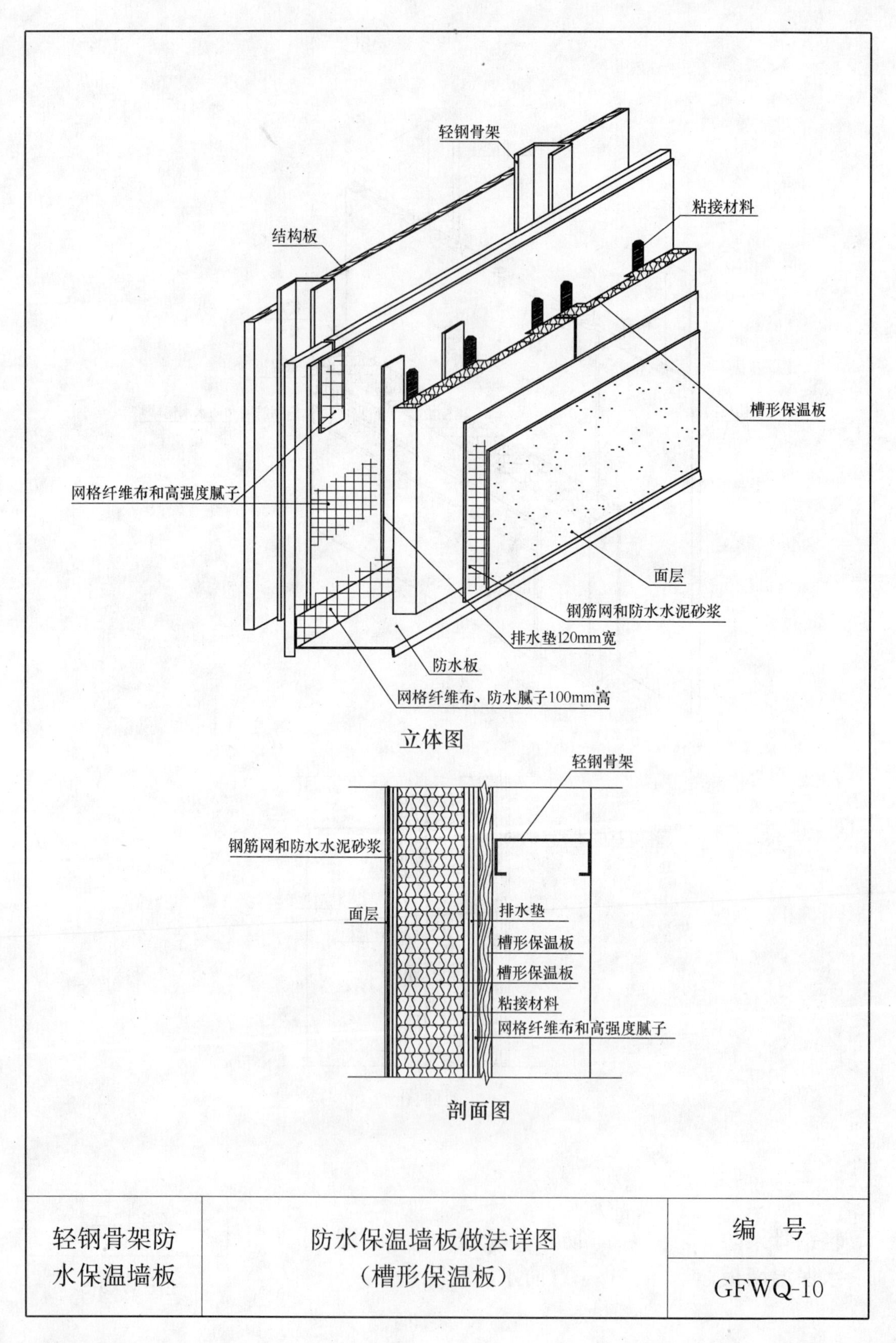

轻钢骨架
粘接材料
结构板
槽形保温板
网格纤维布和高强度腻子
面层
钢筋网和防水水泥砂浆
排水垫120mm宽
防水板
网格纤维布、防水腻子100mm高
立体图
轻钢骨架
钢筋网和防水水泥砂浆
面层
排水垫
槽形保温板
槽形保温板
粘接材料
网格纤维布和高强度腻子
剖面图
轻钢骨架防
水保温墙板
防水保温墙板做法详图
（槽形保温板）
编 号
GFWQ-10

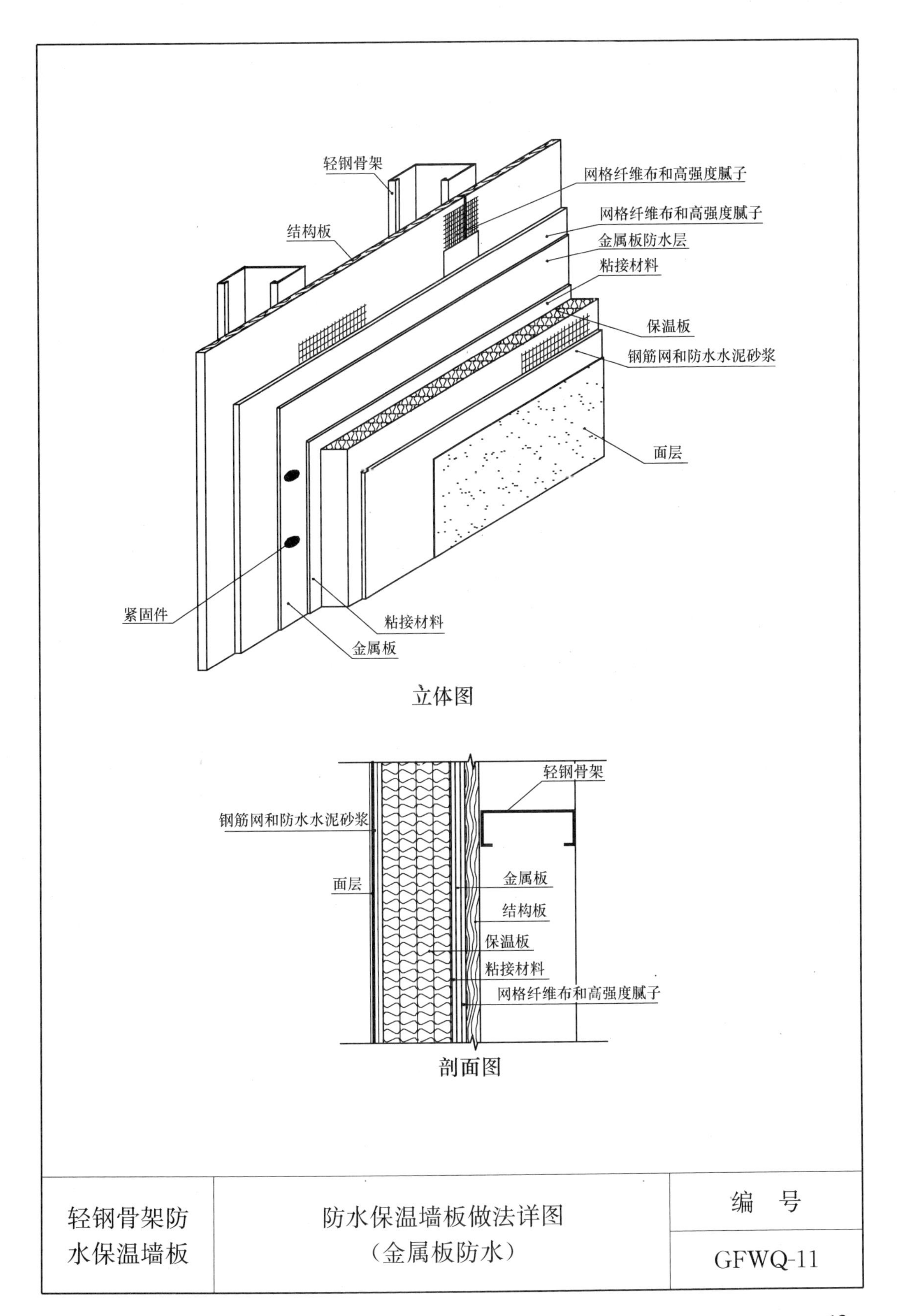

轻钢骨架防水保温墙板	防水保温墙板做法详图（金属板防水）	编　号
		GFWQ-11

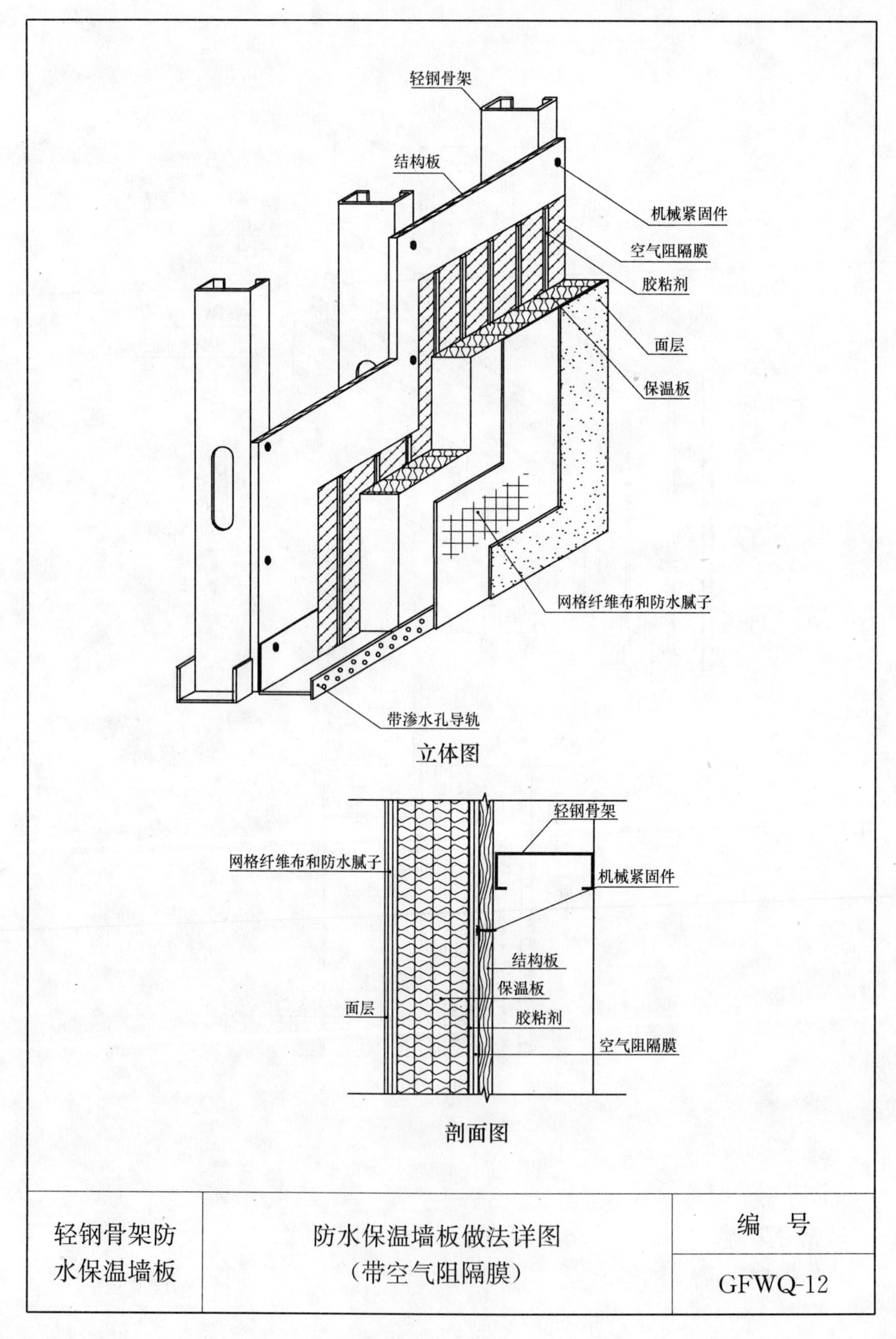
轻钢骨架
结构板
机械紧固件
空气阻隔膜
胶粘剂
面层
保温板
网格纤维布和防水腻子
带渗水孔导轨
轻钢骨架
网格纤维布和防水腻子
机械紧固件
结构板
保温板
面层
胶粘剂
空气阻隔膜
轻钢骨架防
水保温墙板
防水保温墙板做法详图
（带空气阻隔膜）
编 号
GFWQ-12
立体图

剖面图

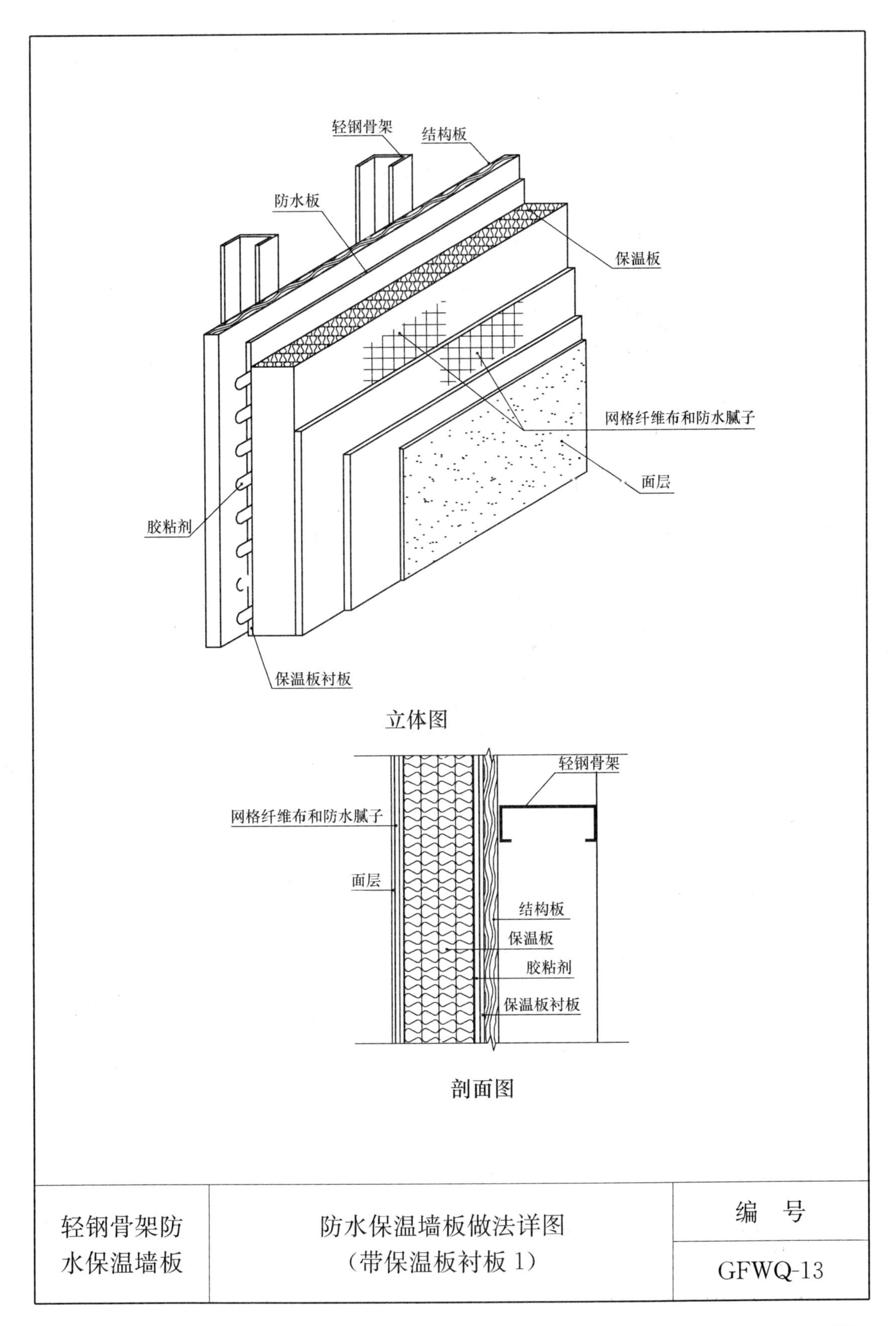

轻钢骨架防水保温墙板	防水保温墙板做法详图（带保温板衬板 1）	编　号
		GFWQ-13

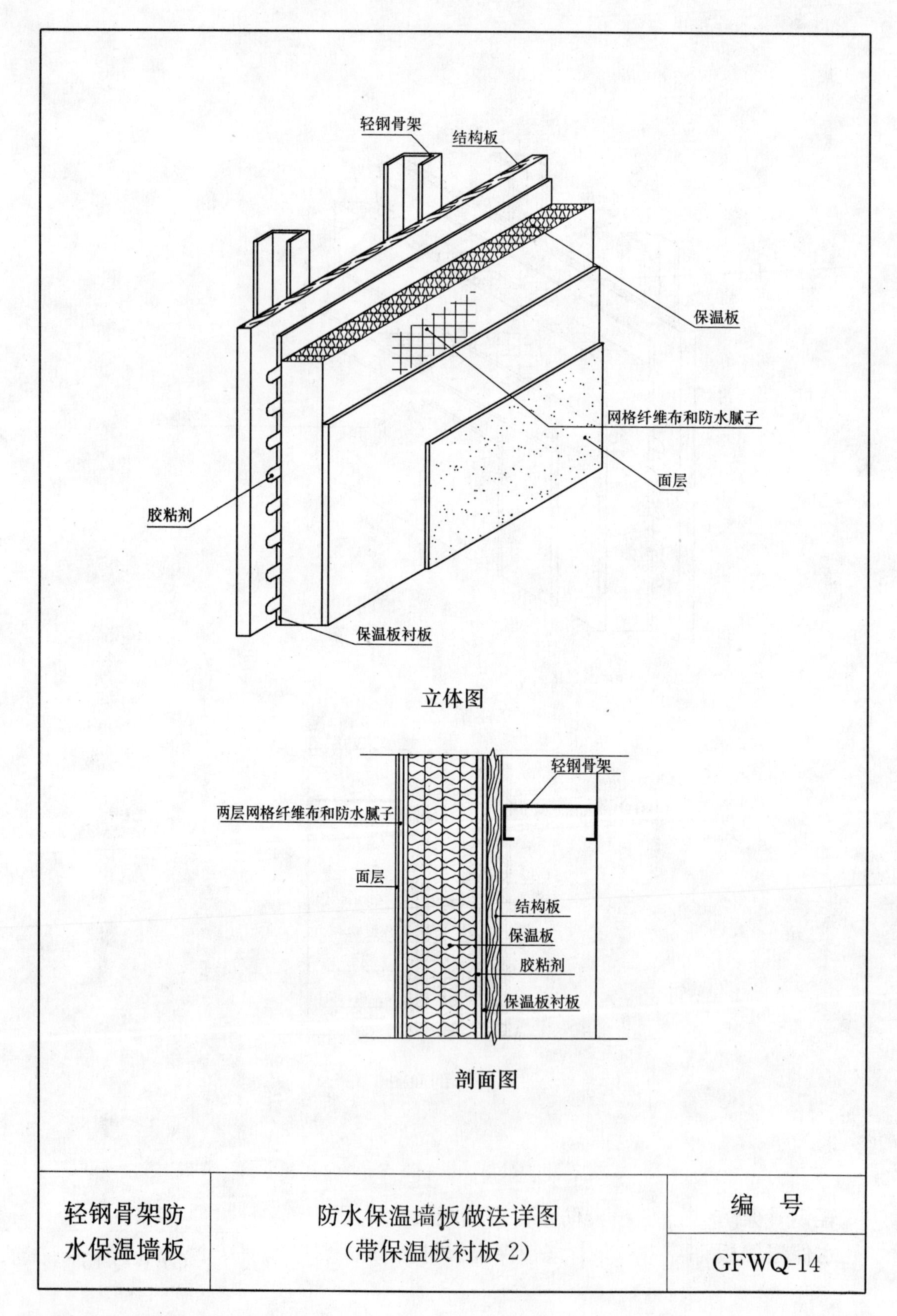

轻钢骨架防水保温墙板	防水保温墙板做法详图（带保温板衬板 2）	编　号
		GFWQ-14

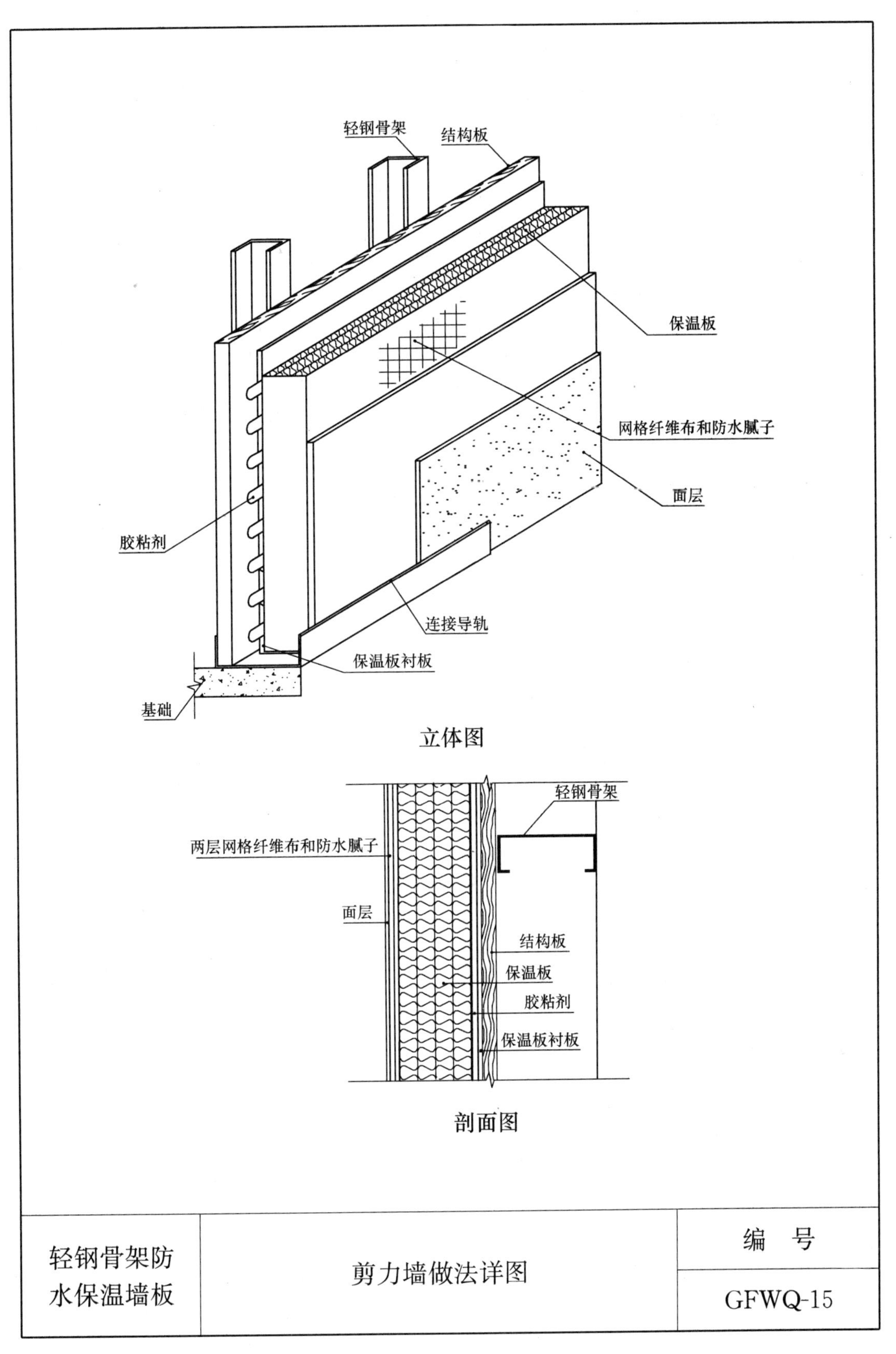

轻钢骨架
结构板
保温板
网格纤维布和防水腻子
面层
胶粘剂
连接导轨
保温板衬板
基础
立体图
轻钢骨架
两层网格纤维布和防水腻子
面层
结构板
保温板
胶粘剂
保温板衬板
剖面图
轻钢骨架防水保温墙板
剪力墙做法详图
编　号
GFWQ-15

第二节　轻木结构防水保温墙板

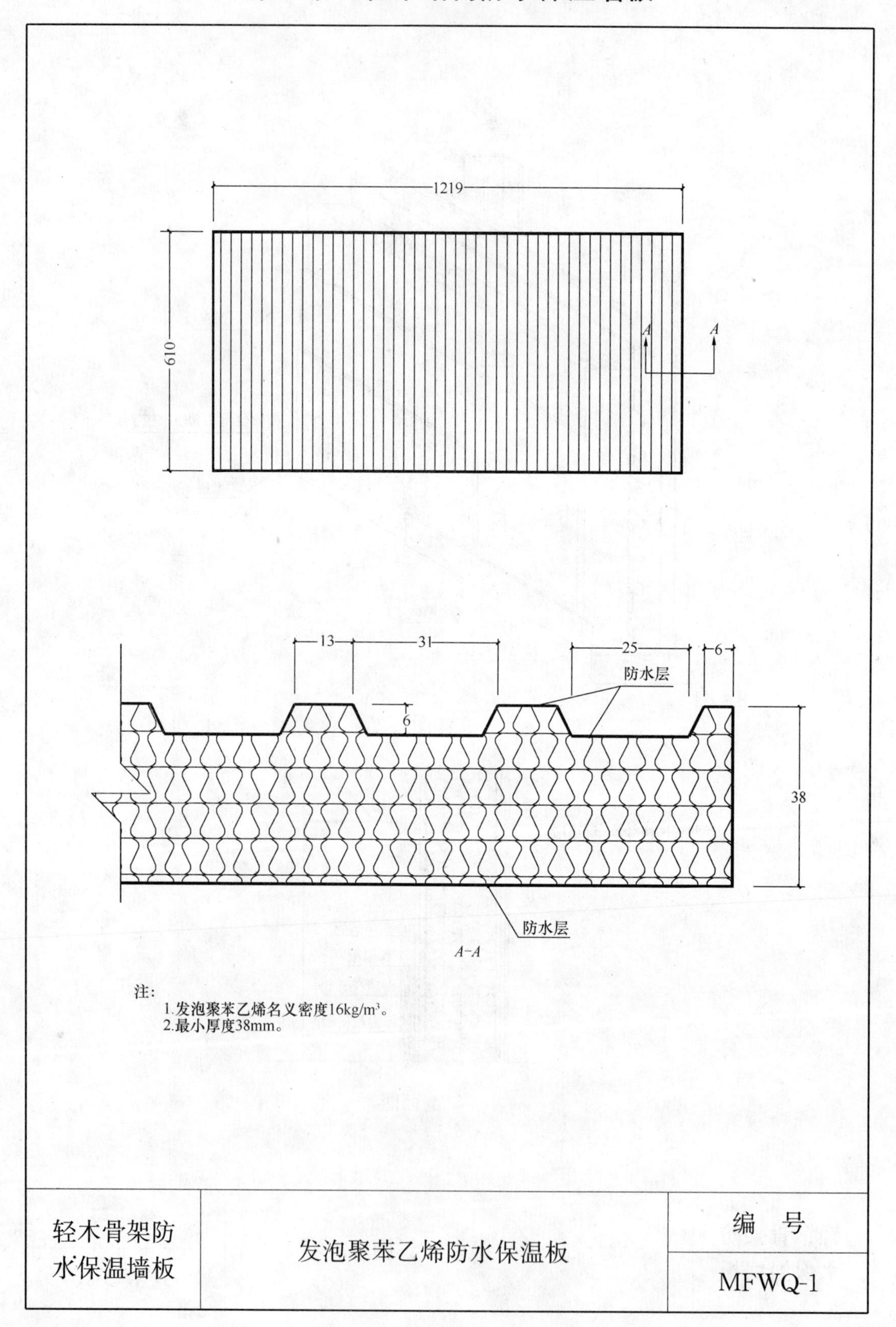

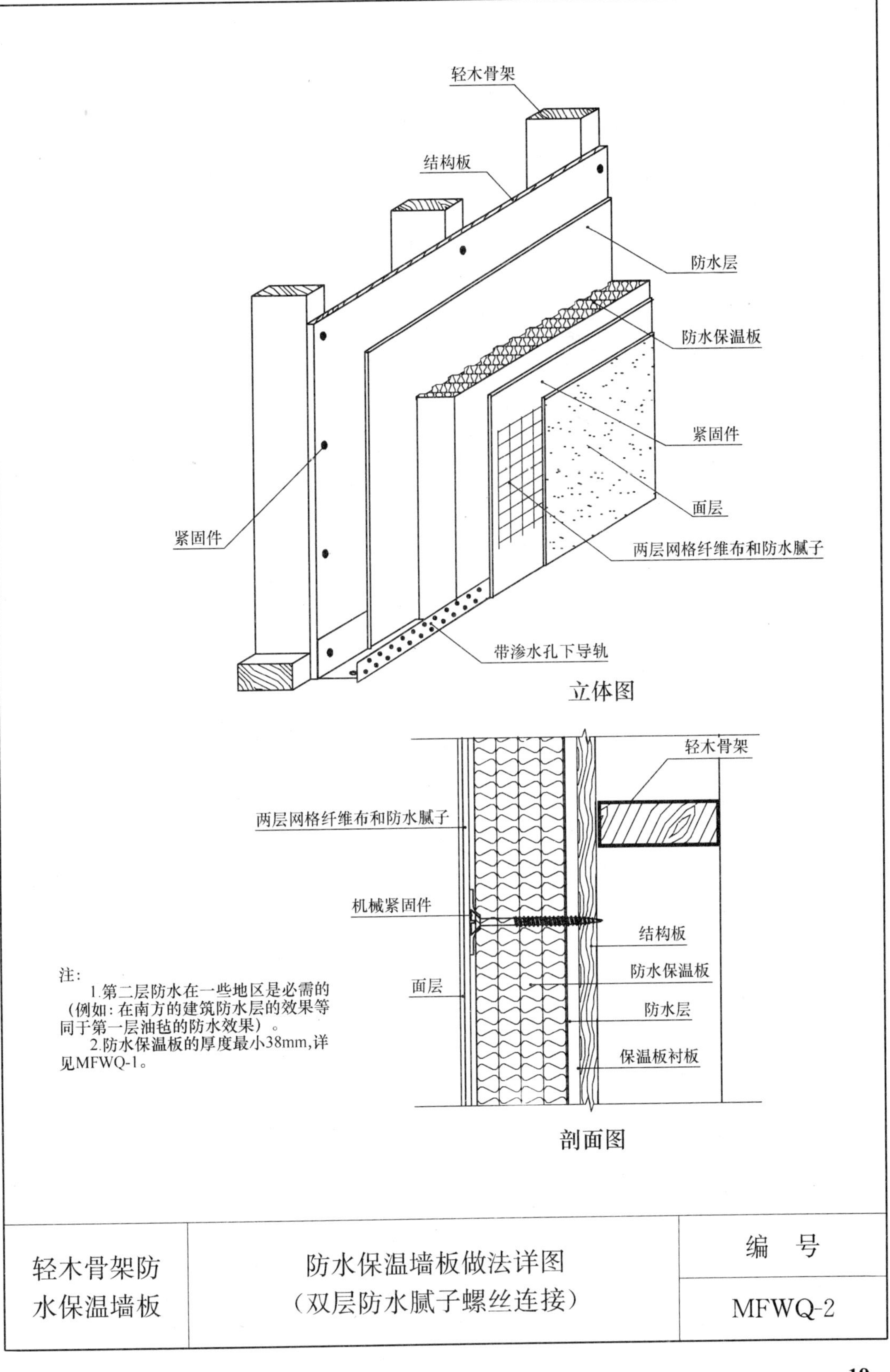

注：

1.第二层防水在一些地区是必需的（例如：在南方的建筑防水层的效果等同于第一层油毡的防水效果）。

2.防水保温板的厚度最小38mm，详见MFWQ-1。

轻木骨架防水保温墙板	防水保温墙板做法详图（双层防水腻子螺丝连接）	编　号
		MFWQ-2

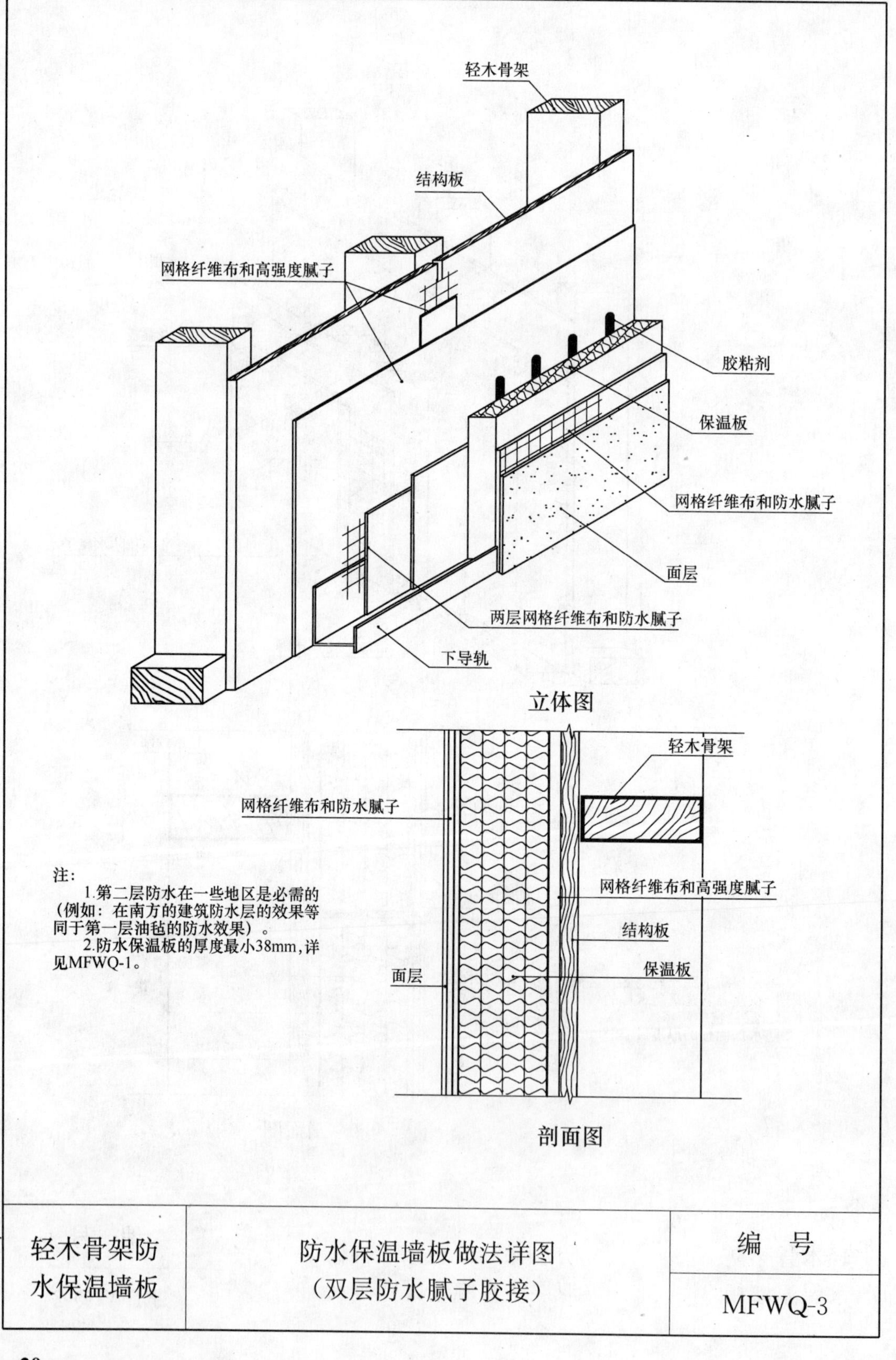

注：

1.第二层防水在一些地区是必需的（例如：在南方的建筑防水层的效果等同于第一层油毡的防水效果）。

2.防水保温板的厚度最小38mm，详见MFWQ-1。

轻木骨架防水保温墙板	防水保温墙板做法详图（双层防水腻子胶接）	编号
		MFWQ-3

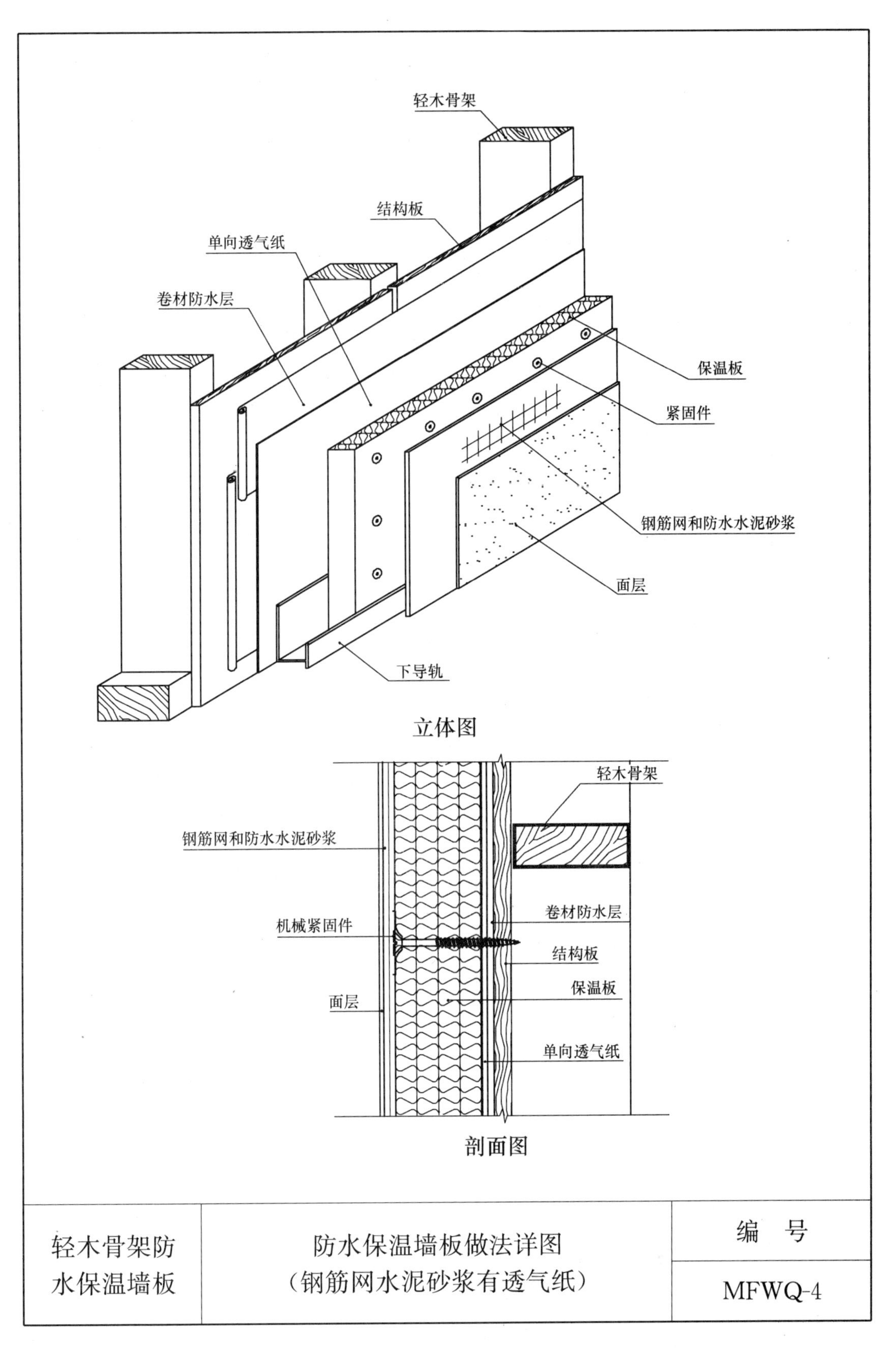

轻木骨架防水保温墙板	防水保温墙板做法详图 （钢筋网水泥砂浆有透气纸）	编　号 MFWQ-4

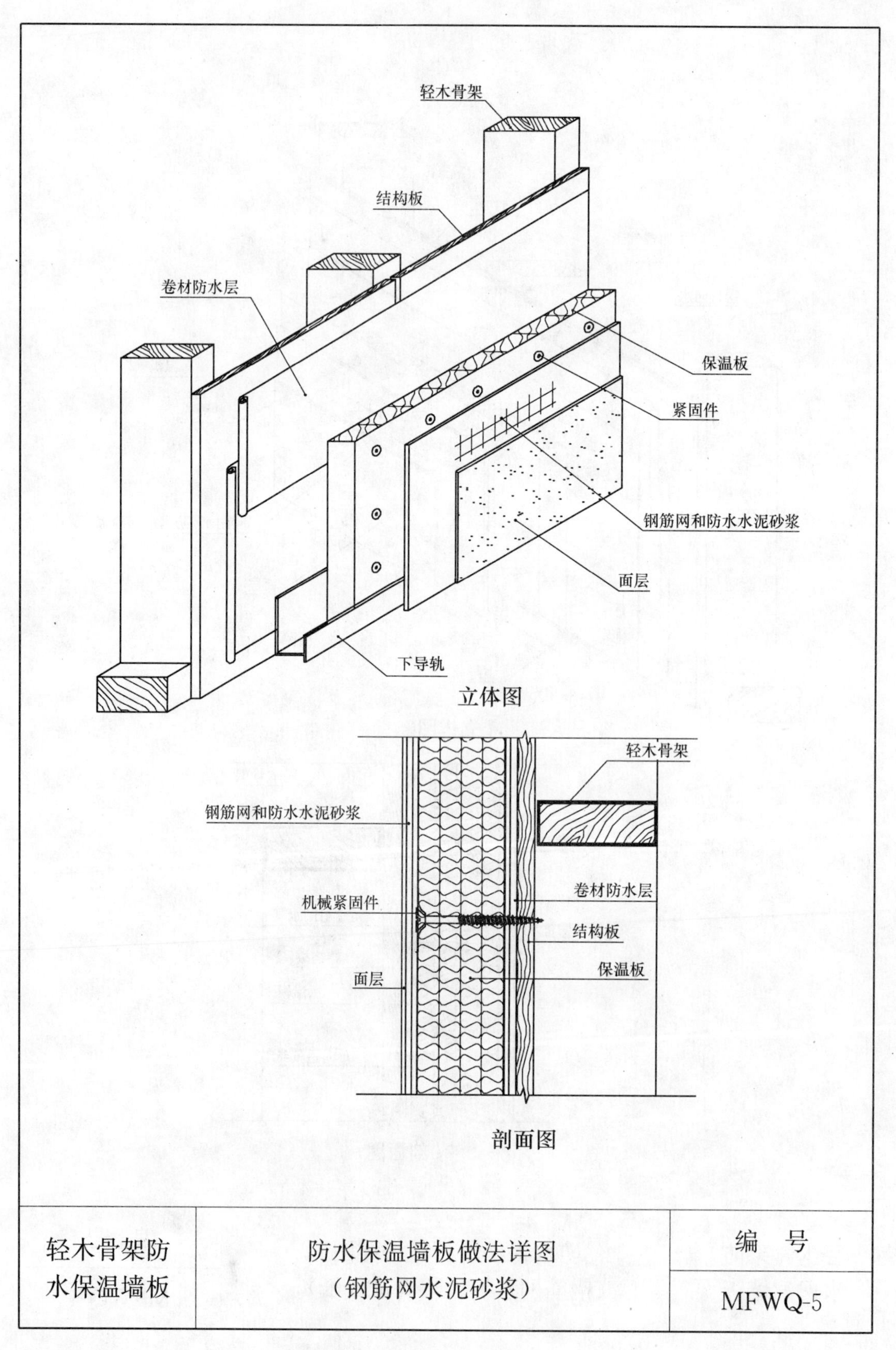
轻木骨架
结构板
卷材防水层
保温板
紧固件
钢筋网和防水水泥砂浆
面层
下导轨
立体图
轻木骨架
钢筋网和防水水泥砂浆
卷材防水层
机械紧固件
结构板
保温板
面层
剖面图
轻木骨架防水保温墙板
防水保温墙板做法详图（钢筋网水泥砂浆）
编　号
MFWQ-5

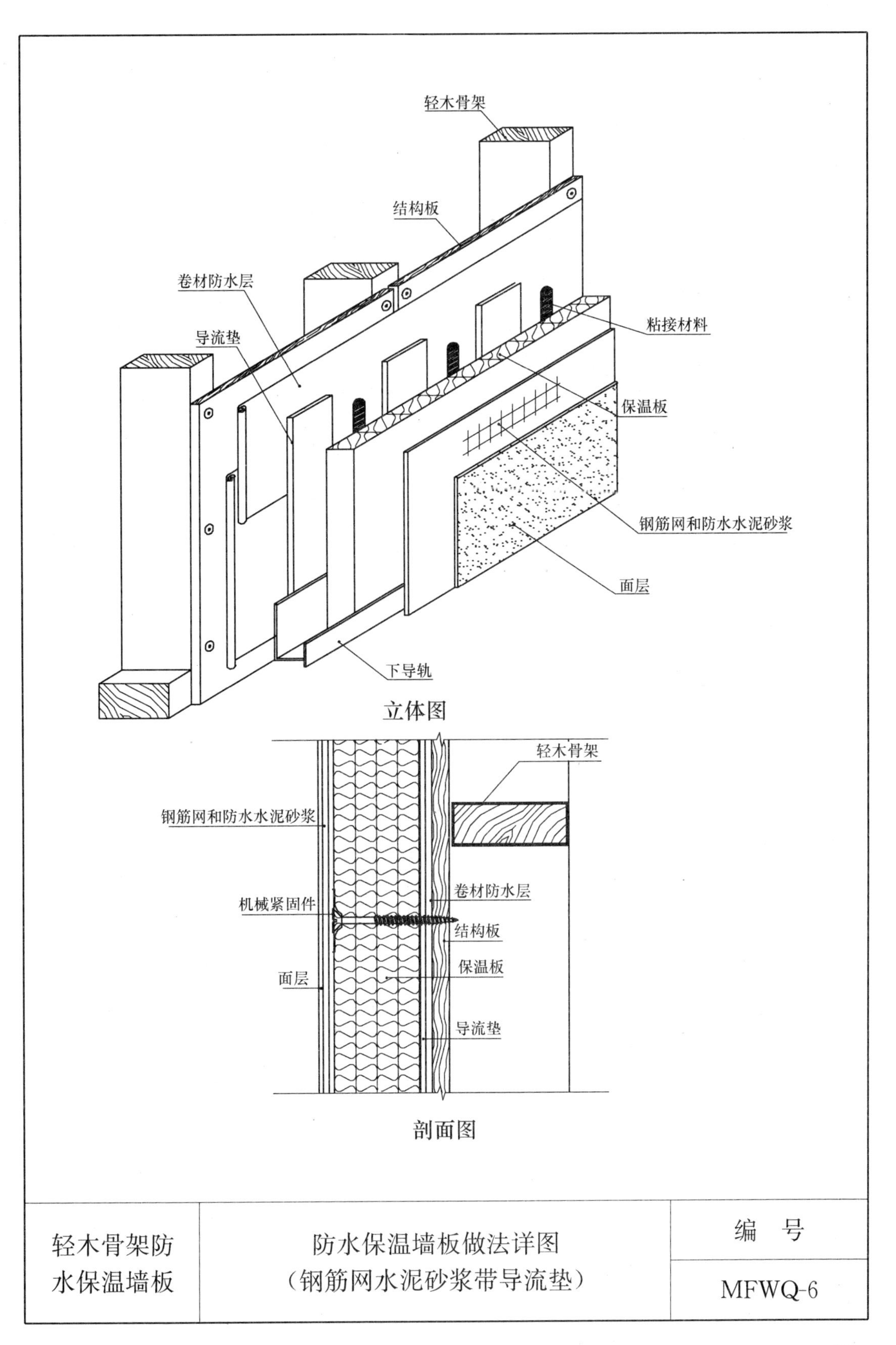

立体图

剖面图

轻木骨架防水保温墙板	防水保温墙板做法详图（钢筋网水泥砂浆带导流垫）	编　号
		MFWQ-6

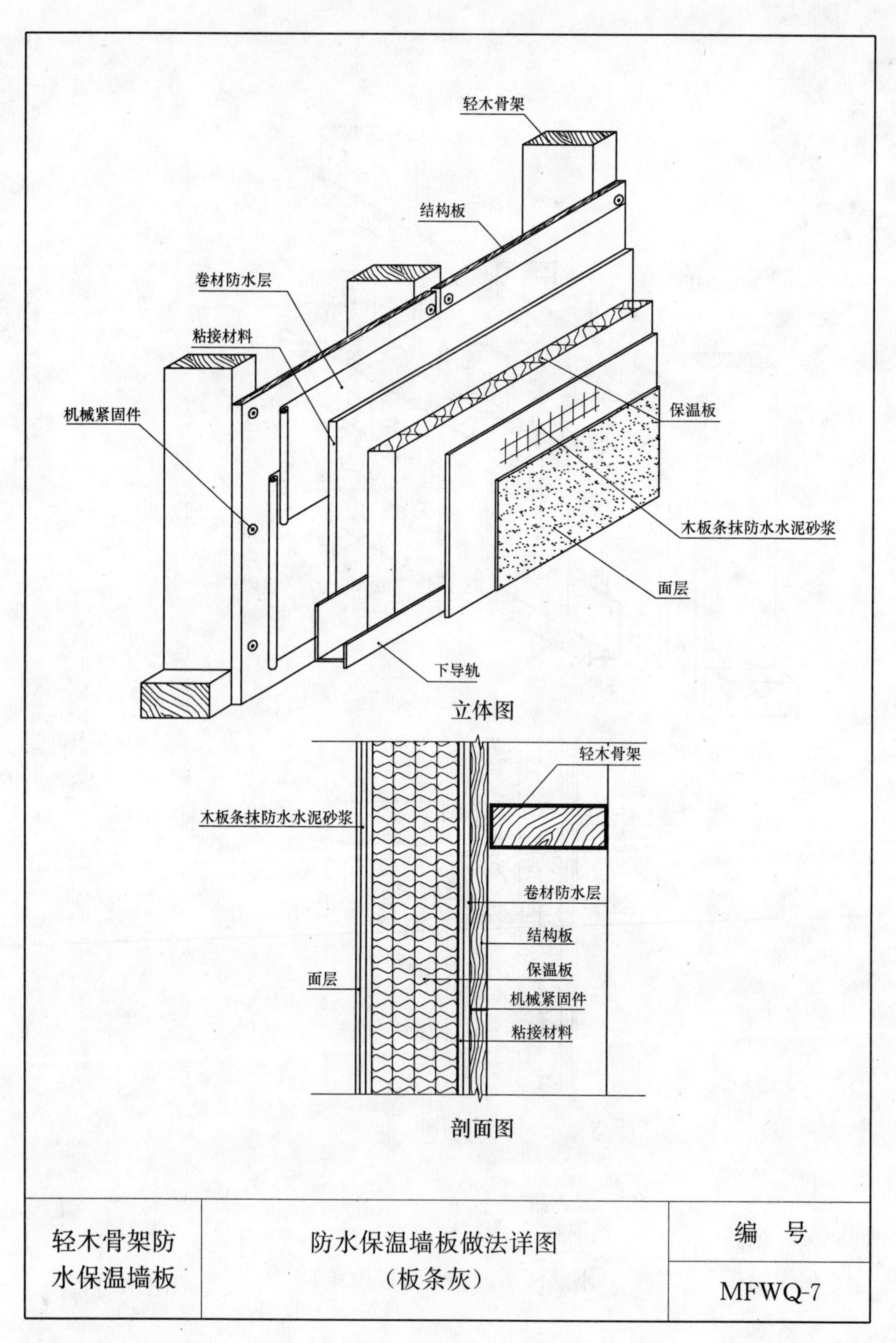

轻木骨架防水保温墙板	防水保温墙板做法详图（板条灰）	编　号
		MFWQ-7

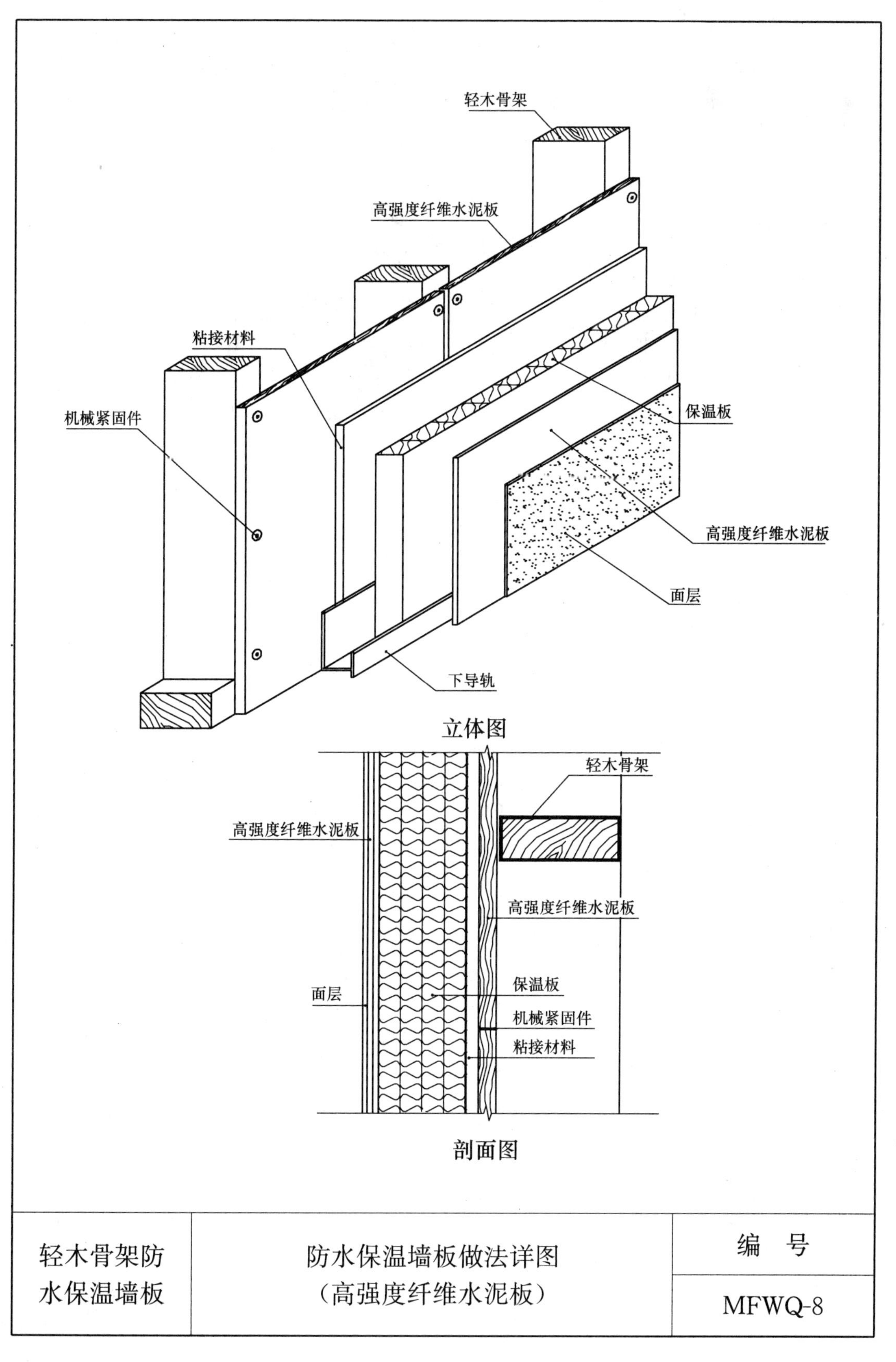

轻木骨架防水保温墙板	防水保温墙板做法详图（高强度纤维水泥板）	编　号
		MFWQ-8

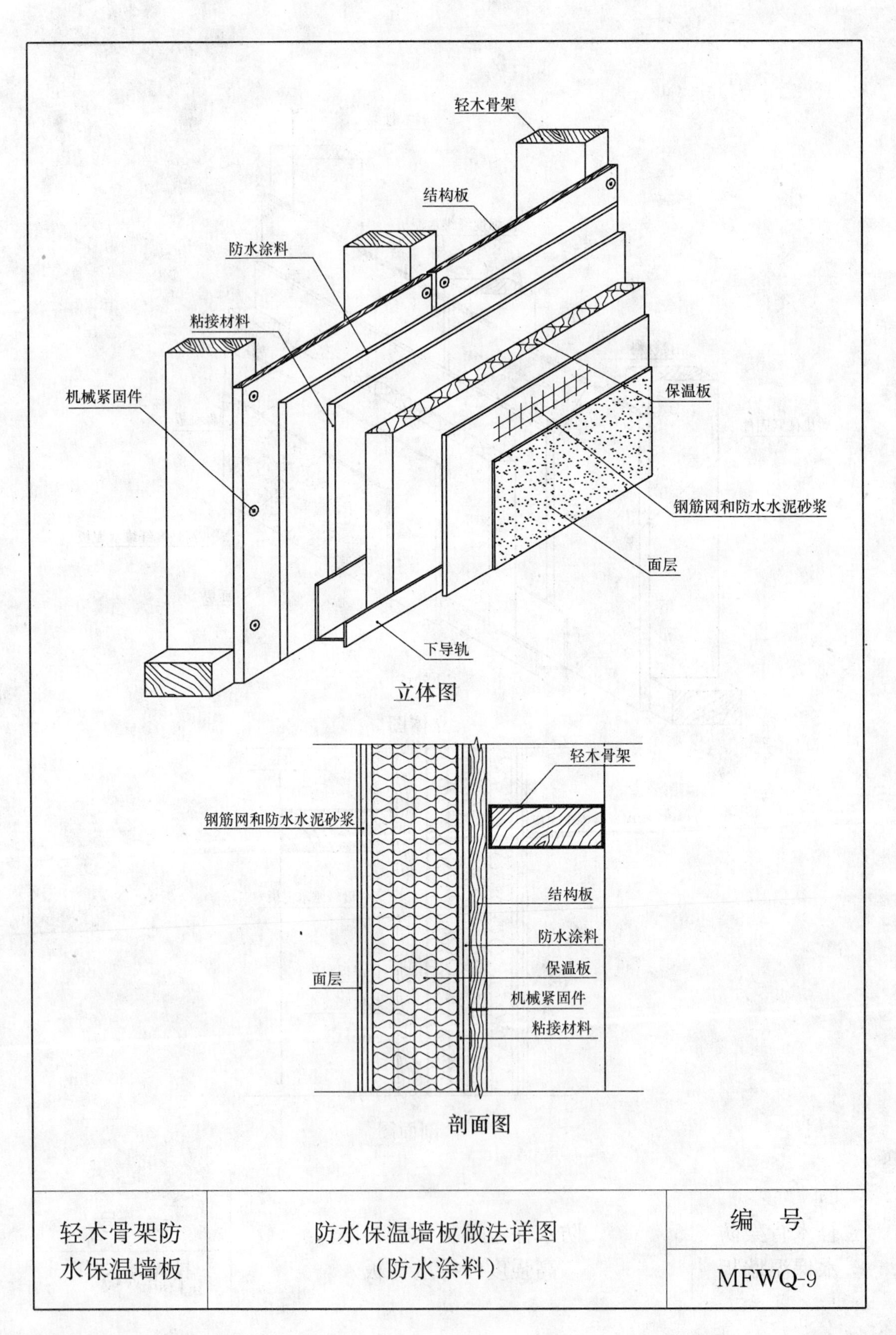
轻木骨架
结构板
防水涂料
粘接材料
机械紧固件
保温板
钢筋网和防水水泥砂浆
面层
下导轨
立体图
轻木骨架
钢筋网和防水水泥砂浆
结构板
防水涂料
保温板
面层
机械紧固件
粘接材料
剖面图
轻木骨架防水保温墙板
防水保温墙板做法详图（防水涂料）
编　号
MFWQ-9

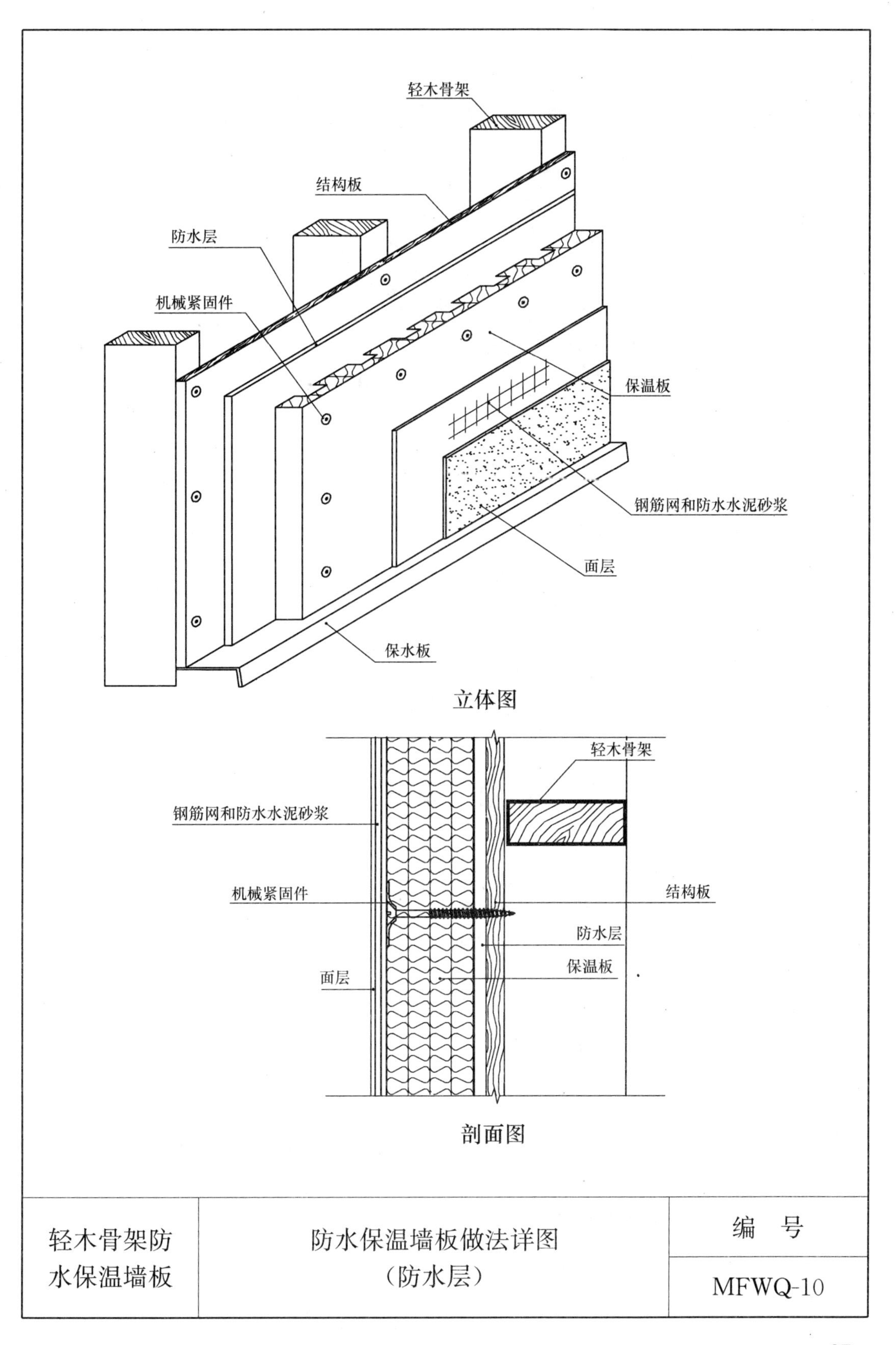
轻木骨架
结构板
防水层
机械紧固件
保温板
钢筋网和防水水泥砂浆
面层
保水板
立体图
轻木骨架
钢筋网和防水水泥砂浆
机械紧固件
结构板
防水层
保温板
面层
剖面图
轻木骨架防水保温墙板
防水保温墙板做法详图（防水层）
编号
MFWQ-10

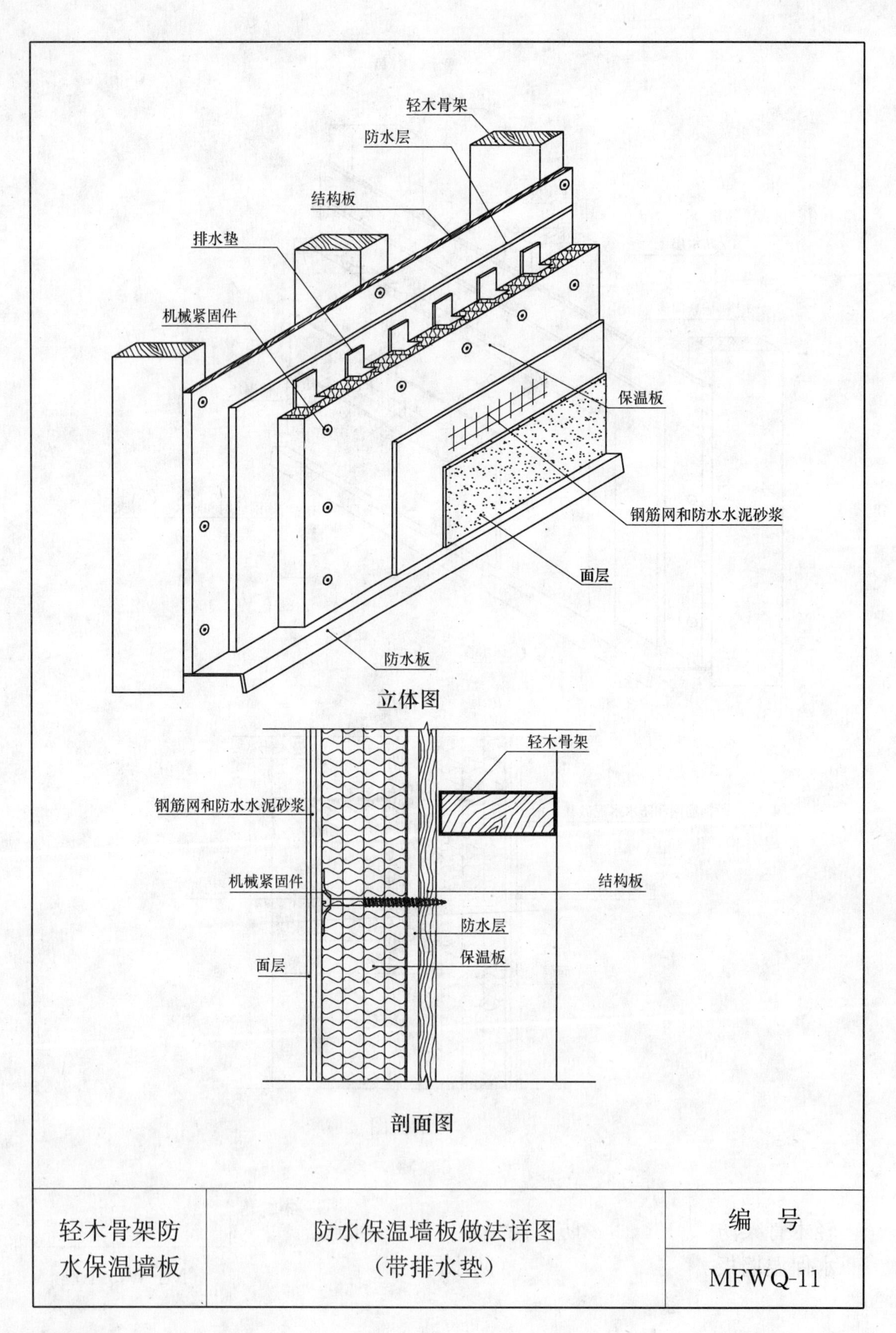
轻木骨架
防水层
结构板
排水垫
机械紧固件
保温板
钢筋网和防水水泥砂浆
面层
防水板
轻木骨架
钢筋网和防水水泥砂浆
机械紧固件
结构板
防水层
保温板
面层
轻木骨架防
水保温墙板
防水保温墙板做法详图
（带排水垫）
编　号
MFWQ-11

立体图

剖面图

第三节 其他防水保温墙板

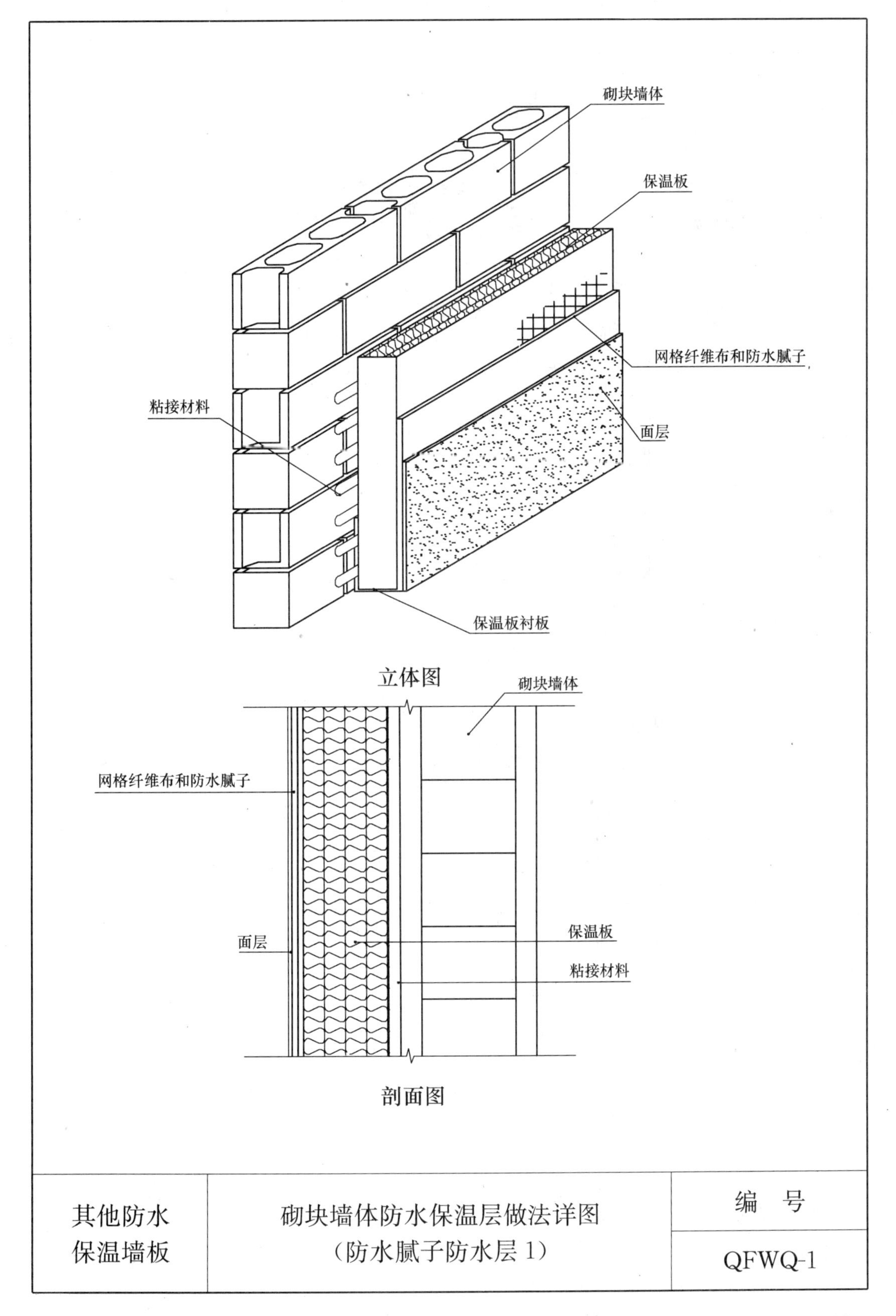

其他防水保温墙板	砌块墙体防水保温层做法详图（防水腻子防水层 1）	编 号
		QFWQ-1

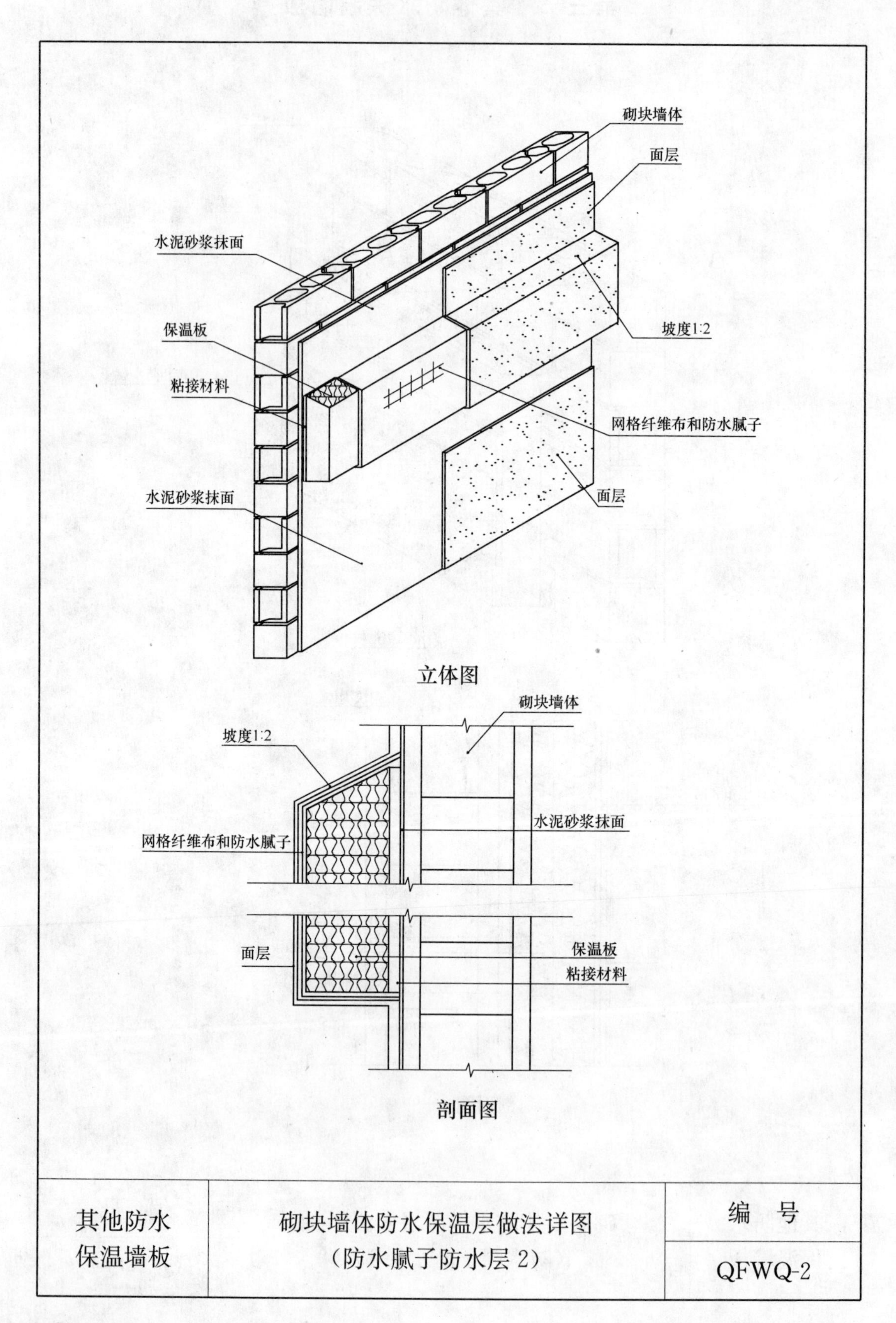
砌块墙体
面层
水泥砂浆抹面
坡度1:2
保温板
粘接材料
网格纤维布和防水腻子
面层
水泥砂浆抹面
立体图
砌块墙体
坡度1:2
水泥砂浆抹面
网格纤维布和防水腻子
面层
保温板
粘接材料
剖面图
其他防水
保温墙板
砌块墙体防水保温层做法详图
（防水腻子防水层 2）
编 号
QFWQ-2

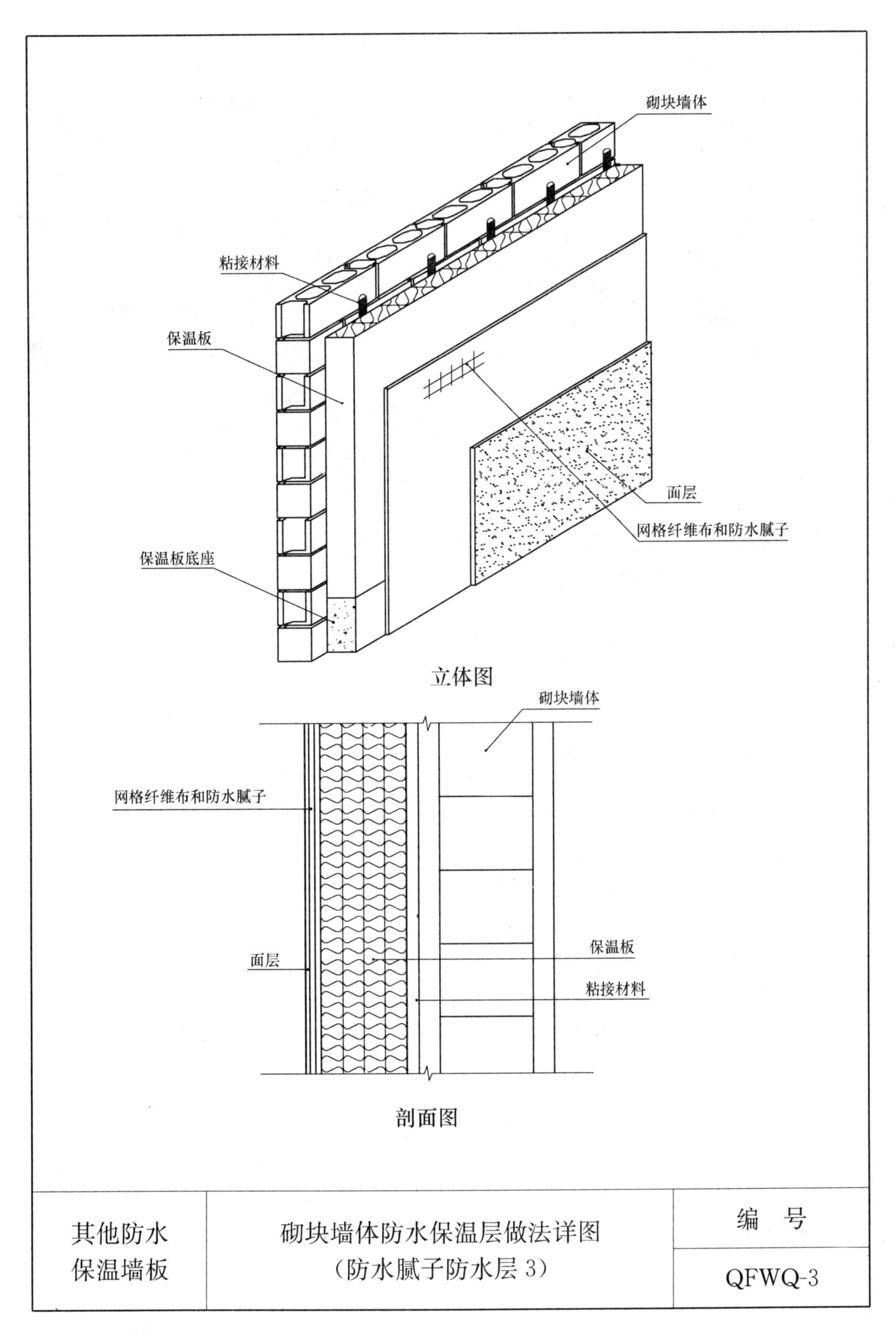

其他防水保温墙板	砌块墙体防水保温层做法详图（防水腻子防水层 3）	编号
		QFWQ-3

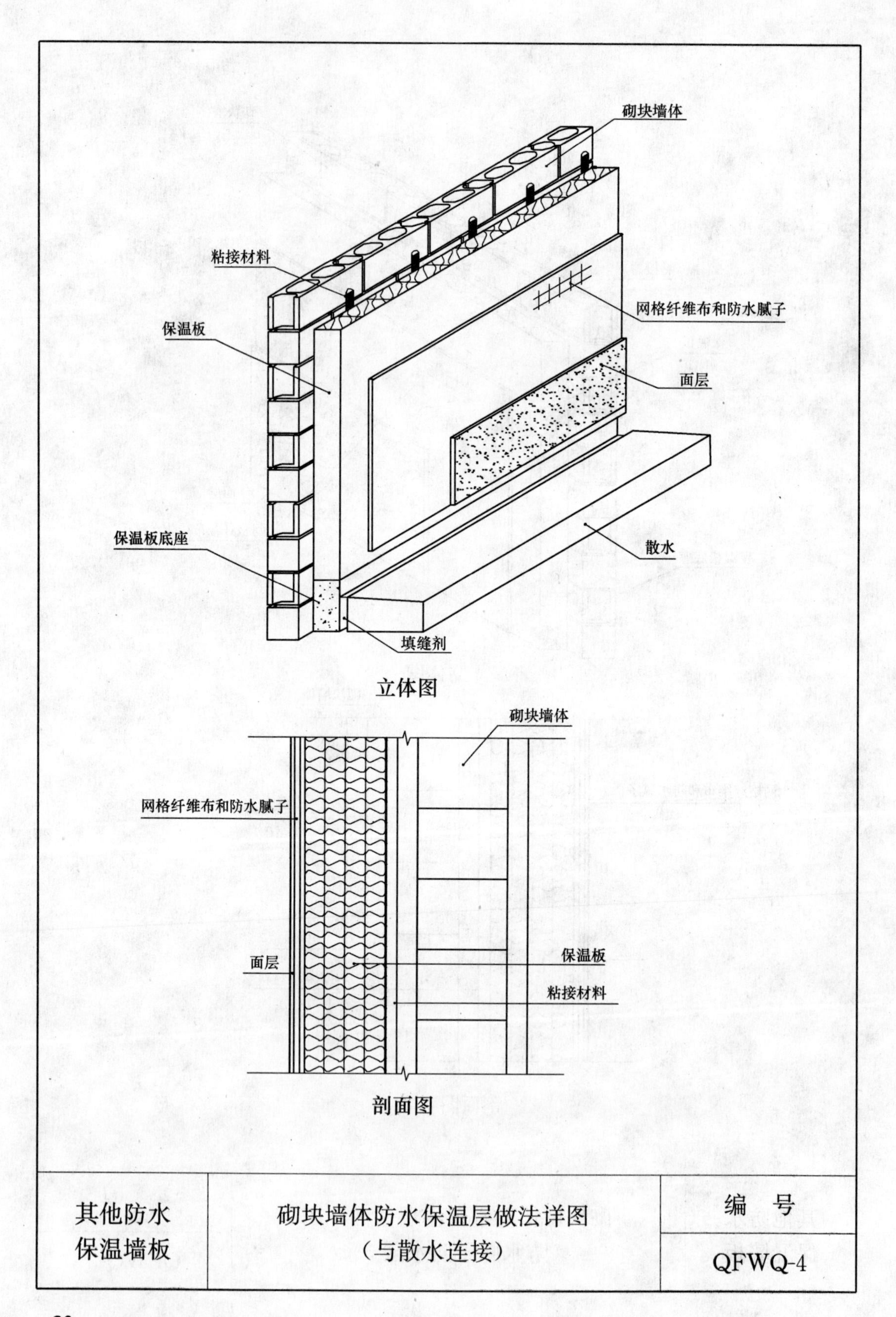
砌块墙体
粘接材料
网格纤维布和防水腻子
保温板
面层
保温板底座
散水
填缝剂
立体图
砌块墙体
网格纤维布和防水腻子
面层
保温板
粘接材料
剖面图
其他防水
保温墙板
砌块墙体防水保温层做法详图
（与散水连接）
编　号
QFWQ-4

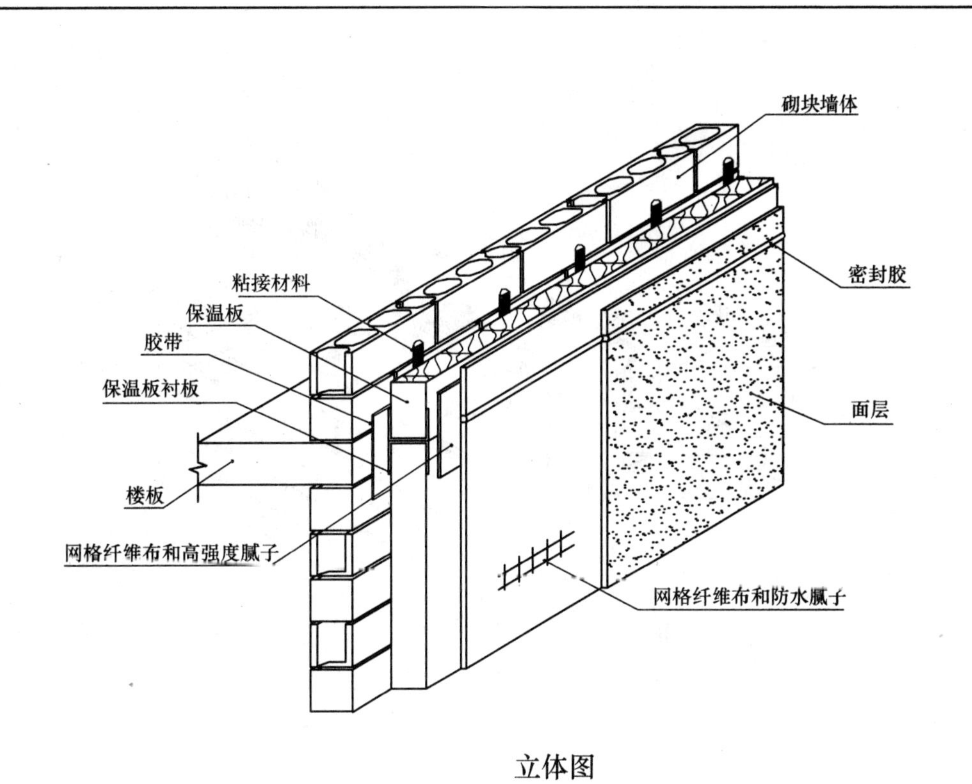

立体图

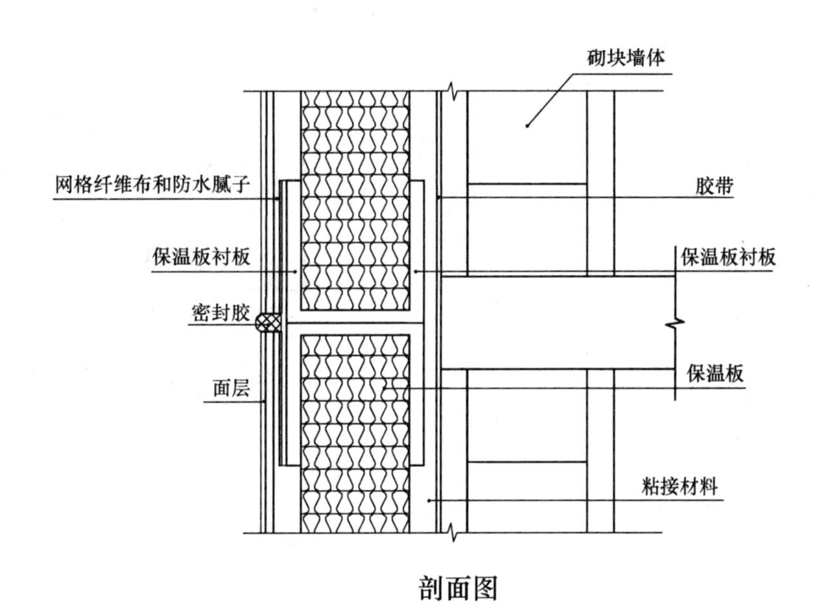

剖面图

其他防水 保温墙板	砌块墙体防水保温层做法详图 （楼层连接处做法）	编　号 QFWQ-5

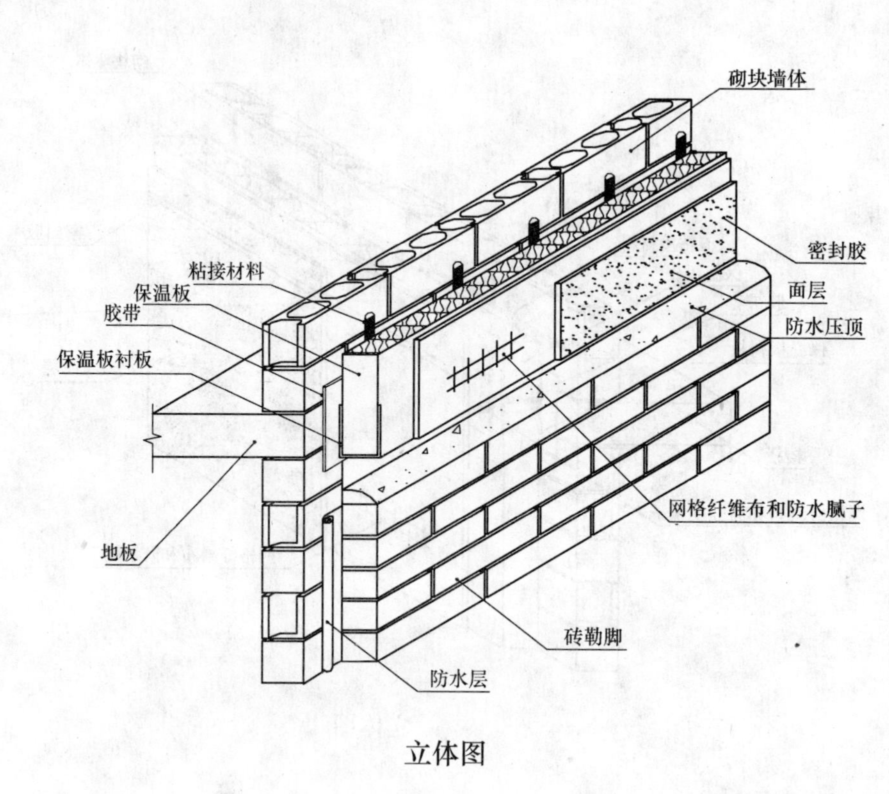

立体图

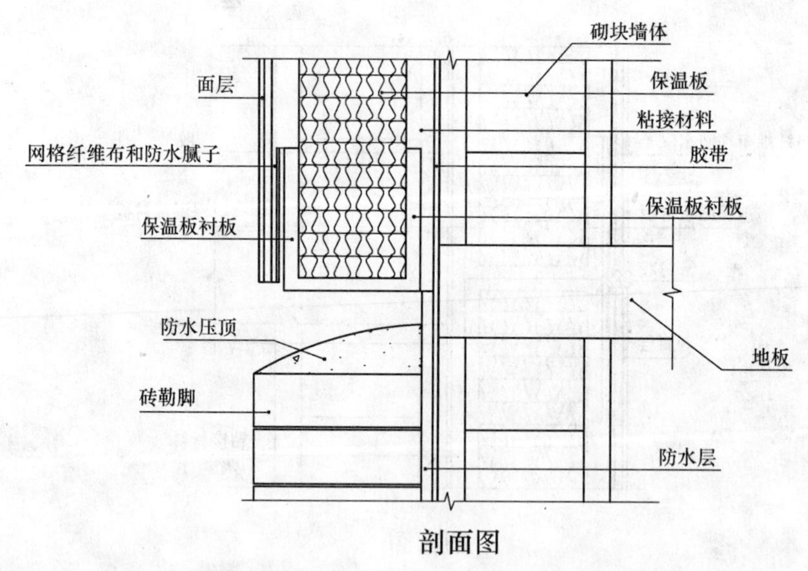

剖面图

其他防水 保温墙板	砌块墙体防水保温层做法详图 （砖勒脚）	编　号 QFWQ-6

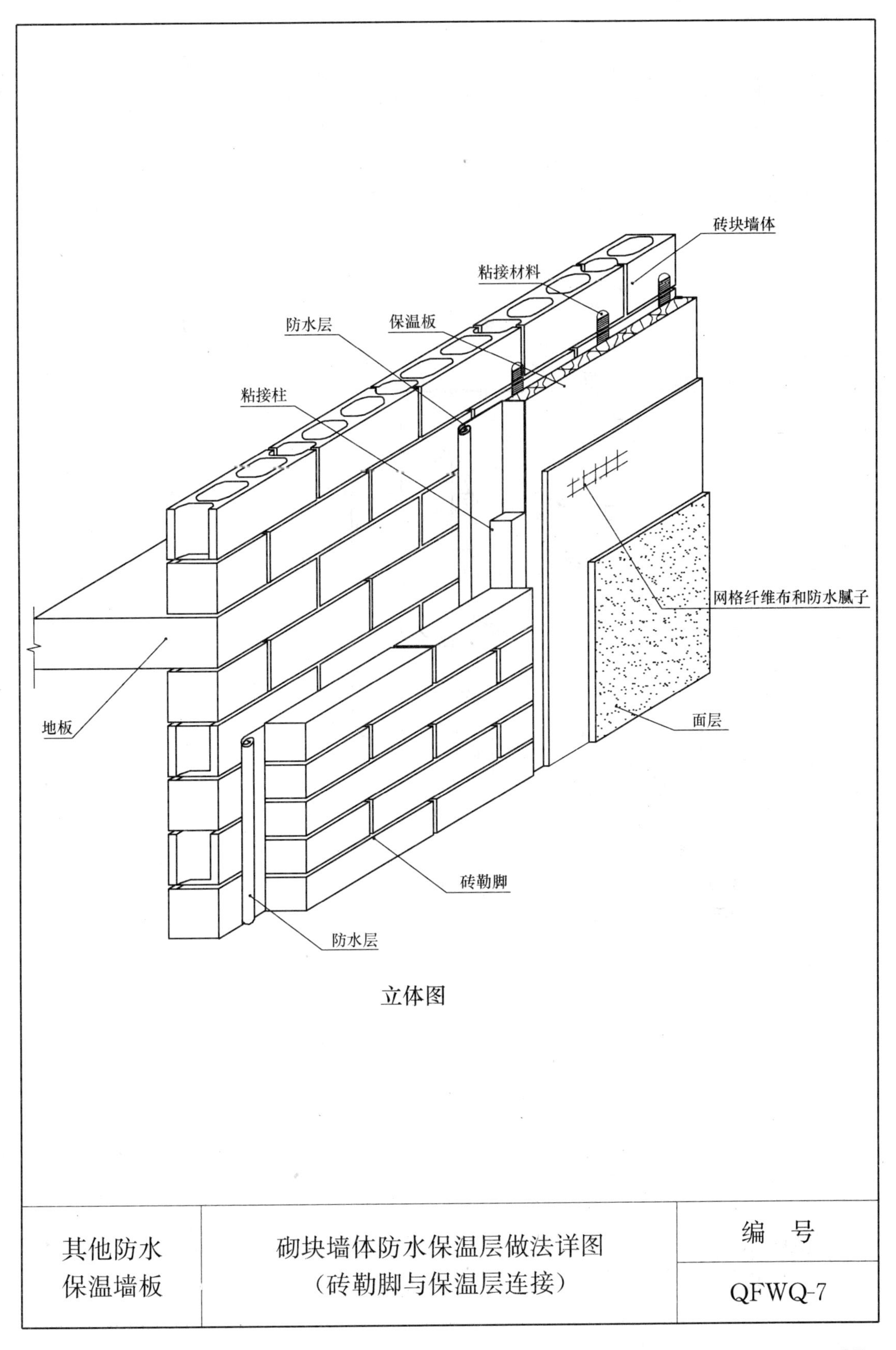

立体图

其他防水 保温墙板	砌块墙体防水保温层做法详图 （砖勒脚与保温层连接）	编　号
		QFWQ-7

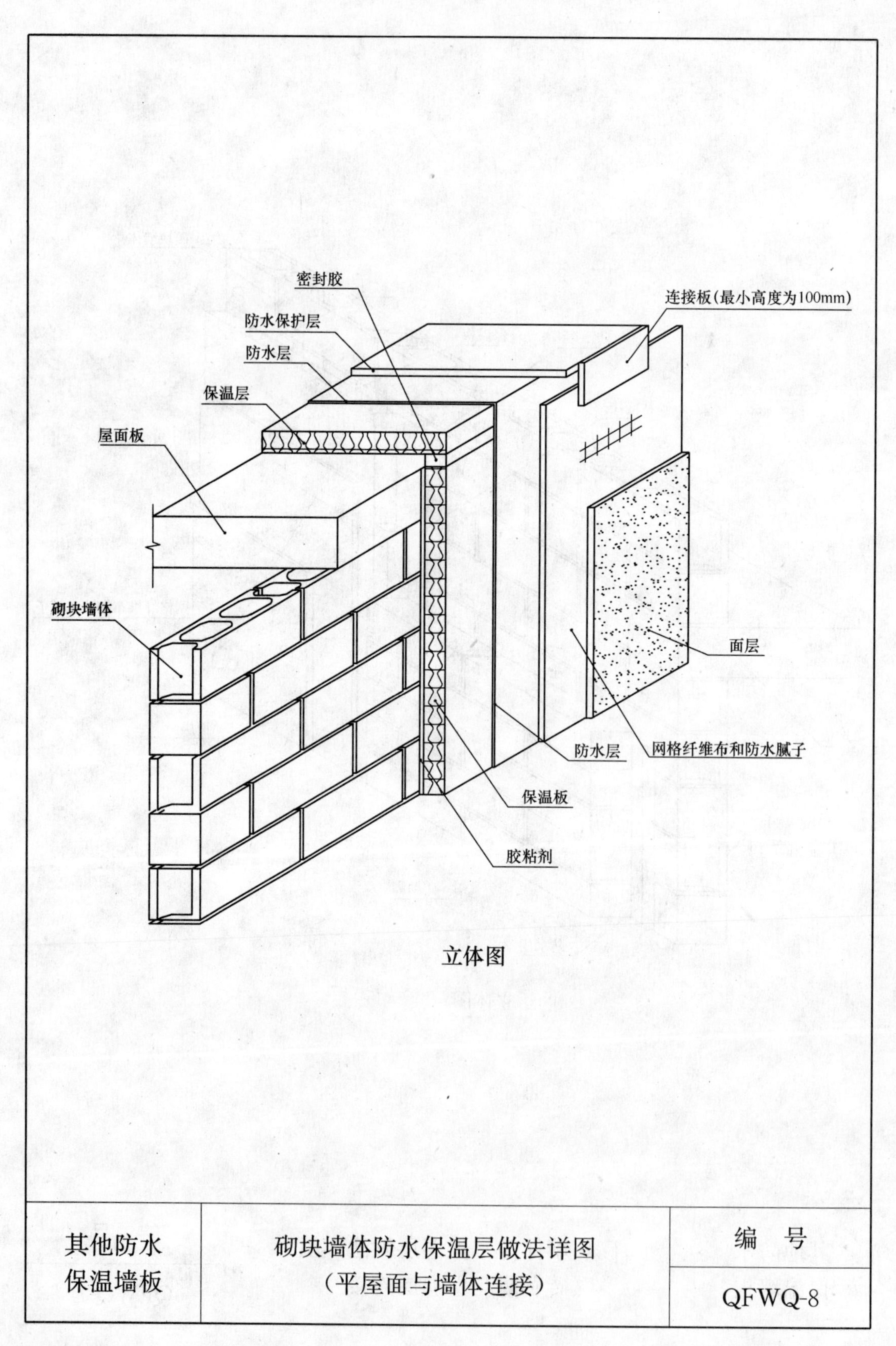

密封胶
防水保护层
防水层
保温层
屋面板
连接板(最小高度为100mm)
砌块墙体
面层
防水层
网格纤维布和防水腻子
保温板
胶粘剂
立体图
其他防水
保温墙板
砌块墙体防水保温层做法详图
(平屋面与墙体连接)
编 号
QFWQ-8

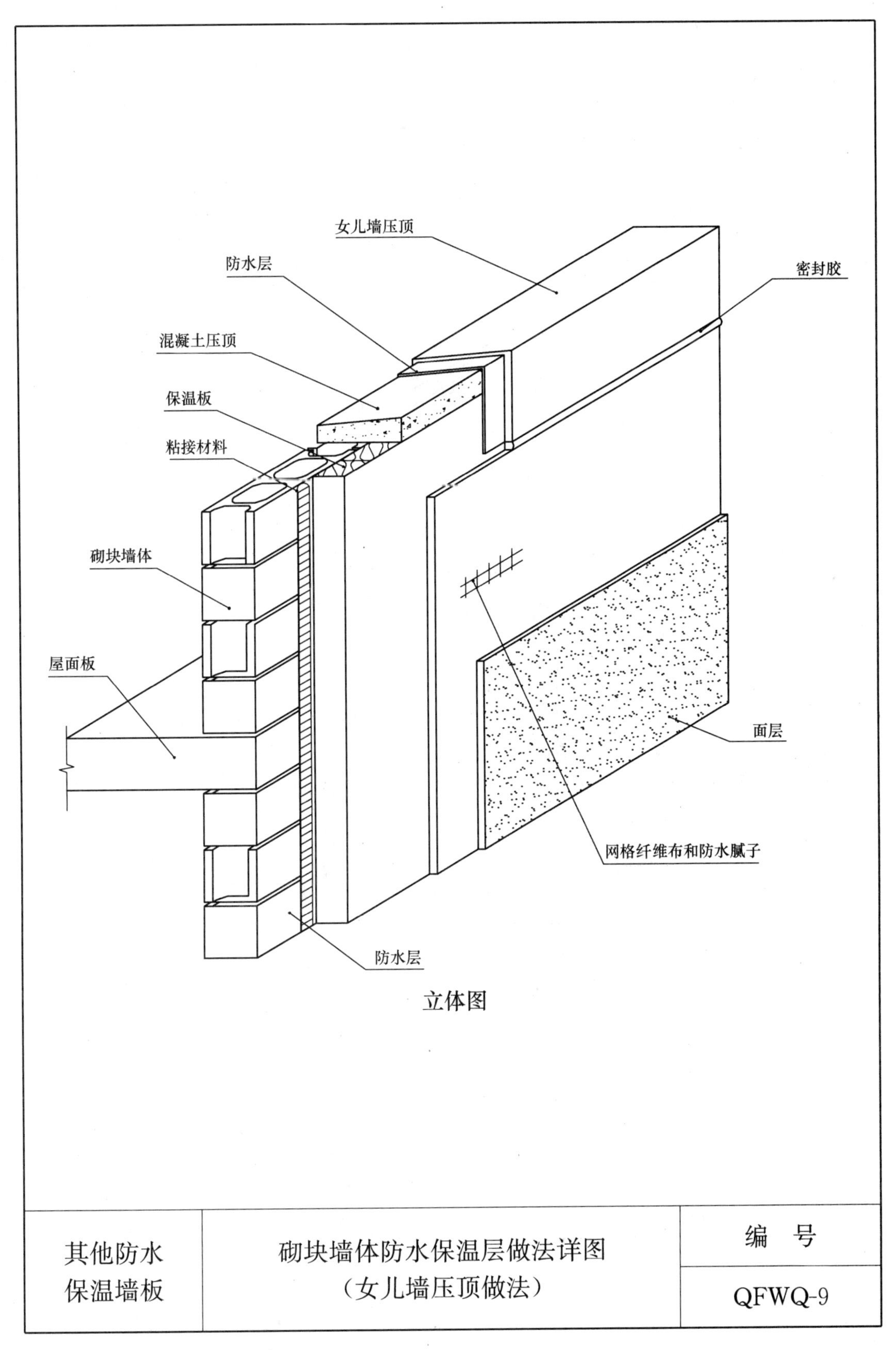

立体图

其他防水 保温墙板	砌块墙体防水保温层做法详图 （女儿墙压顶做法）	编　号
		QFWQ-9

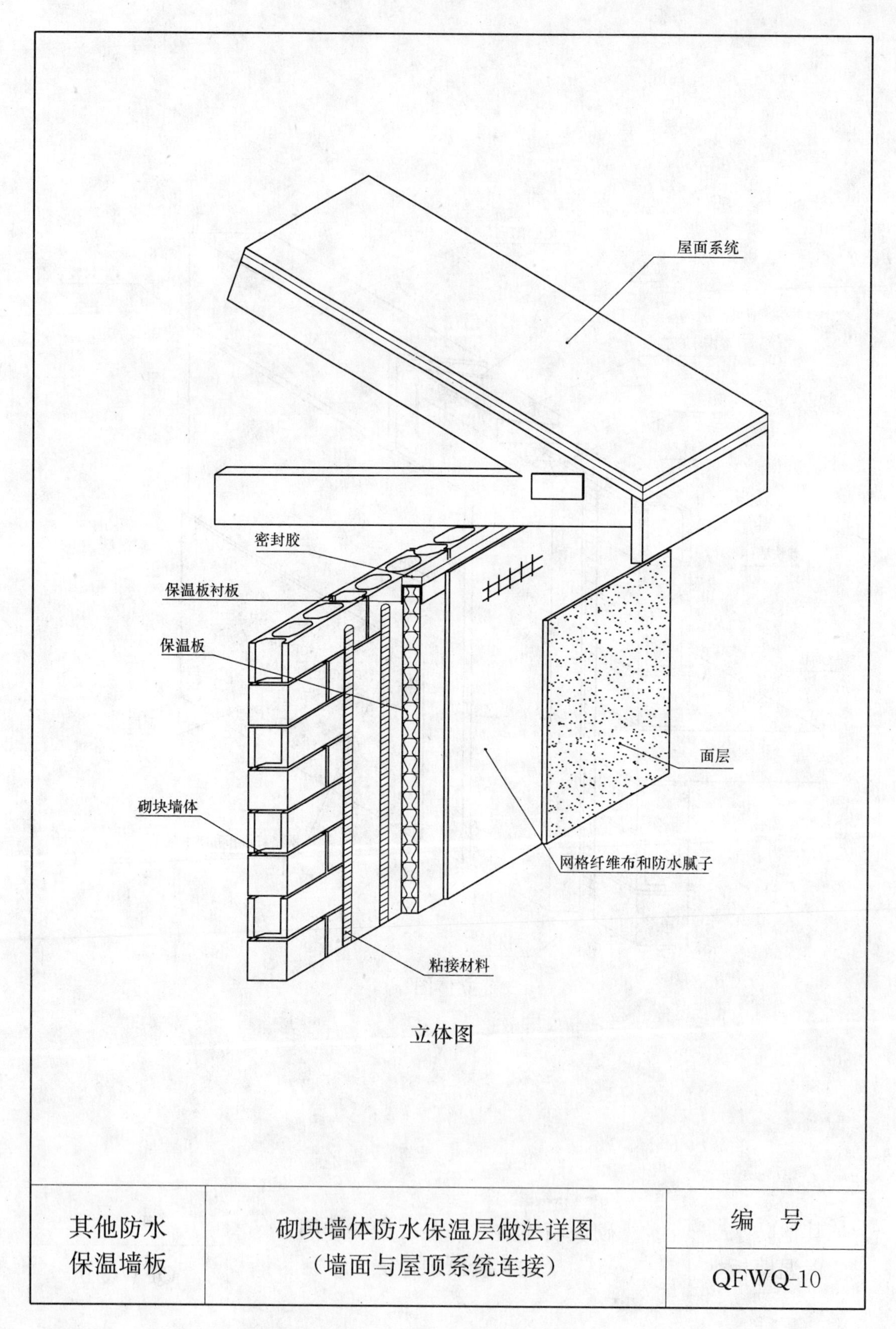
屋面系统
密封胶
保温板衬板
保温板
面层
砌块墙体
网格纤维布和防水腻子
粘接材料
立体图
其他防水
保温墙板
砌块墙体防水保温层做法详图
(墙面与屋顶系统连接)
编　号
QFWQ-10

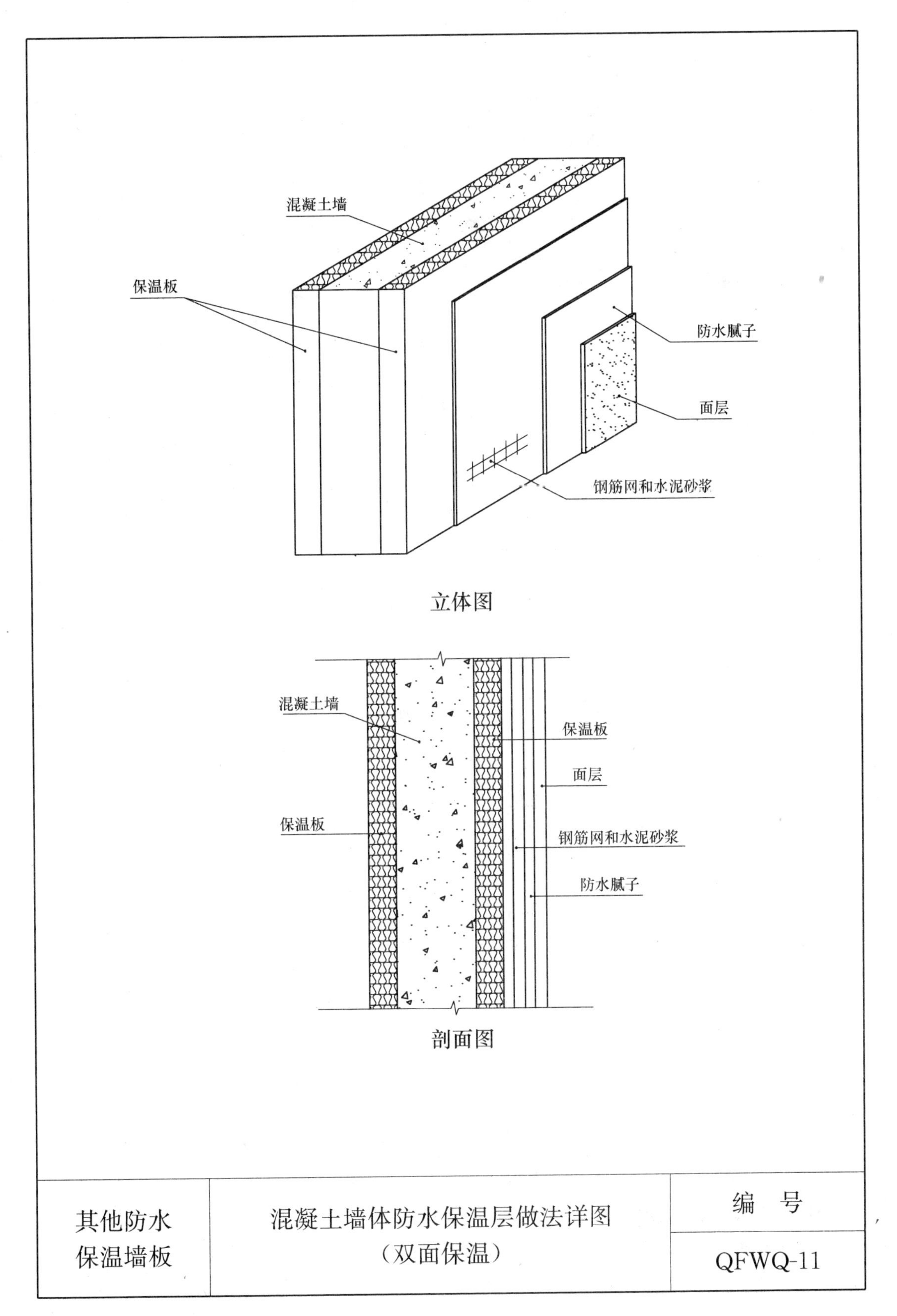
混凝土墙
保温板
防水腻子
面层
钢筋网和水泥砂浆
立体图
混凝土墙
保温板
面层
保温板
钢筋网和水泥砂浆
防水腻子
剖面图
其他防水
保温墙板
混凝土墙体防水保温层做法详图
（双面保温）
编　号
QFWQ-11

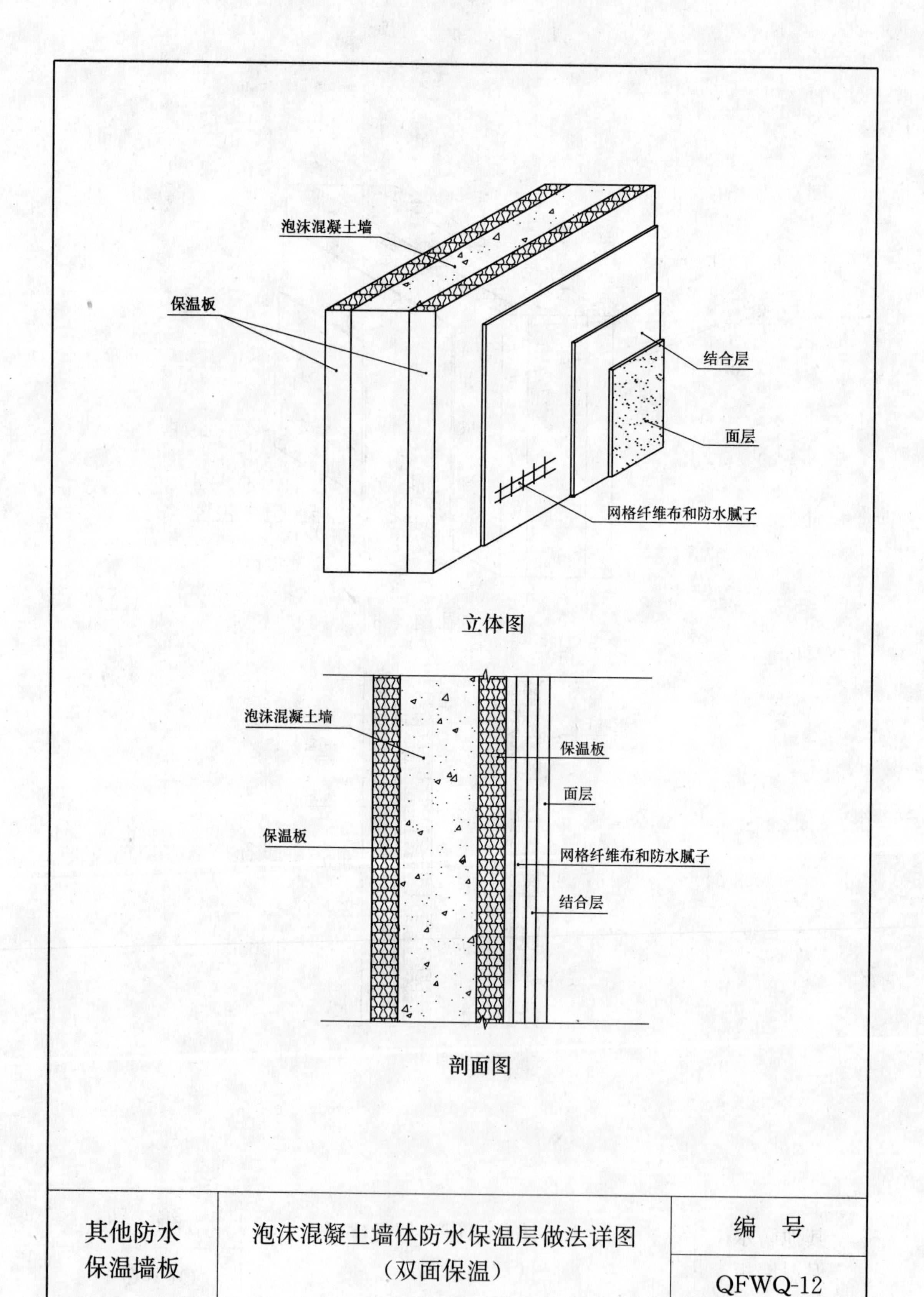

其他防水 保温墙板	泡沫混凝土墙体防水保温层做法详图 （双面保温）	编　号 QFWQ-12

第四节　防水保温外墙板门窗节点大样

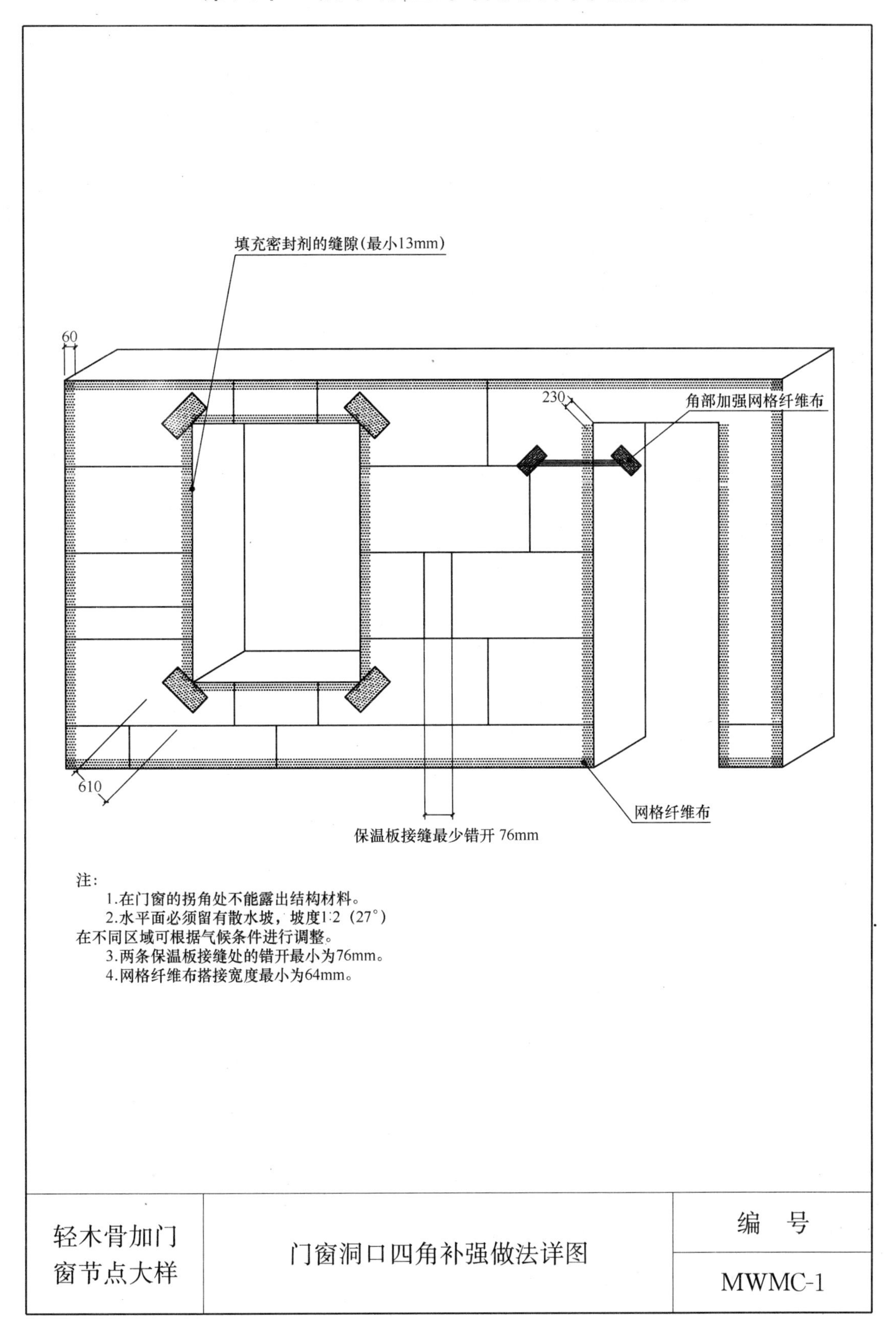

注：

1.在门窗的拐角处不能露出结构材料。

2.水平面必须留有散水坡，坡度1:2（27°）在不同区域可根据气候条件进行调整。

3.两条保温板接缝处的错开最小为76mm。

4.网格纤维布搭接宽度最小为64mm。

轻木骨加门窗节点大样	门窗洞口四角补强做法详图	编　号
		MWMC-1

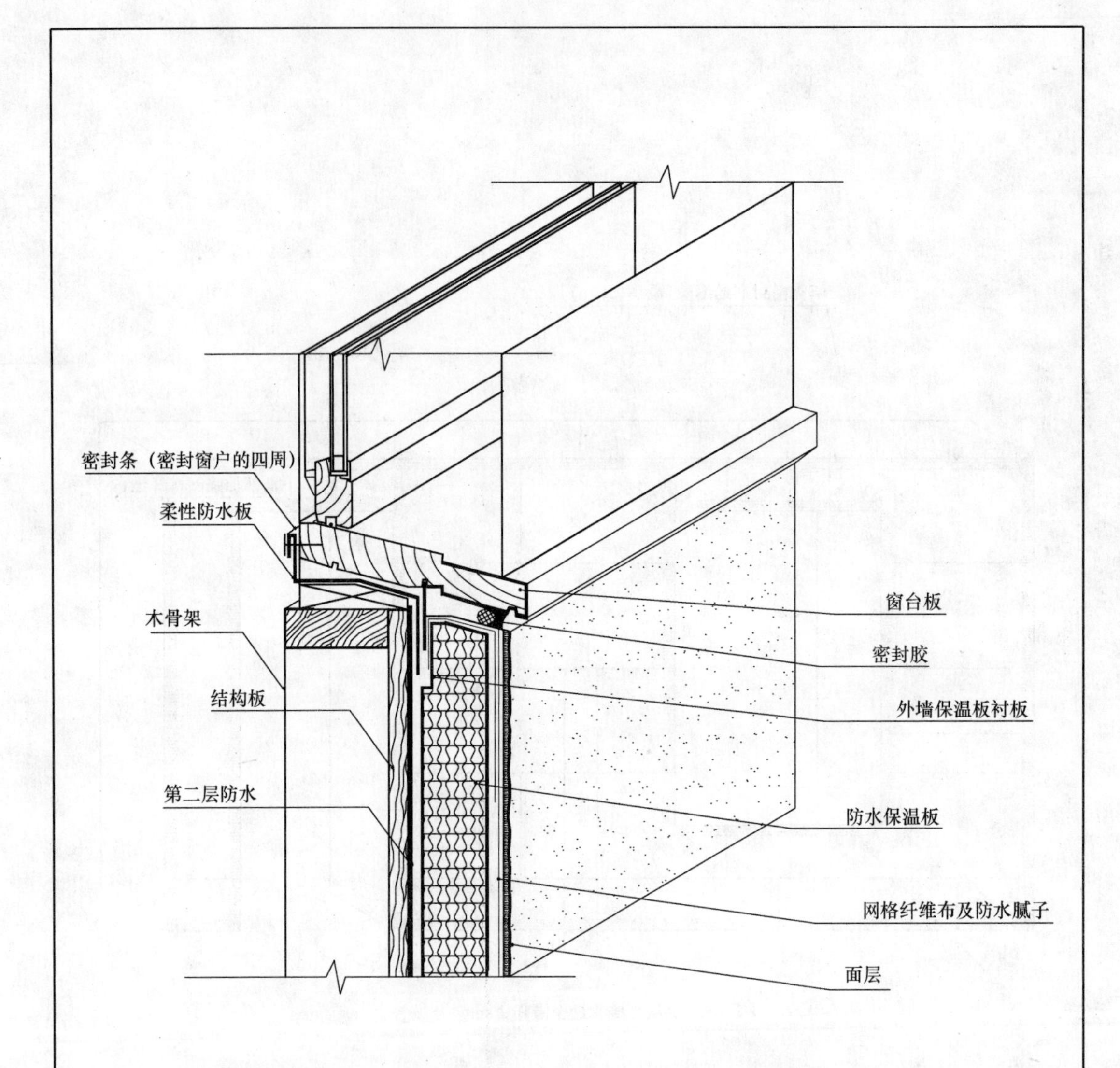

说明：

1.密封胶打入深度应在19mm以上，保温板与窗框之间要有足够的空间安装密封胶。

2.密封胶打入厚度应在13mm以上。

3.用最小厚度为102mm的柔性防水板填充门窗框塞口。

4.第二层防水在一些地区是必需的（例如:在南方的建筑防水层的效果等同于第一层油毡的防水效果）。

5.防水保温板的厚度最小为38mm，详见FSQ-1。

轻木骨加门窗节点大样	窗台做法详图（1）	编　号
		MWMC-2

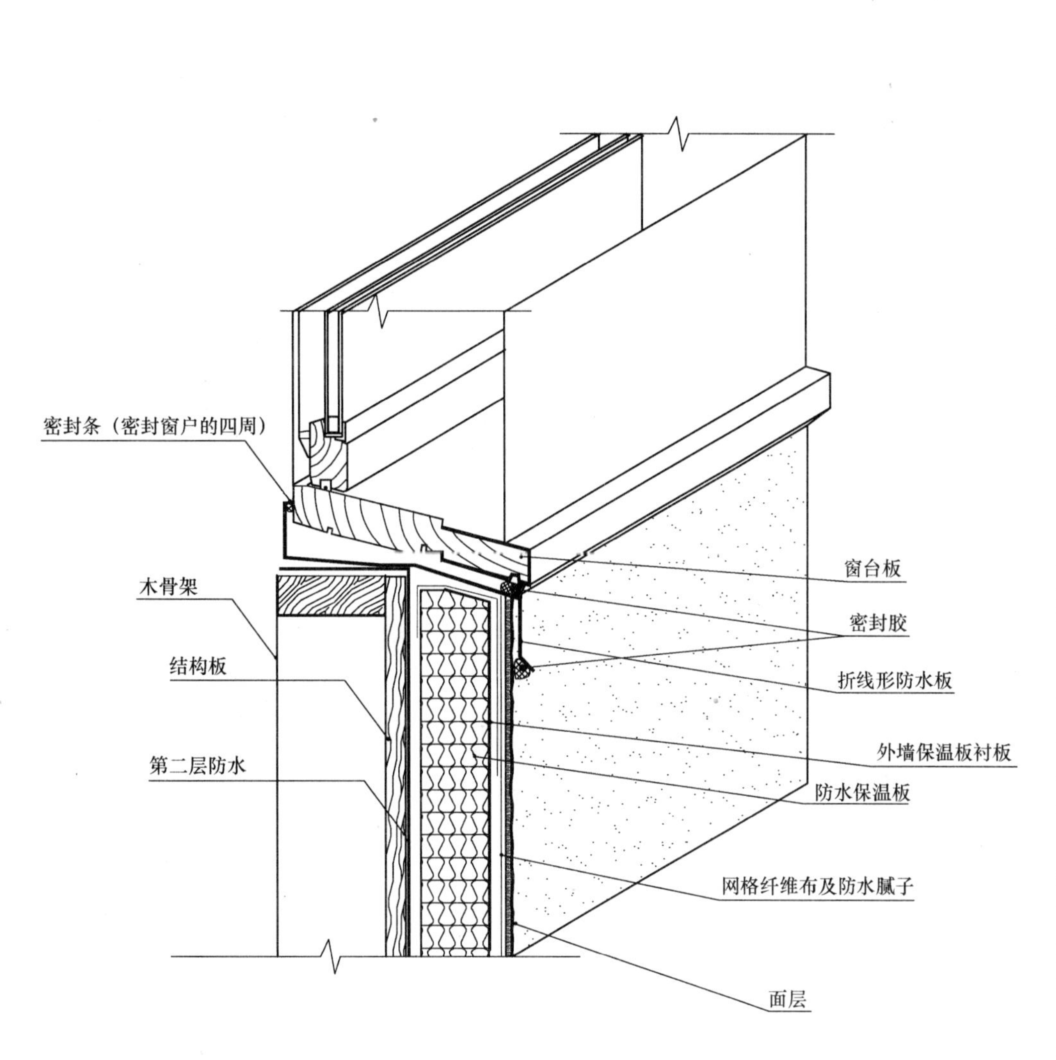

说明：

1.密封胶打入深度应在19mm以上，保温板与窗框之间要有足够的空间安装密封胶。

2.密封胶打入厚度应在13mm以上。

3.用最小厚度为102mm的柔性防水板填充门窗框塞口。

4.第二层防水在一些地区是必需的（例如：在南方的建筑防水层的效果等同于第一层油毡的防水效果）。

5.防水保温板的厚度最小为38mm，详见FSQ-1。

轻木骨加门窗节点大样	窗台做法详图（2）	编号
		MWMC-3

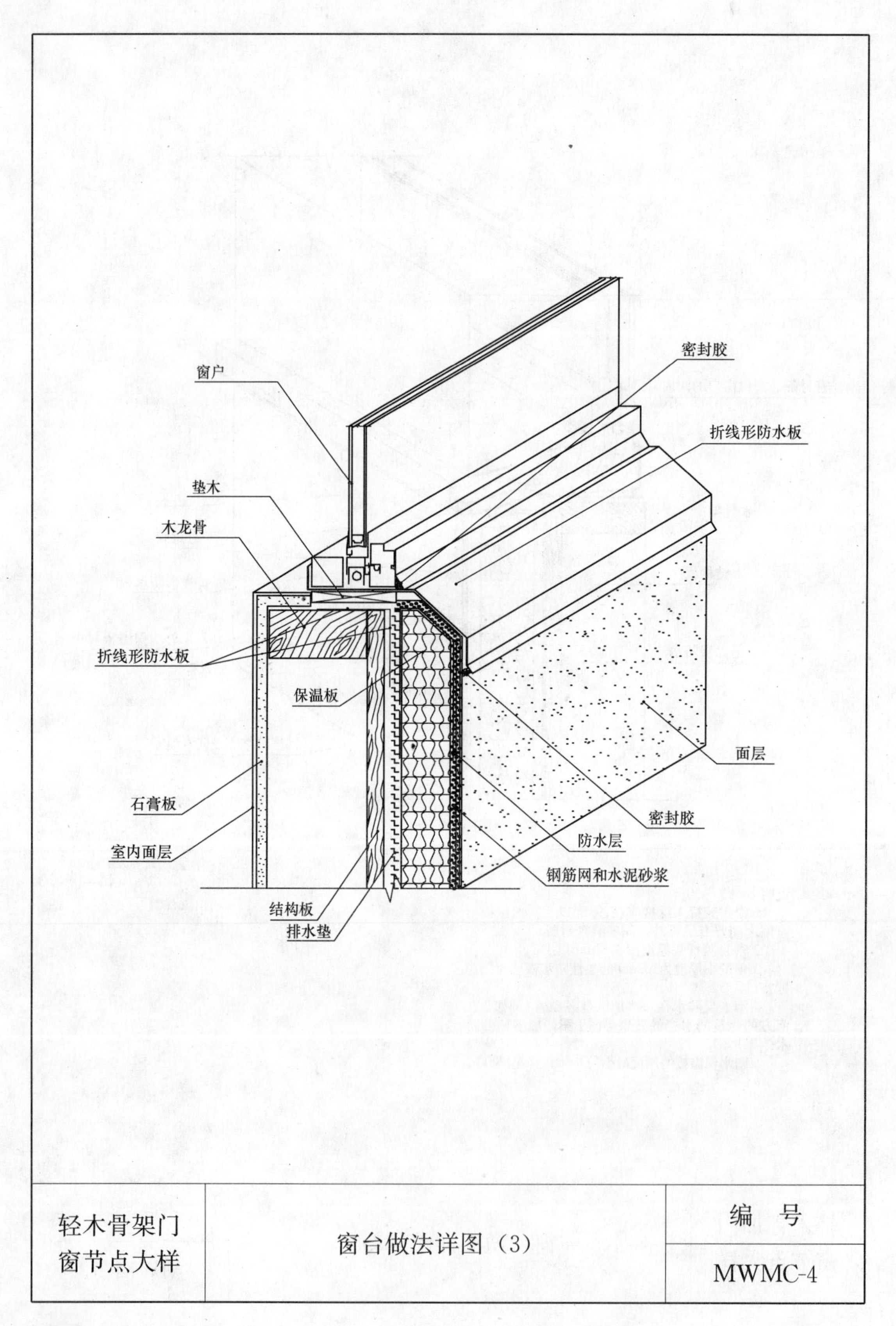

轻木骨架门窗节点大样	窗台做法详图（3）	编　号
		MWMC-4

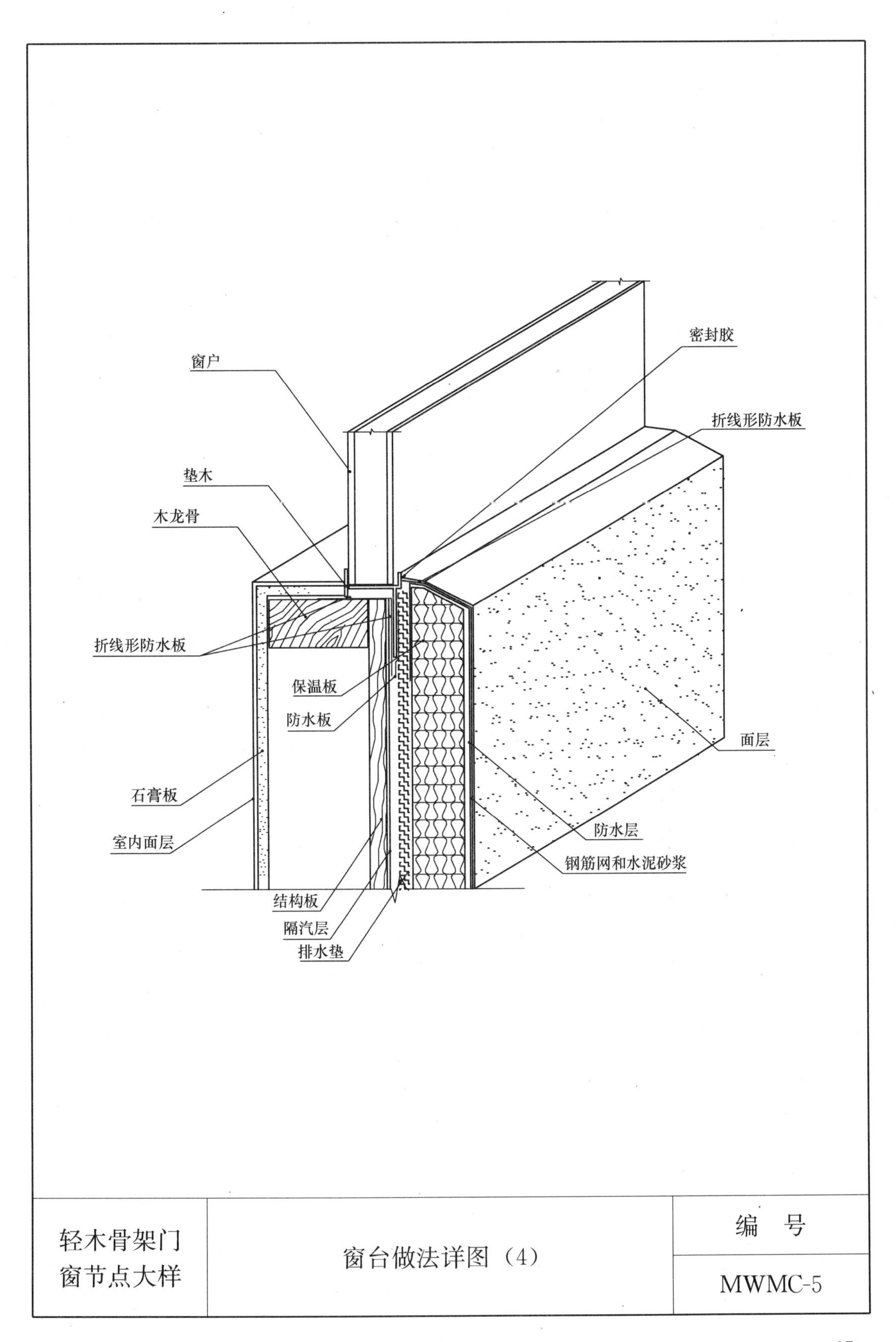

轻木骨架门窗节点大样	窗台做法详图（4）	编　号
		MWMC-5

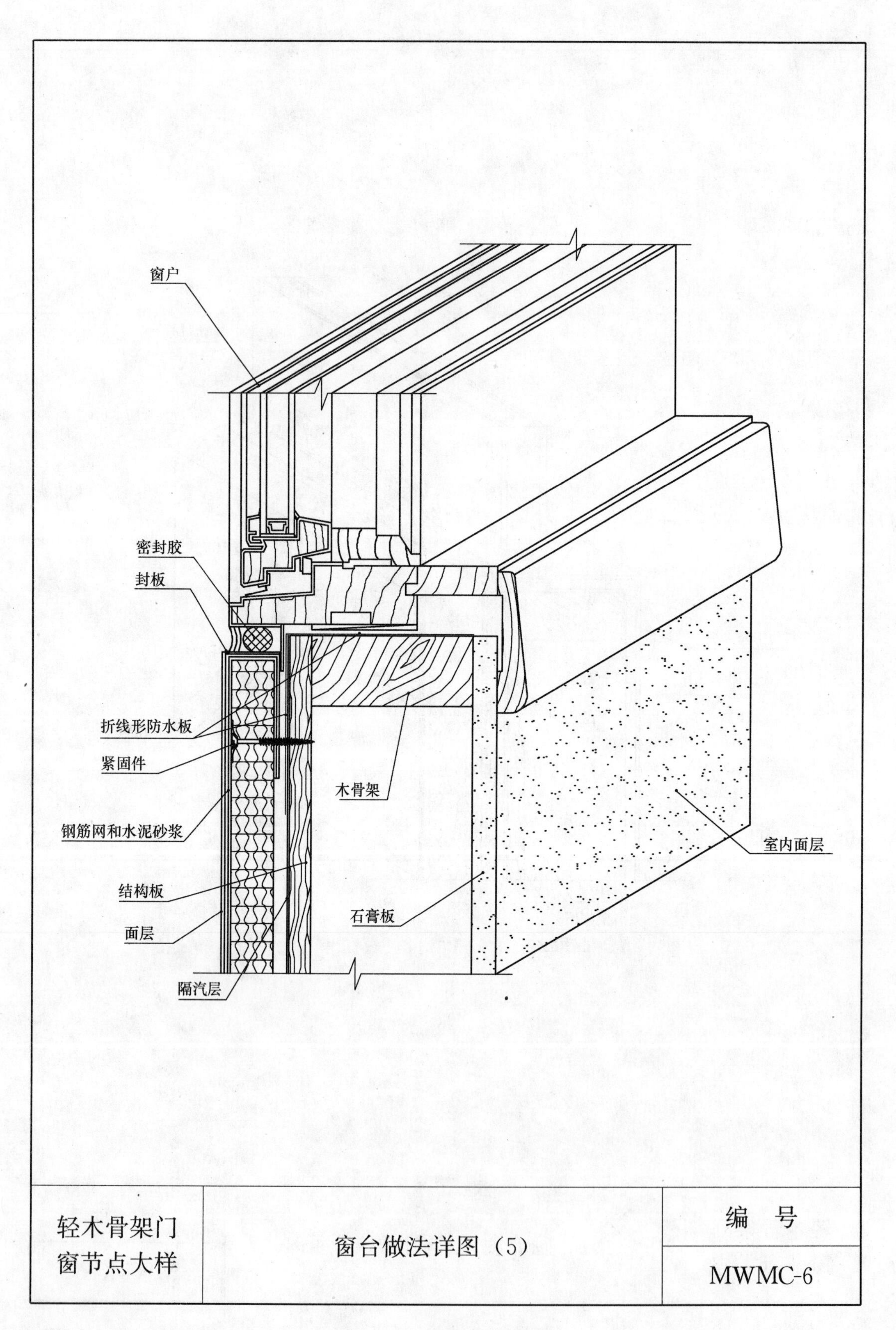

窗户
密封胶
封板
折线形防水板
紧固件
木骨架
钢筋网和水泥砂浆
室内面层
结构板
石膏板
面层
隔汽层
轻木骨架门
窗节点大样
窗台做法详图（5）
编　号
MWMC-6

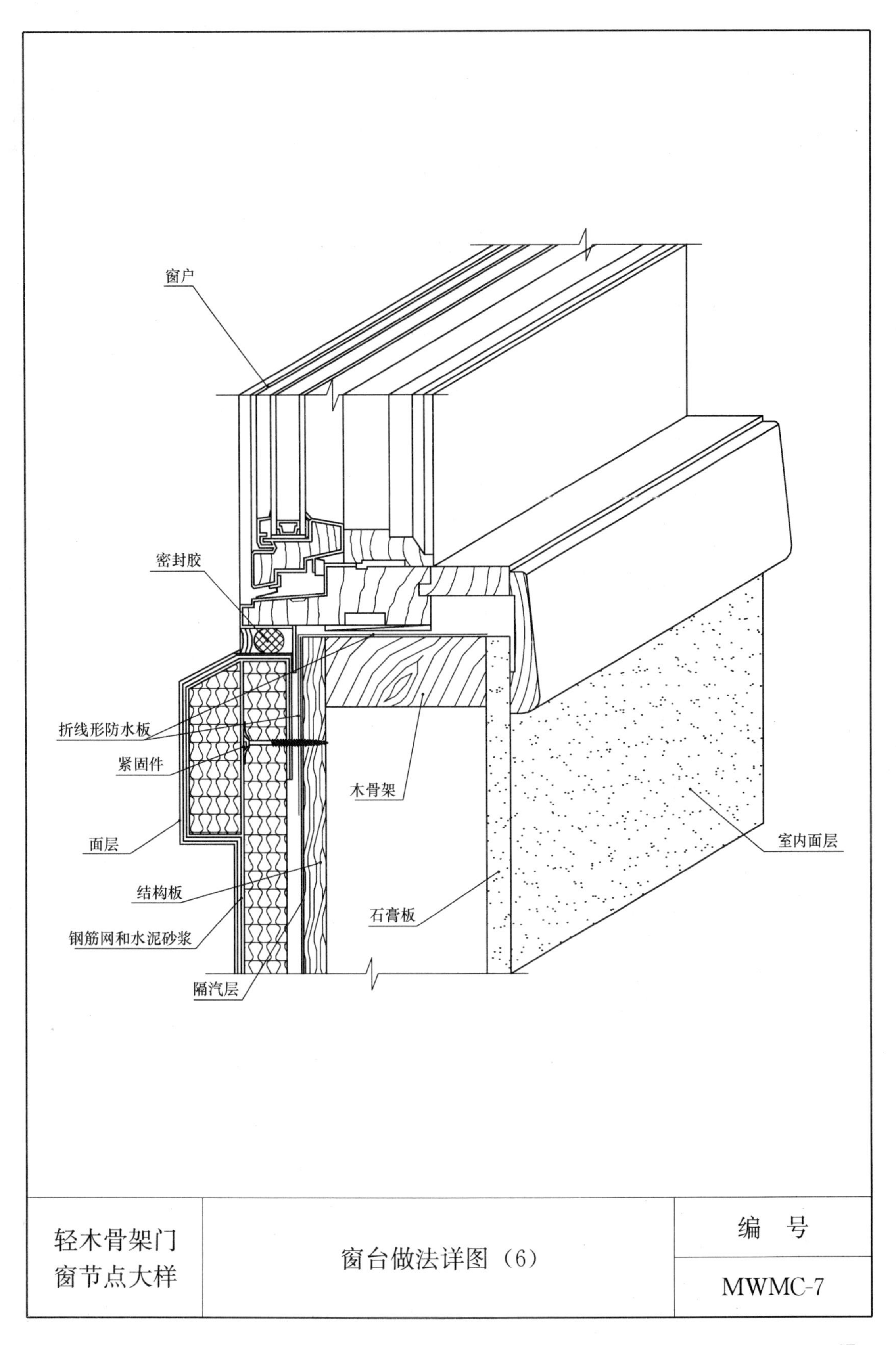
窗户
密封胶
折线形防水板
紧固件
面层
结构板
钢筋网和水泥砂浆
隔汽层
木骨架
石膏板
室内面层
轻木骨架门窗节点大样
窗台做法详图（6）
编 号
MWMC-7

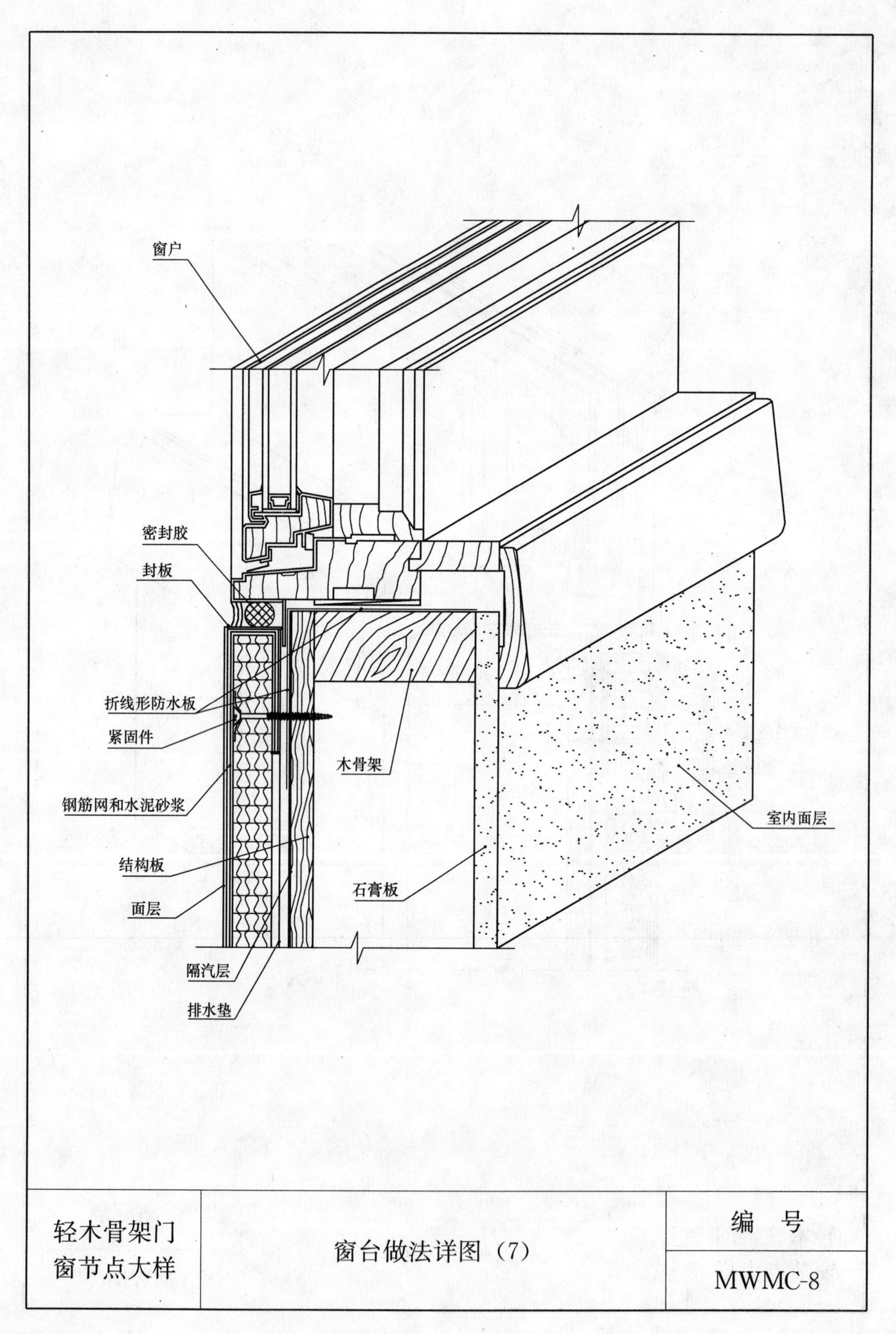
窗户
密封胶
封板
折线形防水板
紧固件
钢筋网和水泥砂浆
结构板
面层
隔汽层
排水垫
木骨架
石膏板
室内面层
轻木骨架门
窗节点大样
窗台做法详图（7）
编　号
MWMC-8

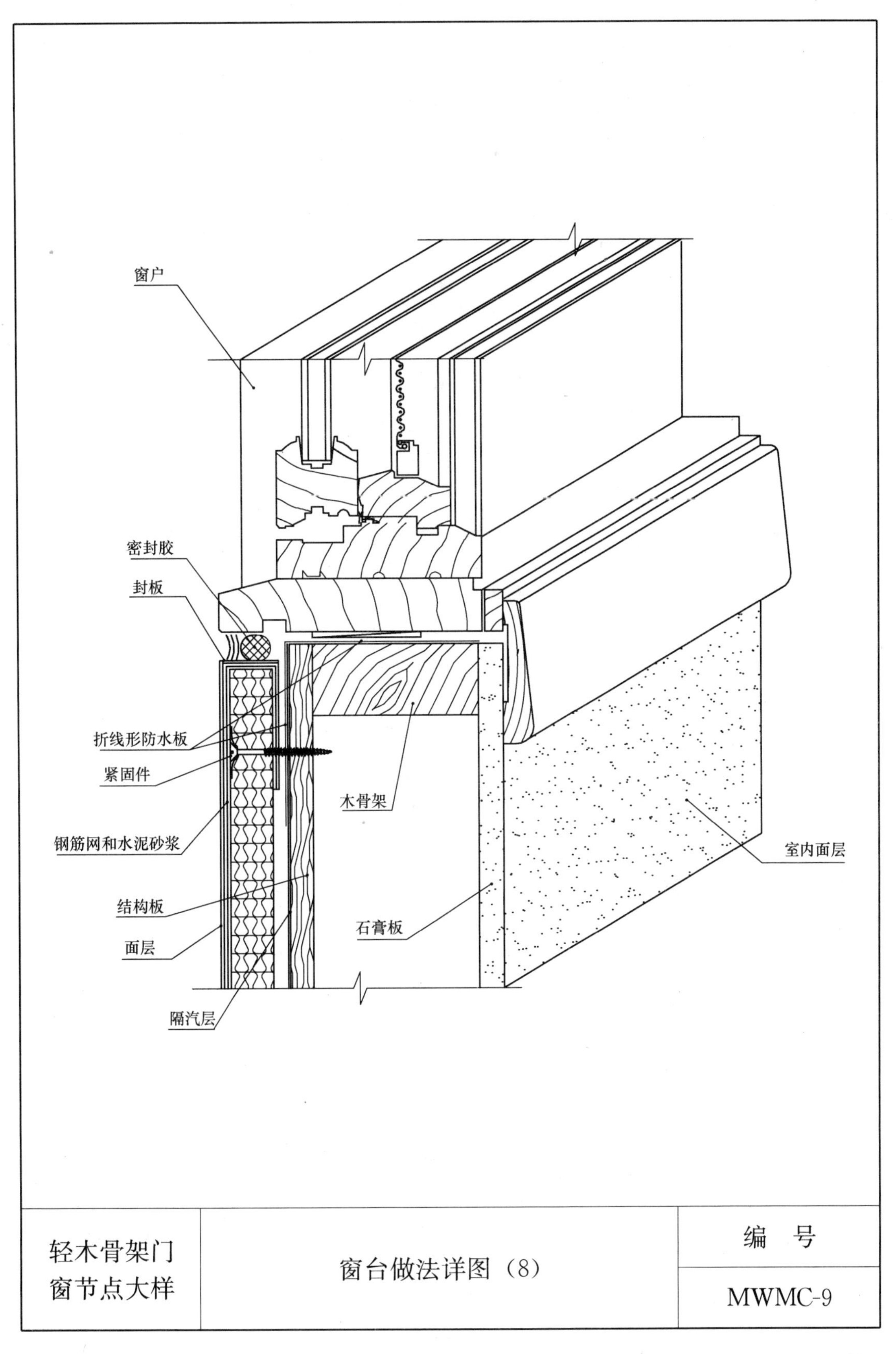
窗户
密封胶
封板
折线形防水板
紧固件
钢筋网和水泥砂浆
结构板
面层
隔汽层
木骨架
石膏板
室内面层
轻木骨架门
窗节点大样
窗台做法详图（8）
编 号
MWMC-9

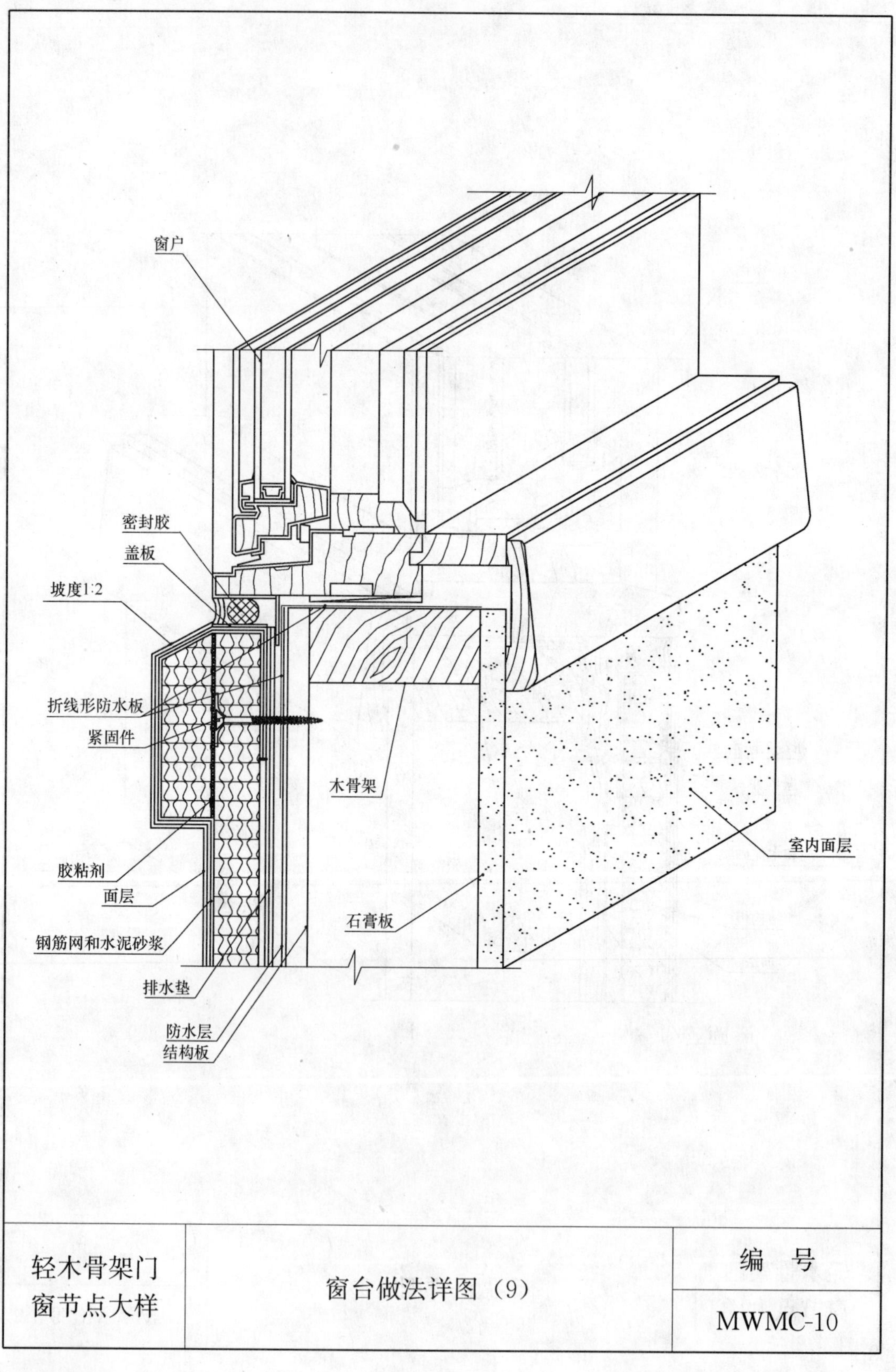

轻木骨架门窗节点大样	窗台做法详图（9）	编　号
		MWMC-10

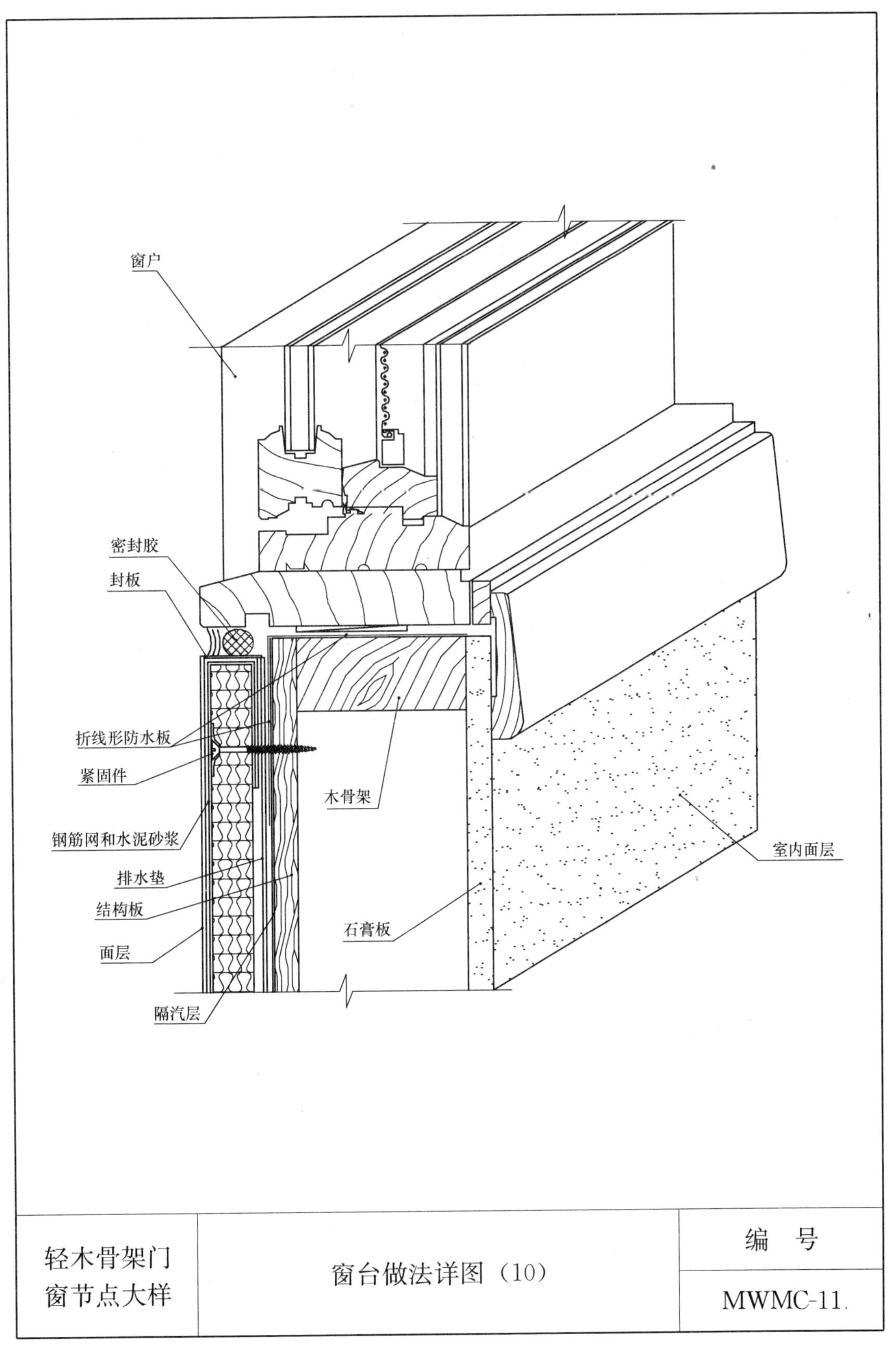

轻木骨架门窗节点大样	窗台做法详图（10）	编　号
		MWMC-11

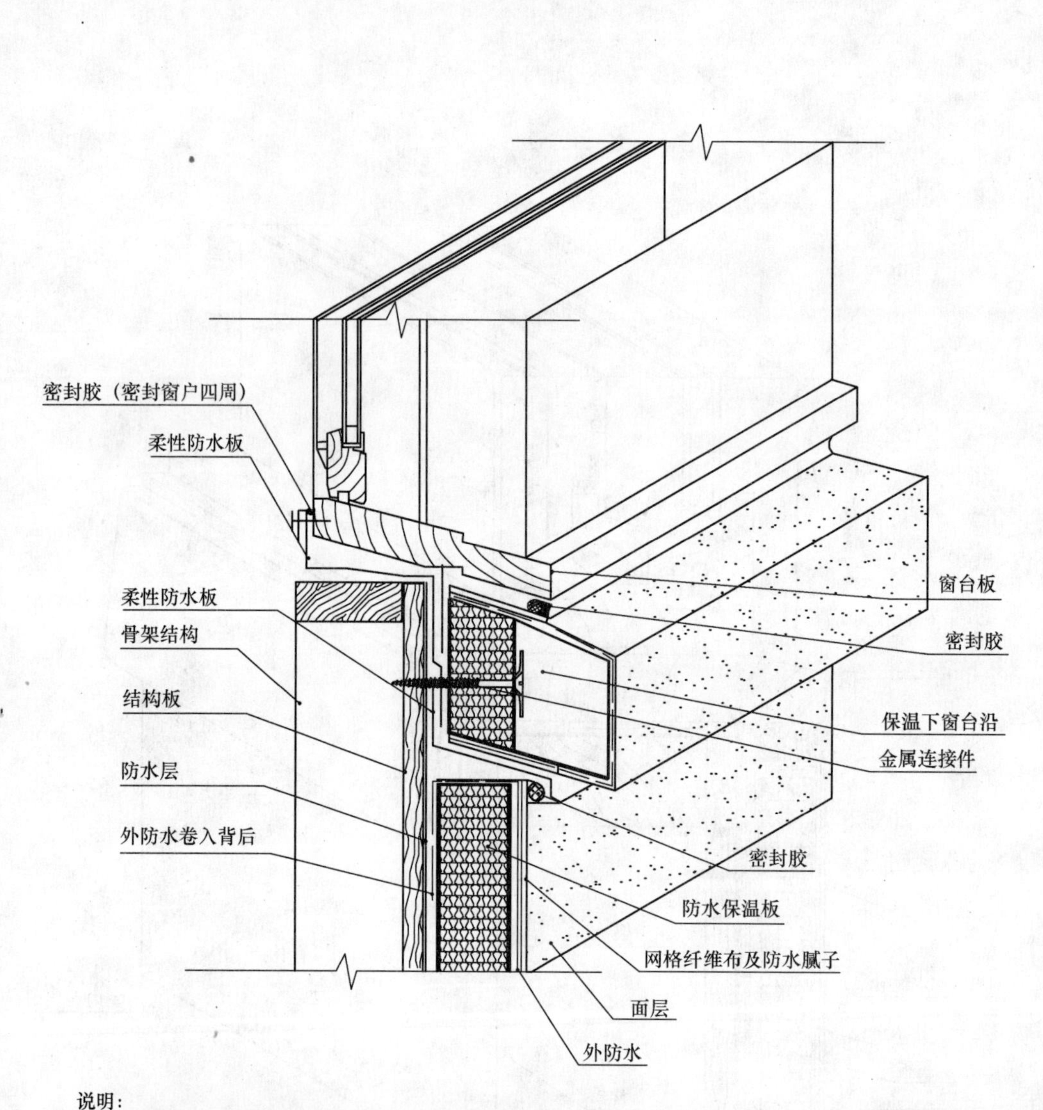

说明：

1.密封胶打入深度应在19mm以上，保温板与窗框之间要有足够的空间安装密封胶。

2.密封胶打入厚度应在13mm以上。

3.用最小厚度为102mm的柔性防水板填充门窗框塞口。

4.第二层防水在一些地区是必需的（例如：在南方的建筑防水层的效果等同于第一层油毡的防水效果）。

5.防水保温板的厚度最小为38mm，详见FSQ-1。

轻木骨架门窗节点大样	窗台做法详图（11）	编　号
		MWMC-12

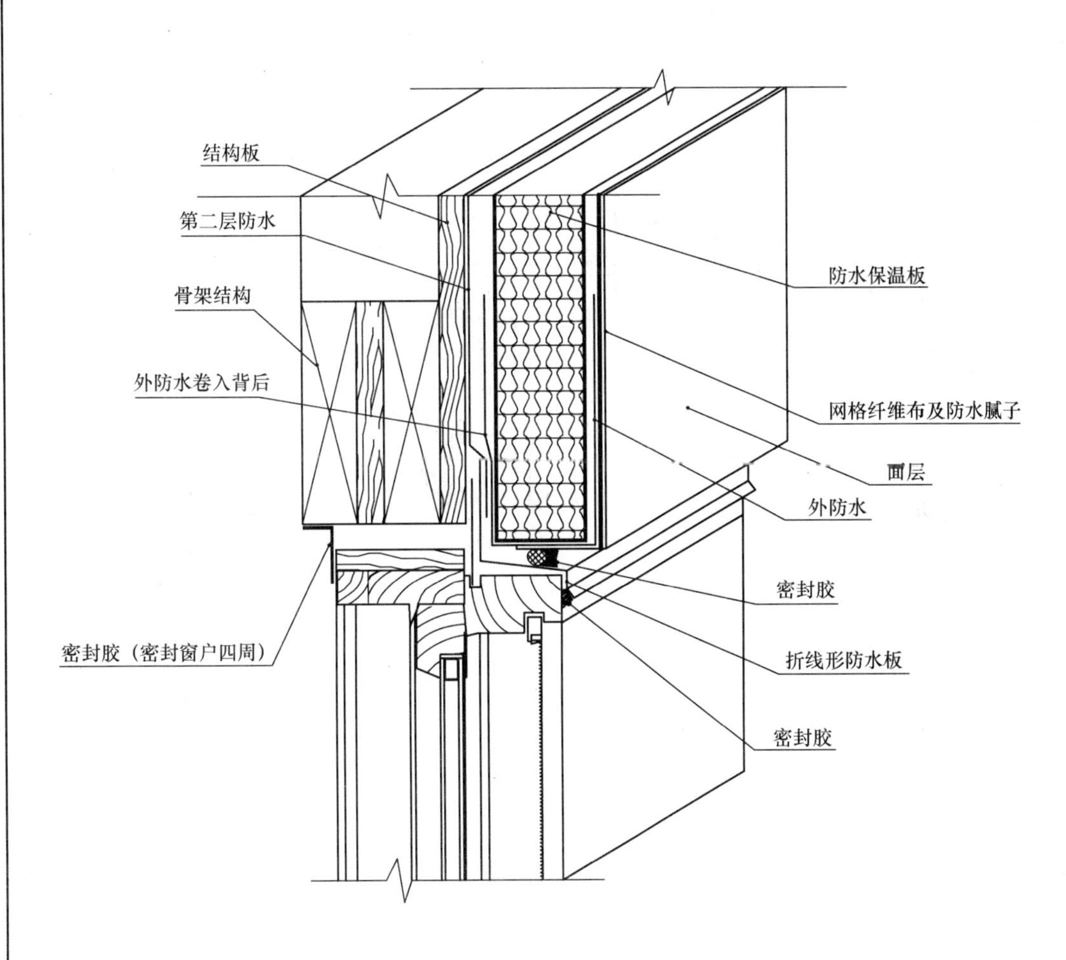

说明：

1.密封胶打入深度应在19mm以上，保温板与窗框之间要有足够的空间安装密封胶。

2.密封胶打入厚度应在13mm以上。

3.用最小厚度为102mm的柔性防水板填充门窗框塞口。

4.第二层防水在一些地区是必需的（例如：在南方的建筑防水层的效果等同于第一层油毡的防水效果）。

5.防水保温板的厚度最小为38mm，详见FSQ-1。

轻木骨架门窗节点大样	门窗檐做法详图（1）	编　号
		MWMC-13

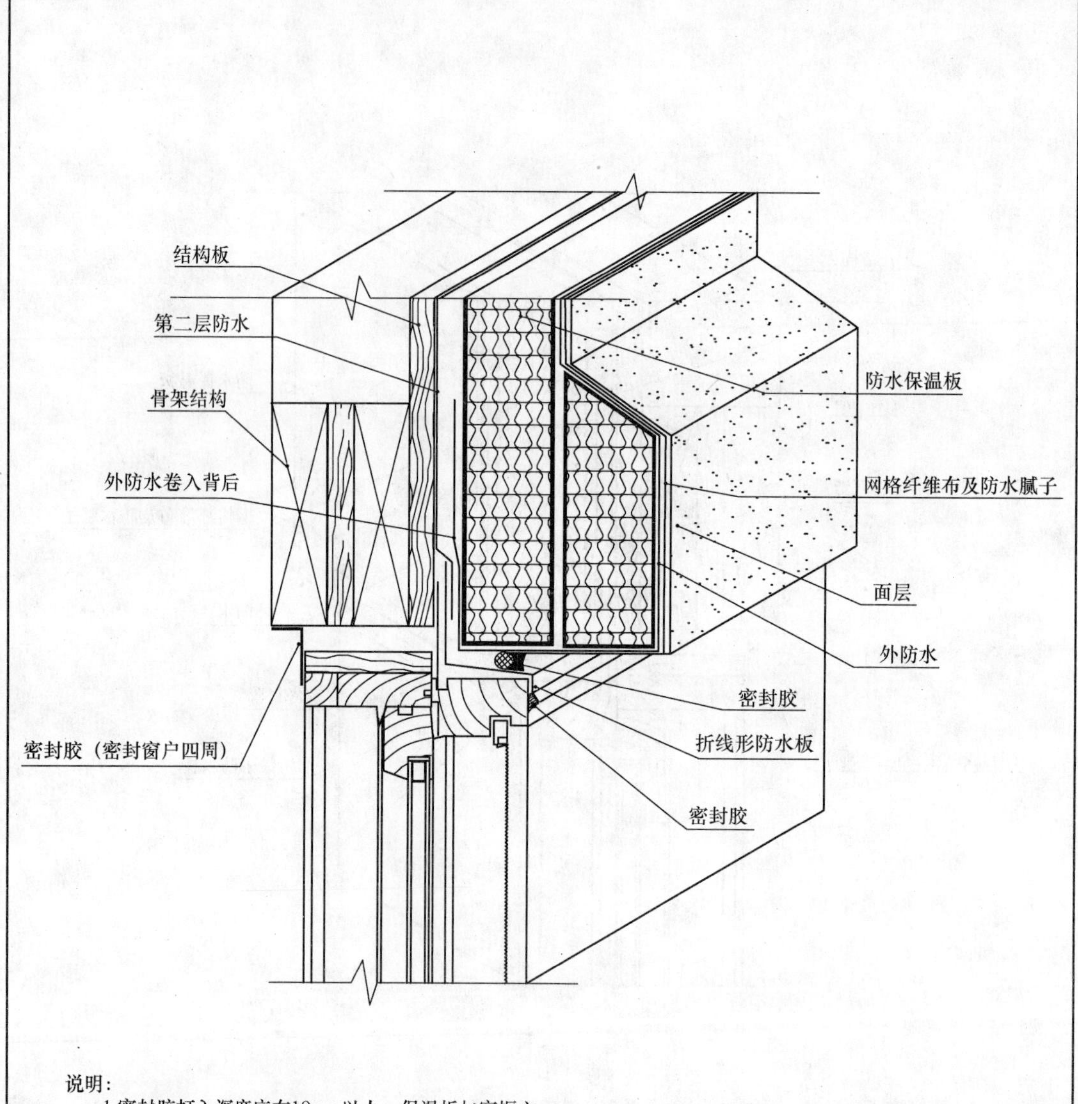

说明：

1.密封胶打入深度应在19mm以上，保温板与窗框之间要有足够的空间安装密封胶。

2.密封胶打入厚度应在13mm以上。

3.用最小厚度为102mm的柔性防水板填充门窗框塞口。

4.第二层防水在一些地区是必需的（例如：在南方的建筑防水层的效果等同于第一层油毡的防水效果）。

5.防水保温板的厚度最小为38mm，详见FSQ-1。

轻木骨架门窗节点大样	门窗檐做法详图（2）	编　号 MWMC-14

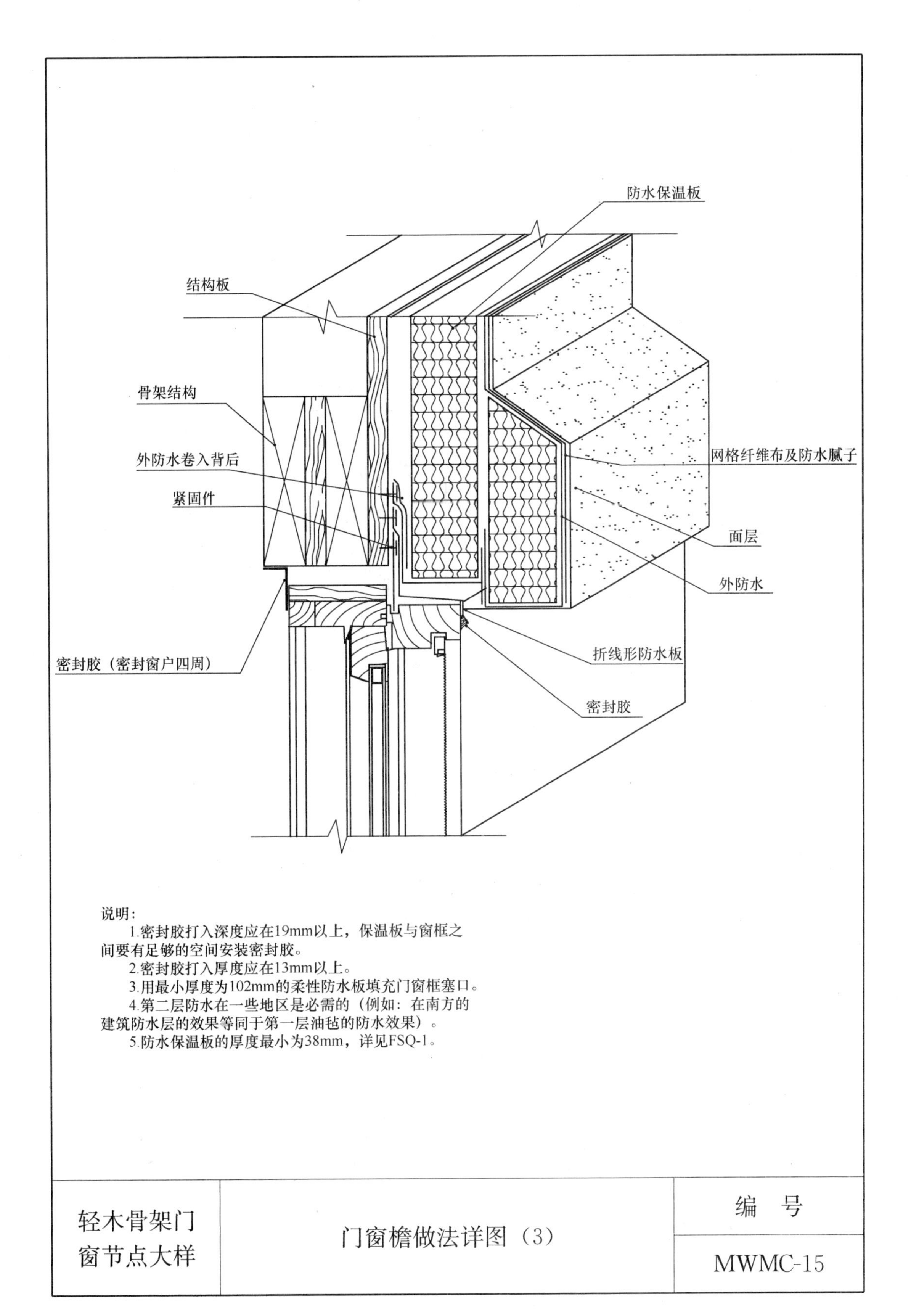

说明：

1.密封胶打入深度应在19mm以上，保温板与窗框之间要有足够的空间安装密封胶。

2.密封胶打入厚度应在13mm以上。

3.用最小厚度为102mm的柔性防水板填充门窗框塞口。

4.第二层防水在一些地区是必需的（例如：在南方的建筑防水层的效果等同于第一层油毡的防水效果）。

5.防水保温板的厚度最小为38mm，详见FSQ-1。

轻木骨架门窗节点大样	门窗檐做法详图（3）	编　号 MWMC-15

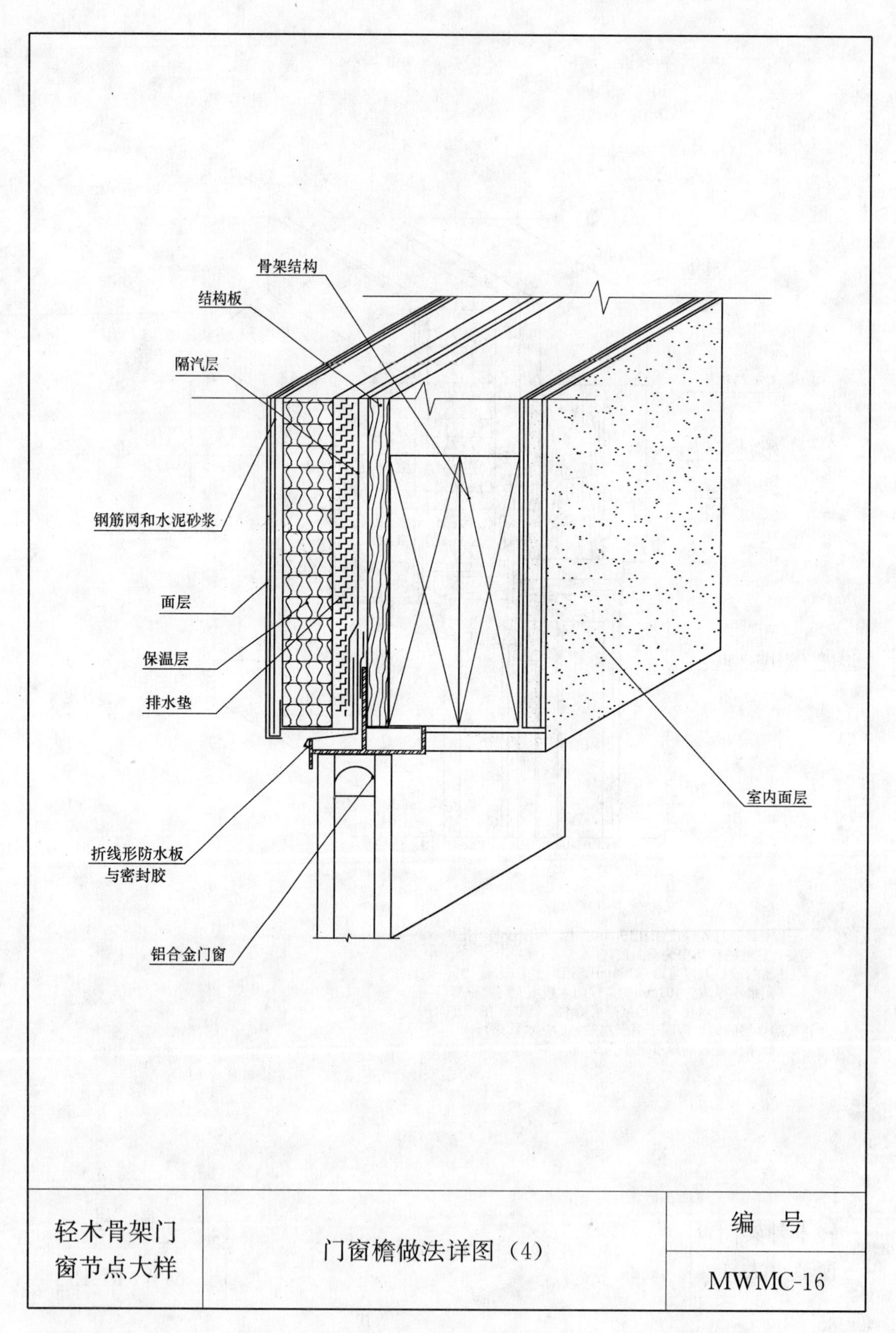
骨架结构
结构板
隔汽层
钢筋网和水泥砂浆
面层
保温层
排水垫
折线形防水板
与密封胶
铝合金门窗
室内面层
轻木骨架门
窗节点大样
门窗檐做法详图（4）
编　号
MWMC-16

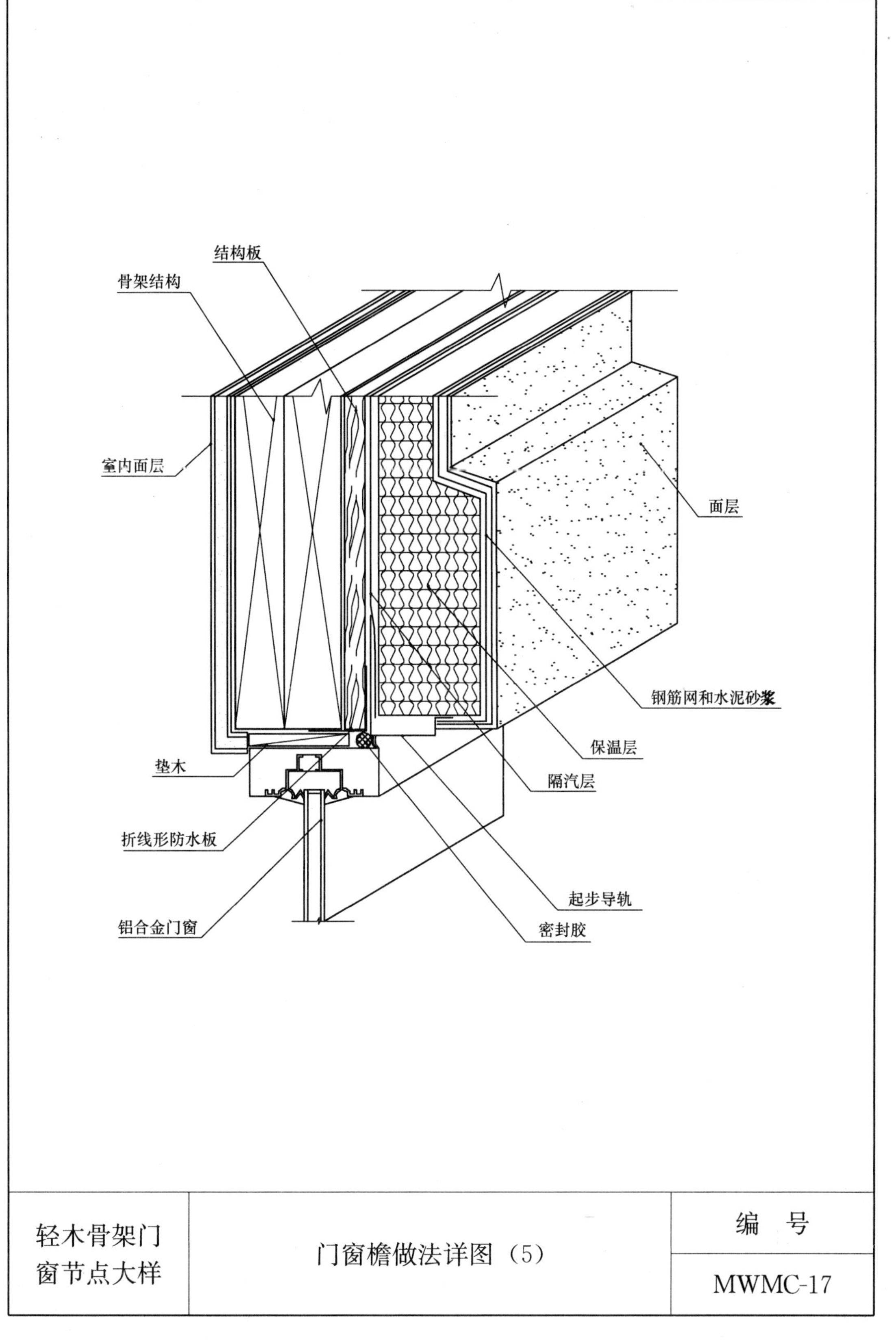

轻木骨架门窗节点大样	门窗檐做法详图（5）	编　号
		MWMC-17

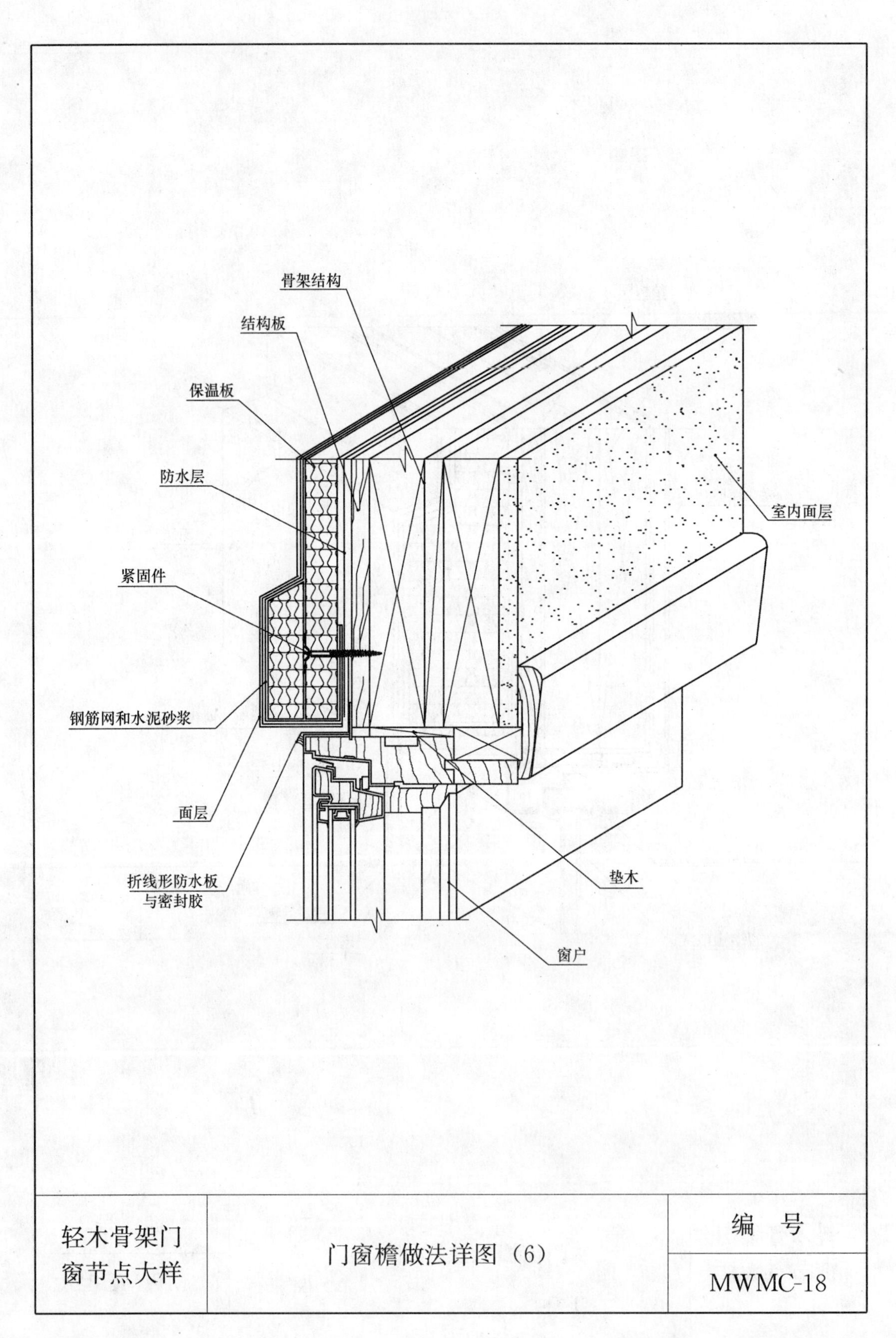

轻木骨架门窗节点大样	门窗檐做法详图（6）	编　号
		MWMC-18

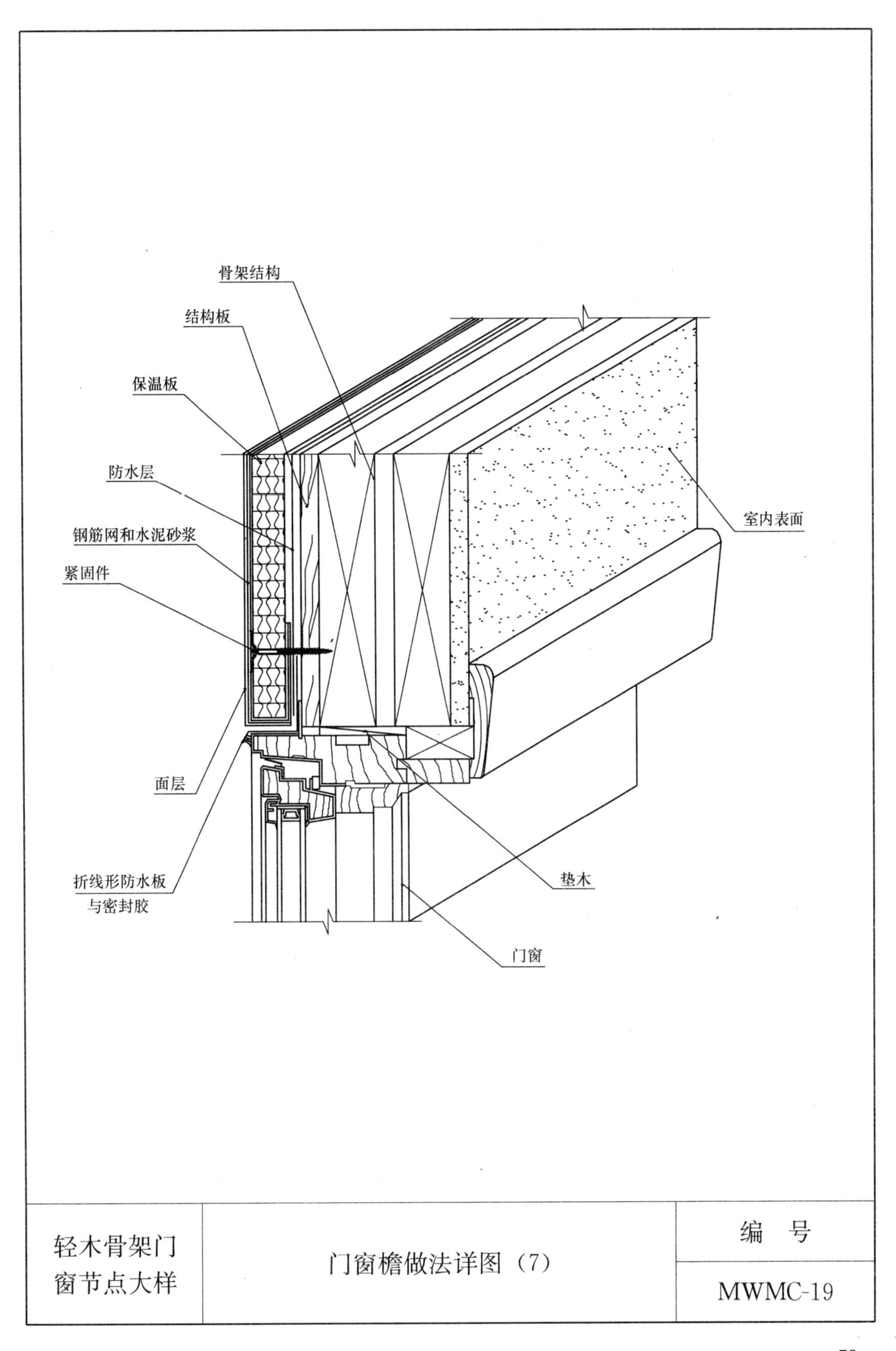
骨架结构
结构板
保温板
防水层
钢筋网和水泥砂浆
紧固件
面层
折线形防水板
与密封胶
室内表面
垫木
门窗
轻木骨架门
窗节点大样
门窗檐做法详图（7）
编 号
MWMC-19

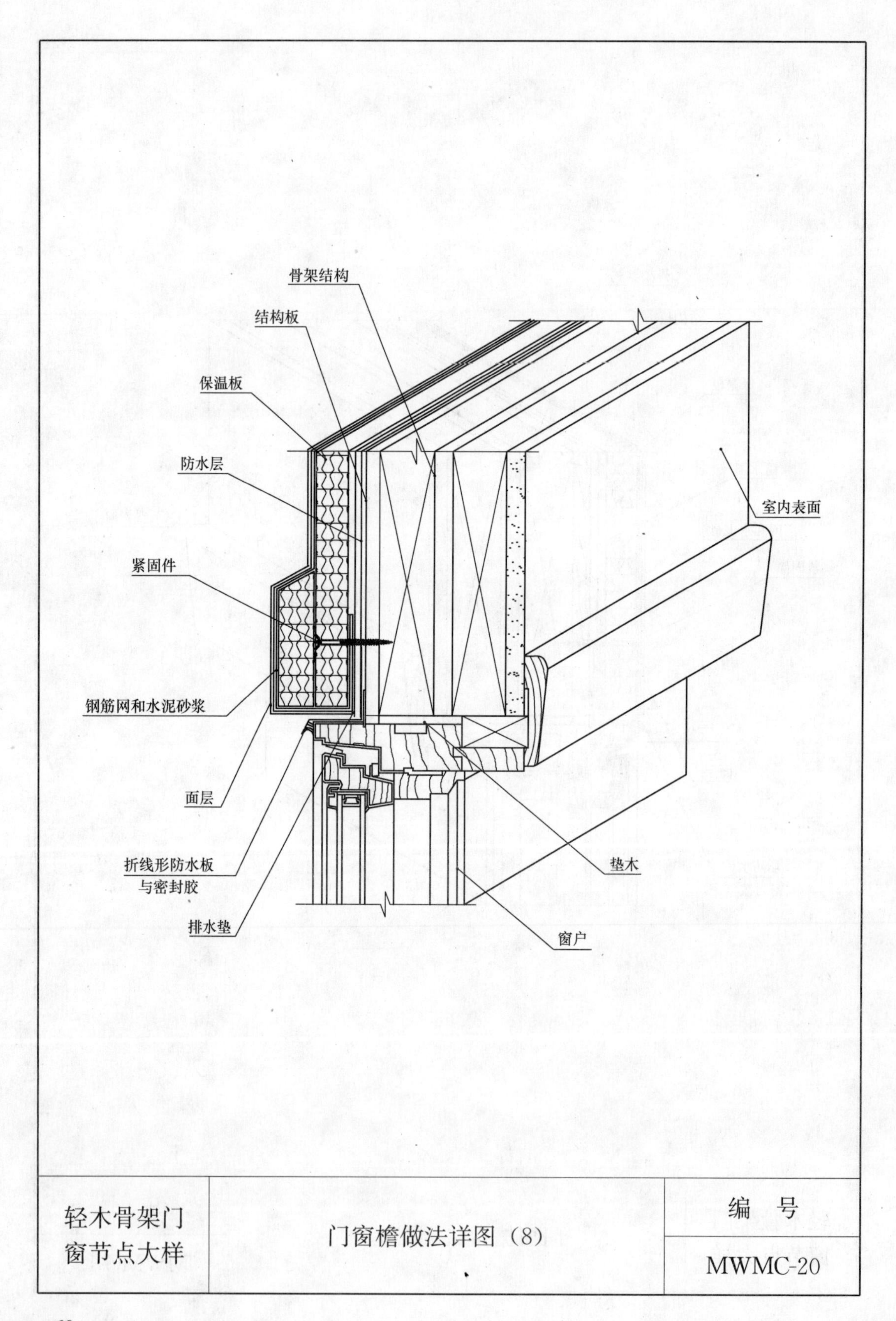
骨架结构
结构板
保温板
防水层
紧固件
钢筋网和水泥砂浆
面层
折线形防水板
与密封胶
排水垫
室内表面
垫木
窗户
轻木骨架门
窗节点大样
门窗檐做法详图（8）
编　号
MWMC-20

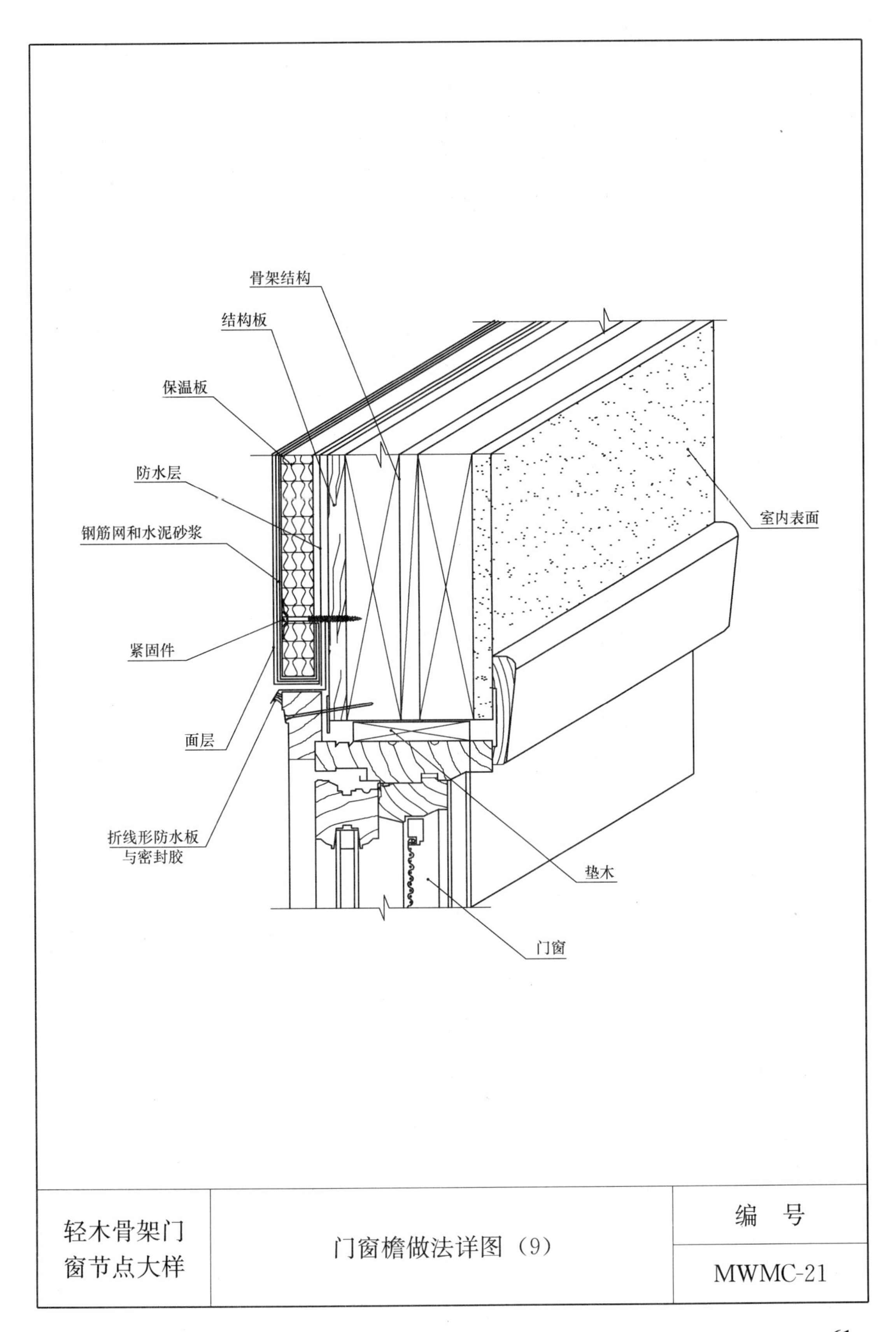

轻木骨架门窗节点大样	门窗檐做法详图（9）	编　号
		MWMC-21

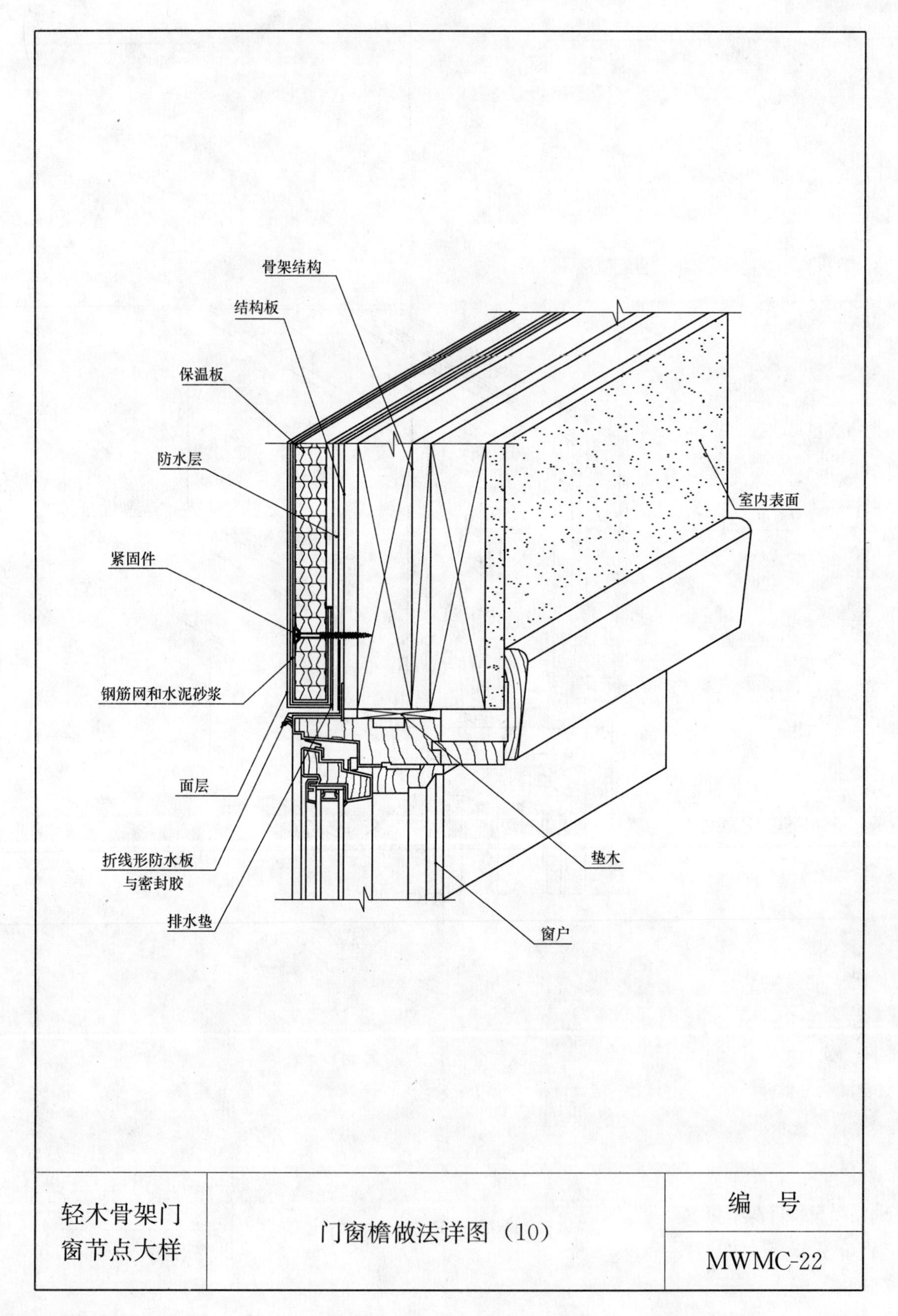
骨架结构
结构板
保温板
防水层
紧固件
钢筋网和水泥砂浆
面层
折线形防水板
与密封胶
排水垫
室内表面
垫木
窗户
轻木骨架门
窗节点大样
门窗檐做法详图（10）
编　号
MWMC-22

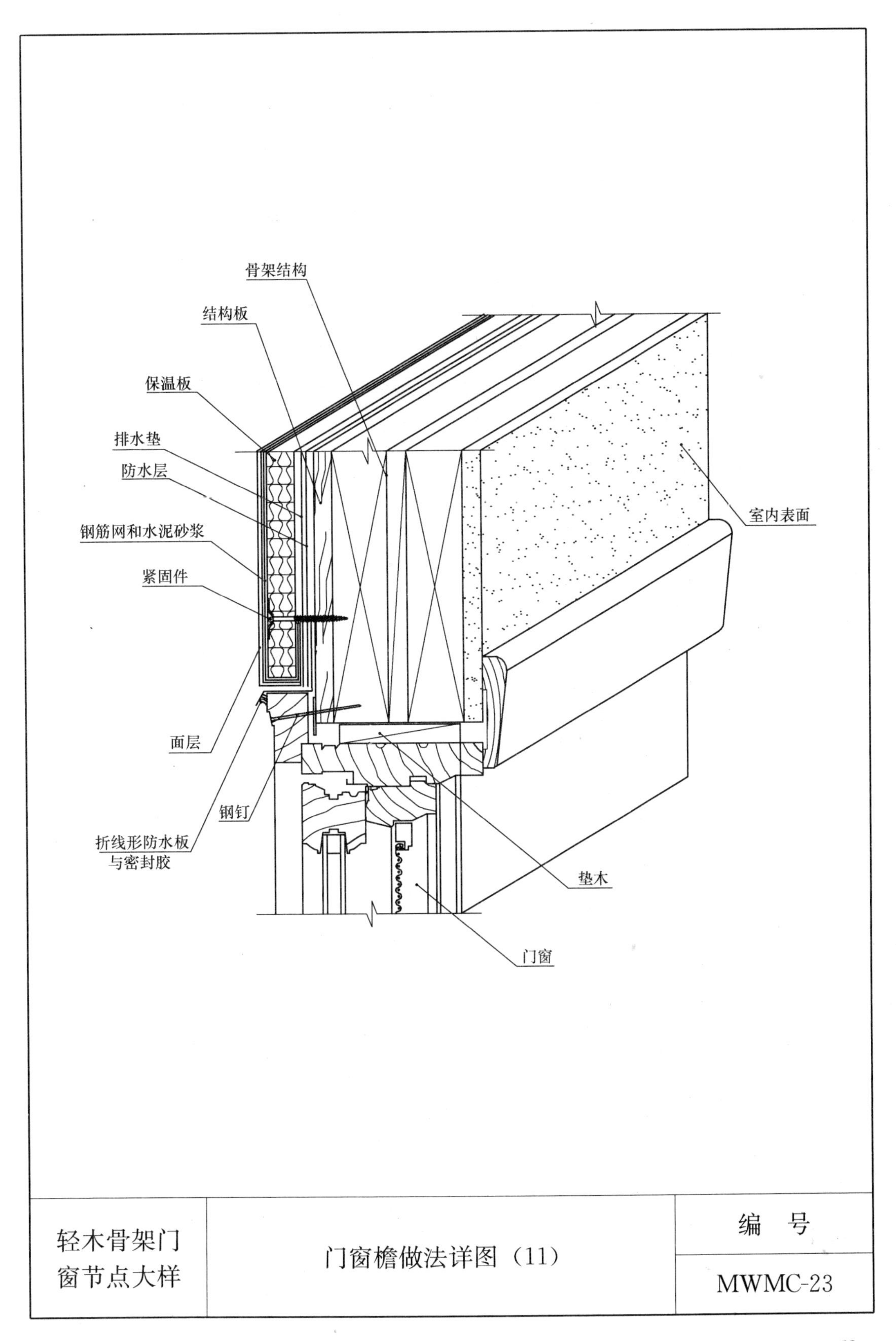

轻木骨架门窗节点大样	门窗檐做法详图（11）	编　号
		MWMC-23

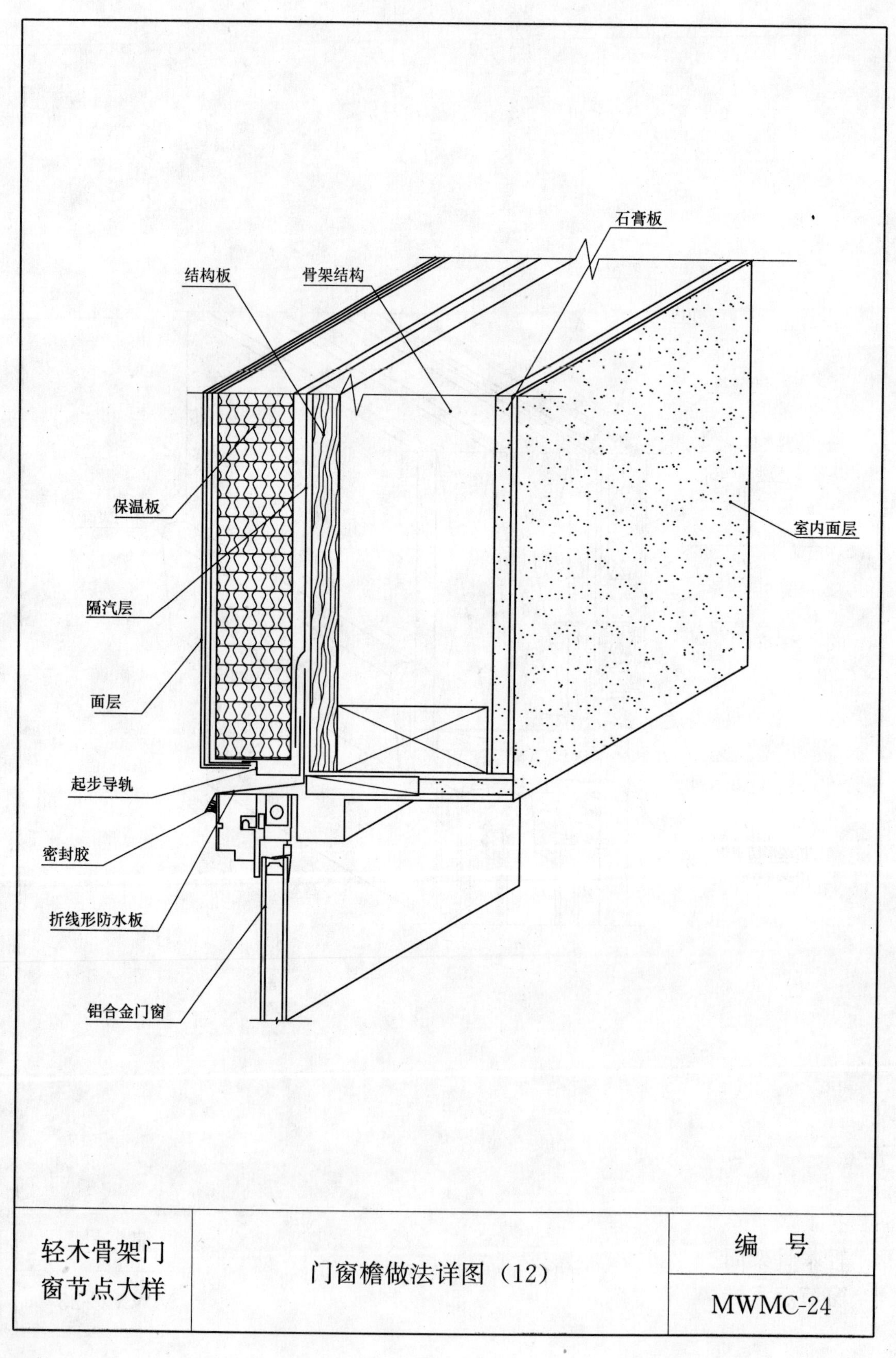
石膏板
结构板
骨架结构
保温板
室内面层
隔汽层
面层
起步导轨
密封胶
折线形防水板
铝合金门窗
轻木骨架门
窗节点大样
门窗檐做法详图（12）
编　号
MWMC-24

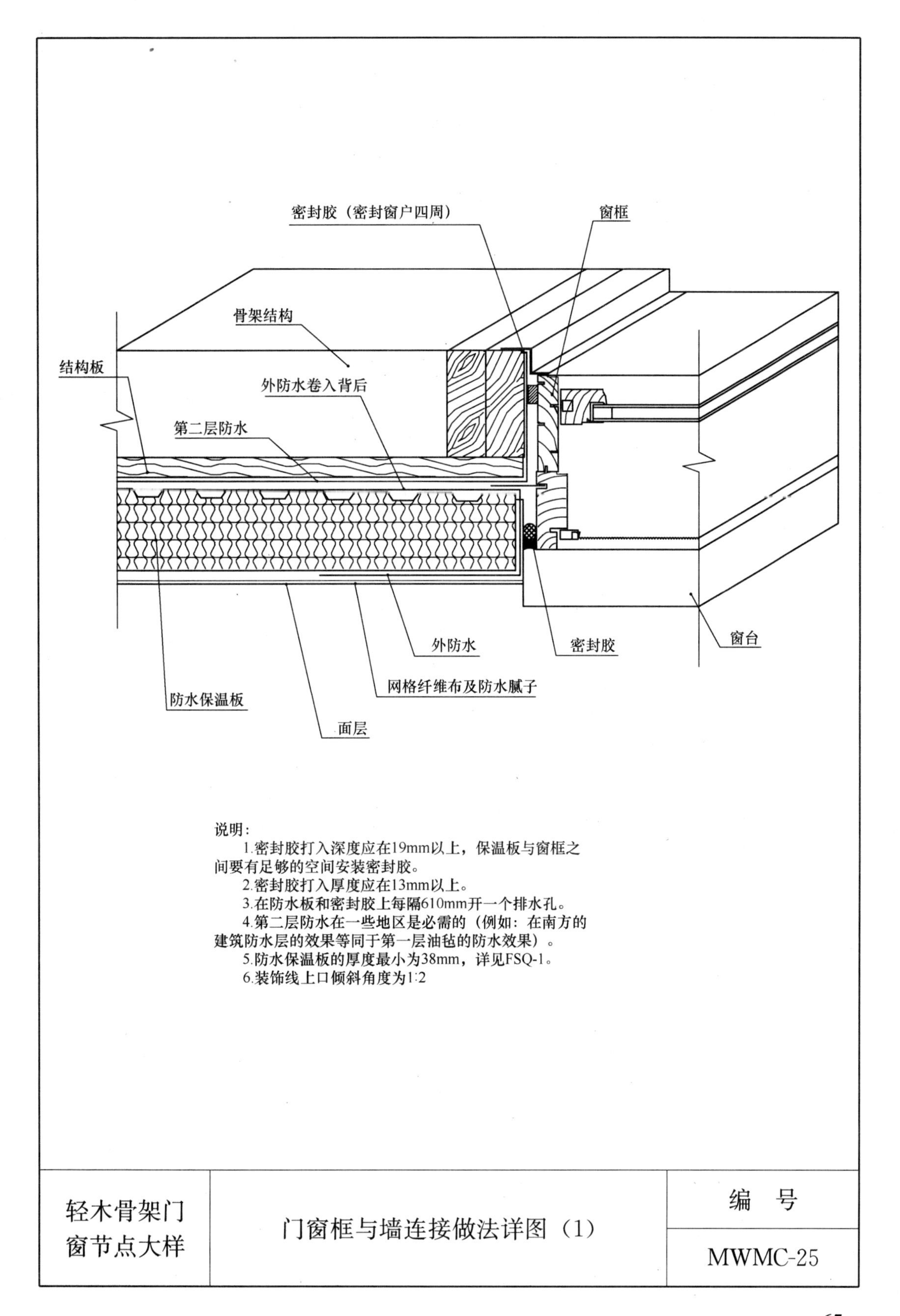

说明：

1.密封胶打入深度应在19mm以上，保温板与窗框之间要有足够的空间安装密封胶。

2.密封胶打入厚度应在13mm以上。

3.在防水板和密封胶上每隔610mm开一个排水孔。

4.第二层防水在一些地区是必需的（例如：在南方的建筑防水层的效果等同于第一层油毡的防水效果）。

5.防水保温板的厚度最小为38mm，详见FSQ-1。

6.装饰线上口倾斜角度为1:2

轻木骨架门窗节点大样	门窗框与墙连接做法详图（1）	编　号
		MWMC-25

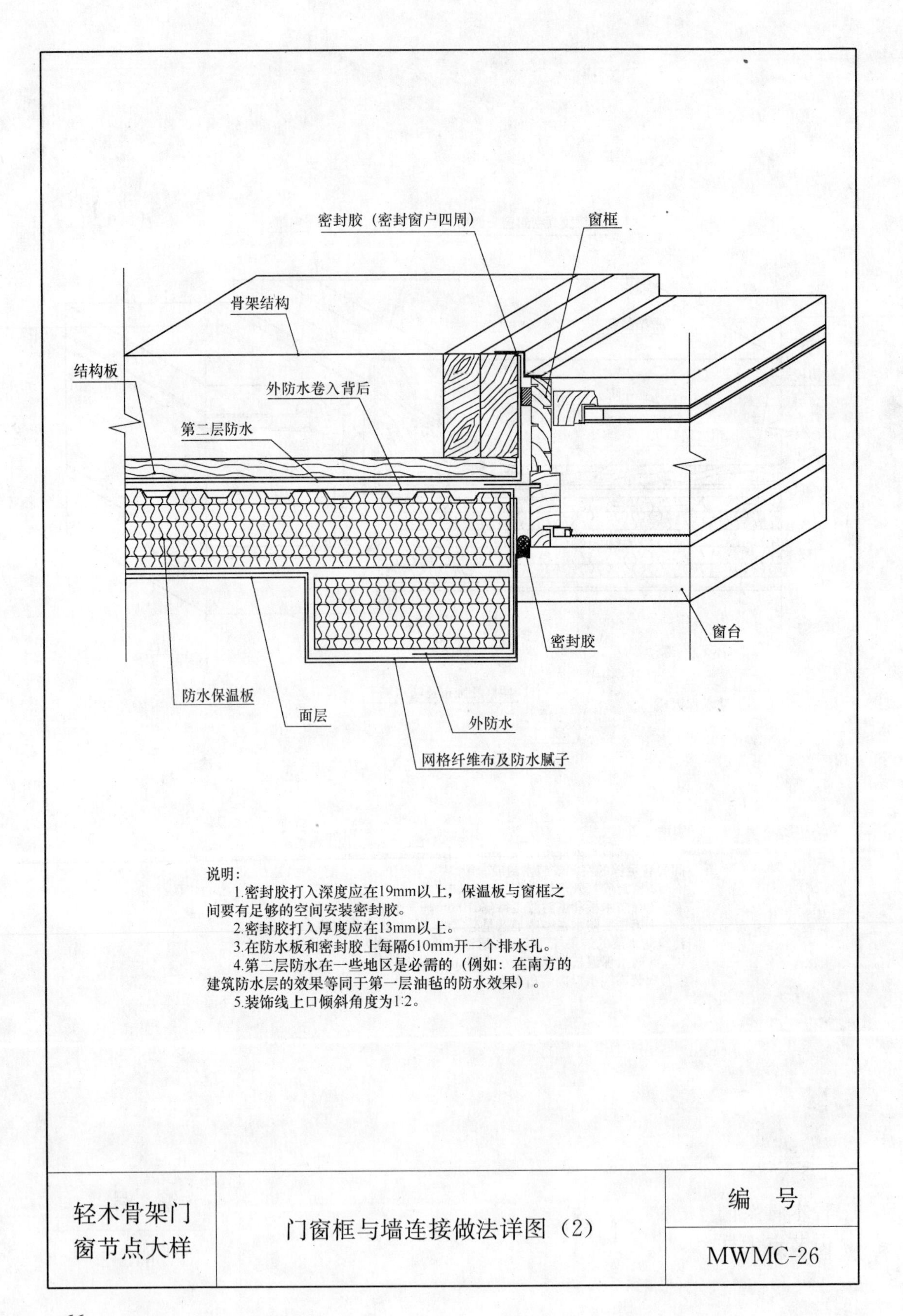

说明：

1.密封胶打入深度应在19mm以上，保温板与窗框之间要有足够的空间安装密封胶。

2.密封胶打入厚度应在13mm以上。

3.在防水板和密封胶上每隔610mm开一个排水孔。

4.第二层防水在一些地区是必需的（例如：在南方的建筑防水层的效果等同于第一层油毡的防水效果）。

5.装饰线上口倾斜角度为1:2。

轻木骨架门窗节点大样	门窗框与墙连接做法详图（2）	编　号
		MWMC-26

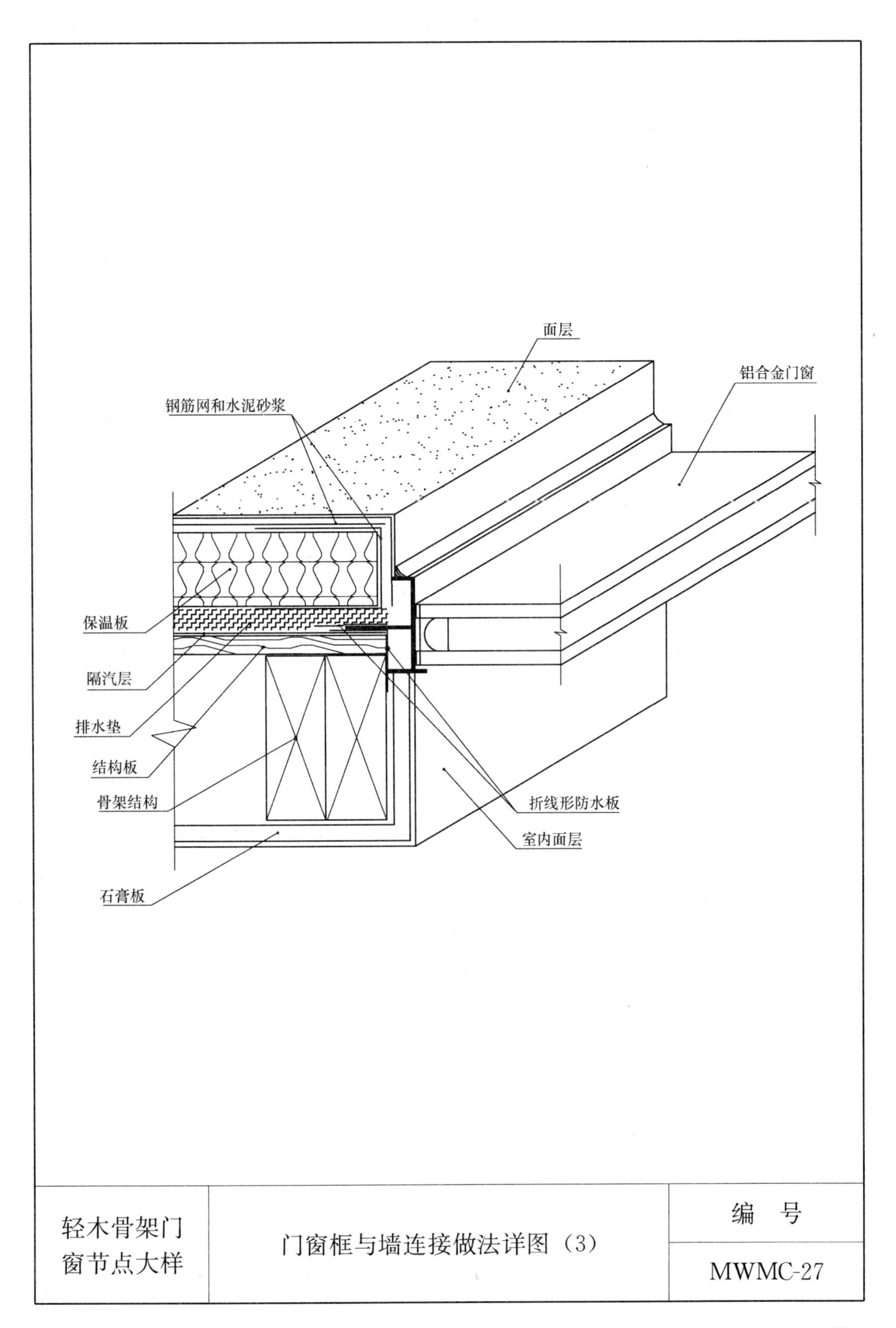

轻木骨架门窗节点大样	门窗框与墙连接做法详图（3）	编　号
		MWMC-27

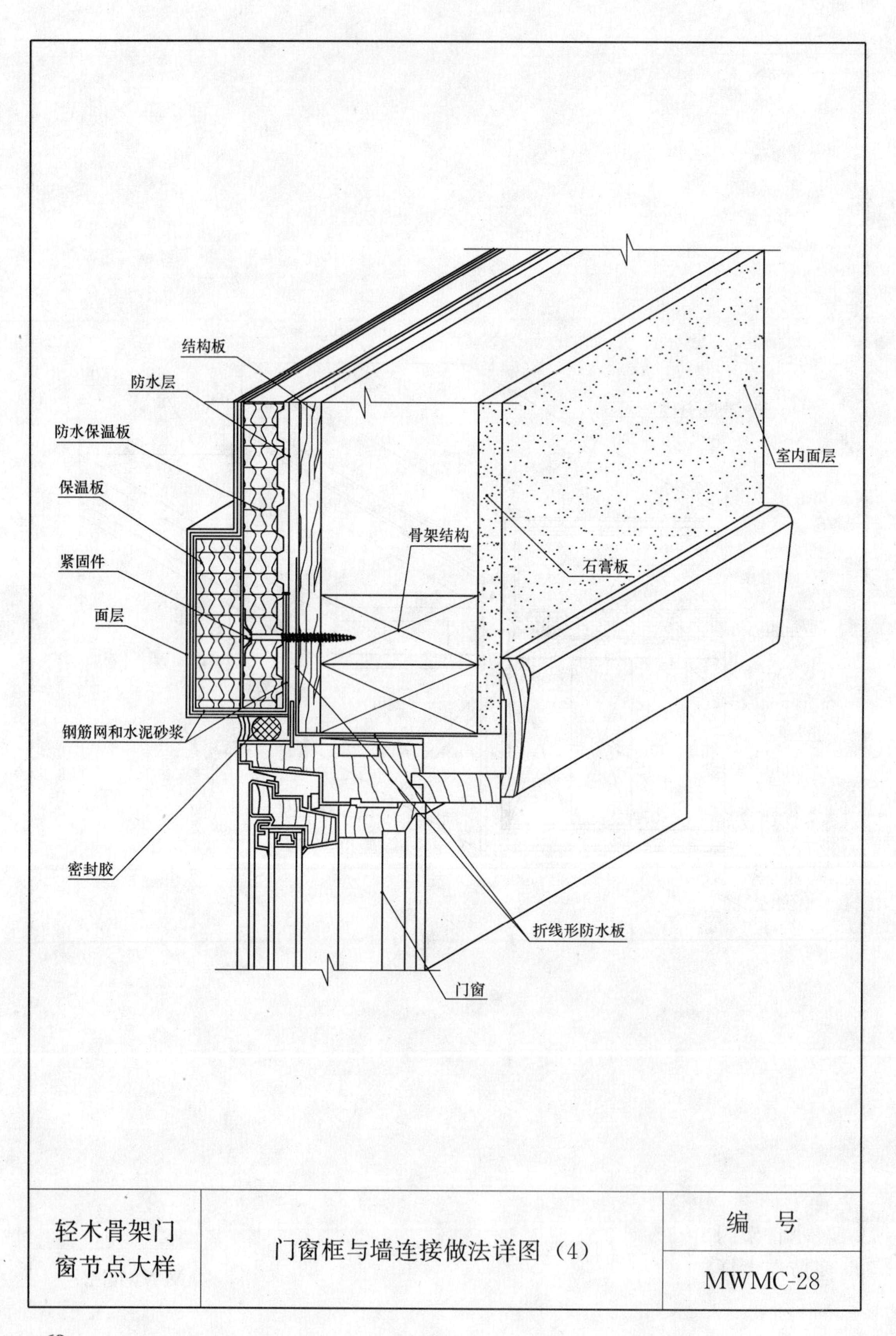
结构板
防水层
防水保温板
保温板
紧固件
面层
钢筋网和水泥砂浆
密封胶
室内面层
骨架结构
石膏板
折线形防水板
门窗
轻木骨架门
窗节点大样
门窗框与墙连接做法详图（4）
编　号
MWMC-28

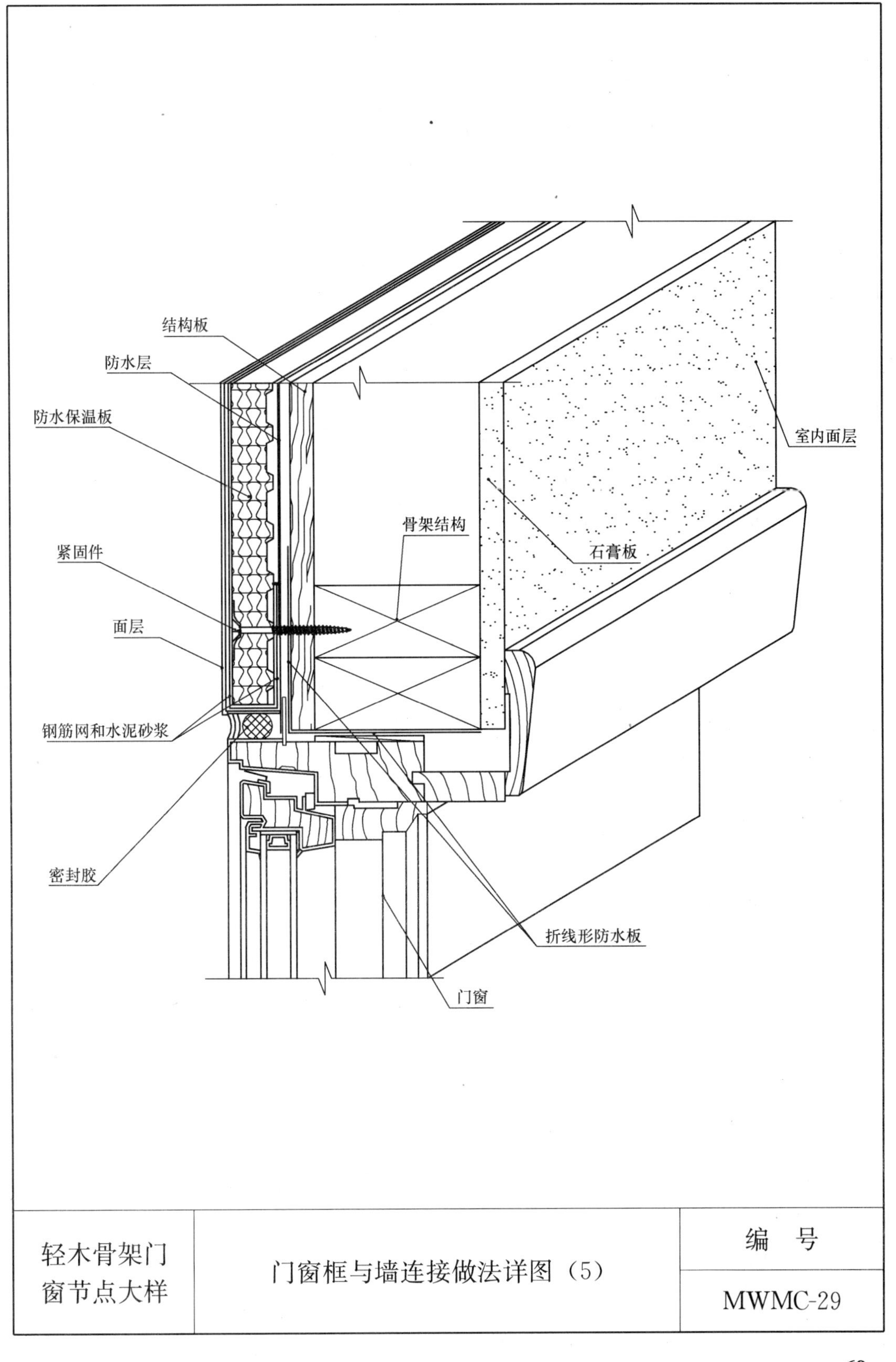

轻木骨架门窗节点大样	门窗框与墙连接做法详图（5）	编　号
		MWMC-29

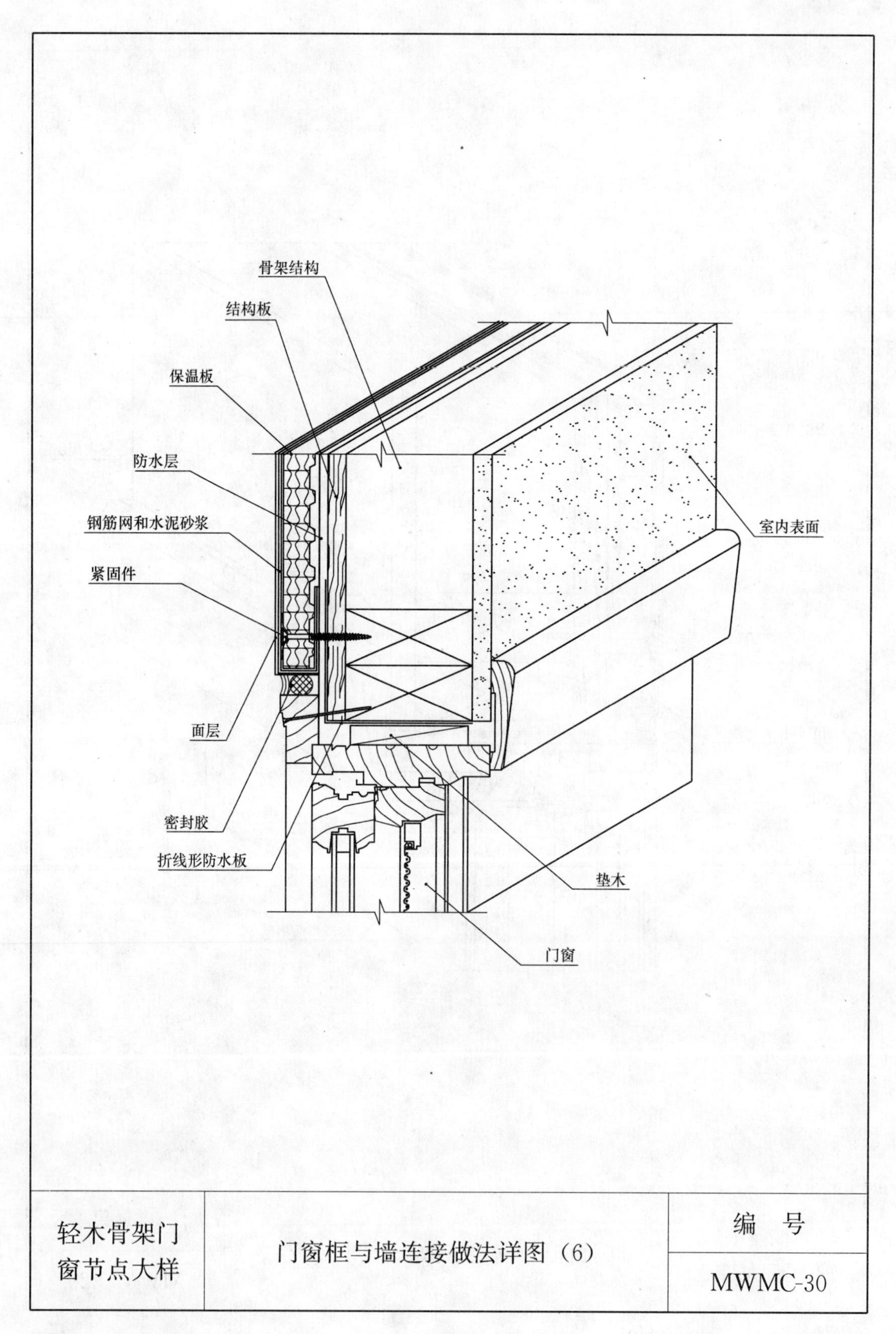
骨架结构
结构板
保温板
防水层
钢筋网和水泥砂浆
紧固件
面层
密封胶
折线形防水板
室内表面
垫木
门窗
轻木骨架门
窗节点大样
门窗框与墙连接做法详图（6）
编　号
MWMC-30

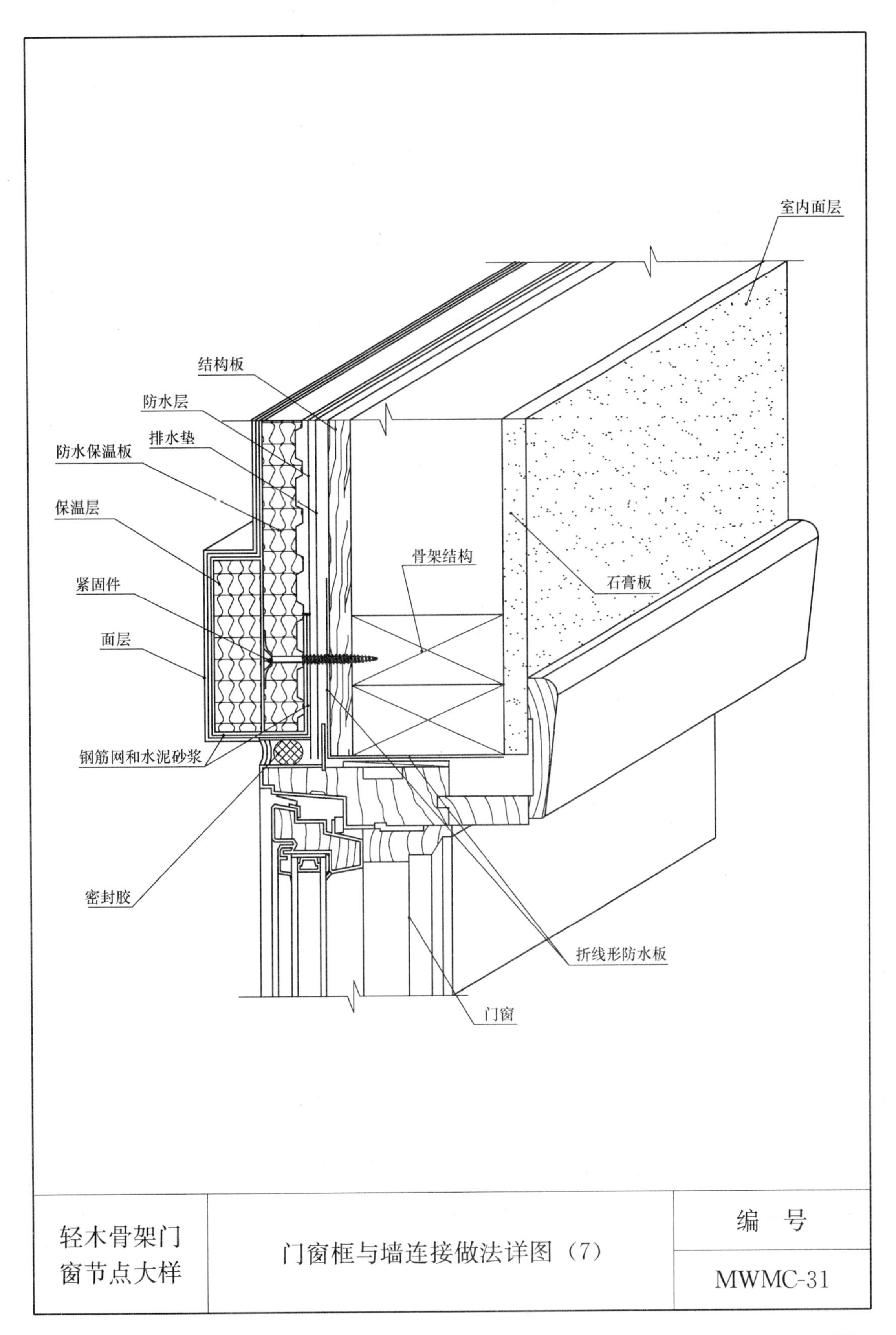

轻木骨架门窗节点大样	门窗框与墙连接做法详图（7）	编　号
		MWMC-31

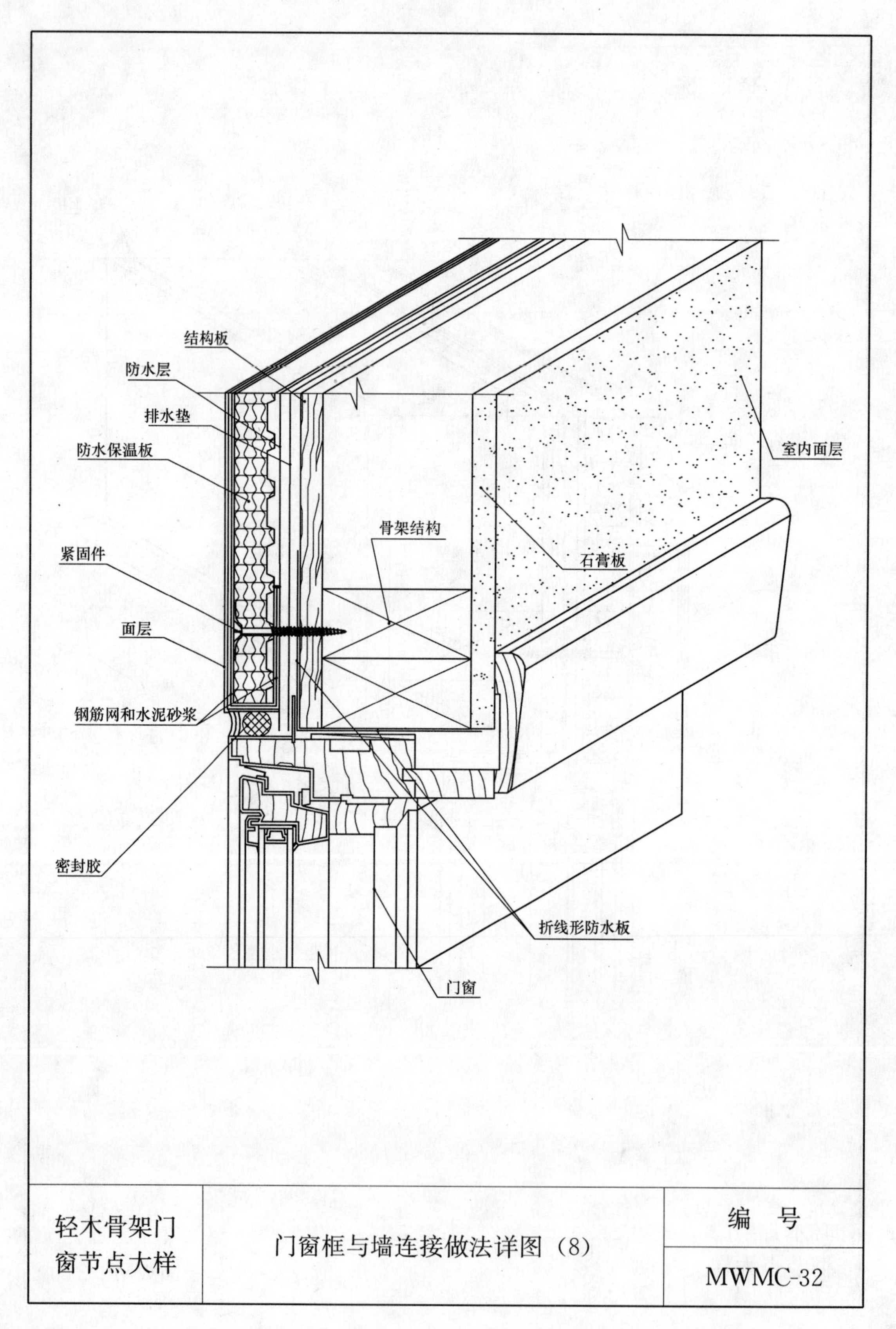

结构板
防水层
排水垫
防水保温板
紧固件
面层
钢筋网和水泥砂浆
密封胶
骨架结构
室内面层
石膏板
折线形防水板
门窗
轻木骨架门窗节点大样
门窗框与墙连接做法详图（8）
编 号
MWMC-32

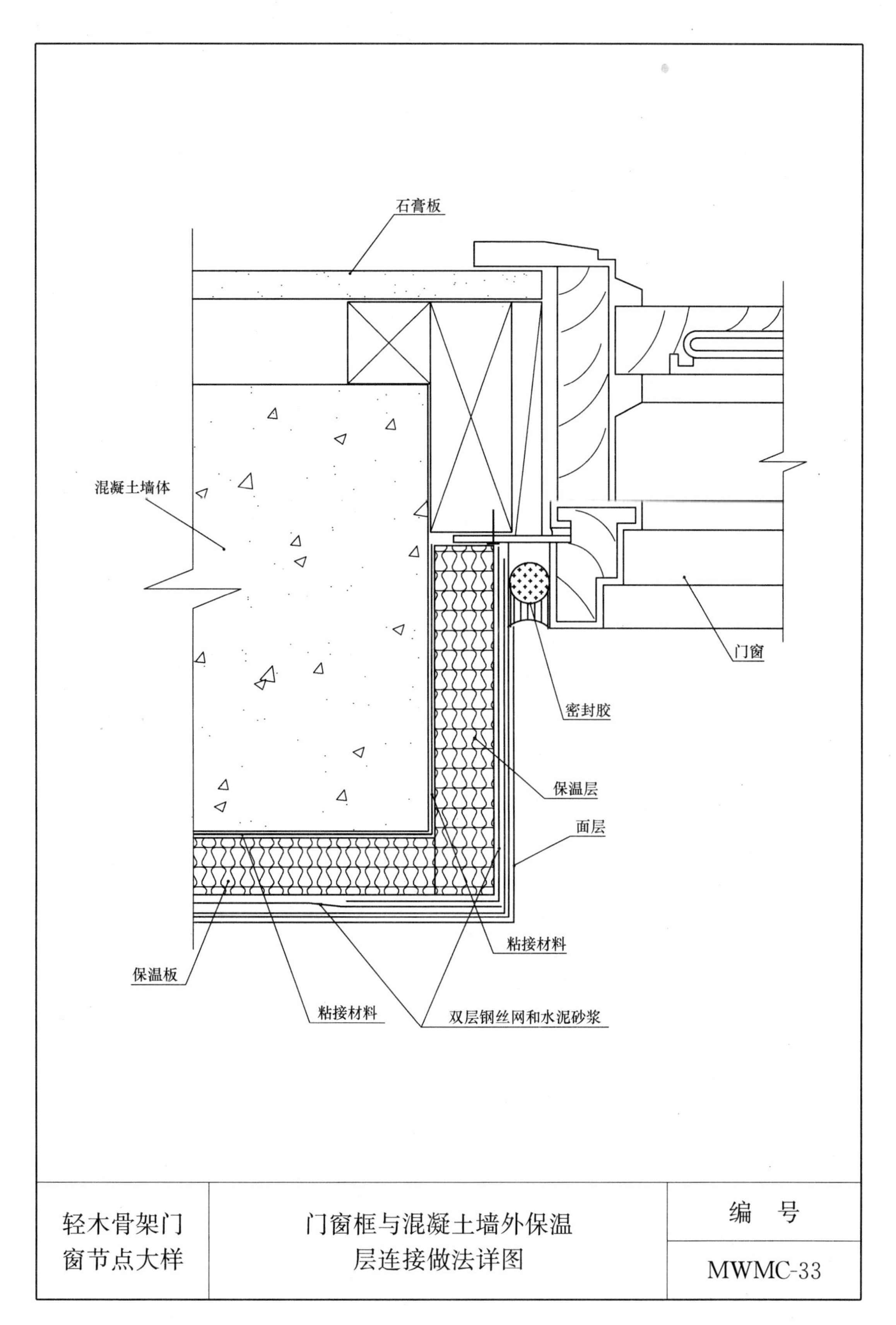

轻木骨架门窗节点大样	门窗框与混凝土墙外保温层连接做法详图	编　号
		MWMC-33

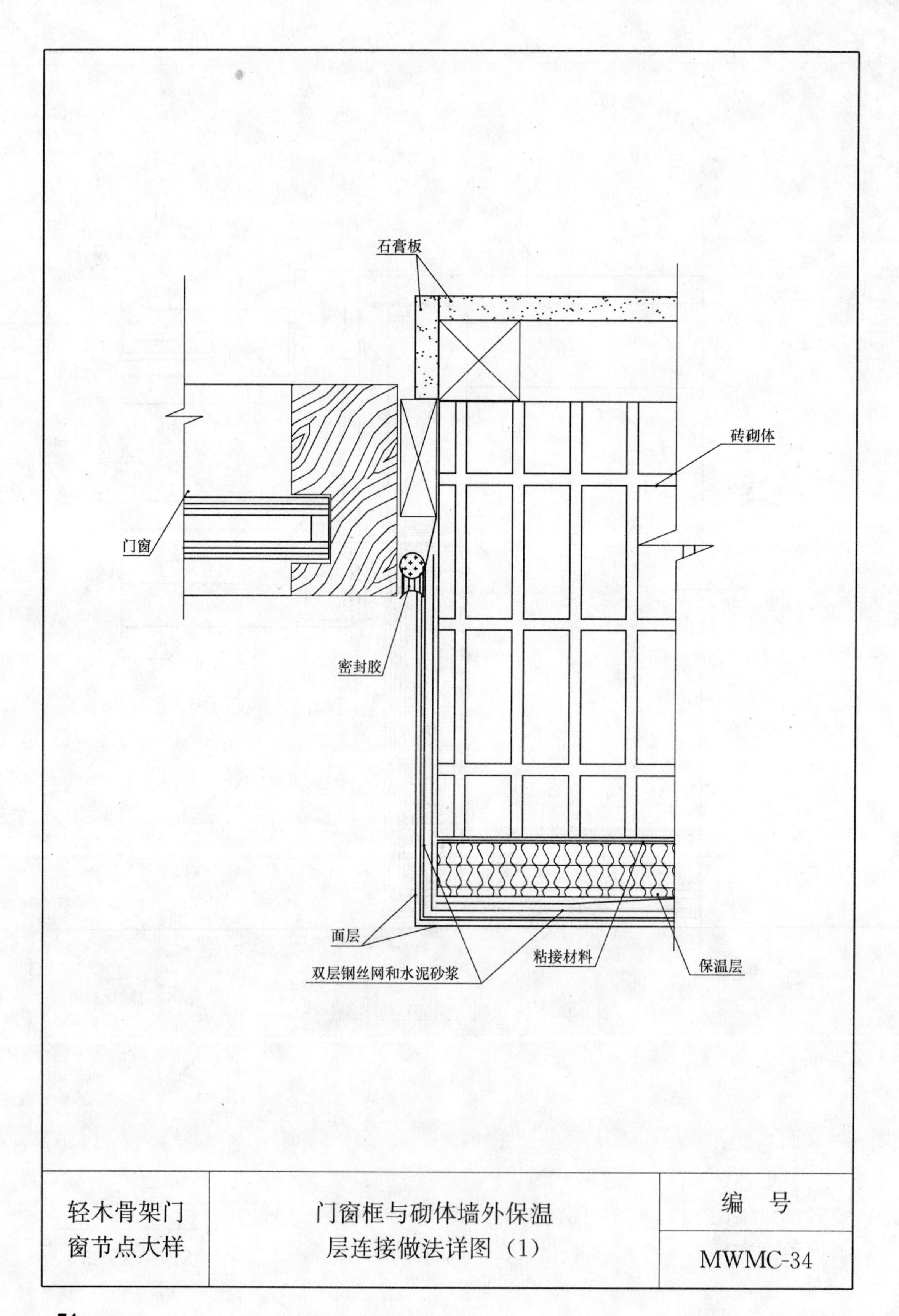

石膏板
砖砌体
门窗
密封胶
面层
粘接材料
双层钢丝网和水泥砂浆
保温层
轻木骨架门窗节点大样
门窗框与砌体墙外保温层连接做法详图（1）
编　号
MWMC-34

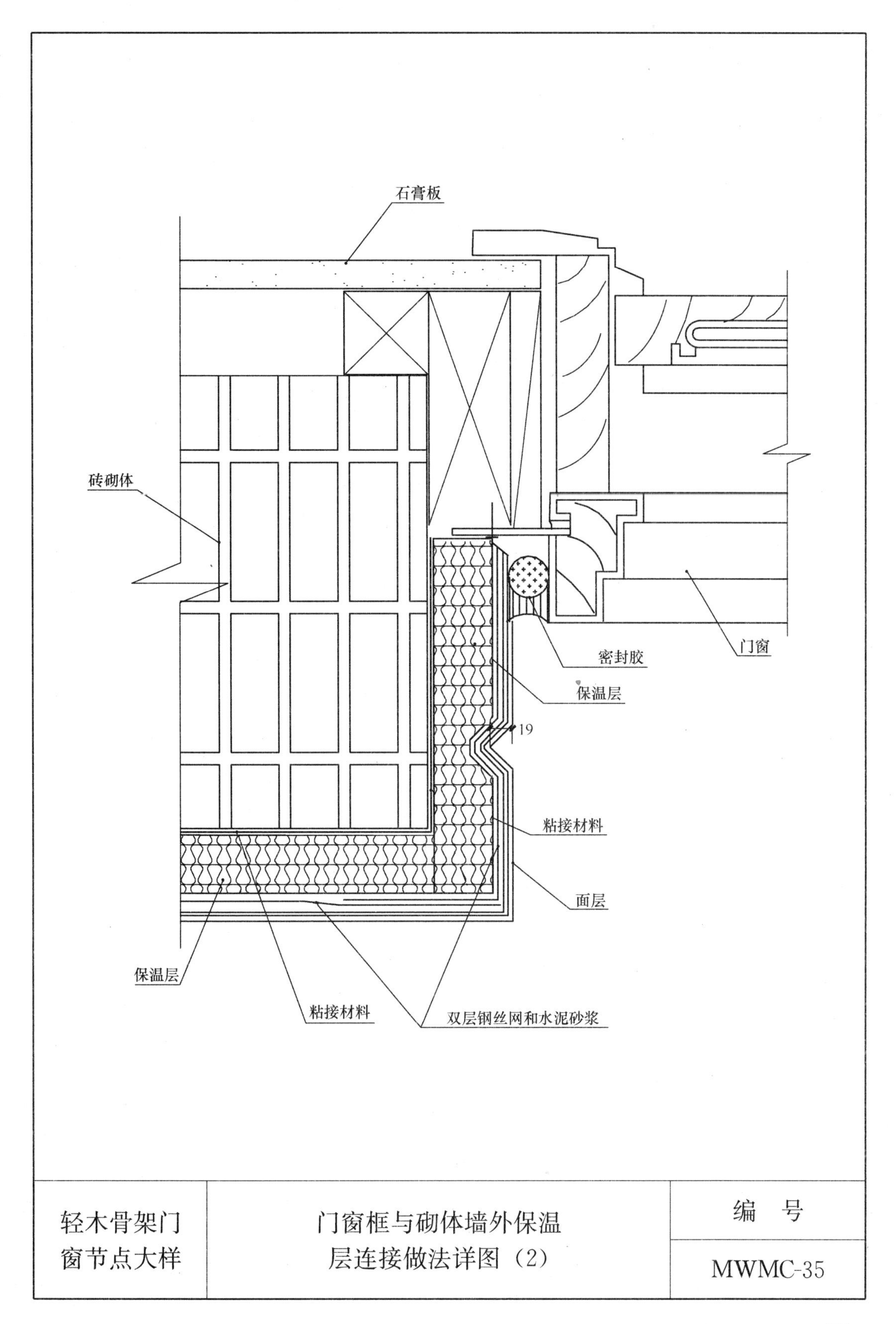

轻木骨架门窗节点大样	门窗框与砌体墙外保温层连接做法详图（2）	编　号
		MWMC-35

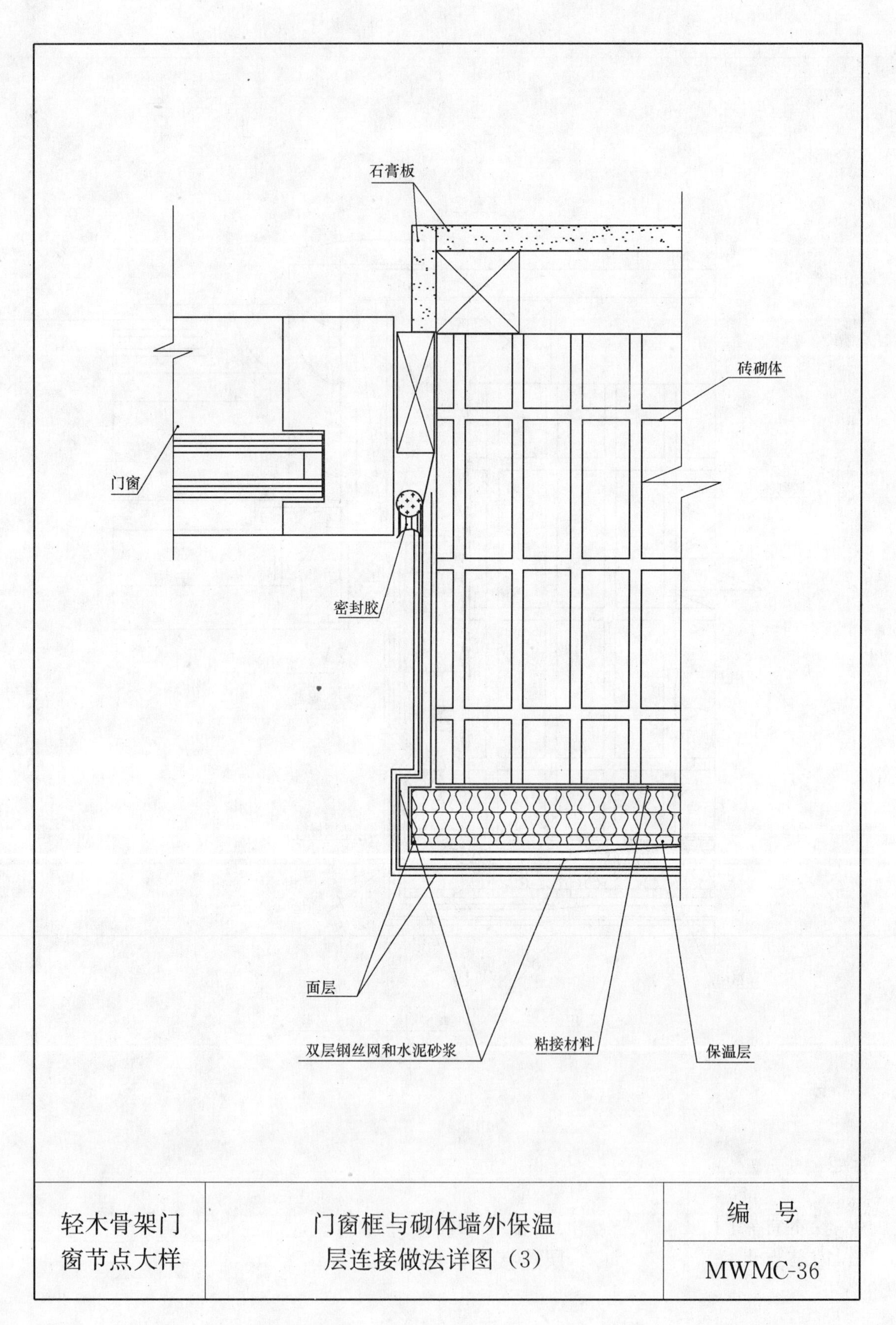

轻木骨架门窗节点大样	门窗框与砌体墙外保温层连接做法详图（3）	编 号
		MWMC-36

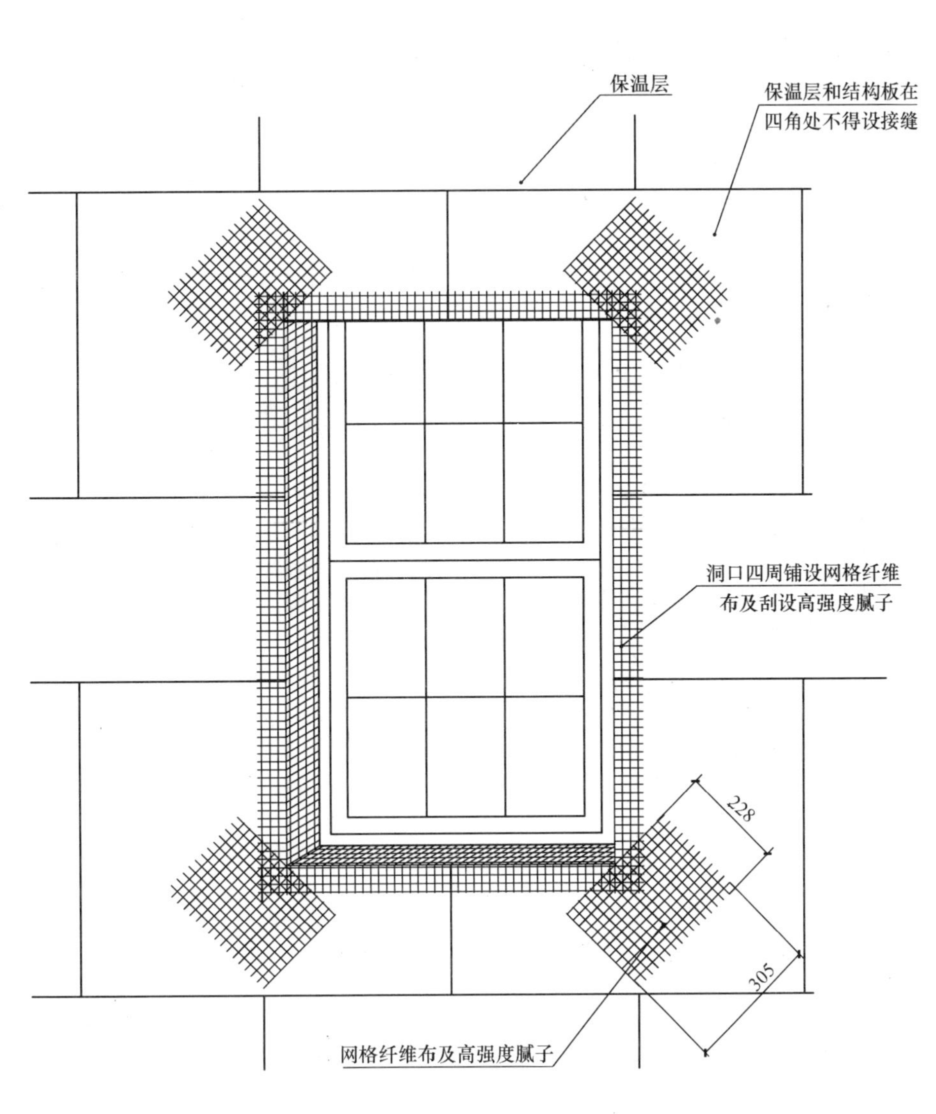

注意:

1.在门窗的拐角处不能露出结构材料。

2.水平面必须留有散水坡，在不同区域可根据气候条件进行调整。

3.两条保温板接缝处的错开最小为76mm。

4.网状结合层的加强搭接宽度最小为64mm。

5.防水层做法为两道防水涂层。

轻钢骨架门窗节点大样	门窗洞口四角补强做法详图	编　号
		GWMC-1

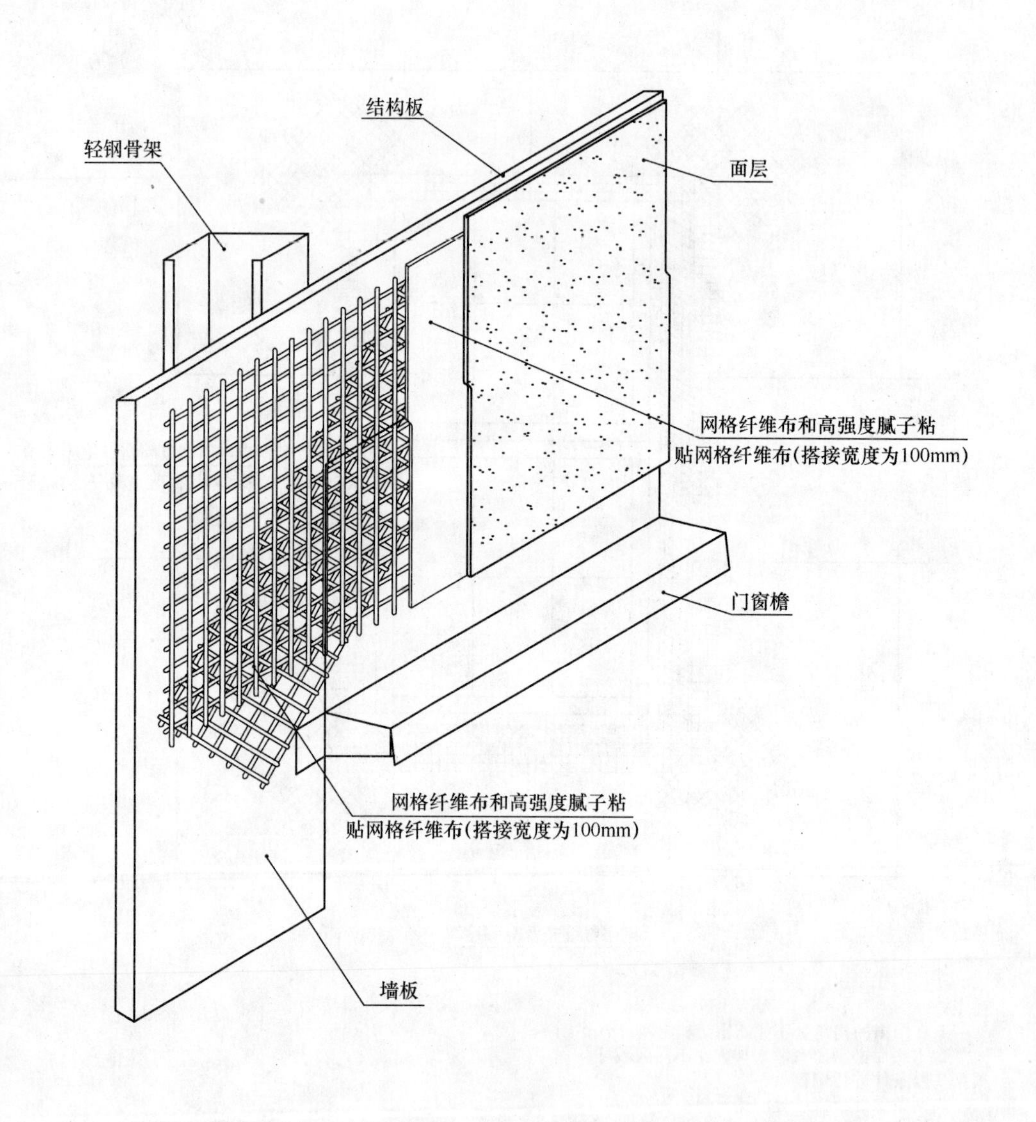

轻钢骨架门窗节点大样	门窗檐上部墙体做法详图	编　号
		GWMC-2

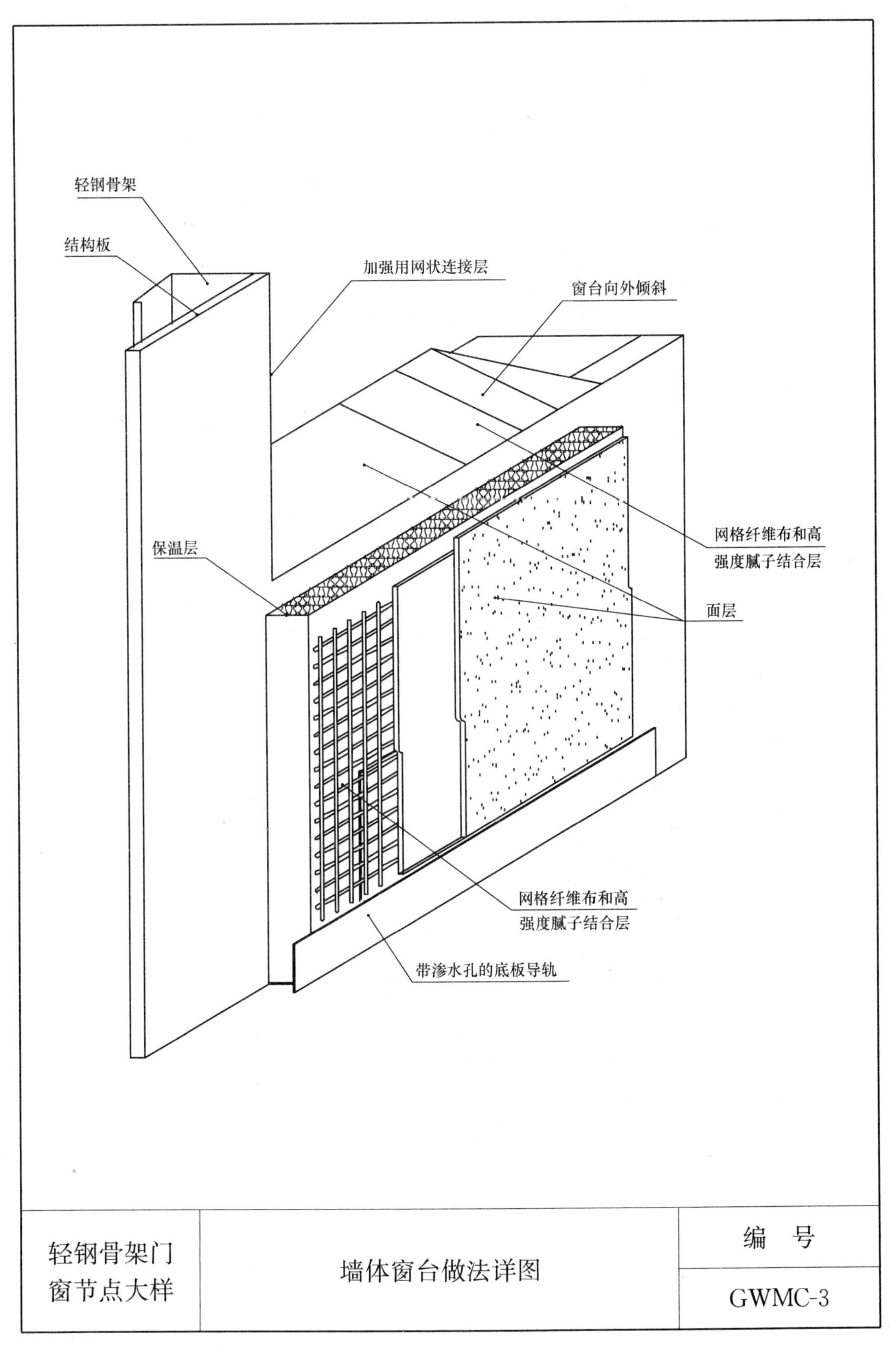

轻钢骨架门窗节点大样	墙体窗台做法详图	编　号
		GWMC-3

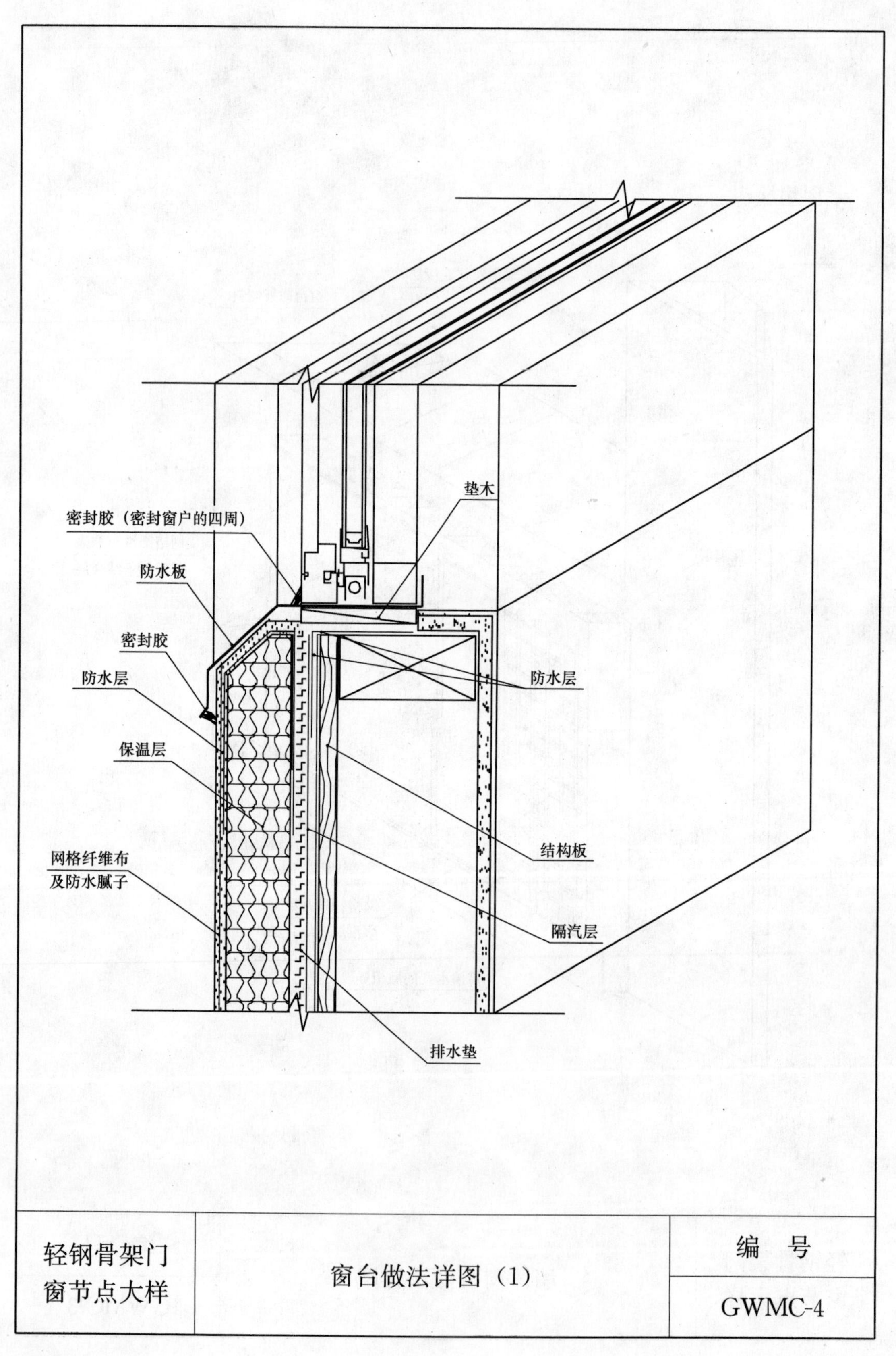

轻钢骨架门窗节点大样	窗台做法详图（1）	编 号
		GWMC-4

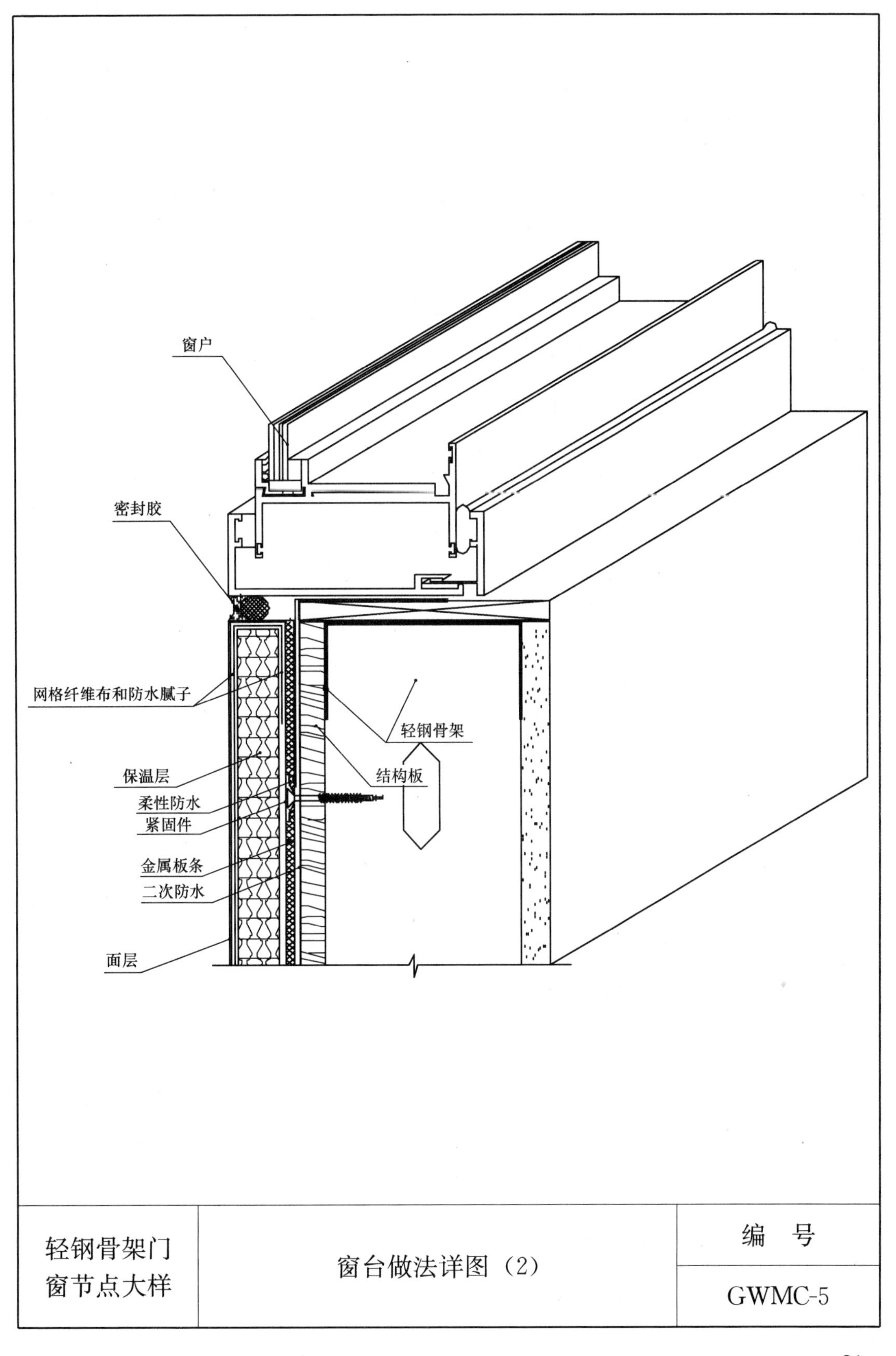
窗户
密封胶
网格纤维布和防水腻子
轻钢骨架
结构板
保温层
柔性防水
紧固件
金属板条
二次防水
面层
轻钢骨架门
窗节点大样
窗台做法详图（2）
编　号
GWMC-5

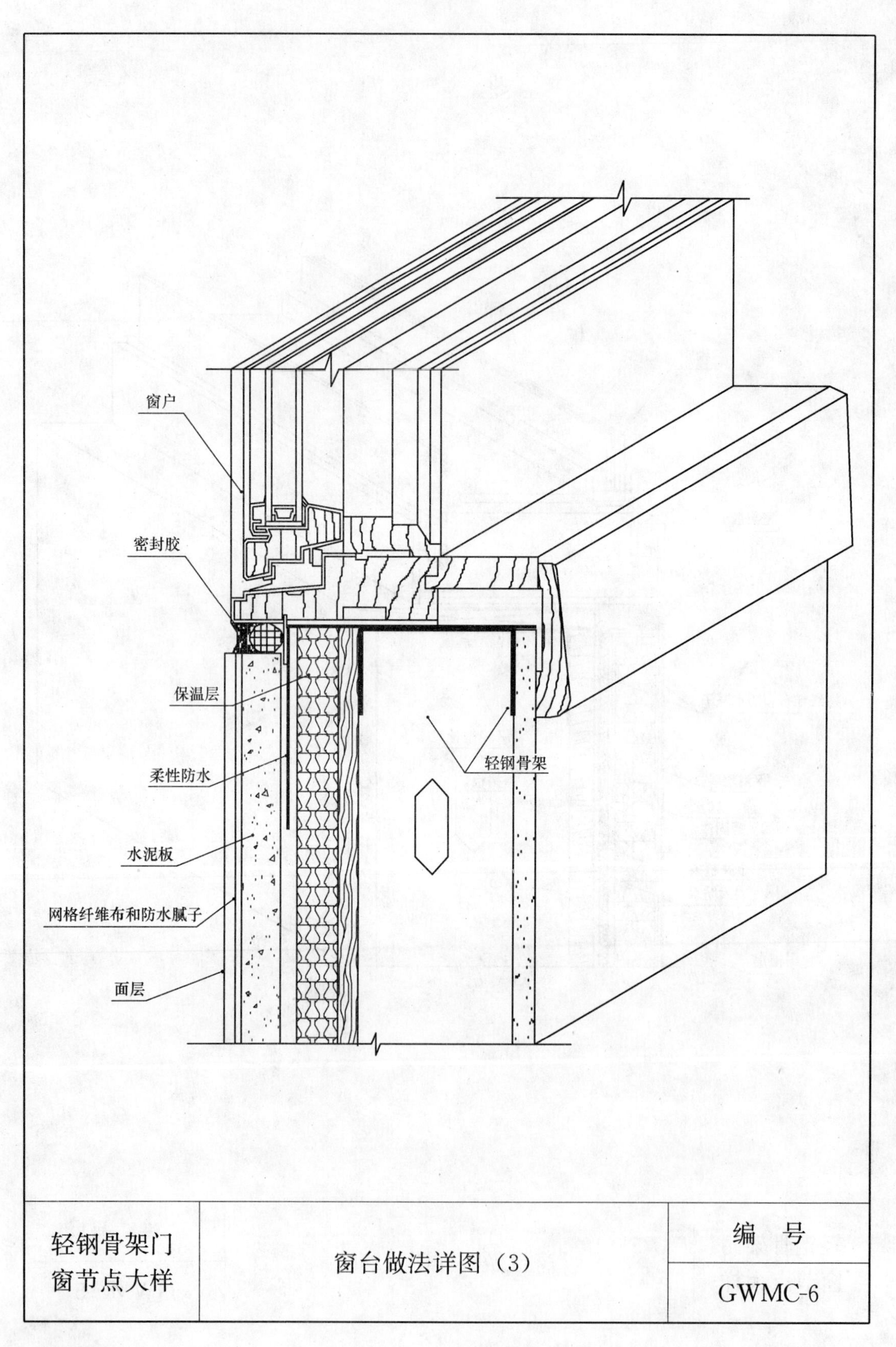
窗户
密封胶
保温层
柔性防水
水泥板
网格纤维布和防水腻子
面层
轻钢骨架
轻钢骨架门
窗节点大样
窗台做法详图（3）
编　号
GWMC-6

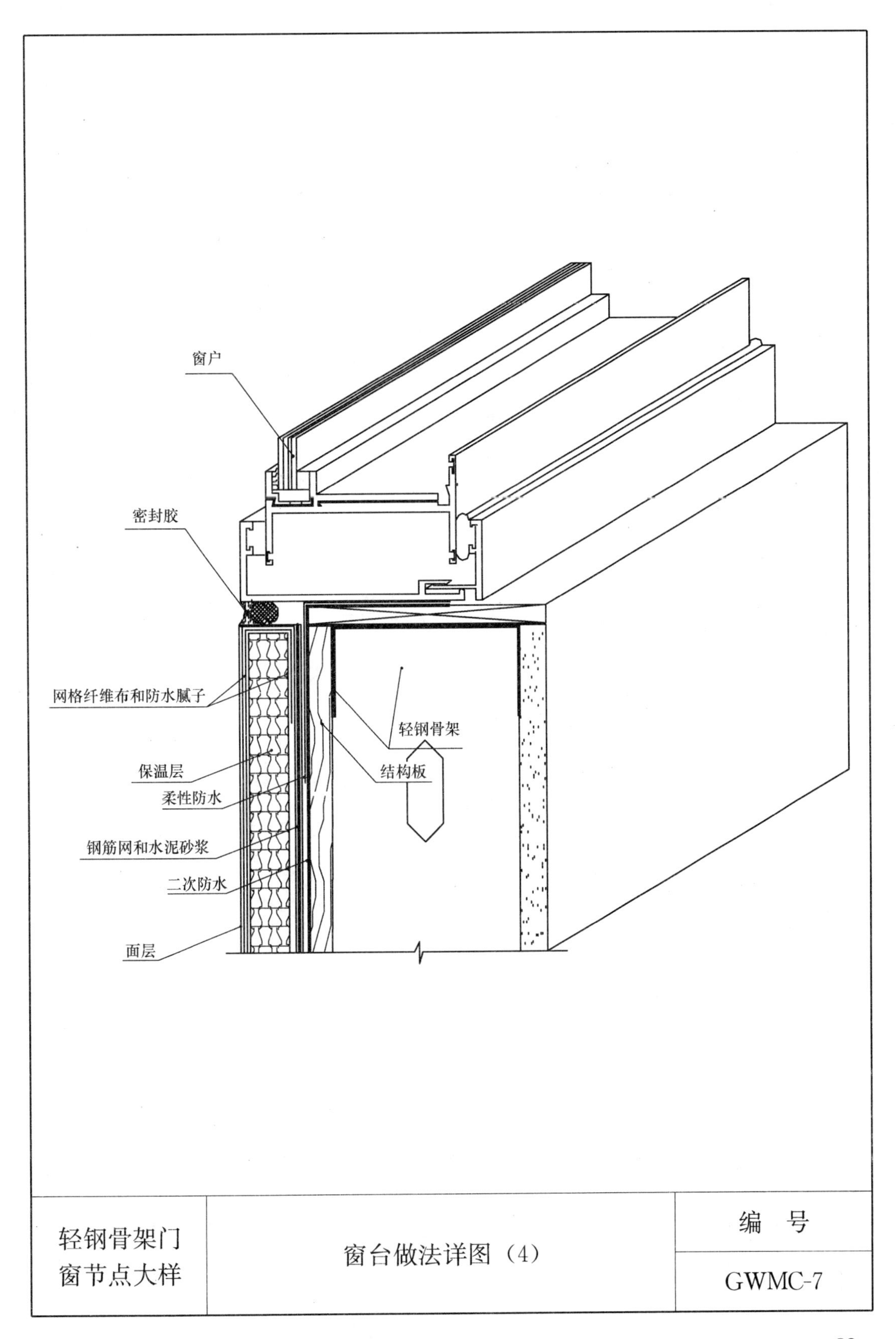

轻钢骨架门窗节点大样	窗台做法详图（4）	编　号
		GWMC-7

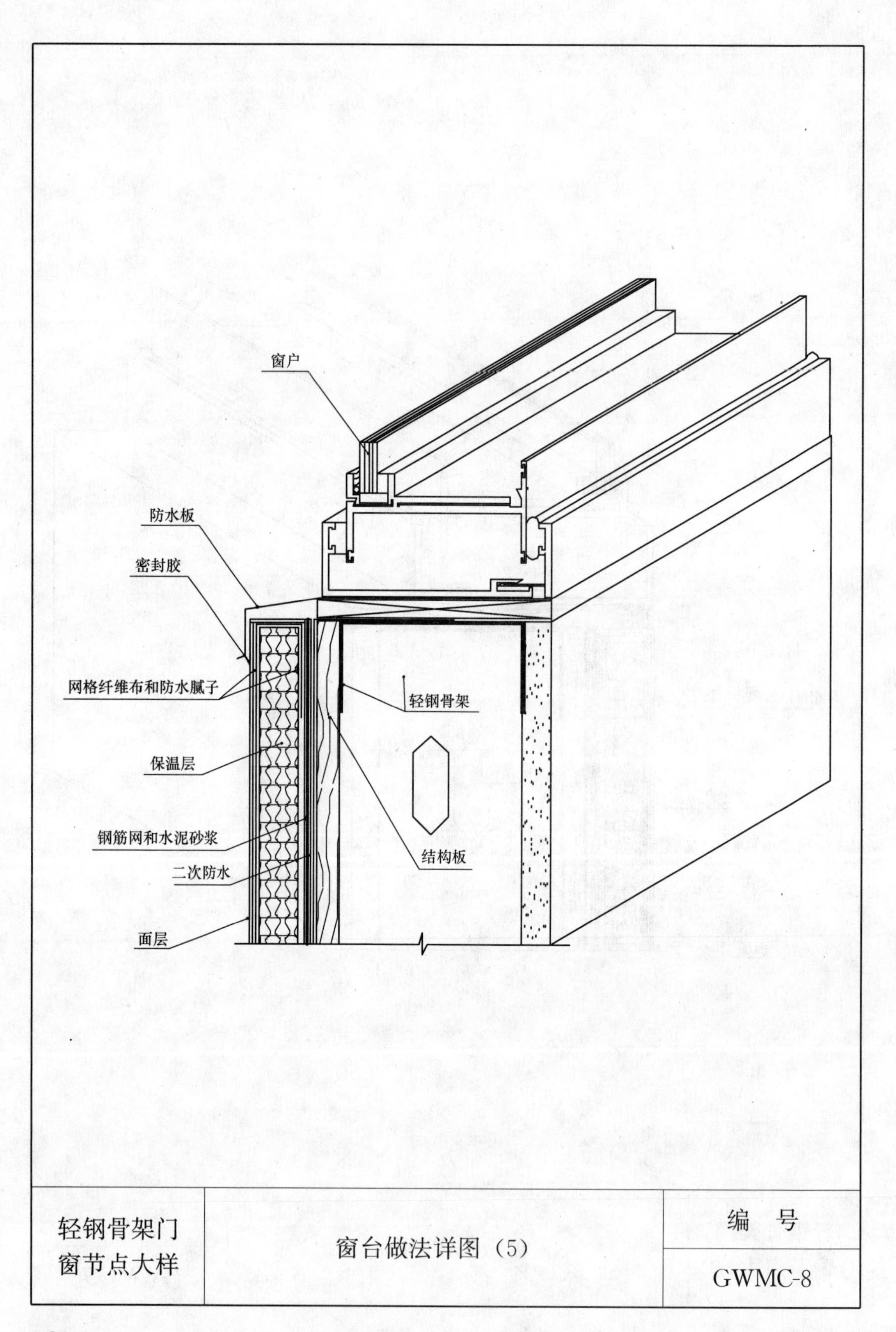

轻钢骨架门窗节点大样	窗台做法详图（5）	编　号
		GWMC-8

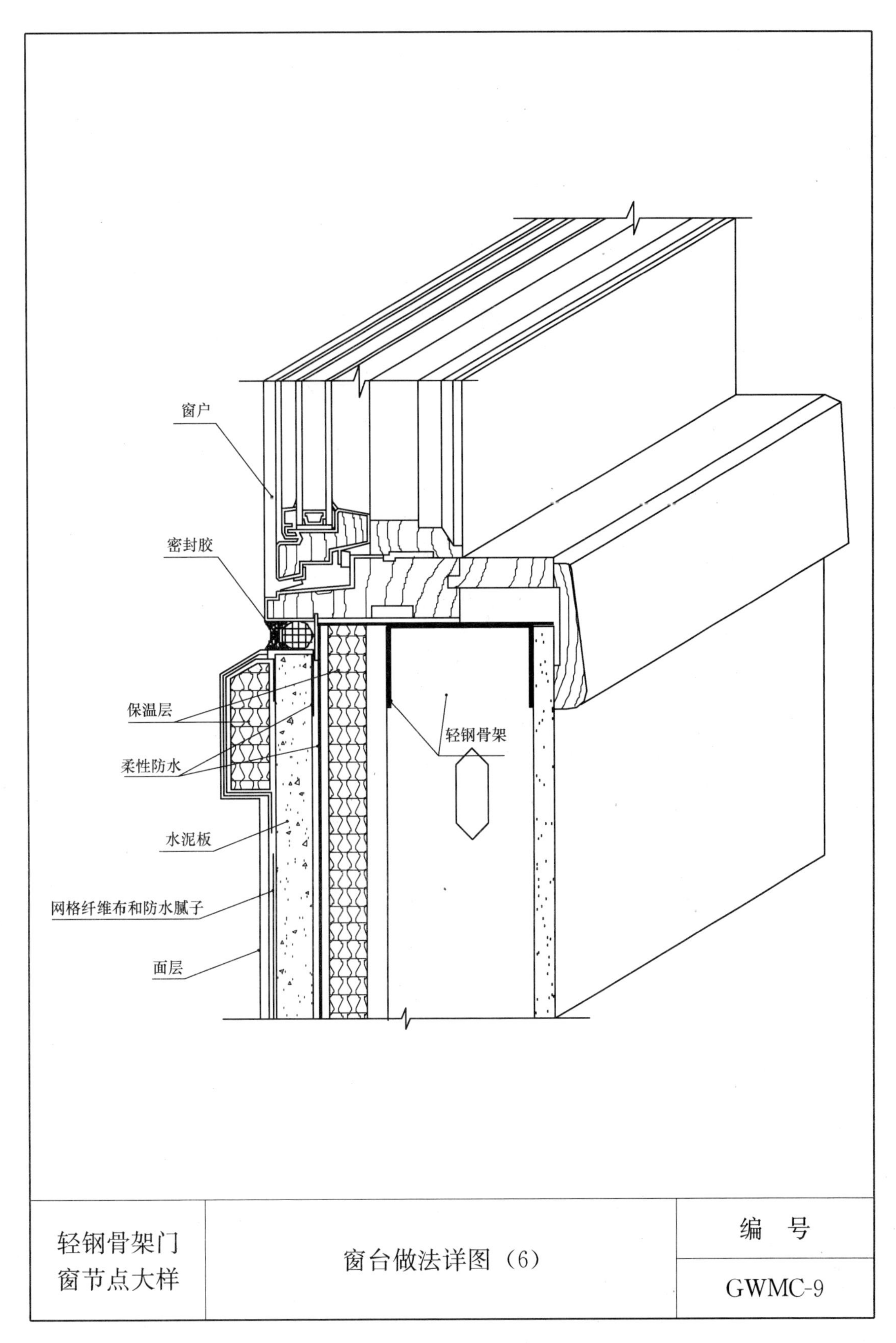

轻钢骨架门窗节点大样	窗台做法详图（6）	编　号
		GWMC-9

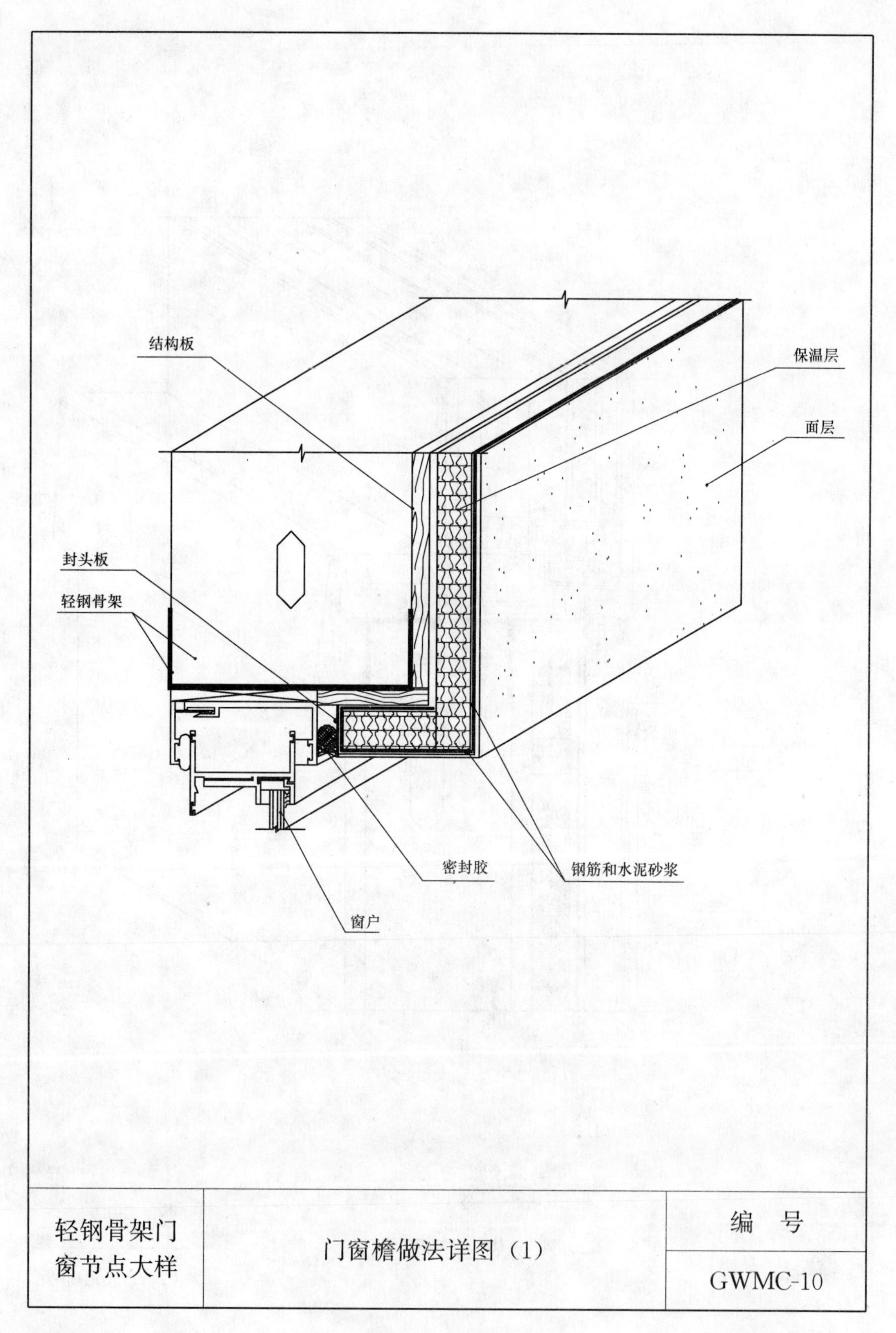
结构板
保温层
面层
封头板
轻钢骨架
密封胶
钢筋和水泥砂浆
窗户
轻钢骨架门窗节点大样
门窗檐做法详图（1）
编号
GWMC-10

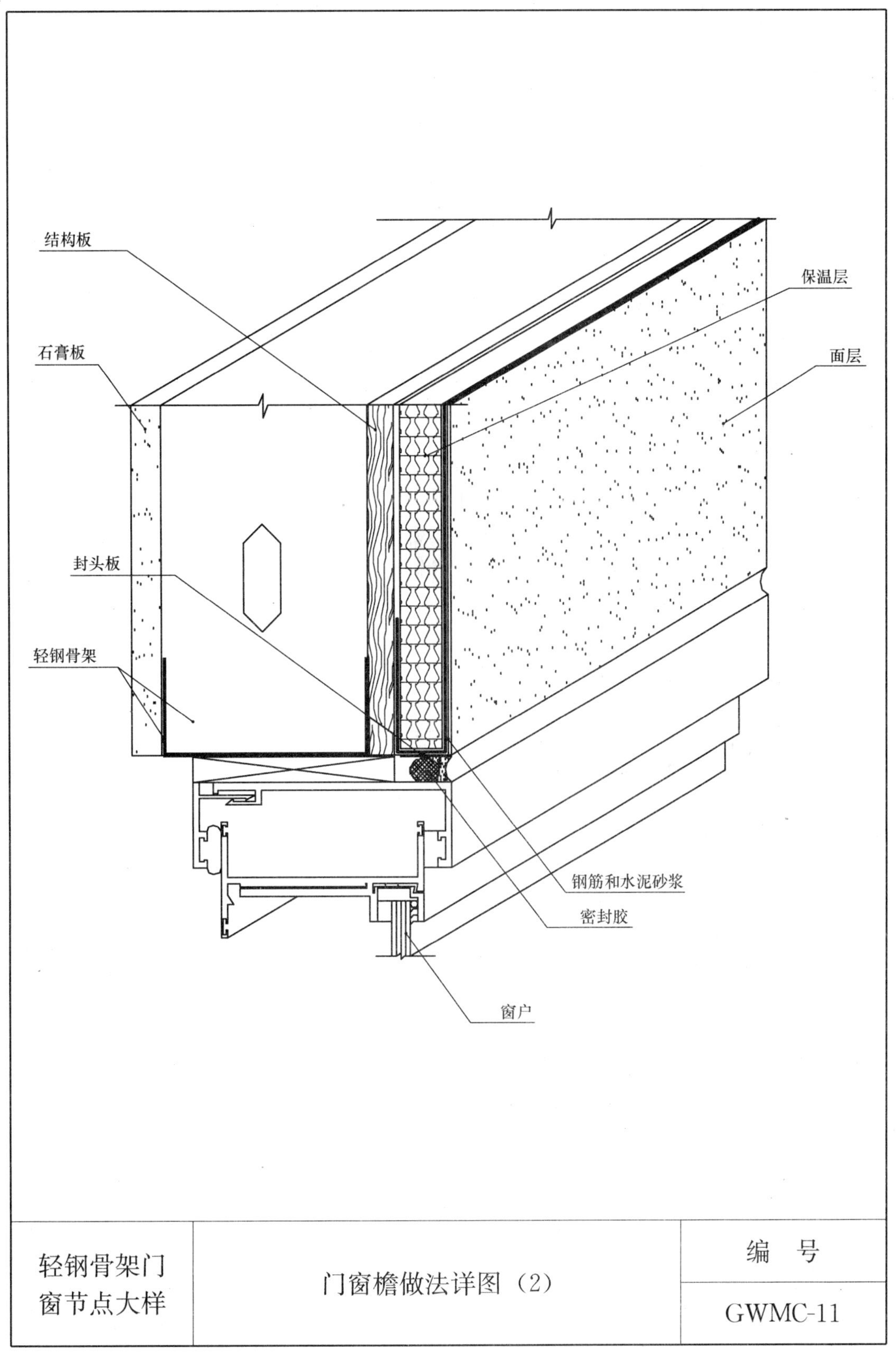

轻钢骨架门窗节点大样	门窗檐做法详图（2）	编　号
		GWMC-11

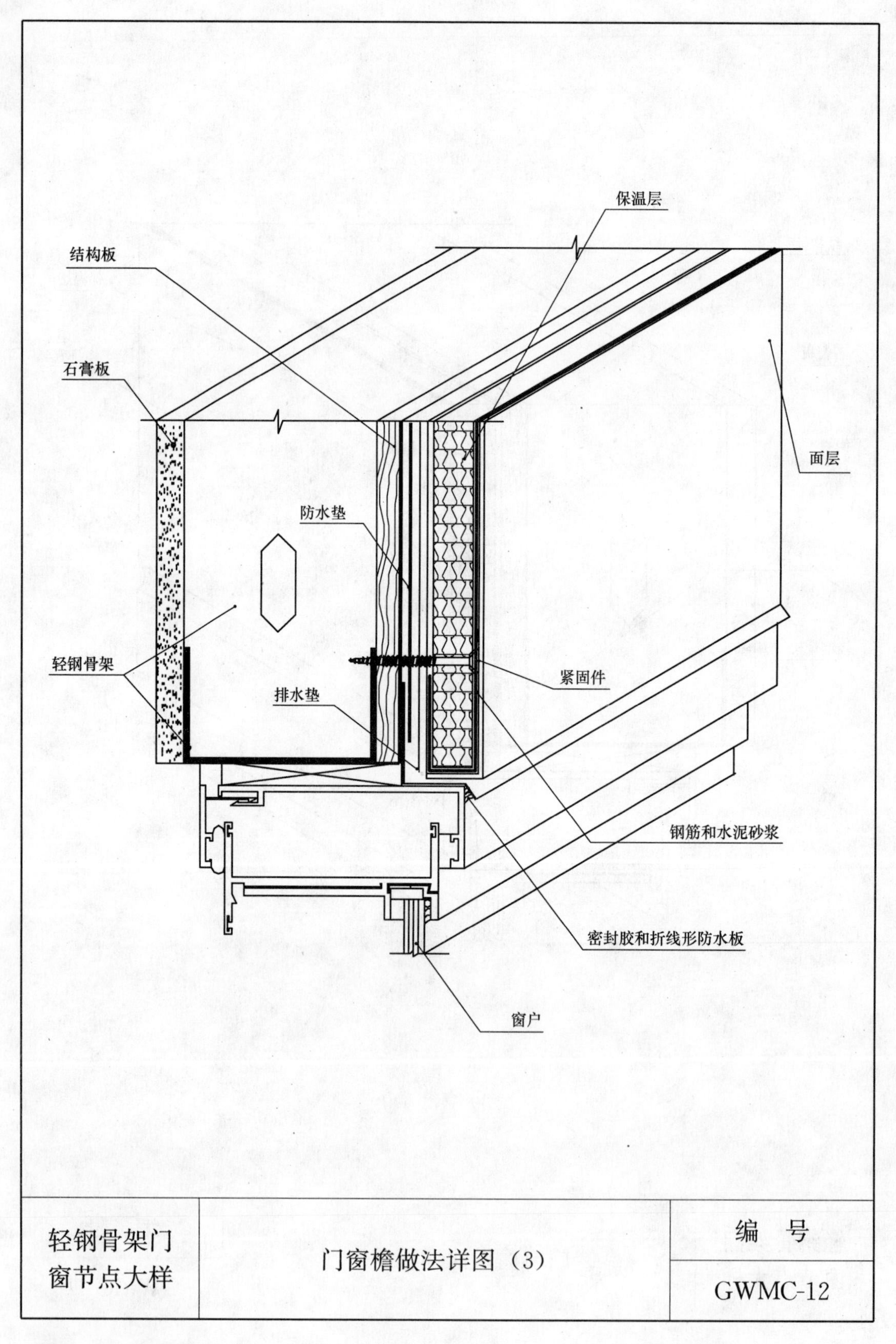

轻钢骨架门窗节点大样	门窗檐做法详图（3）	编　号
		GWMC-12

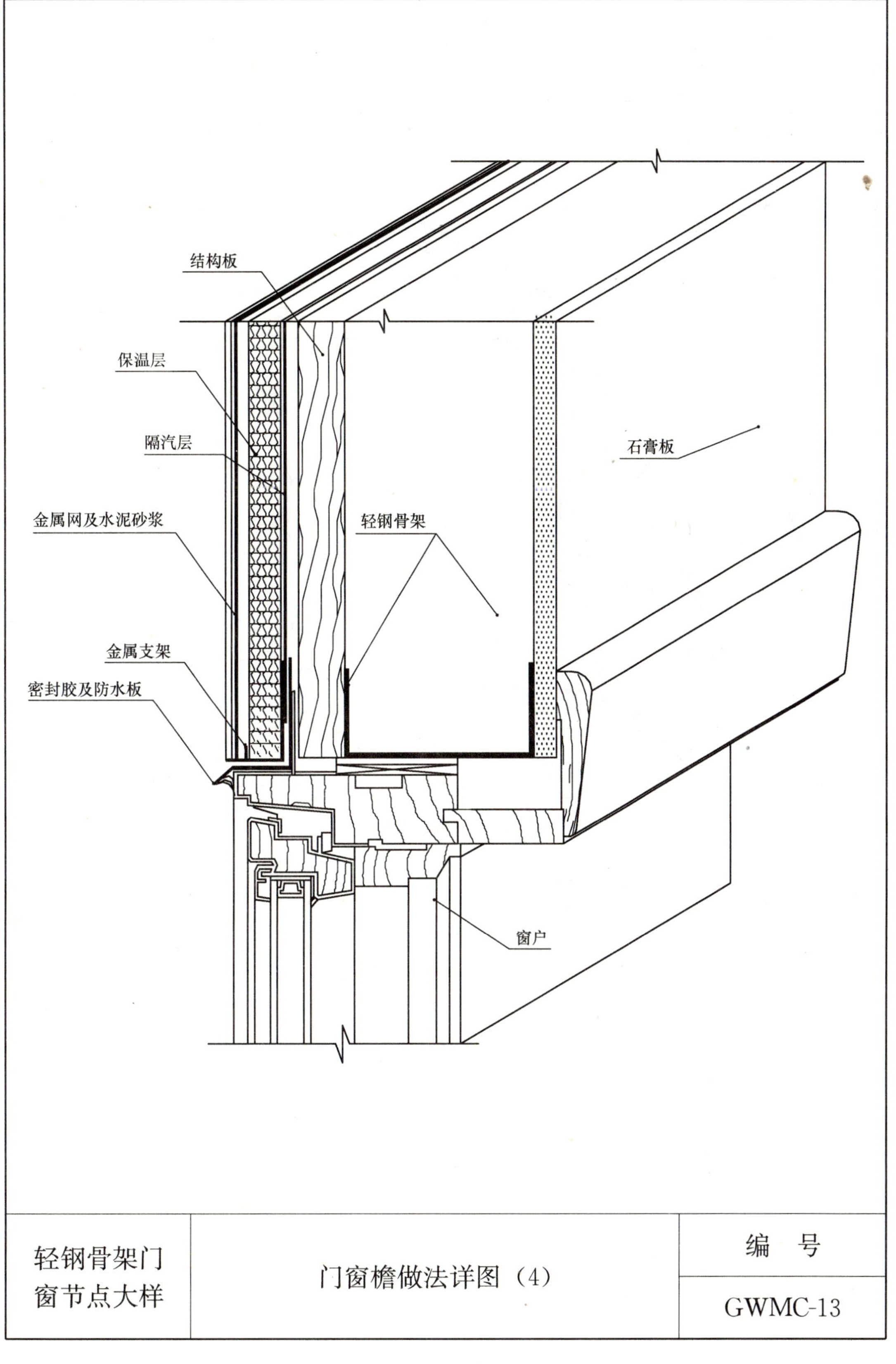

轻钢骨架门窗节点大样	门窗檐做法详图（4）	编　号
		GWMC-13

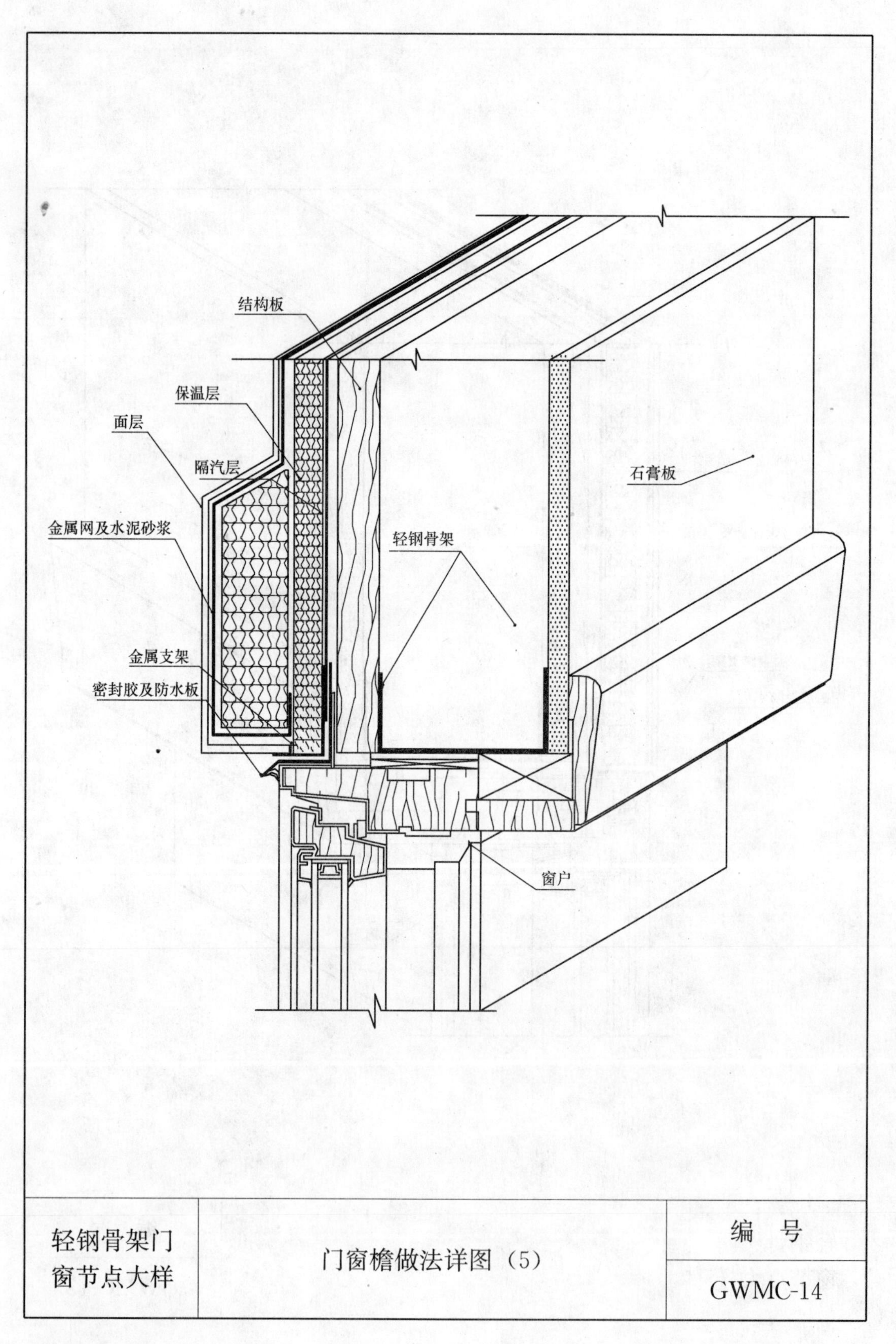

轻钢骨架门窗节点大样	门窗檐做法详图（5）	编　号 GWMC-14

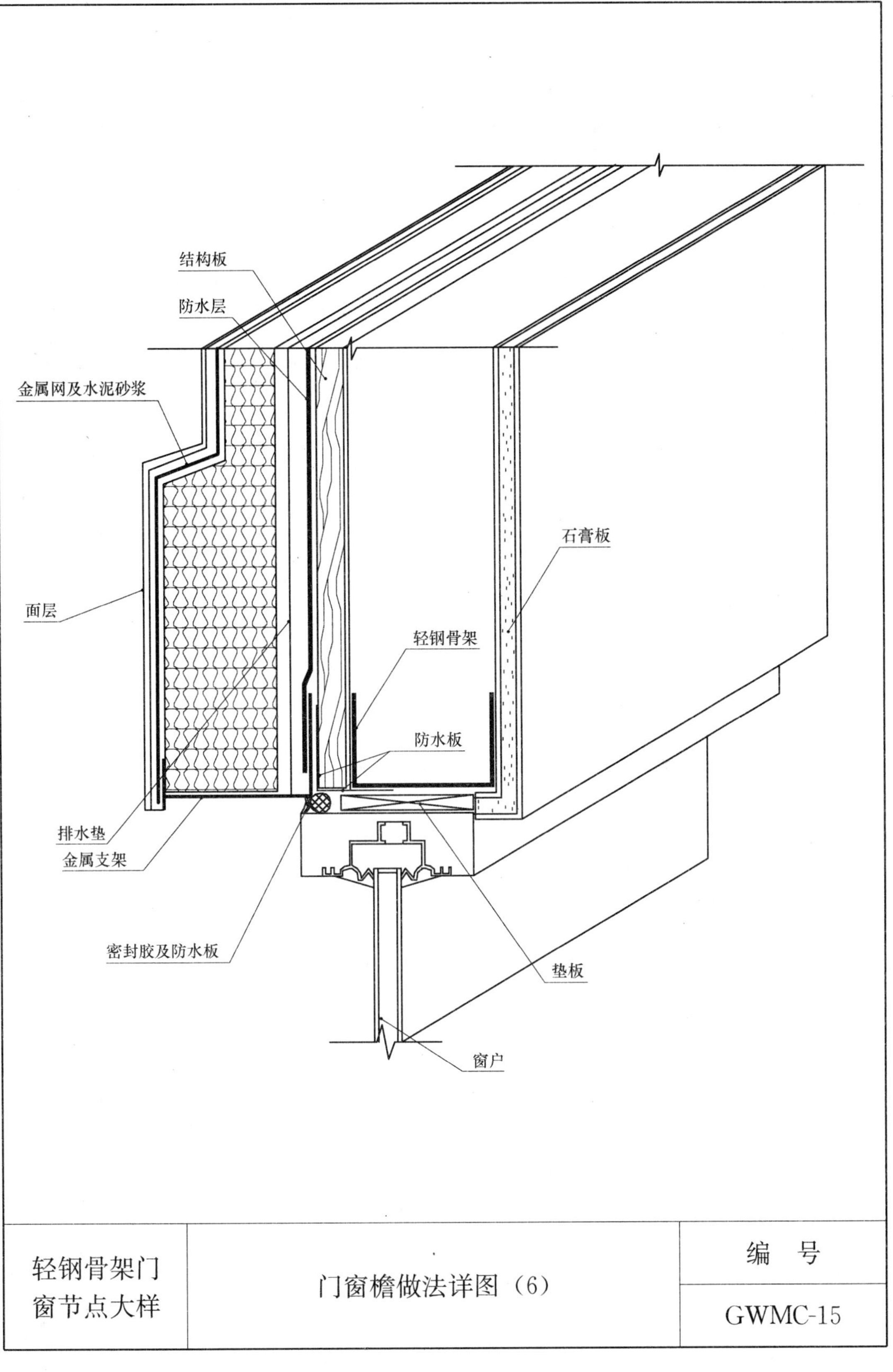

轻钢骨架门窗节点大样	门窗檐做法详图（6）	编　号
		GWMC-15

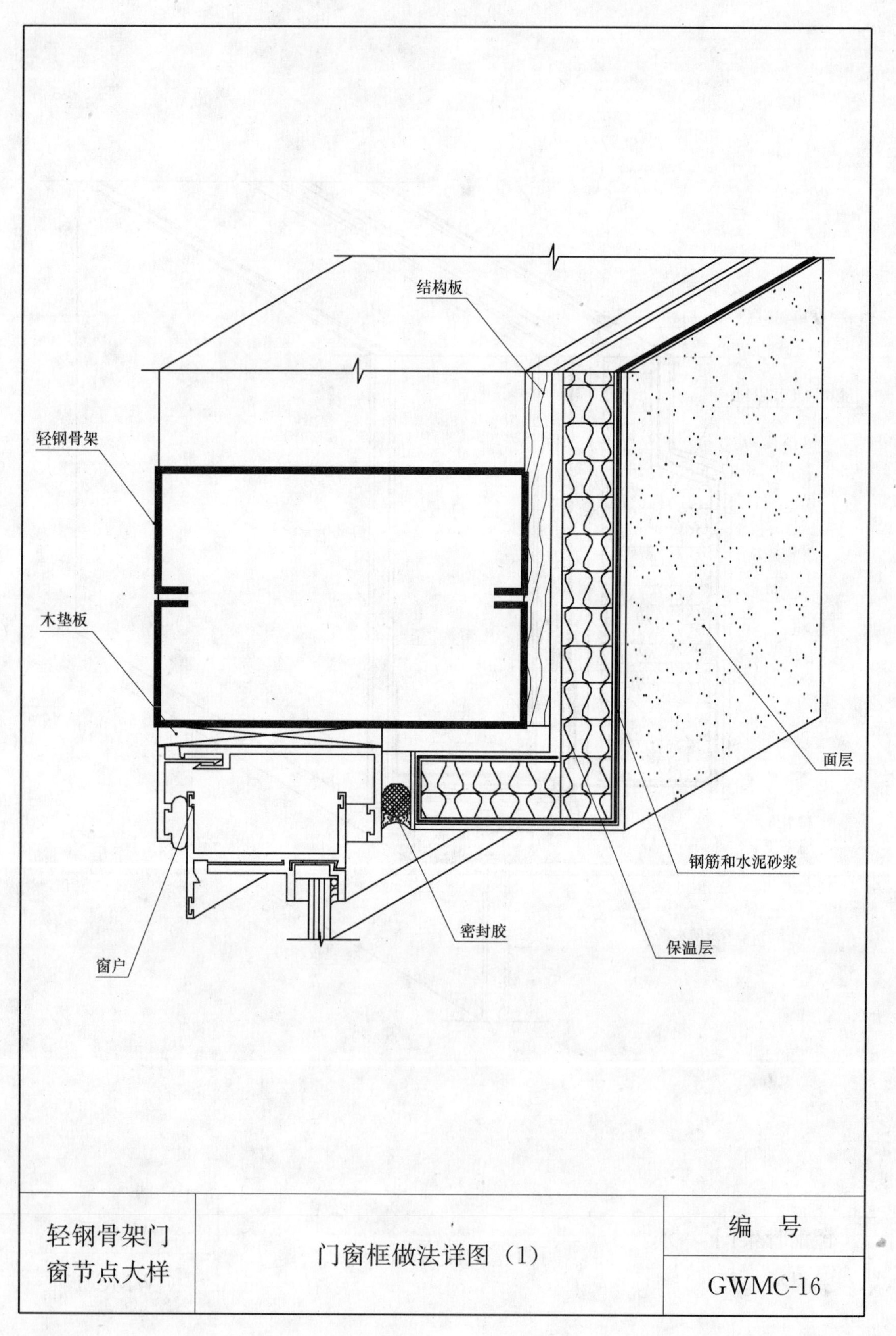

轻钢骨架门窗节点大样	门窗框做法详图（1）	编　号
		GWMC-16

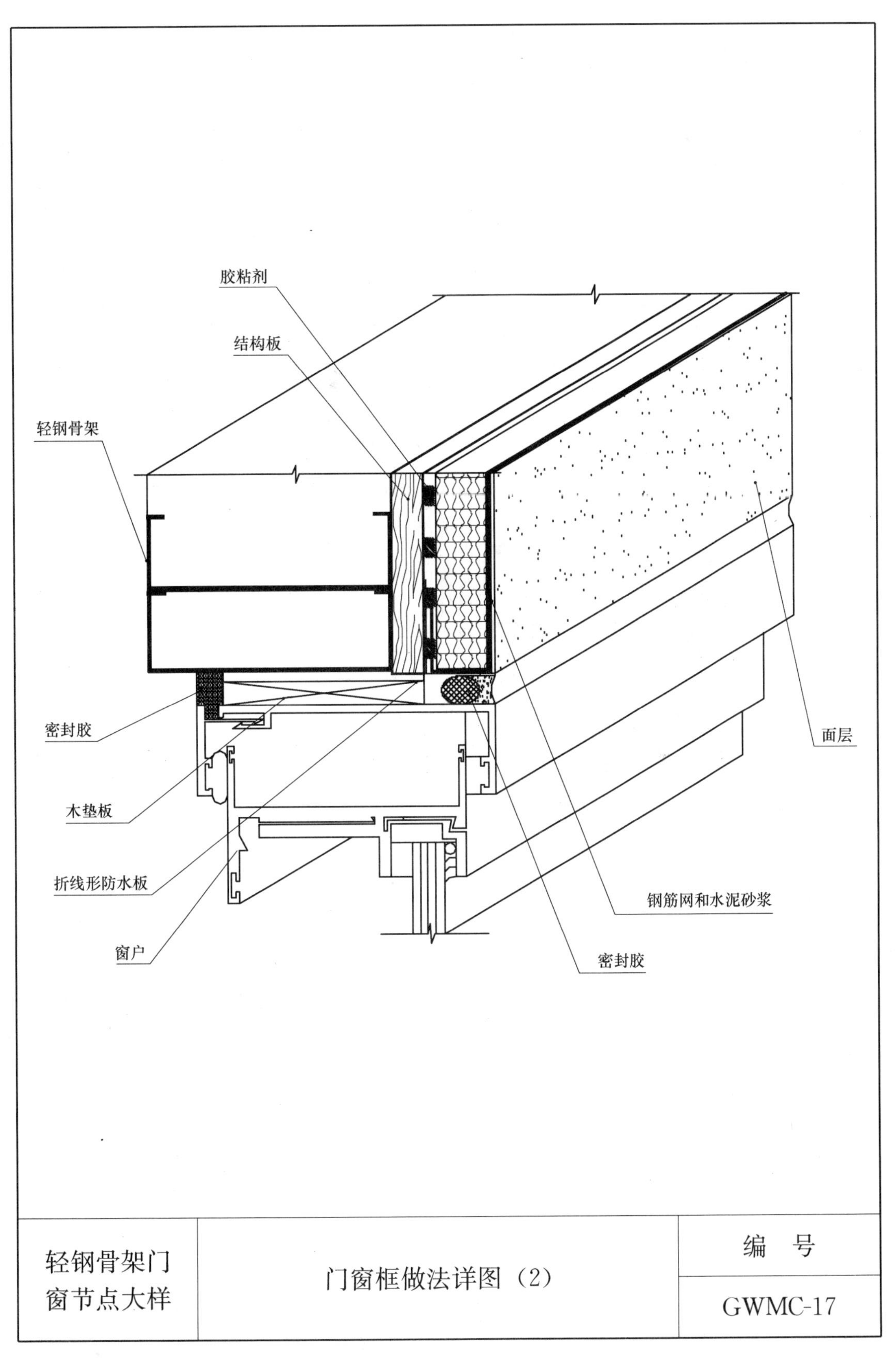

轻钢骨架门窗节点大样	门窗框做法详图（2）	编　号
		GWMC-17

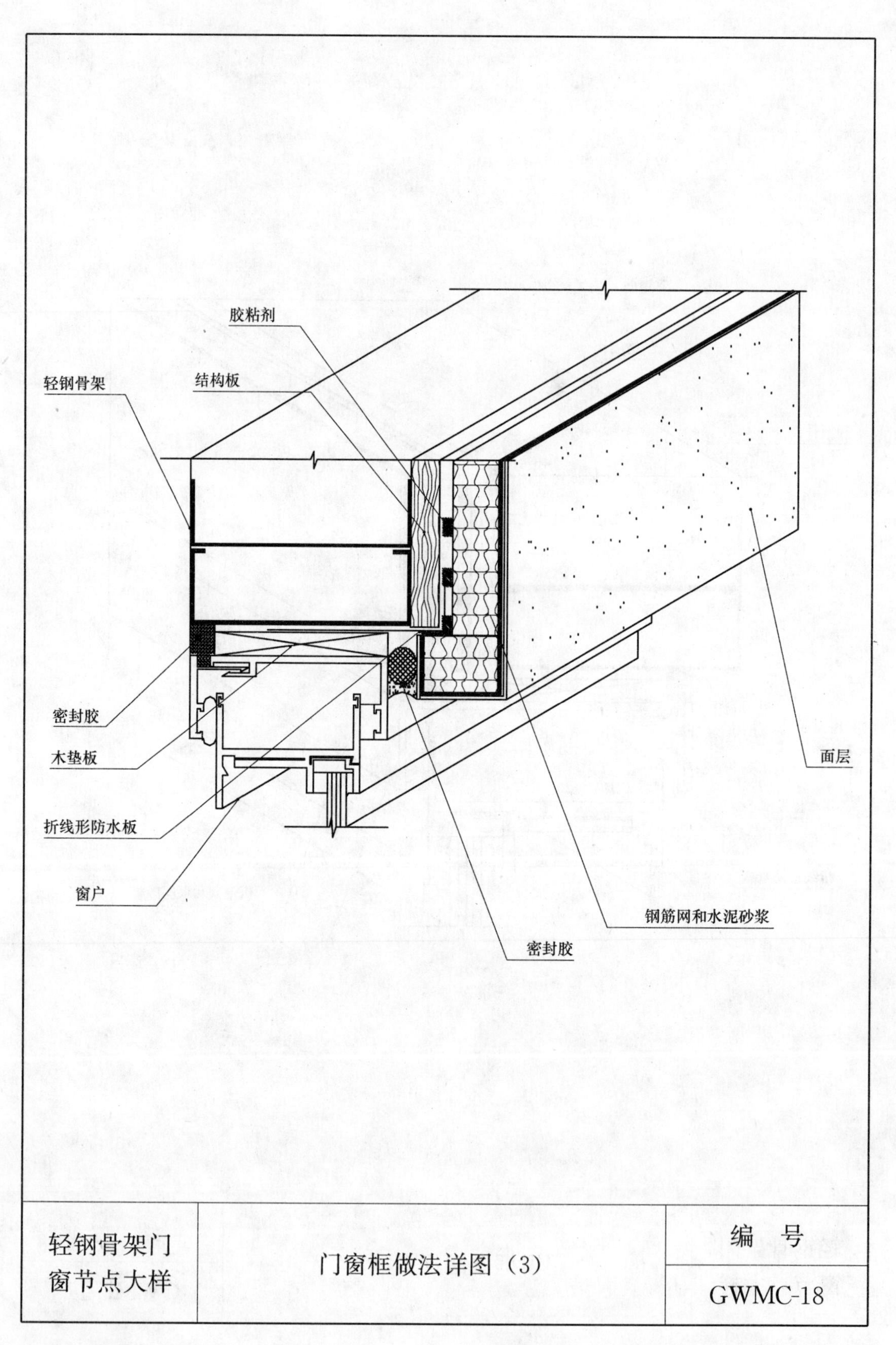

轻钢骨架门窗节点大样	门窗框做法详图（3）	编　号
		GWMC-18

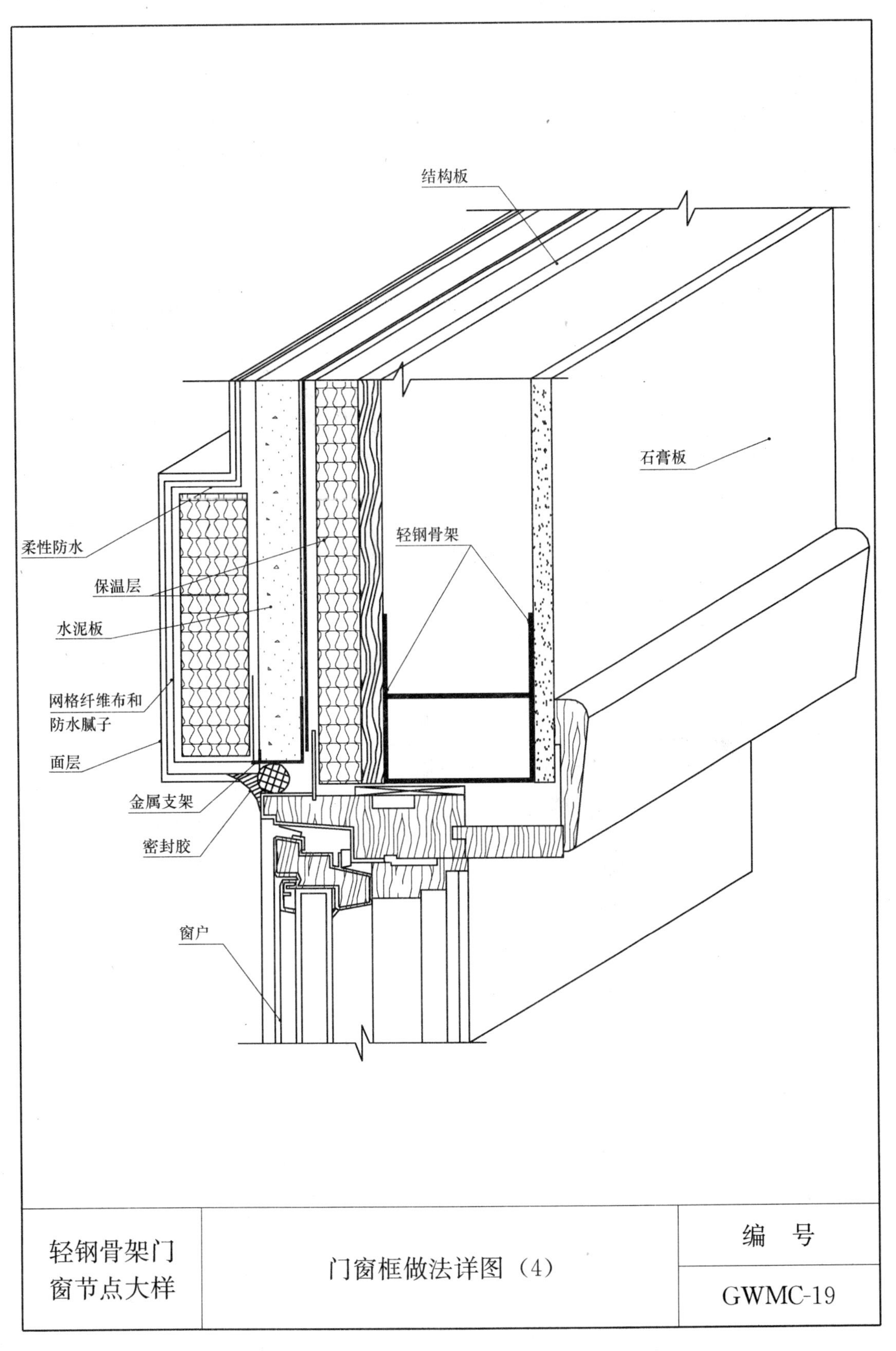

轻钢骨架门窗节点大样	门窗框做法详图（4）	编　号
		GWMC-19

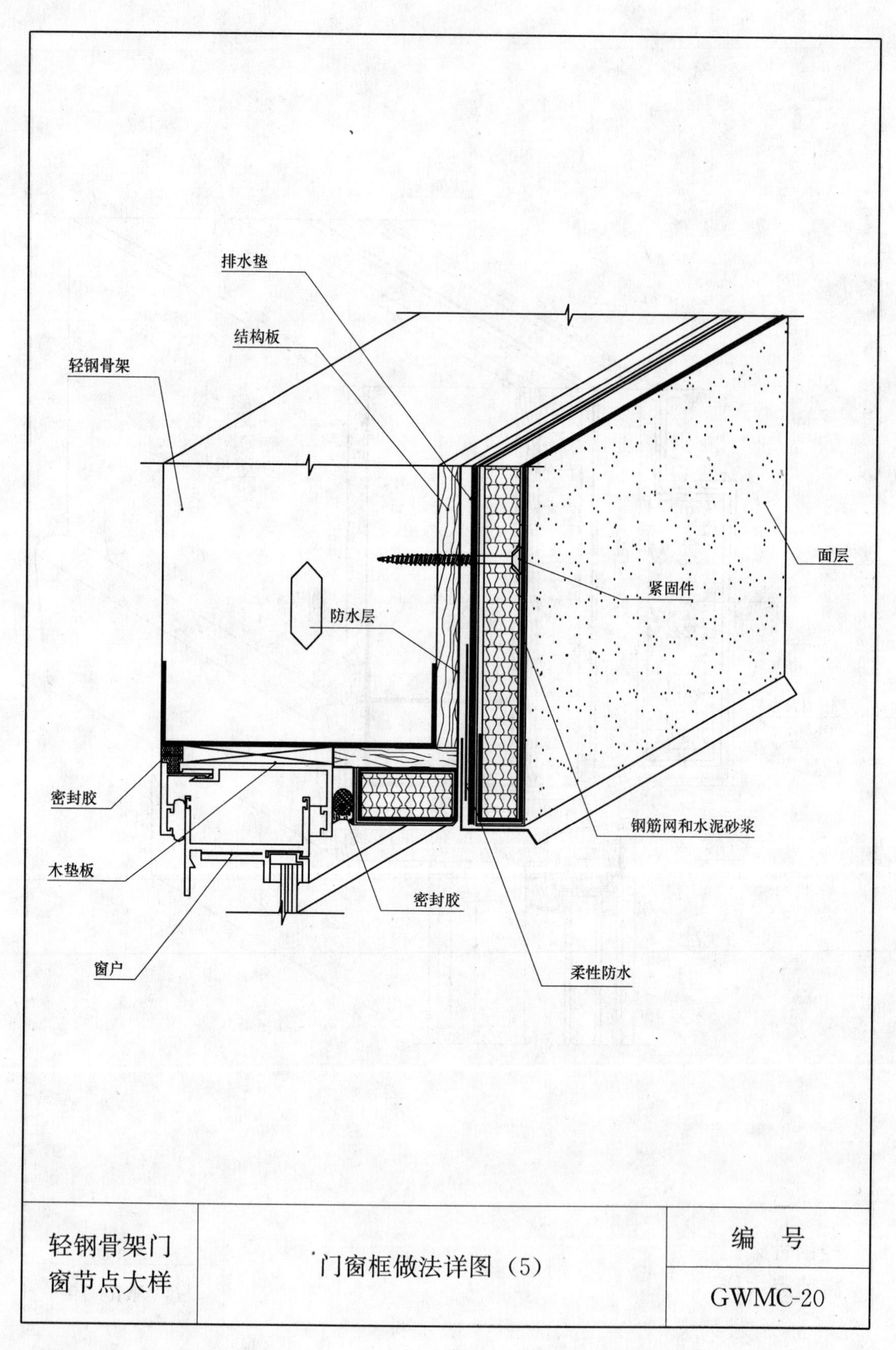

轻钢骨架门窗节点大样

门窗框做法详图（5）

编　号

GWMC-20

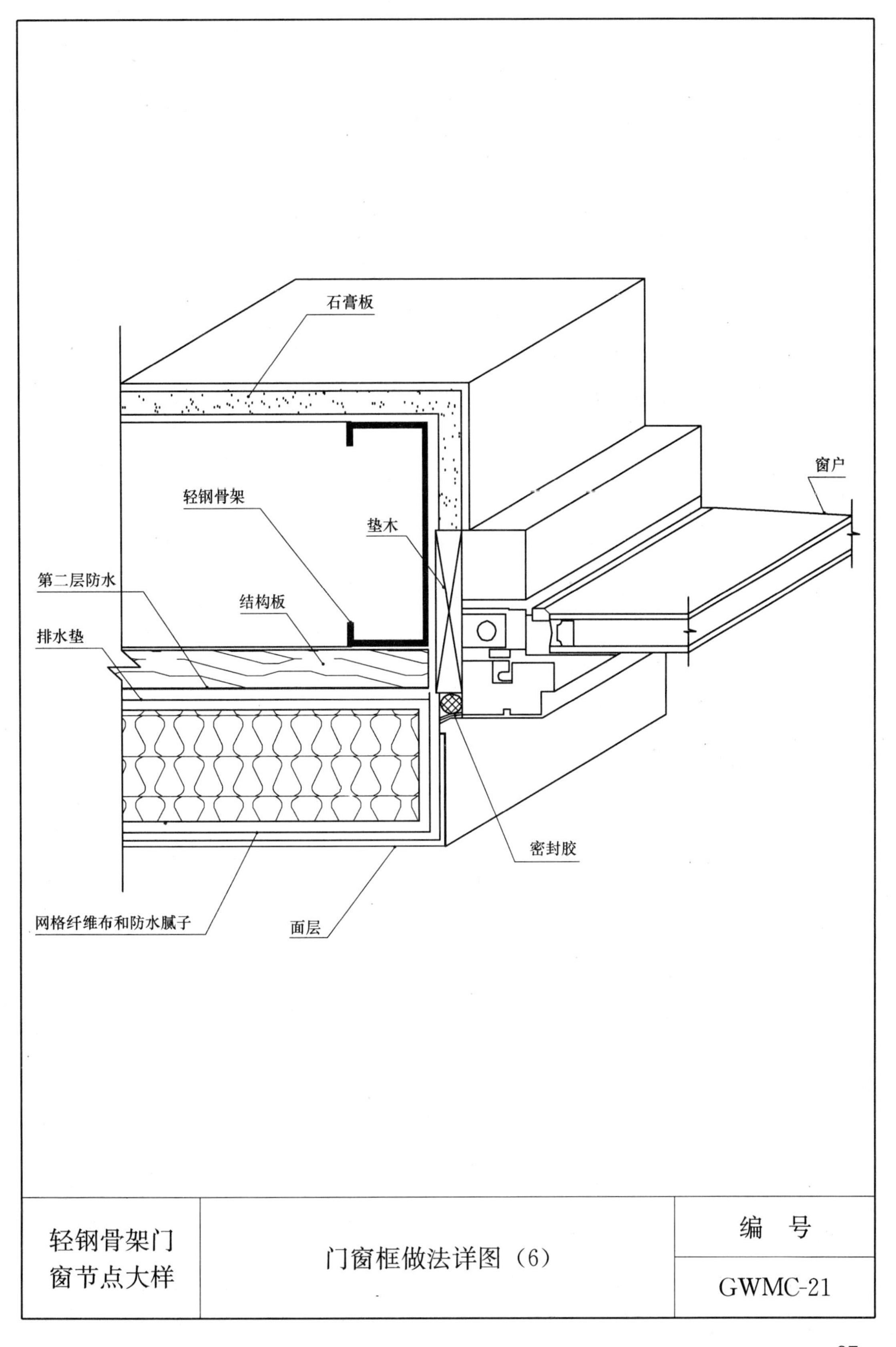
石膏板
窗户
轻钢骨架
垫木
第二层防水
结构板
排水垫
密封胶
网格纤维布和防水腻子
面层
轻钢骨架门
窗节点大样
门窗框做法详图（6）
编　号
GWMC-21

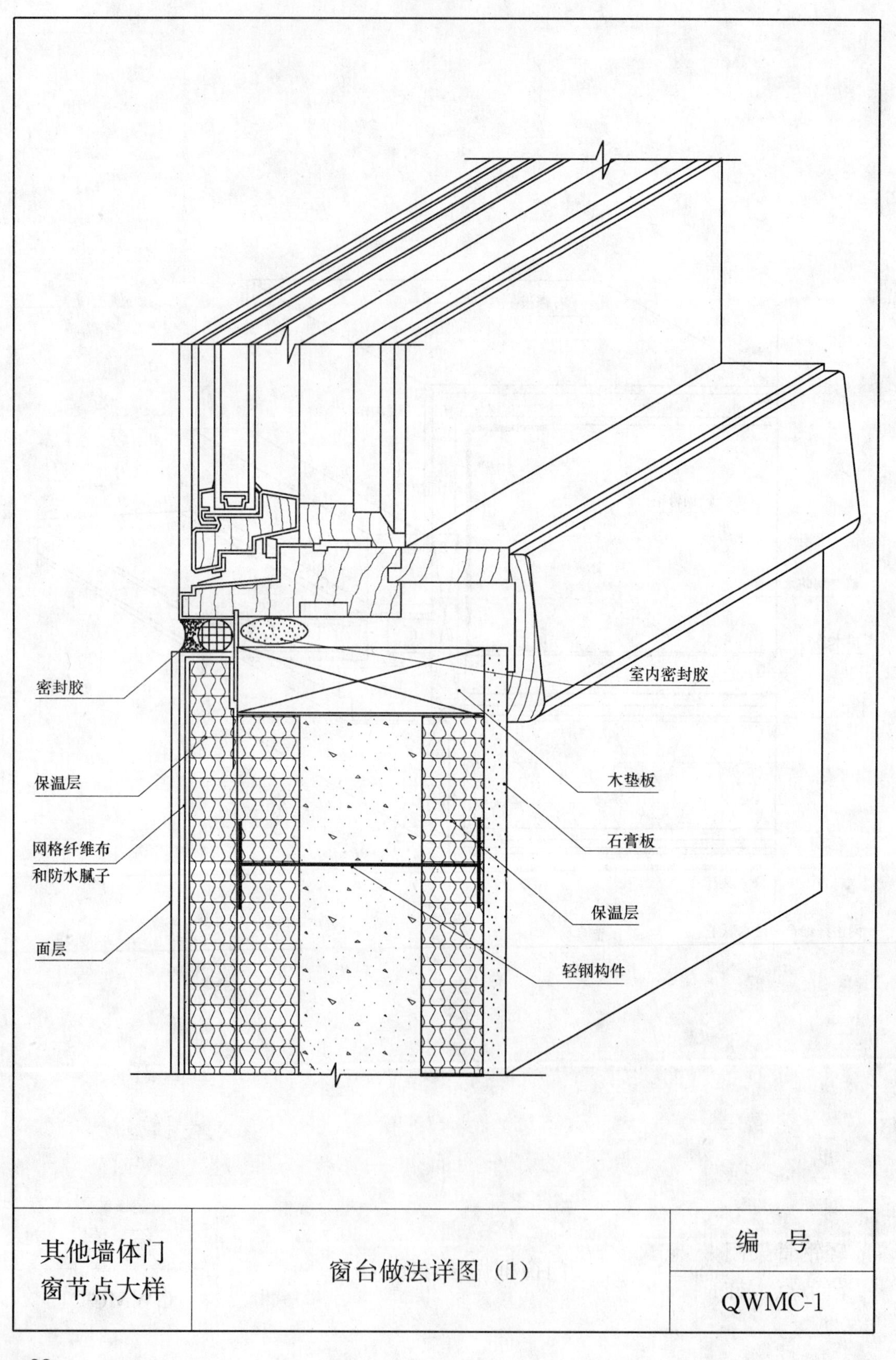
密封胶
室内密封胶
保温层
木垫板
网格纤维布
和防水腻子
石膏板
保温层
面层
轻钢构件
其他墙体门
窗节点大样
窗台做法详图（1）
编 号
QWMC-1

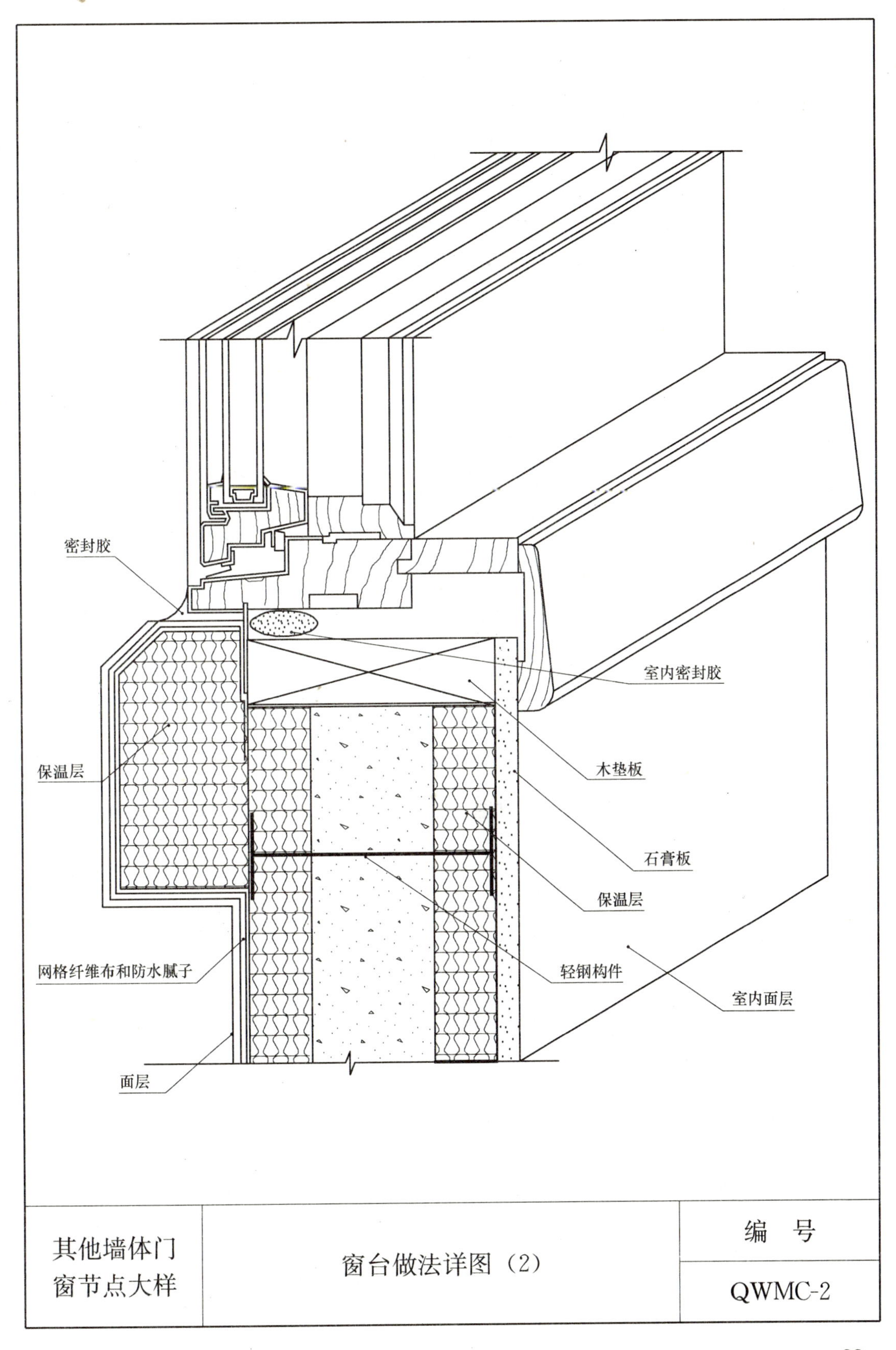

其他墙体门窗节点大样	窗台做法详图（2）	编　号
		QWMC-2

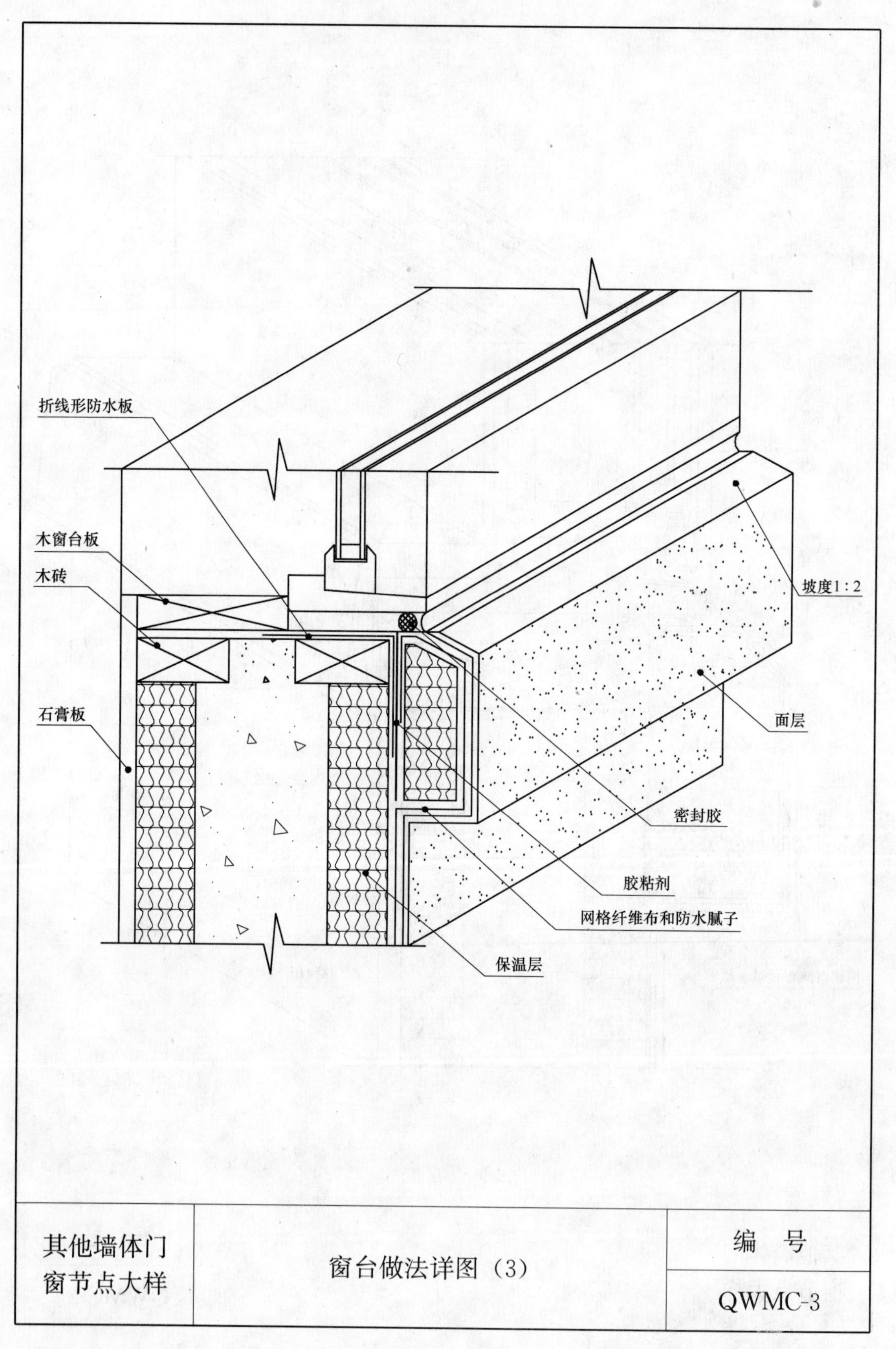

其他墙体门窗节点大样	窗台做法详图（3）	编　号
		QWMC-3

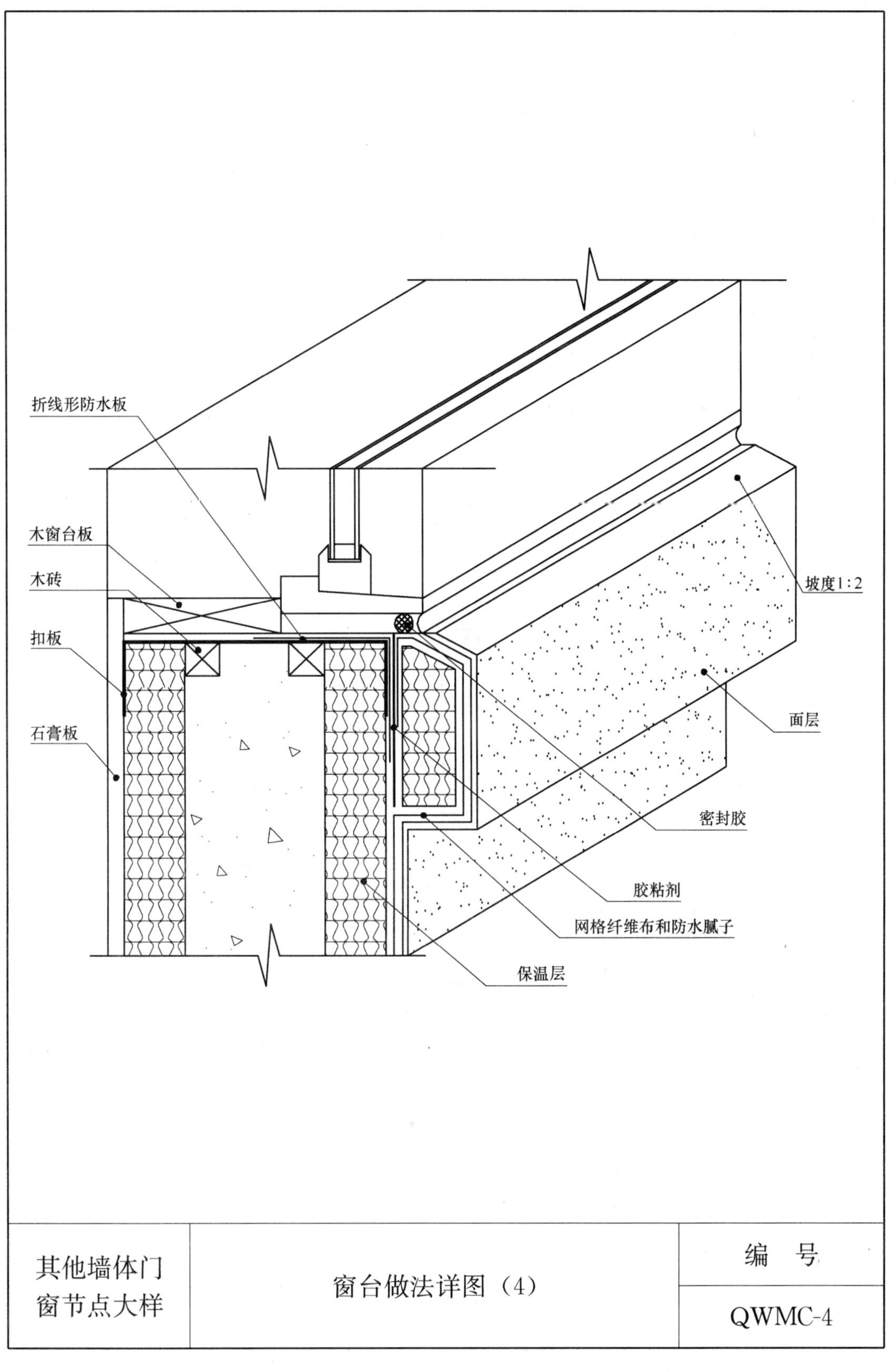

其他墙体门窗节点大样	窗台做法详图（4）	编 号
		QWMC-4

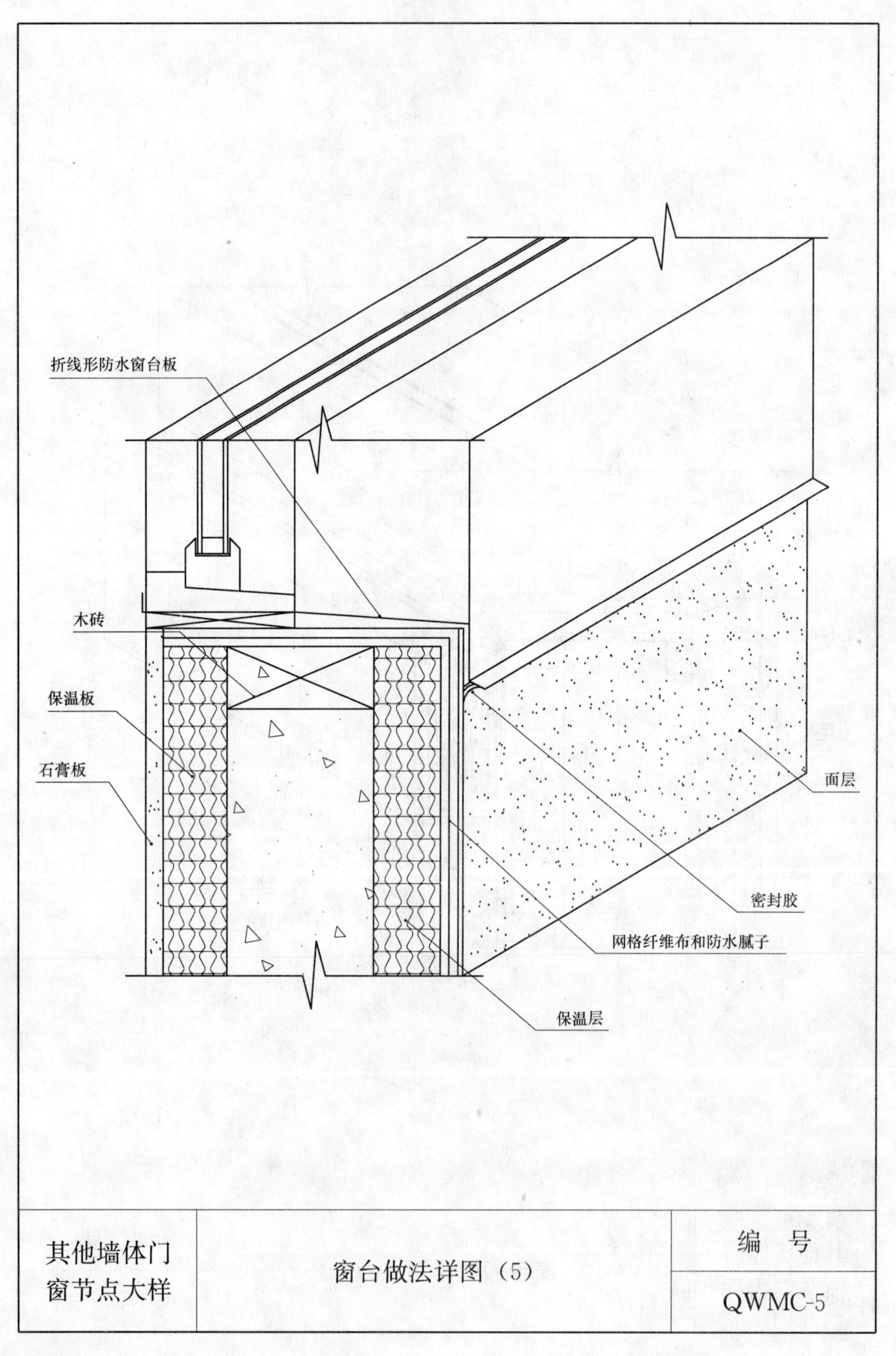

其他墙体门窗节点大样	窗台做法详图（5）	编　号
		QWMC-5

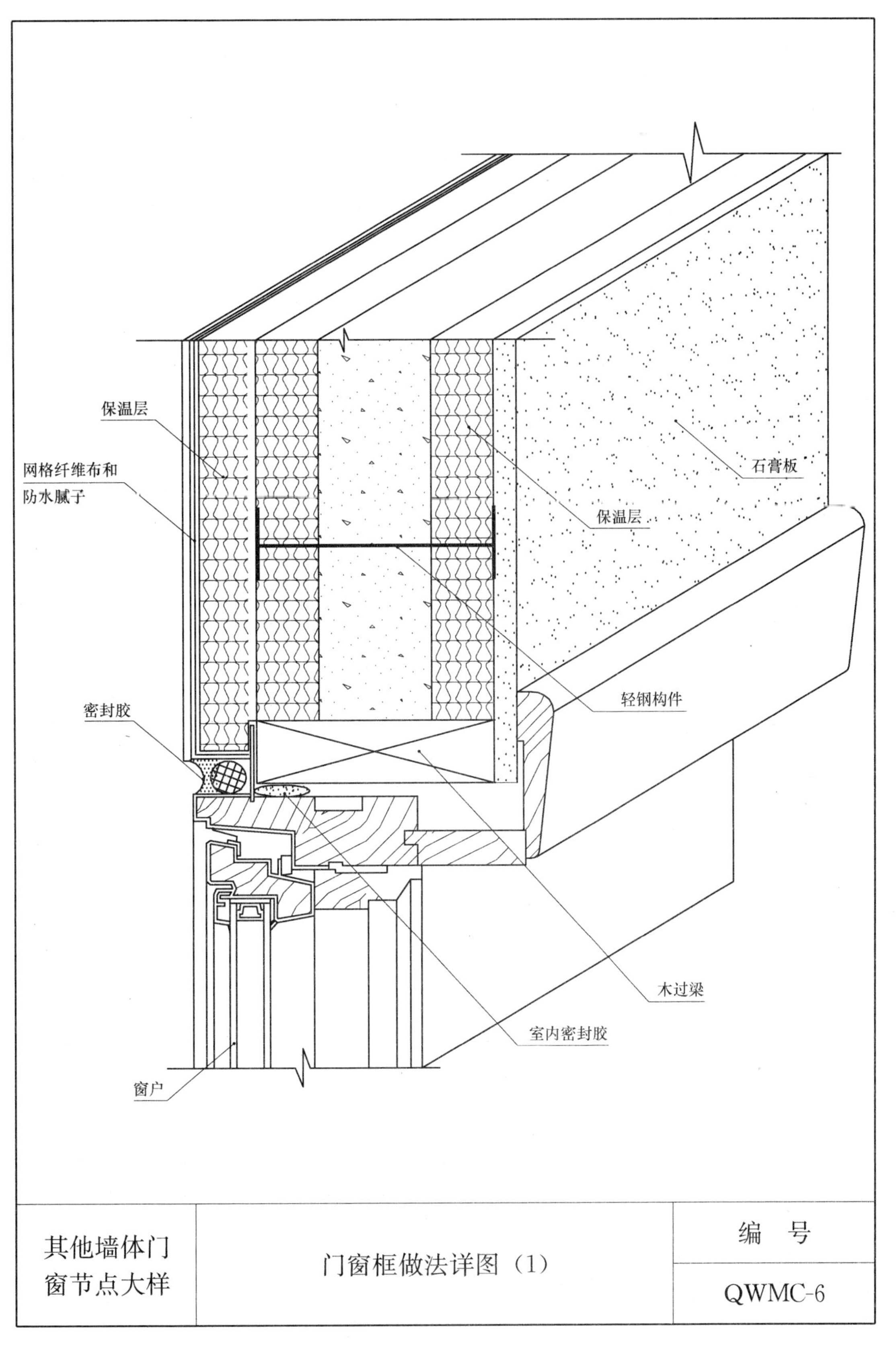

其他墙体门窗节点大样	门窗框做法详图（1）	编　号
		QWMC-6

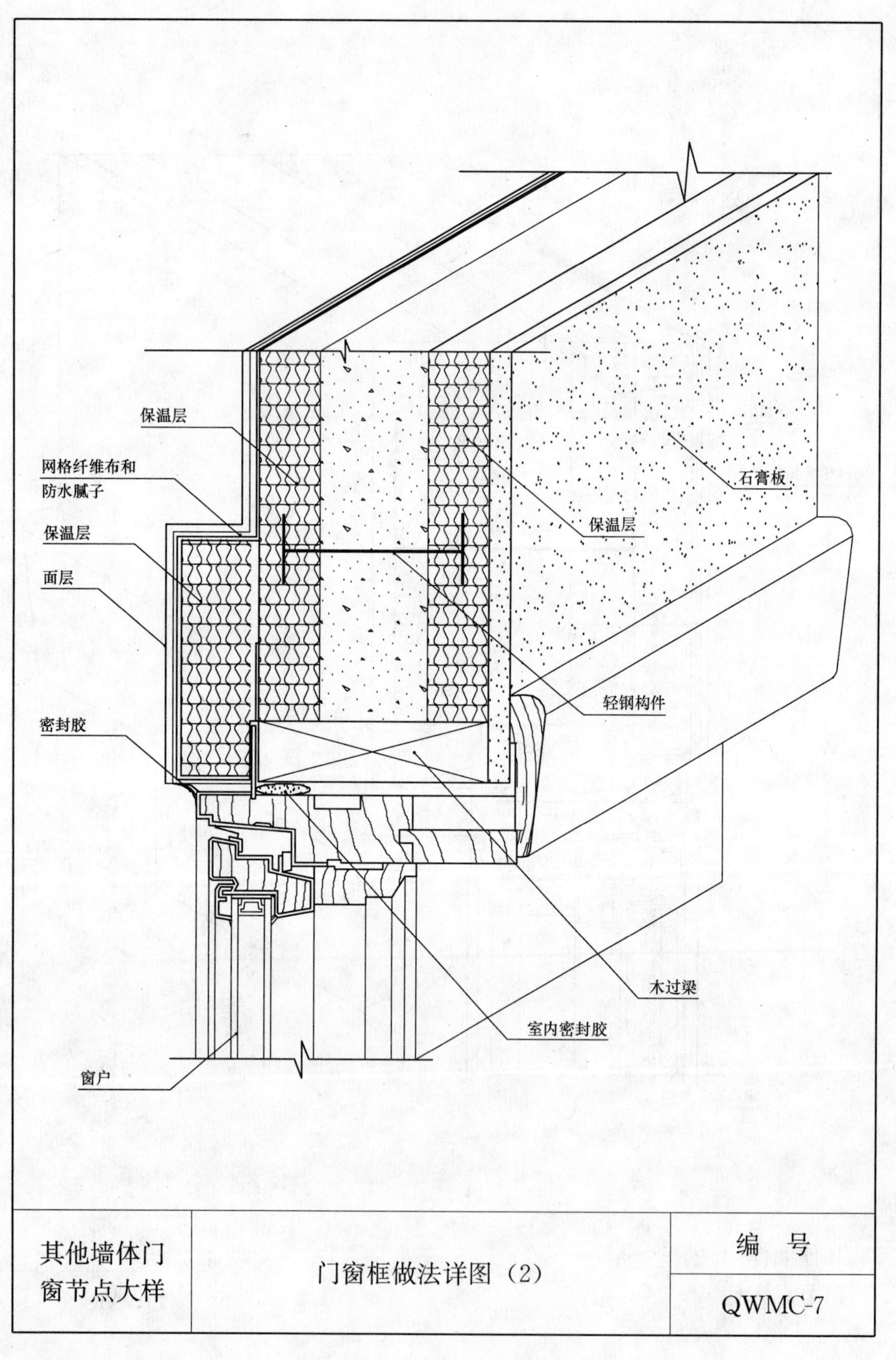
保温层
网格纤维布和
防水腻子
保温层
面层
密封胶
窗户
石膏板
保温层
轻钢构件
木过梁
室内密封胶
其他墙体门
窗节点大样
门窗框做法详图（2）
编 号
QWMC-7

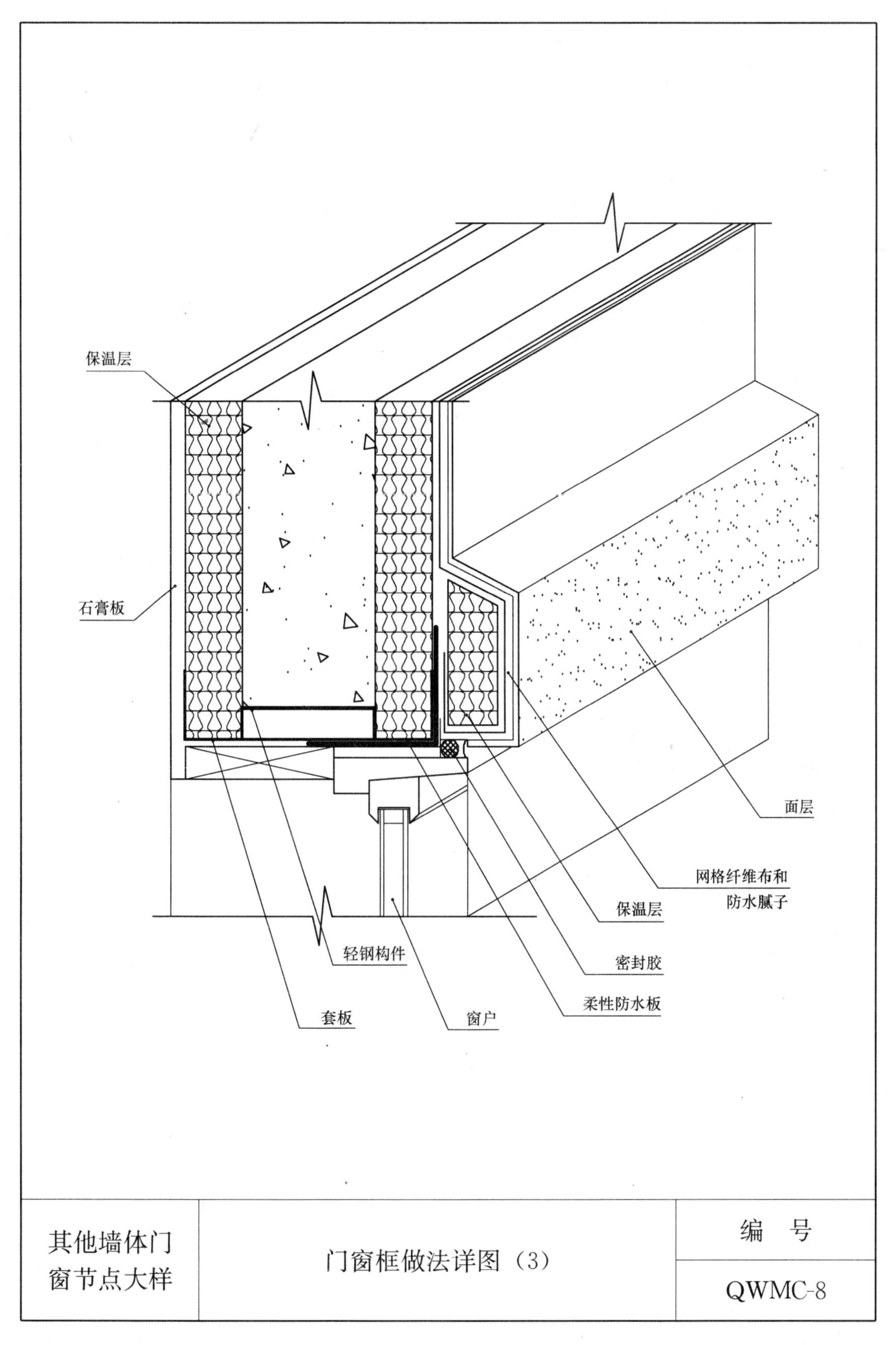

其他墙体门窗节点大样	门窗框做法详图（3）	编　号
		QWMC-8

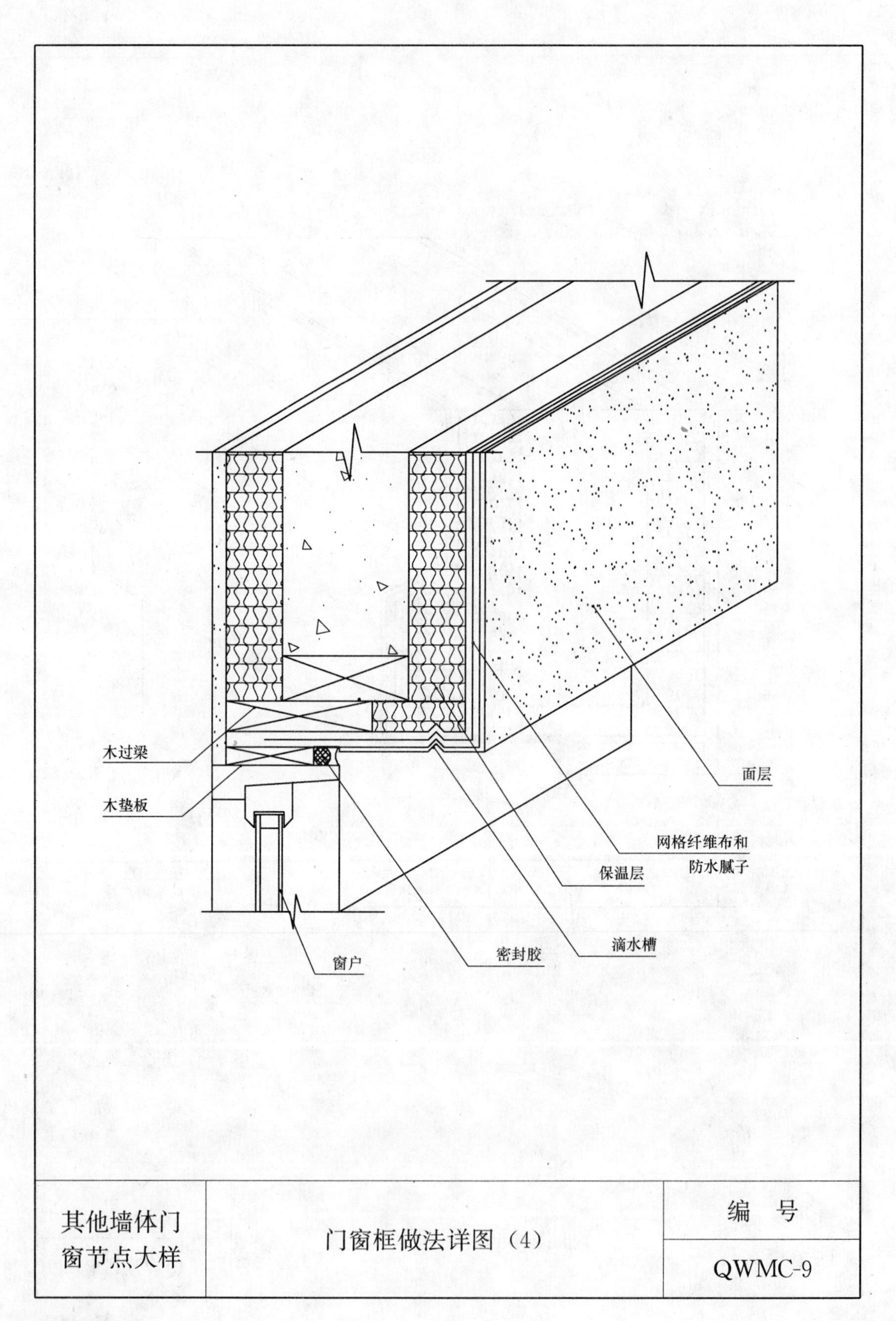
木过梁
木垫板
窗户
密封胶
滴水槽
保温层
网格纤维布和
防水腻子
面层
其他墙体门
窗节点大样
门窗框做法详图（4）
编　号
QWMC-9

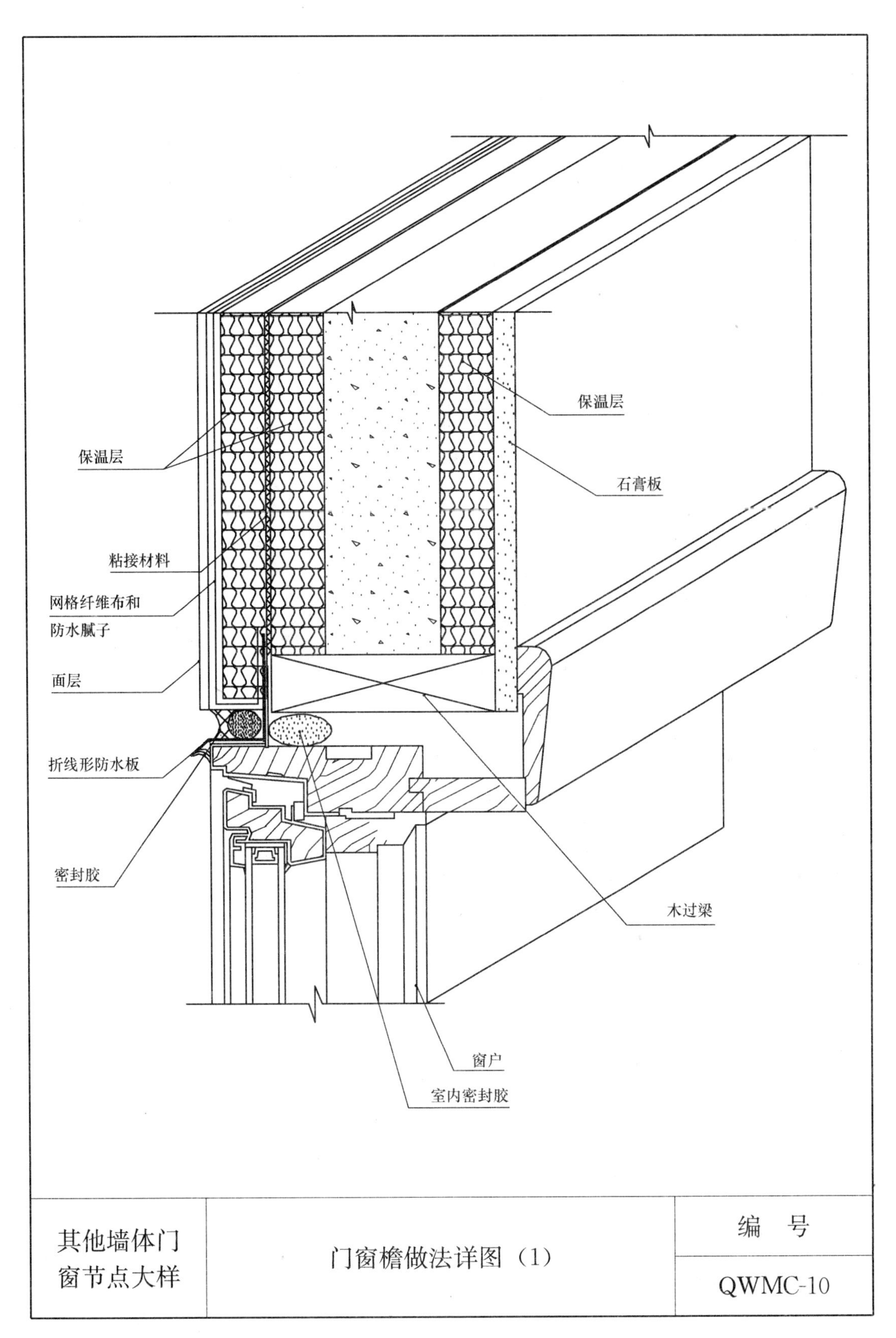

其他墙体门窗节点大样	门窗檐做法详图（1）	编　号
		QWMC-10

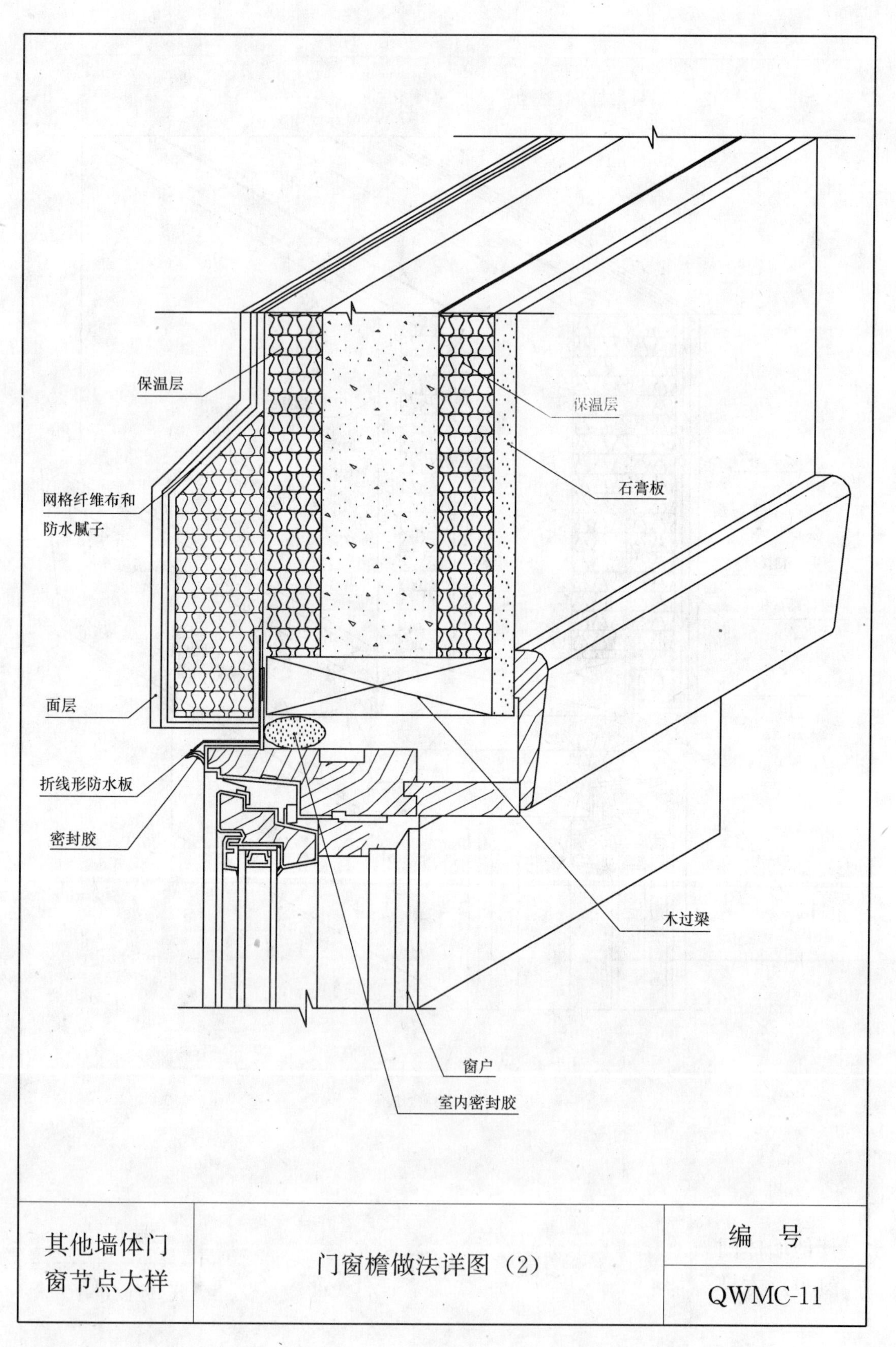

其他墙体门窗节点大样	门窗檐做法详图（2）	编　号
		QWMC-11

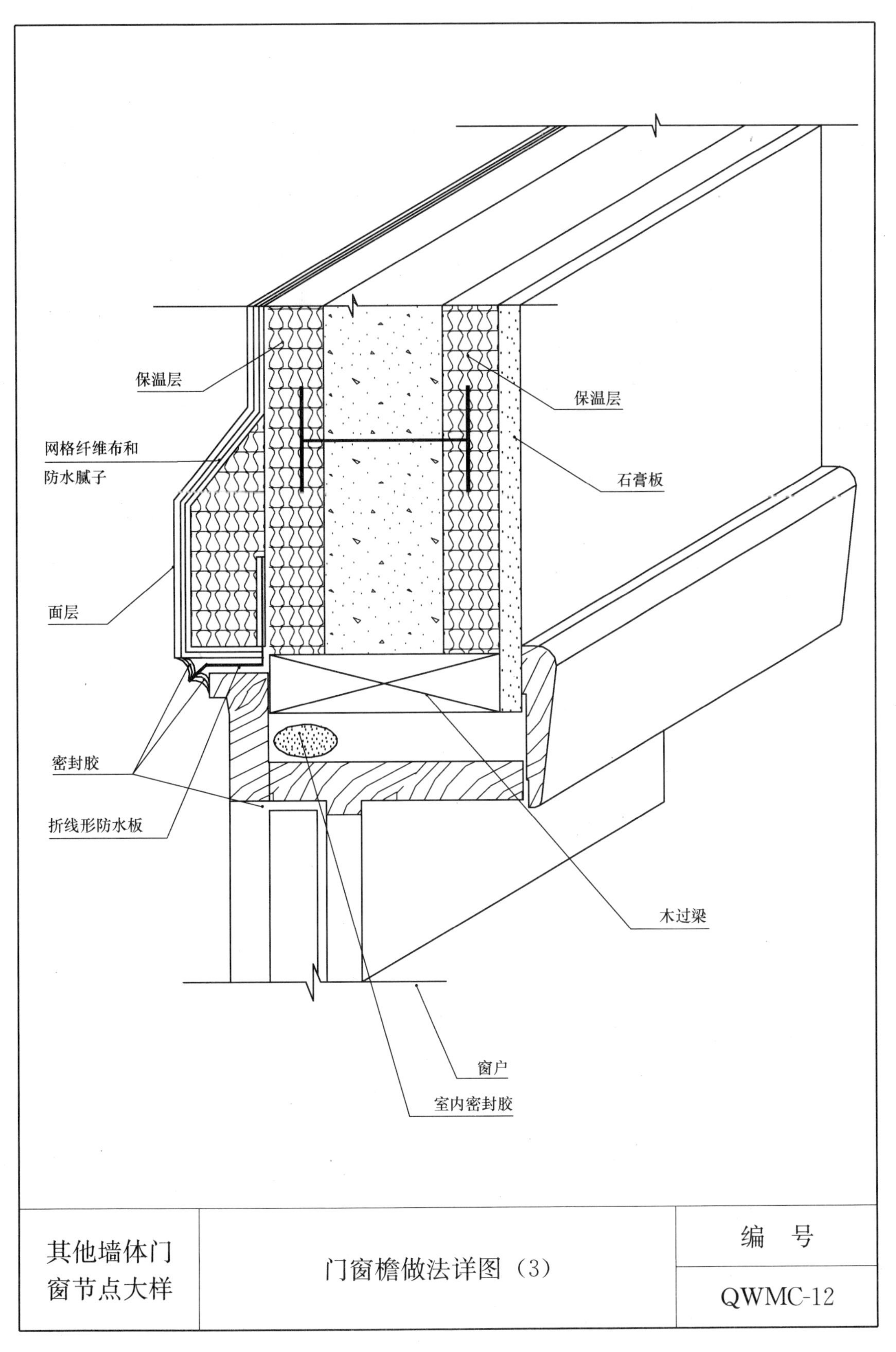
保温层
网格纤维布和
防水腻子
面层
密封胶
折线形防水板
保温层
石膏板
木过梁
窗户
室内密封胶
其他墙体门
窗节点大样
门窗檐做法详图（3）
编　号
QWMC-12

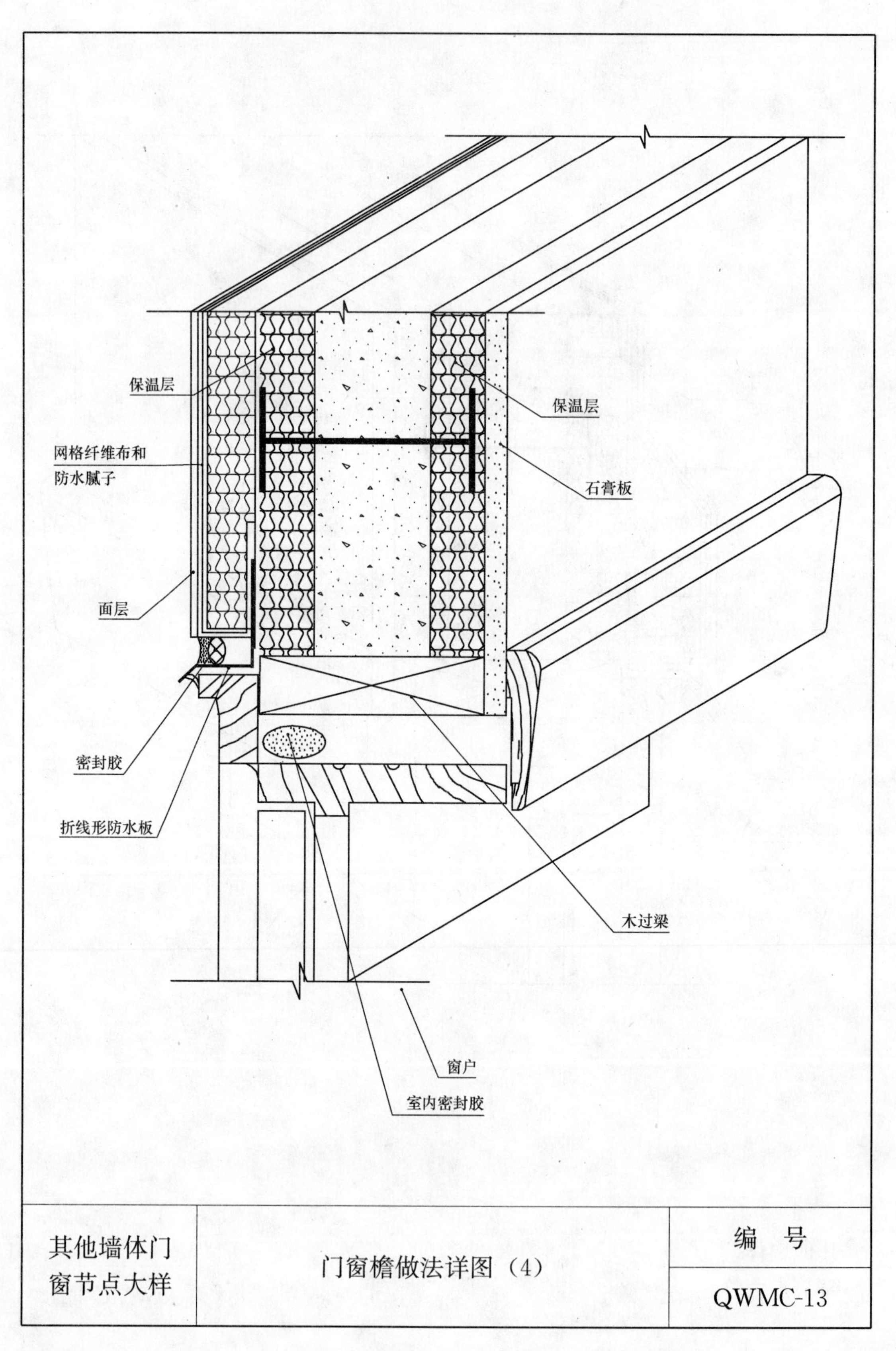

其他墙体门窗节点大样	门窗檐做法详图（4）	编　号
		QWMC-13

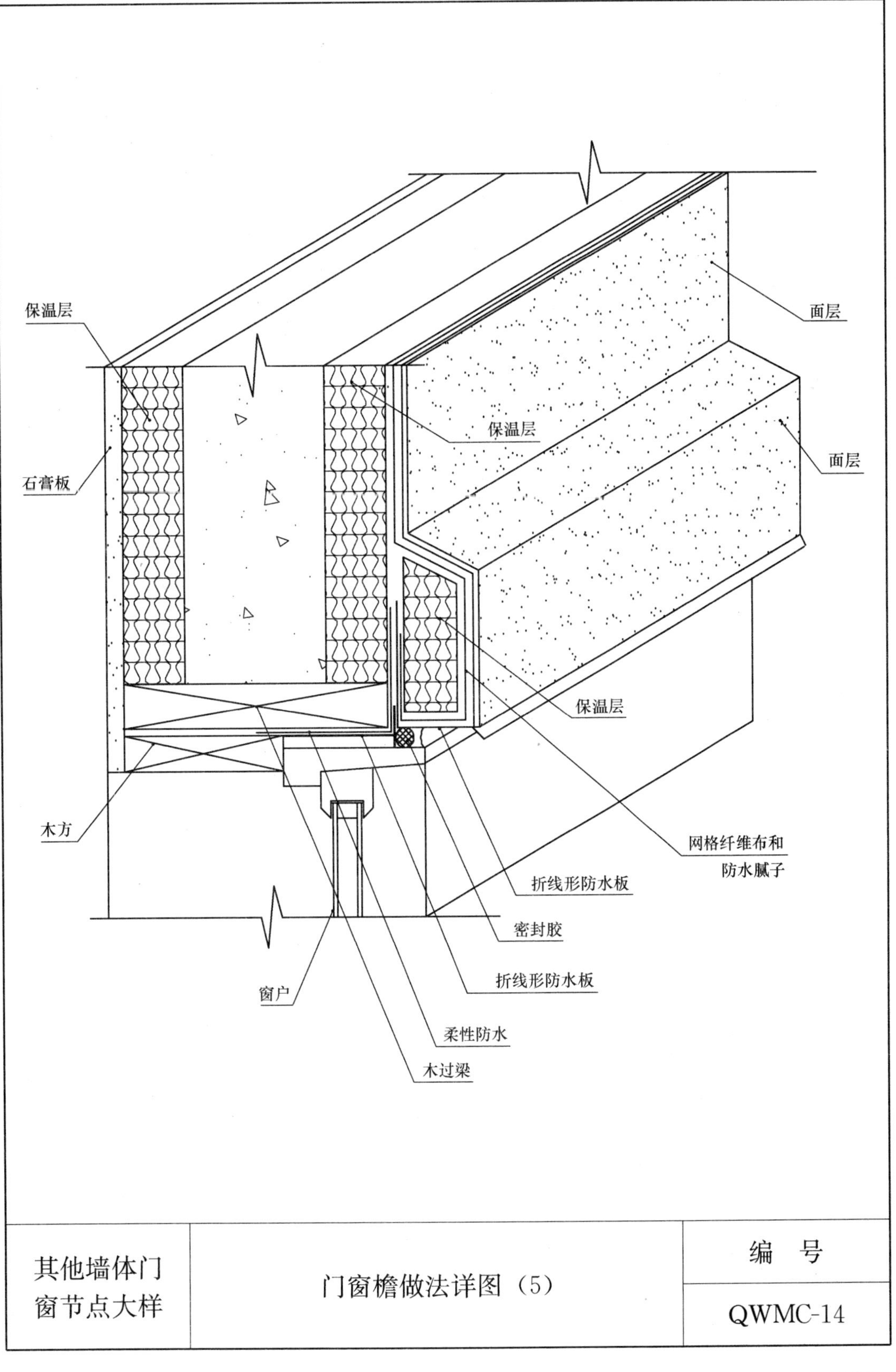

其他墙体门窗节点大样	门窗檐做法详图（5）	编　号
		QWMC-14

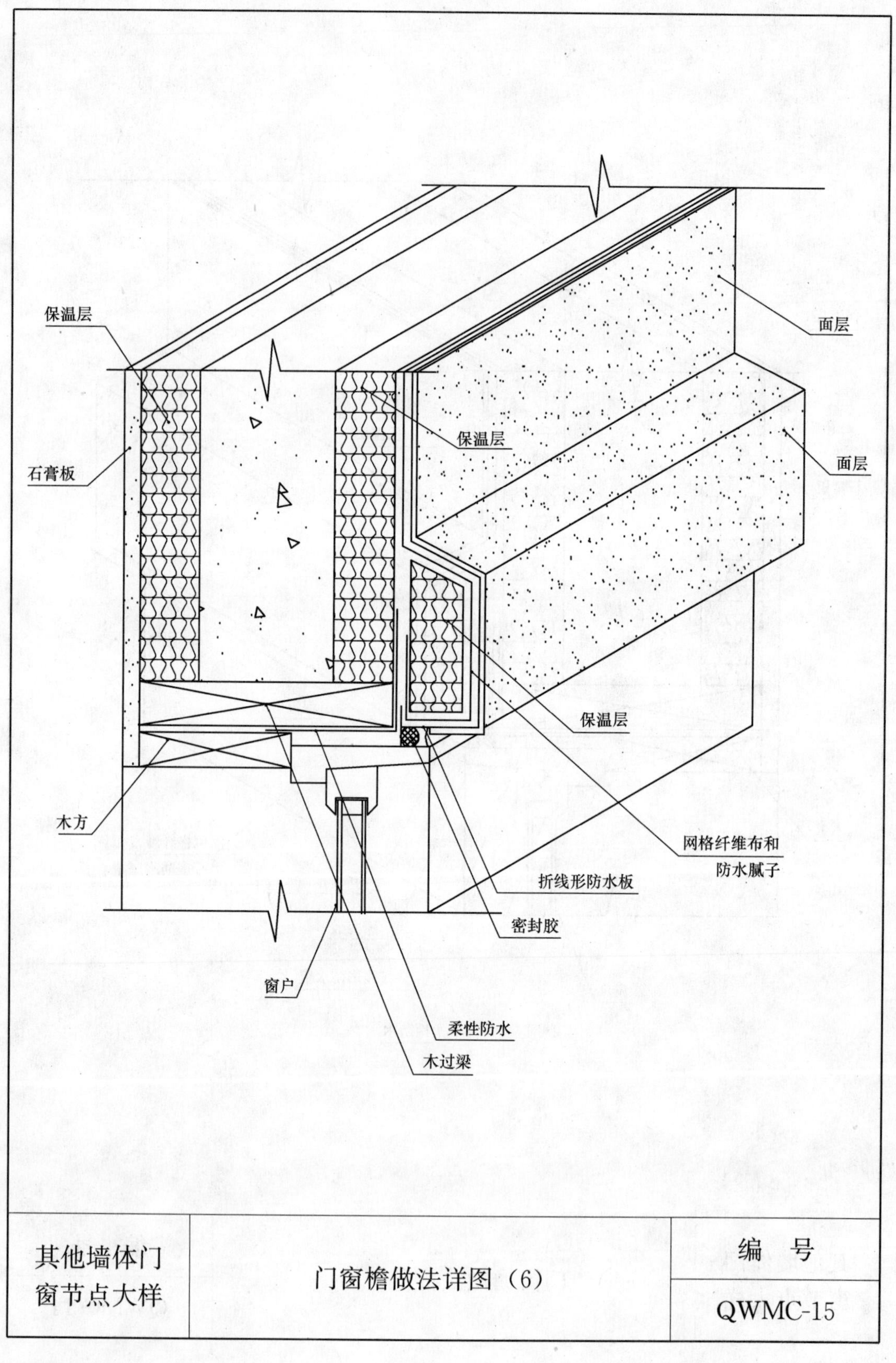

保温层
石膏板
木方
保温层
面层
面层
保温层
网格纤维布和
防水腻子
折线形防水板
密封胶
窗户
柔性防水
木过梁
其他墙体门
窗节点大样
门窗檐做法详图（6）
编　号
QWMC-15

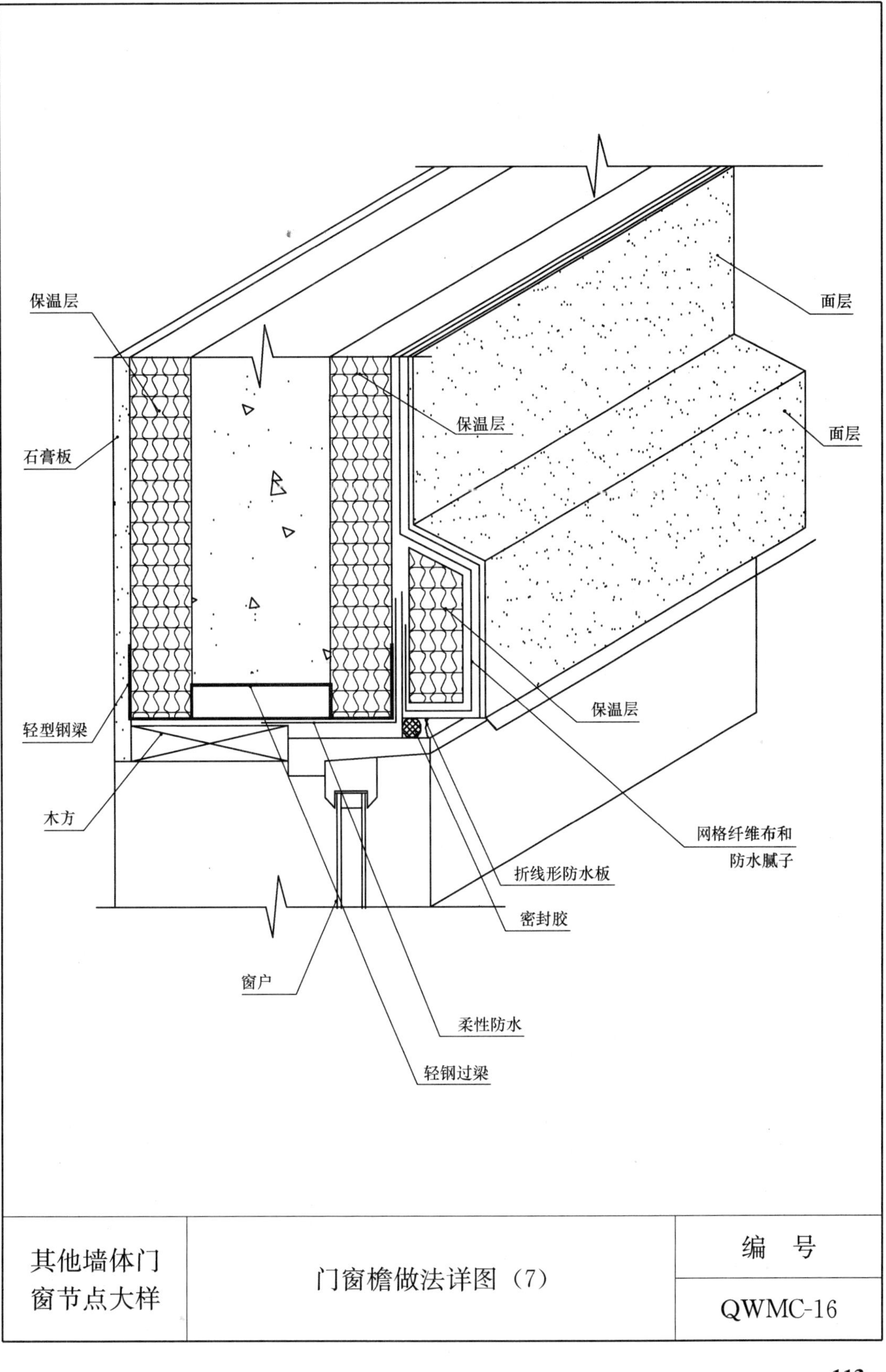

其他墙体门窗节点大样	门窗檐做法详图（7）	编　号
		QWMC-16

第二章　无保温墙板体系

第一节　轻钢骨架无保温墙板

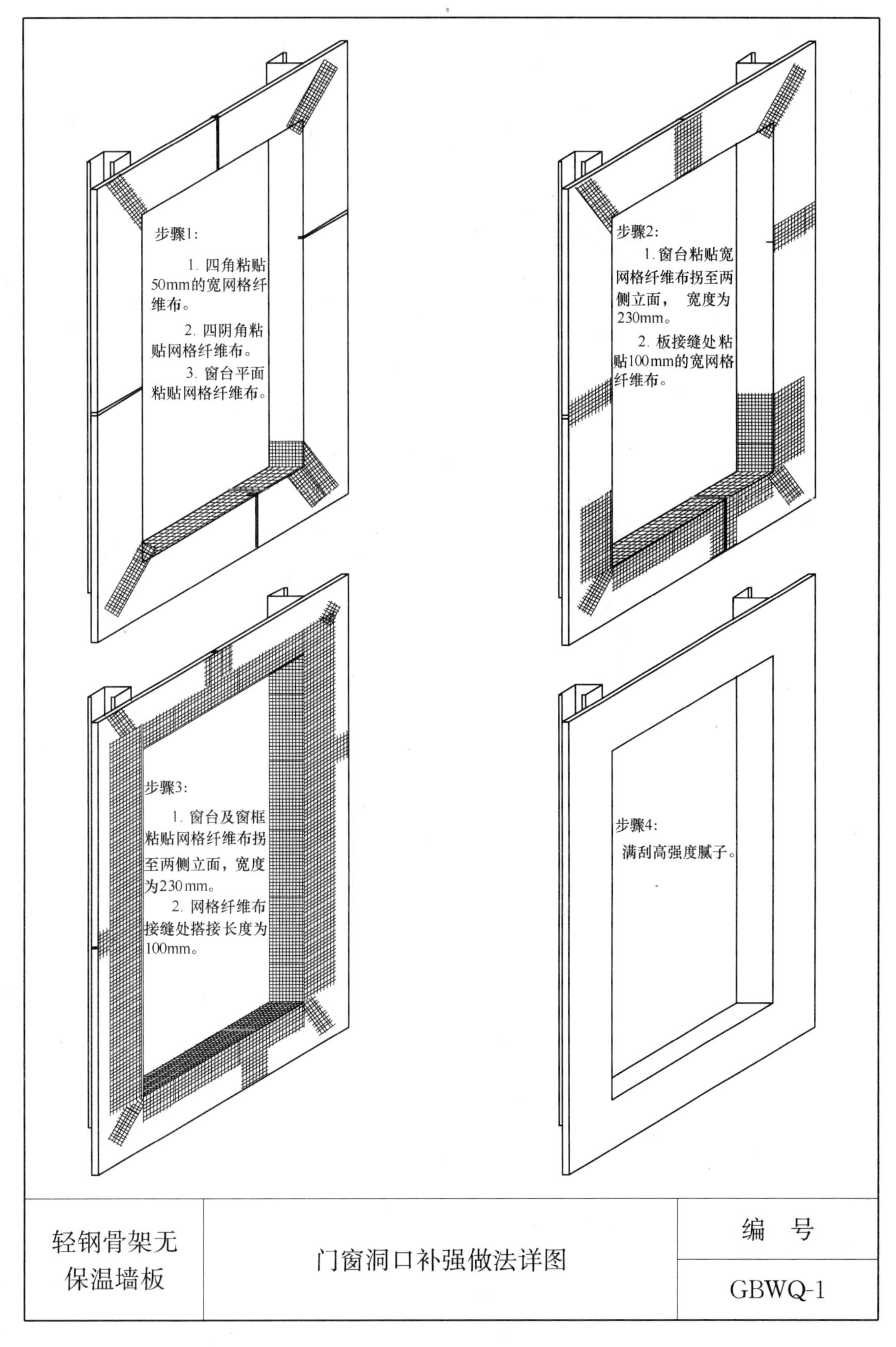

轻钢骨架无保温墙板	门窗洞口补强做法详图	编　号
		GBWQ-1

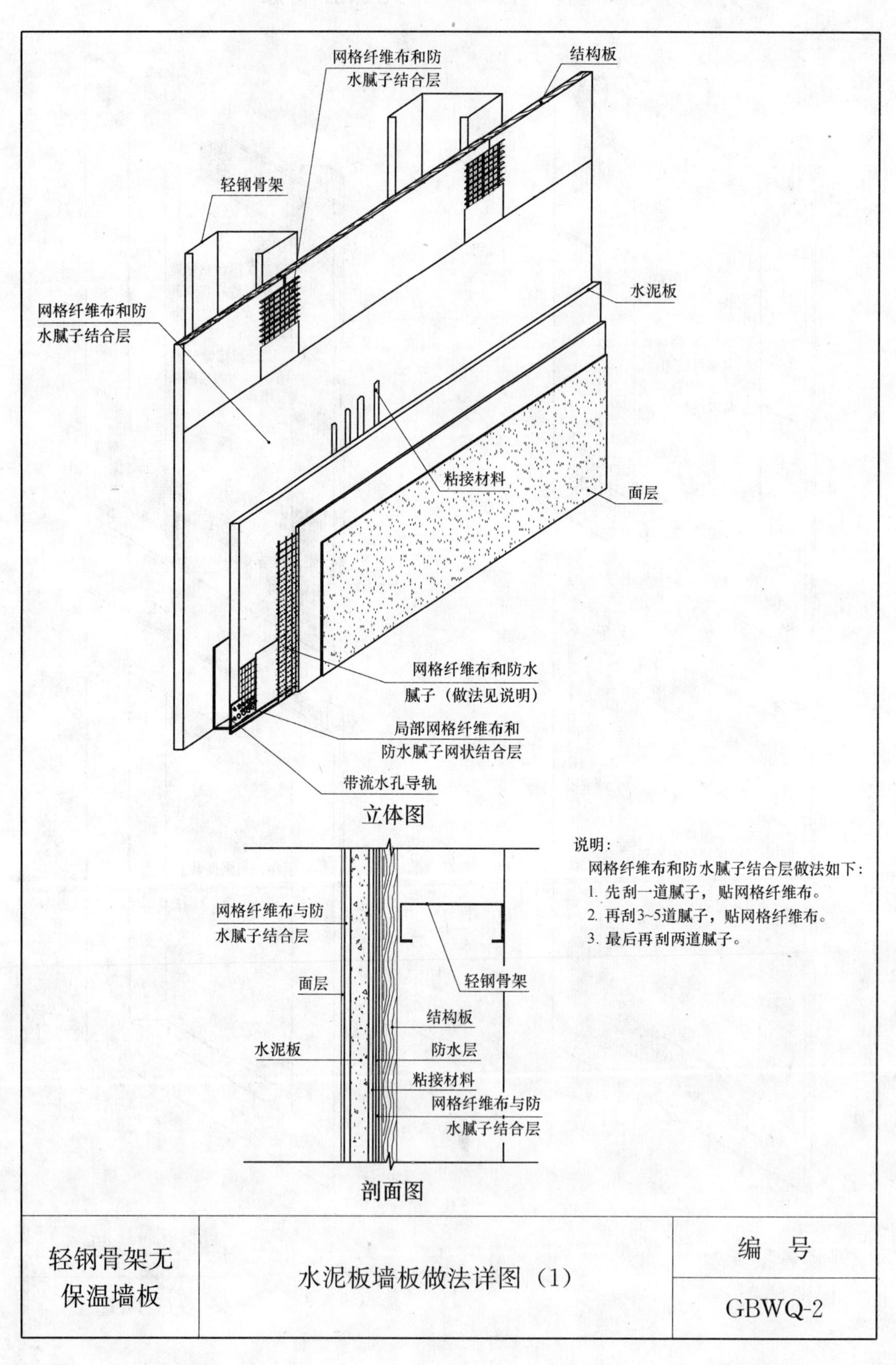

说明：

网格纤维布和防水腻子结合层做法如下：

1. 先刮一道腻子，贴网格纤维布。
2. 再刮3~5道腻子，贴网格纤维布。
3. 最后再刮两道腻子。

轻钢骨架无保温墙板	水泥板墙板做法详图（1）	编 号
		GBWQ-2

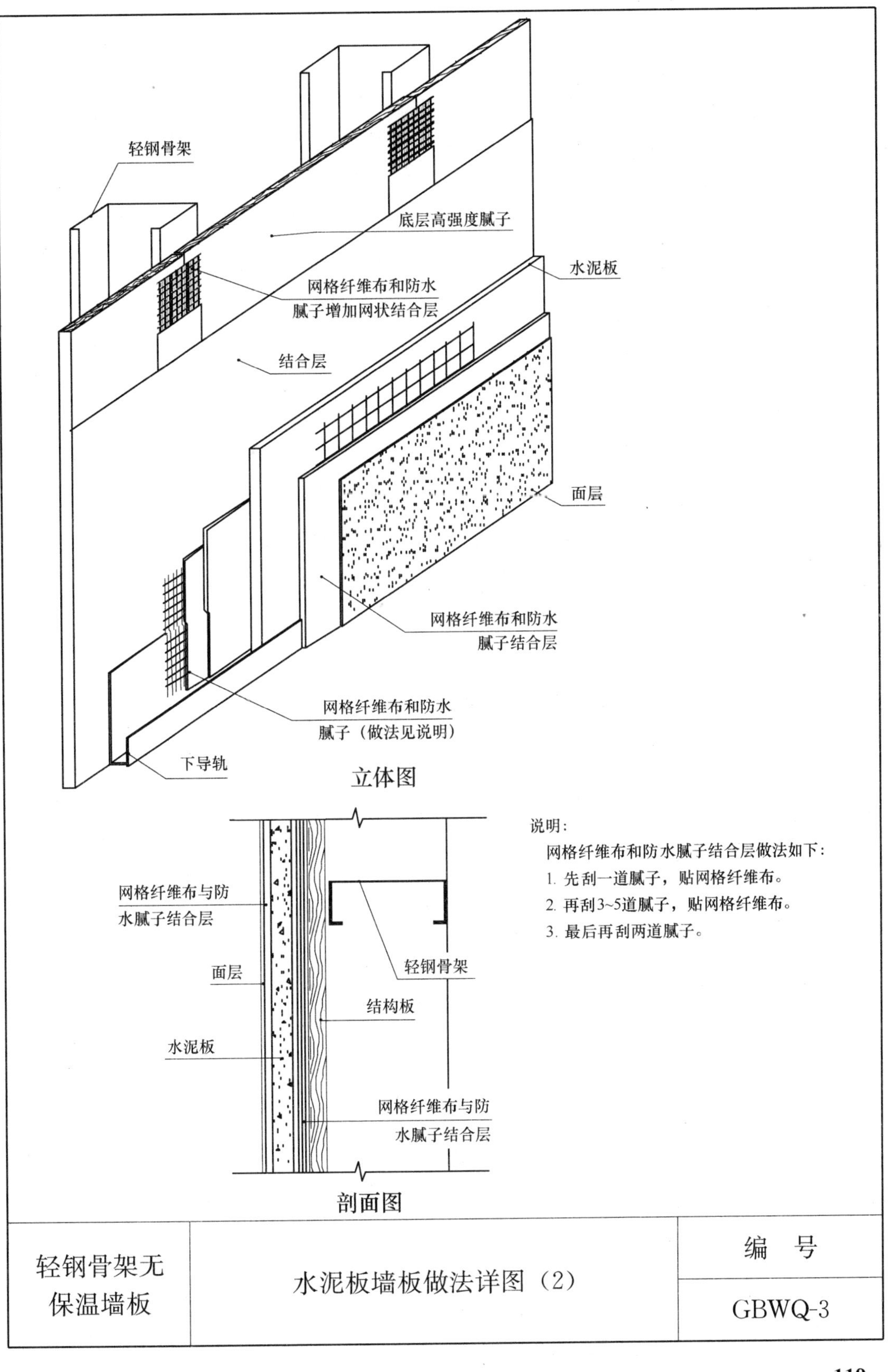

说明：

网格纤维布和防水腻子结合层做法如下：

1. 先刮一道腻子，贴网格纤维布。
2. 再刮3~5道腻子，贴网格纤维布。
3. 最后再刮两道腻子。

轻钢骨架无保温墙板	水泥板墙板做法详图（2）	编　号
		GBWQ-3

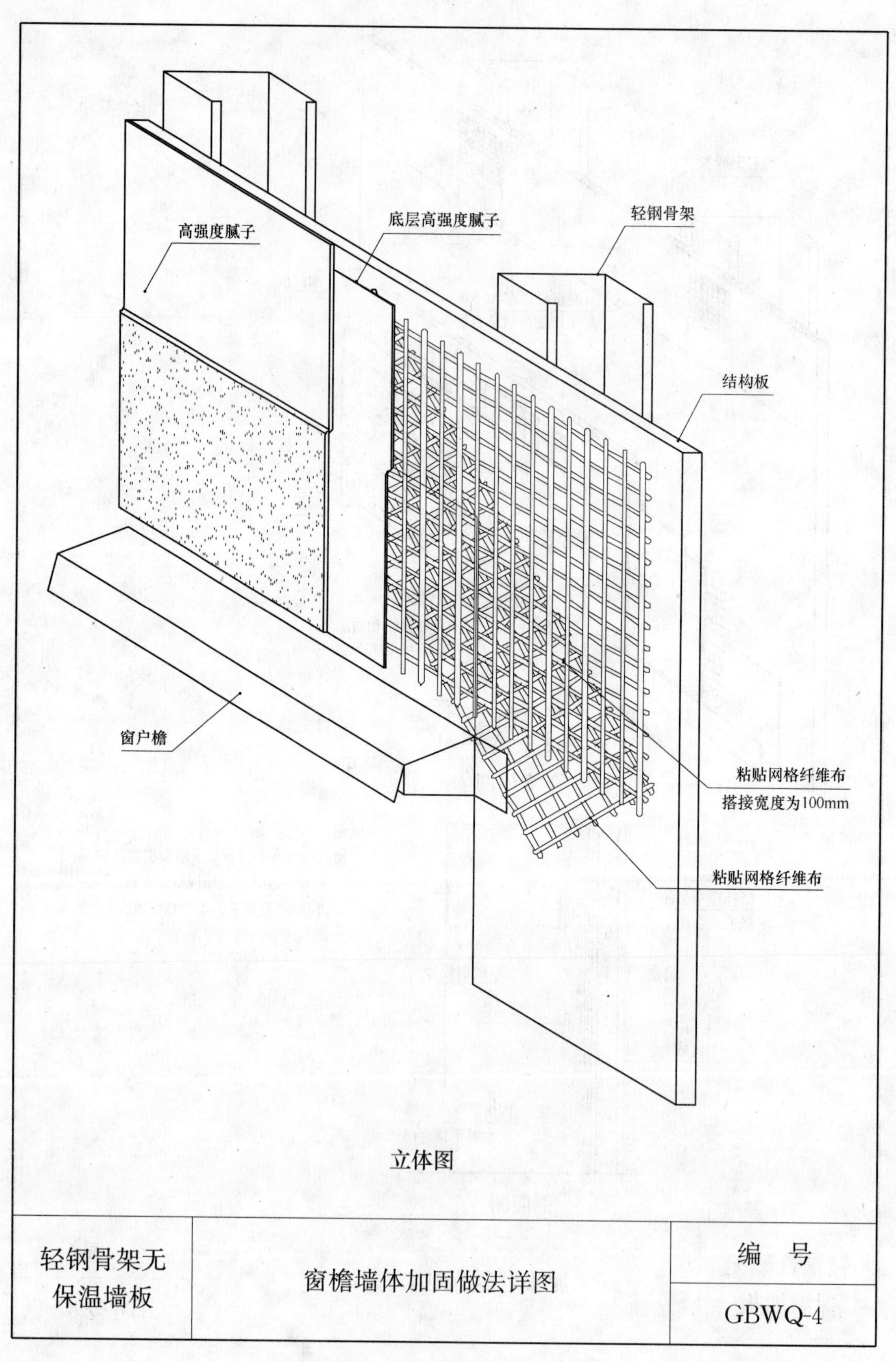
高强度腻子
底层高强度腻子
轻钢骨架
结构板
窗户檐
粘贴网格纤维布
搭接宽度为100mm
粘贴网格纤维布
立体图
轻钢骨架无
保温墙板
窗檐墙体加固做法详图
编 号
GBWQ-4

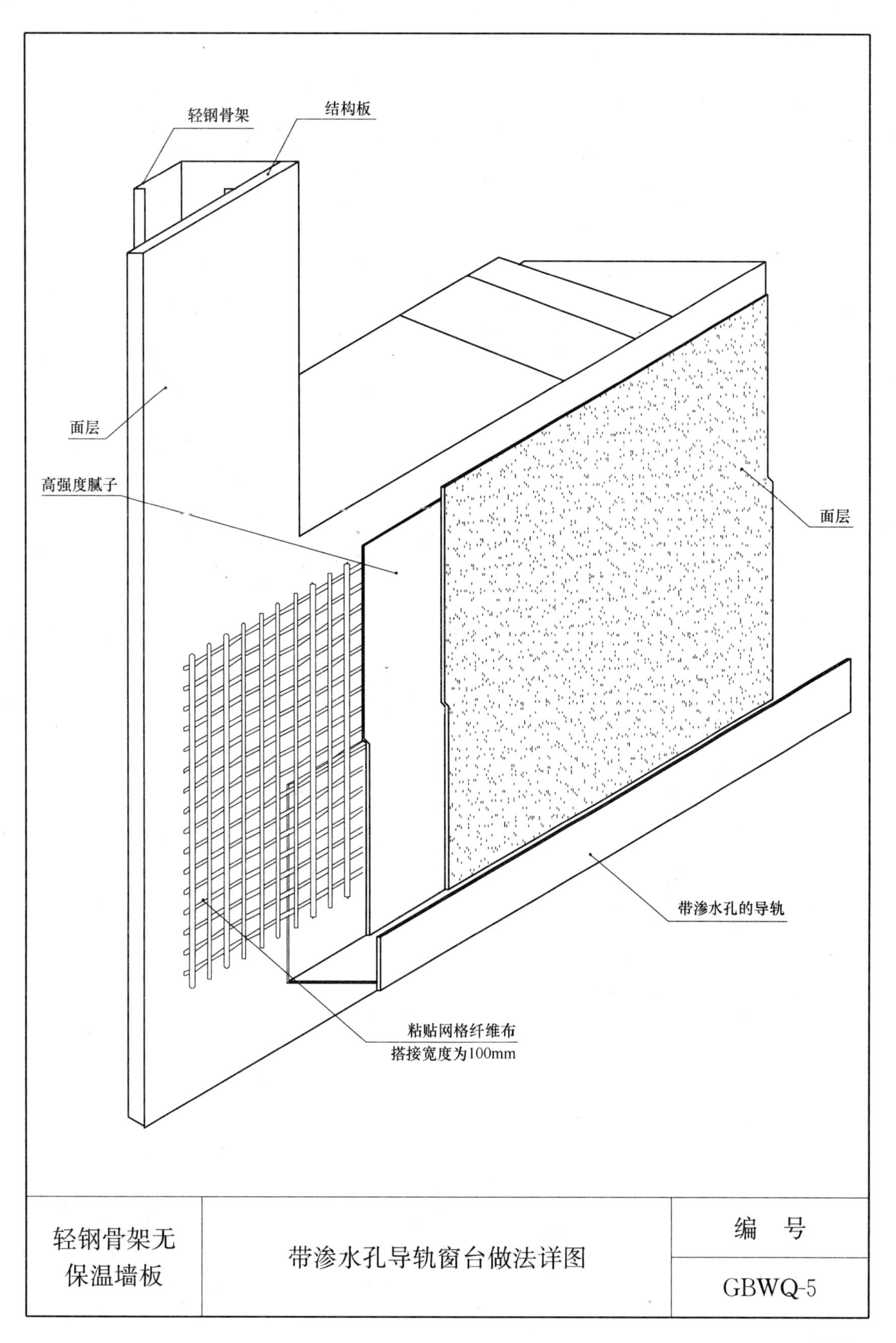
轻钢骨架
结构板
面层
高强度腻子
面层
带渗水孔的导轨
粘贴网格纤维布
搭接宽度为100mm
轻钢骨架无保温墙板
带渗水孔导轨窗台做法详图
编 号
GBWQ-5

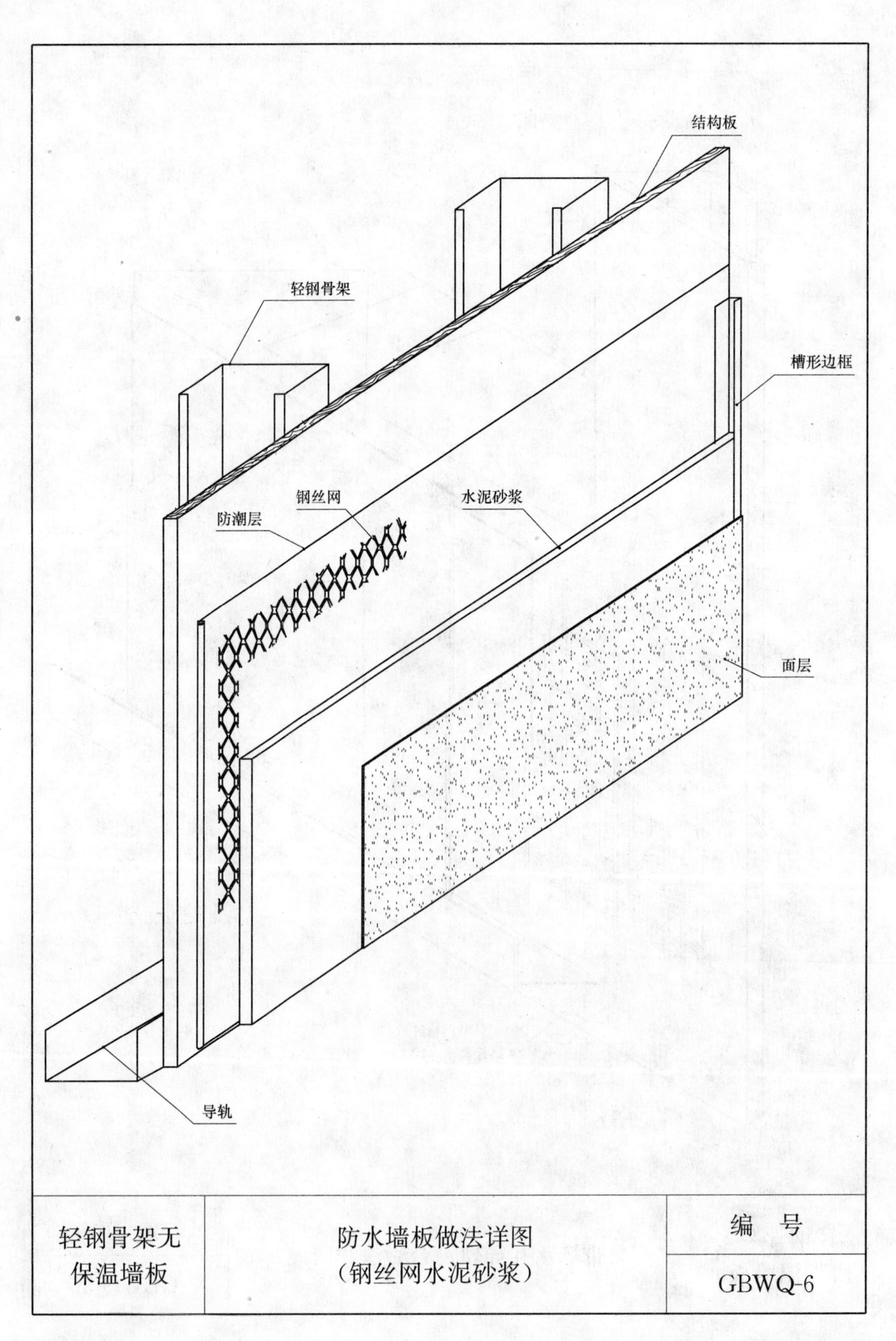
结构板
轻钢骨架
槽形边框
钢丝网
水泥砂浆
防潮层
面层
导轨
轻钢骨架无
保温墙板
防水墙板做法详图
（钢丝网水泥砂浆）
编　号
GBWQ-6

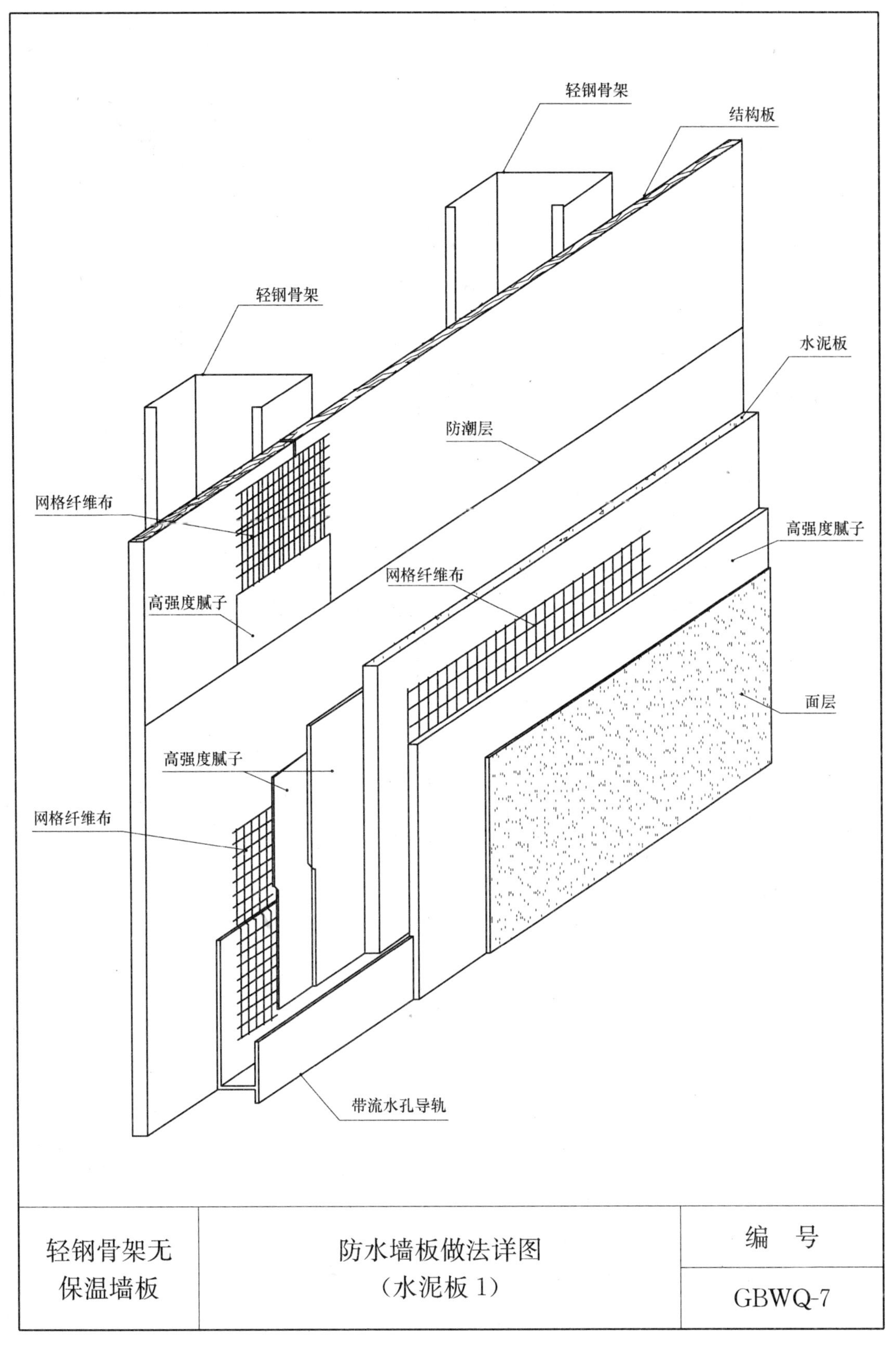

轻钢骨架无保温墙板	防水墙板做法详图（水泥板 1）	编　号
		GBWQ-7

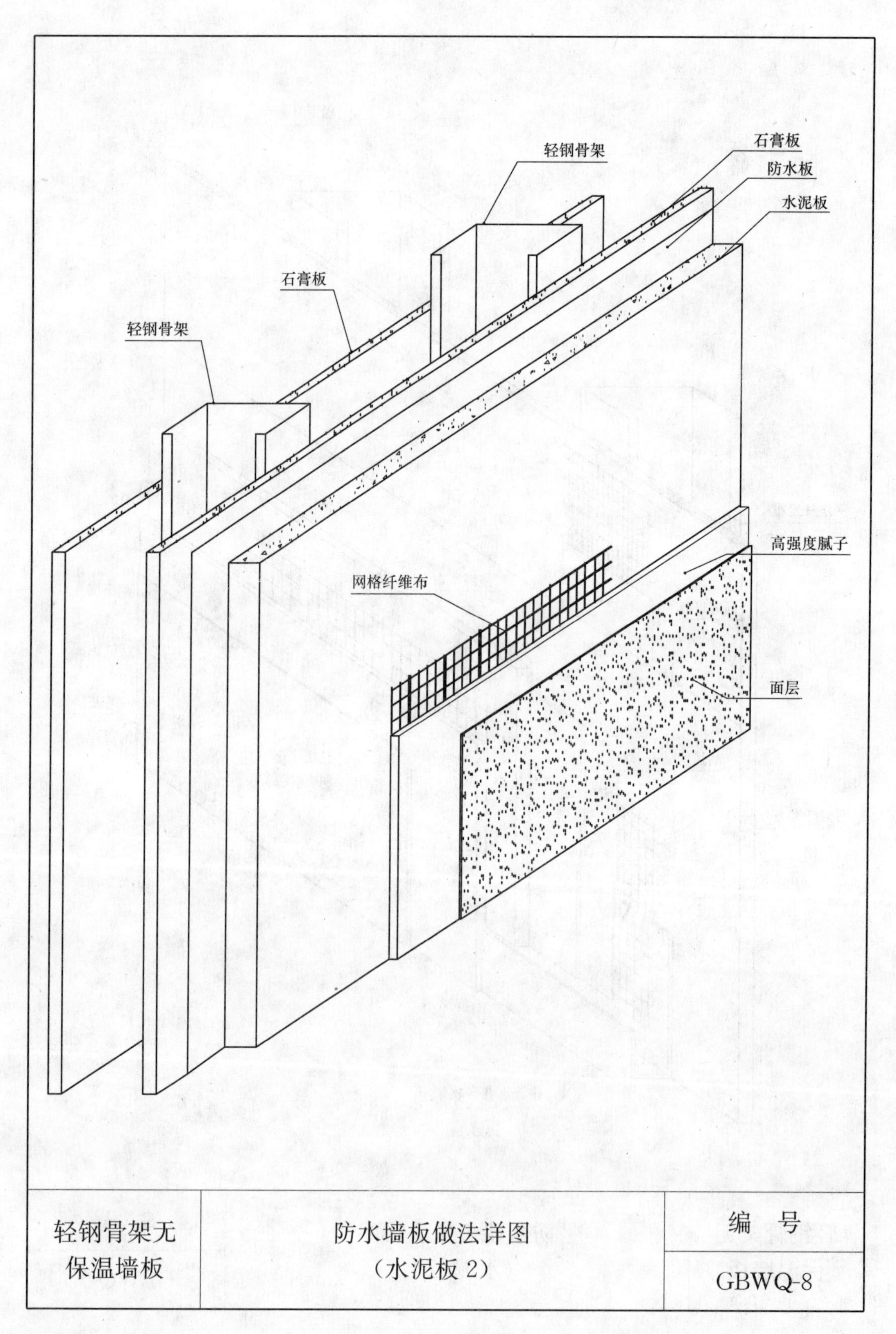
石膏板
轻钢骨架
防水板
水泥板
石膏板
轻钢骨架
高强度腻子
网格纤维布
面层
轻钢骨架无
保温墙板
防水墙板做法详图
（水泥板 2）
编　号
GBWQ-8

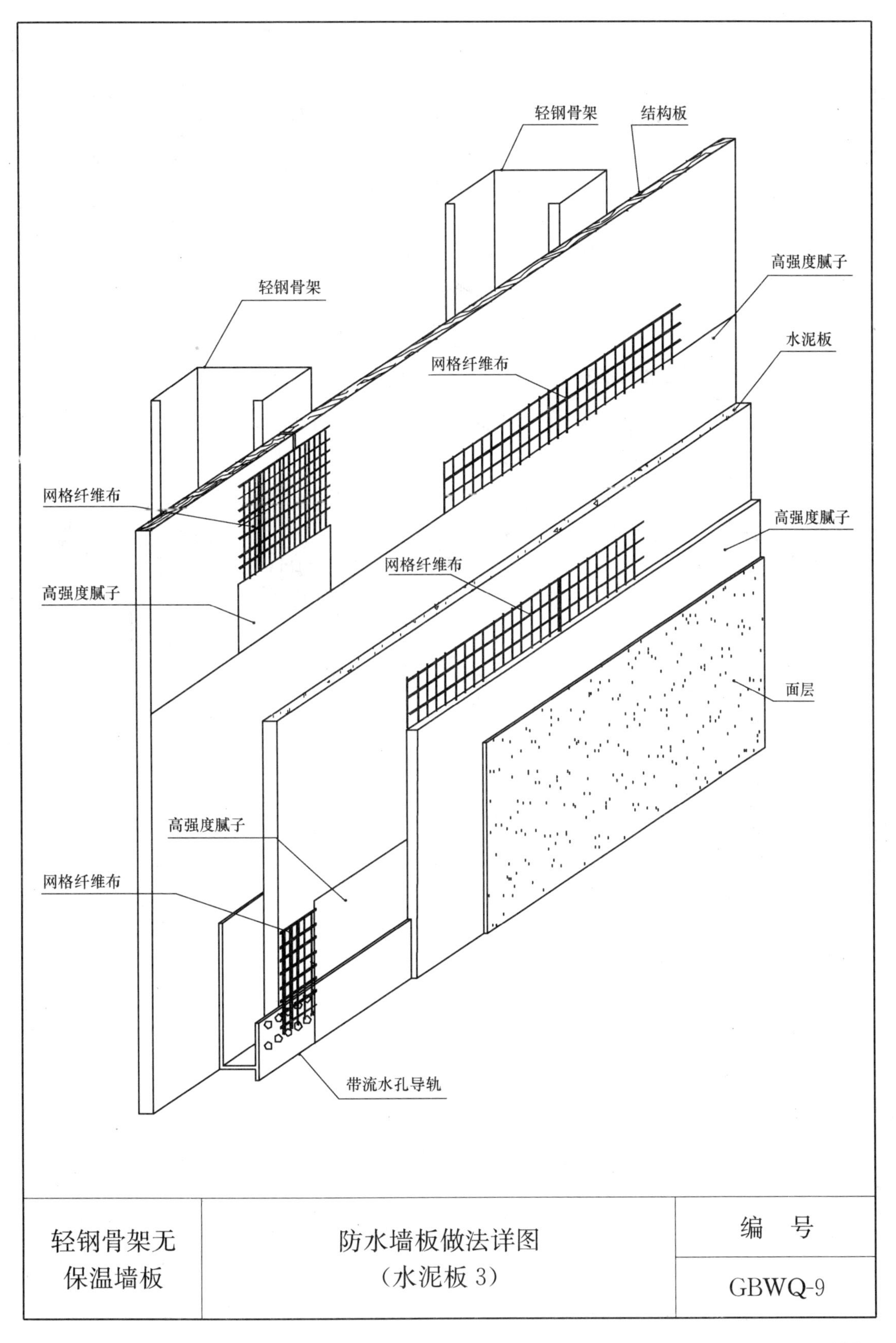

轻钢骨架无保温墙板	防水墙板做法详图 （水泥板 3）	编　号
		GBWQ-9

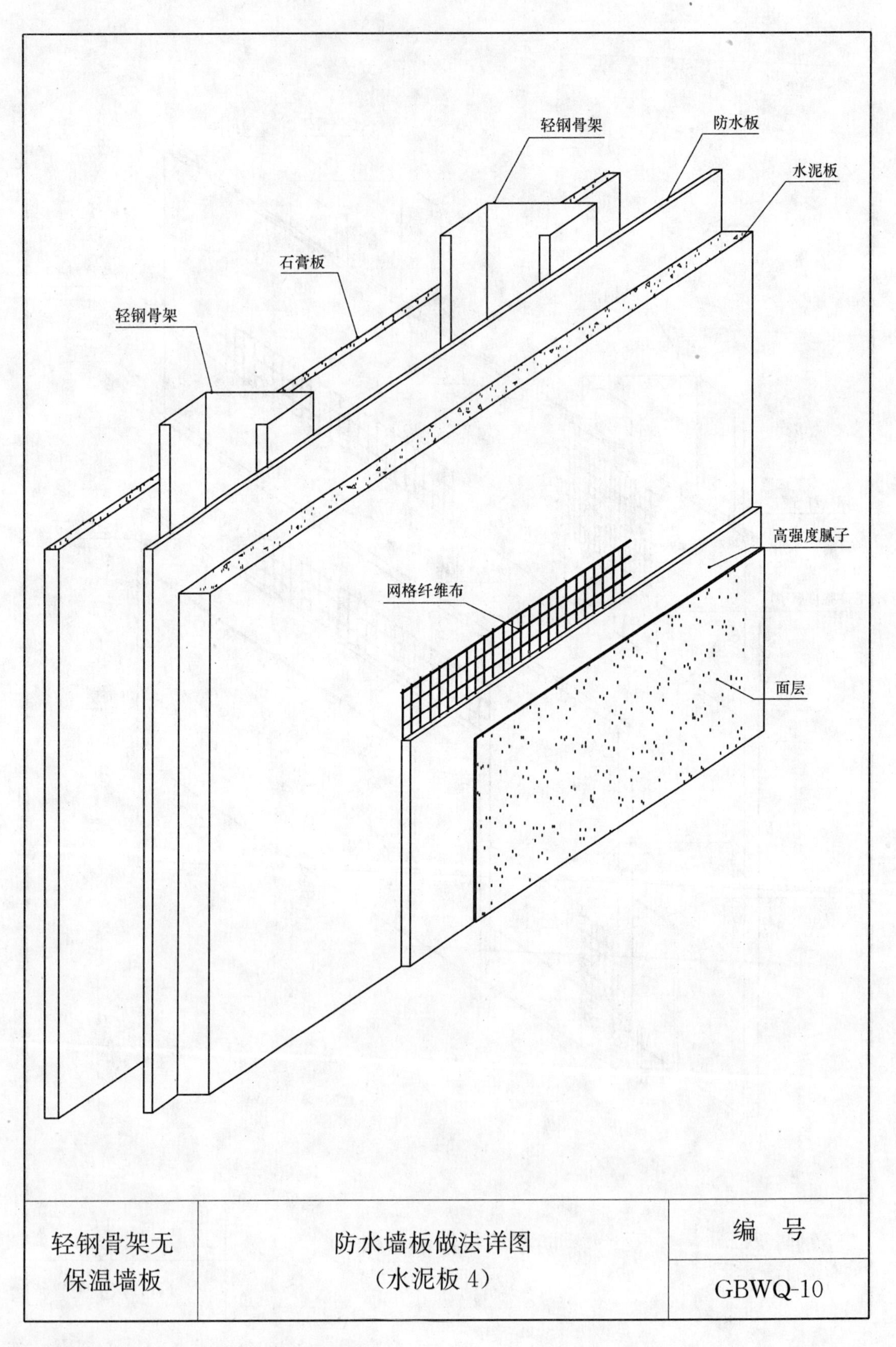

轻钢骨架无保温墙板	防水墙板做法详图（水泥板 4）	编　号
		GBWQ-10

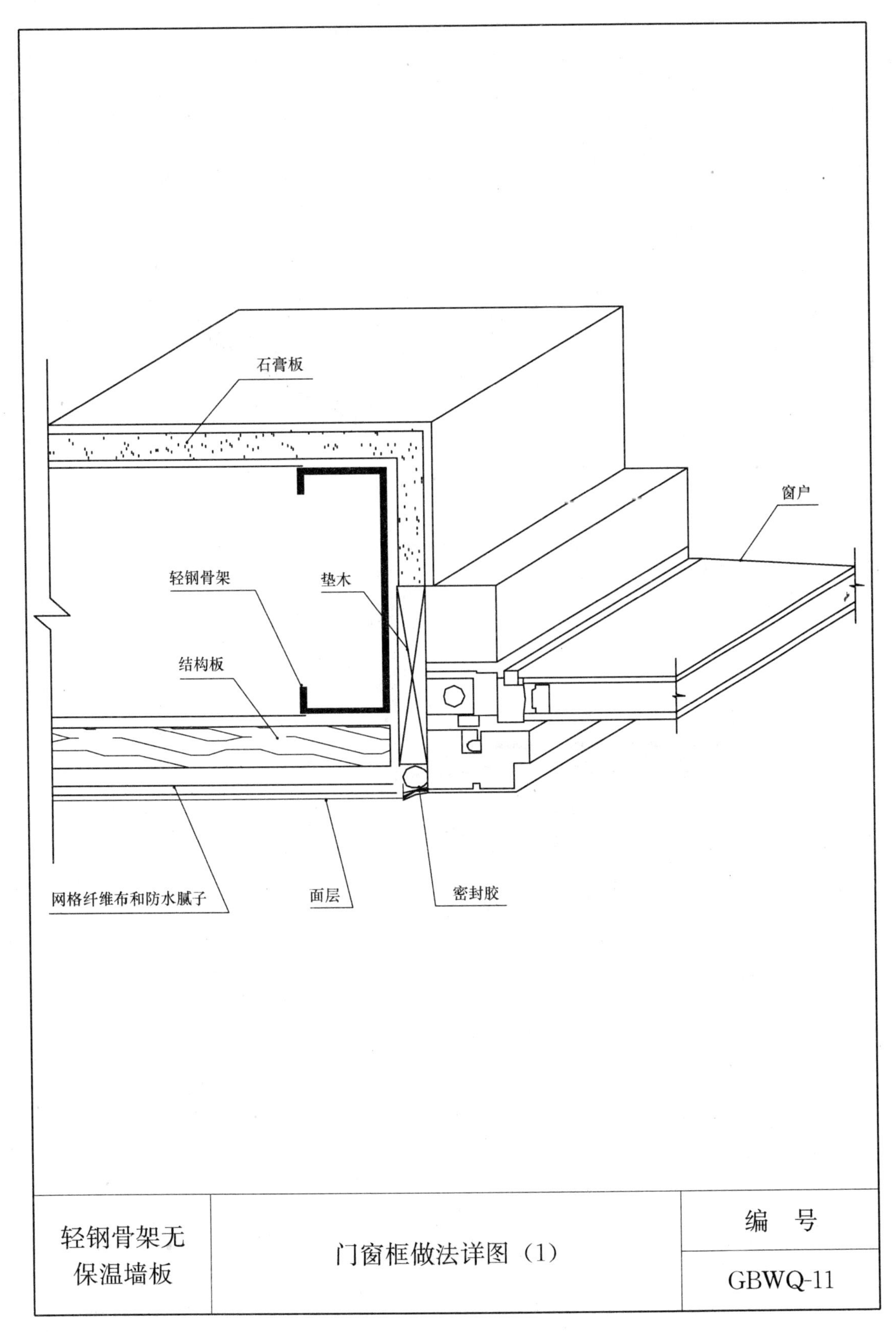

轻钢骨架无保温墙板	门窗框做法详图（1）	编　号
		GBWQ-11

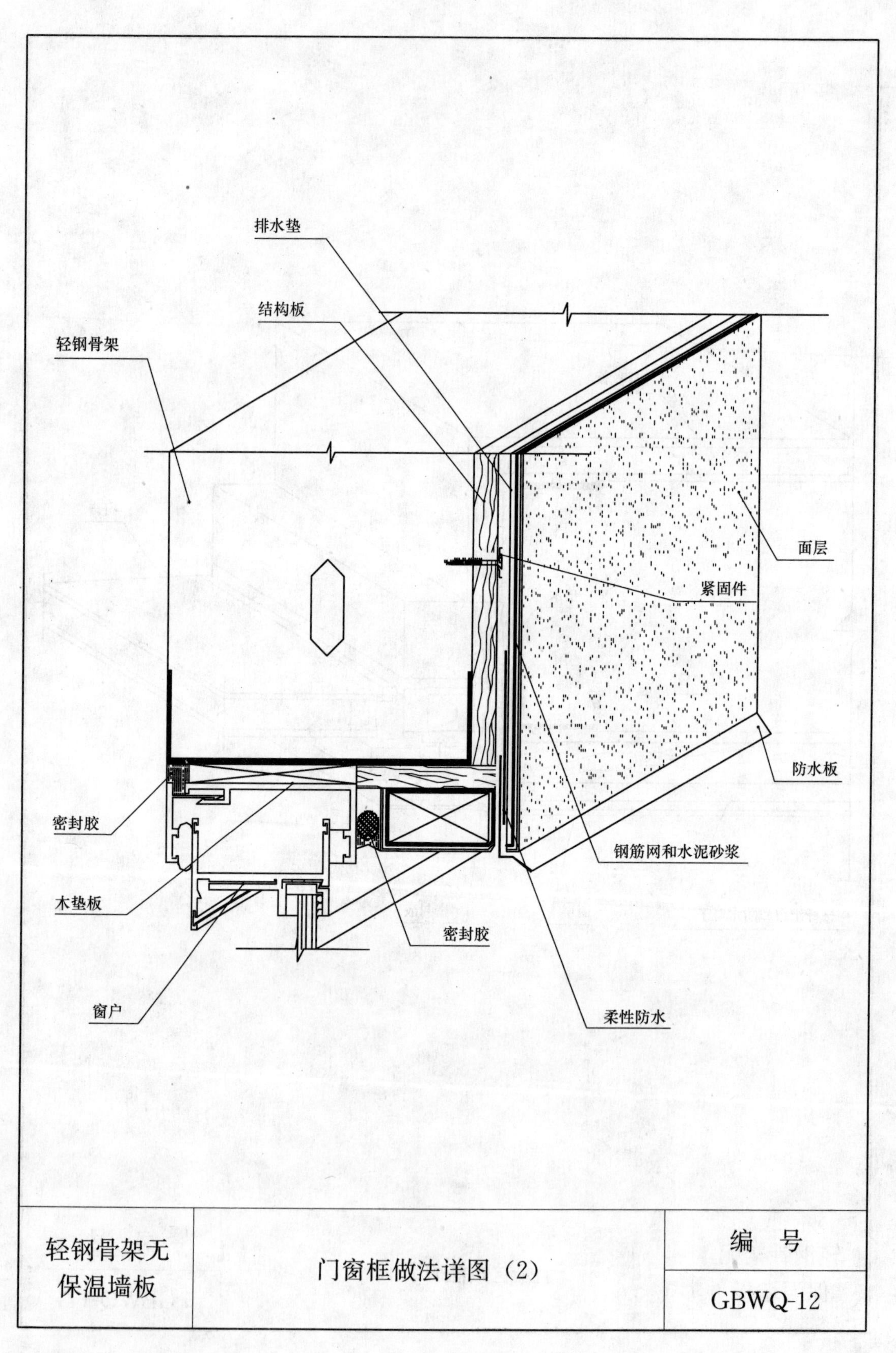

轻钢骨架无保温墙板	门窗框做法详图（2）	编　号
		GBWQ-12

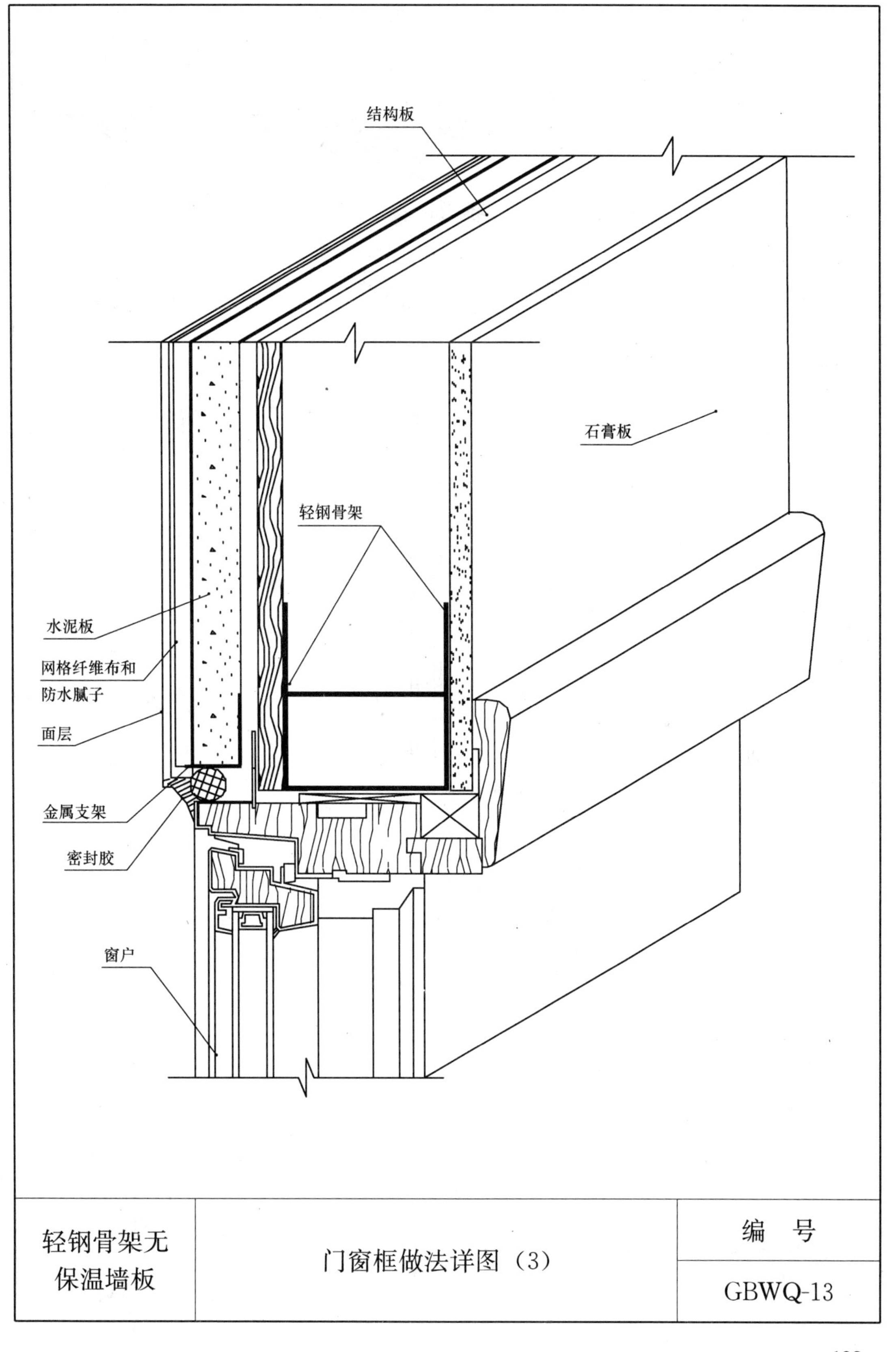

轻钢骨架无保温墙板	门窗框做法详图（3）	编　号
		GBWQ-13

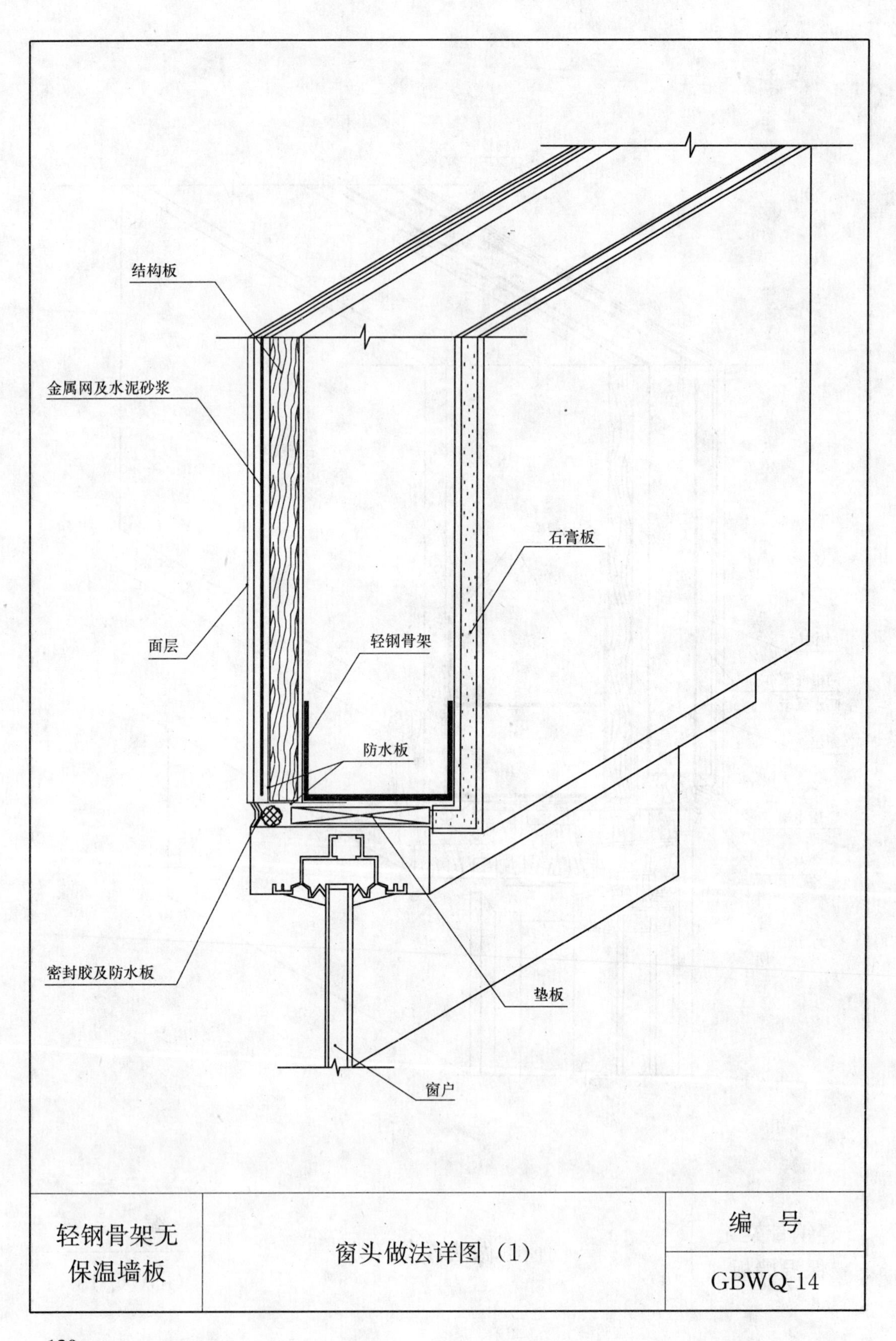

轻钢骨架无保温墙板	窗头做法详图（1）	编号
		GBWQ-14

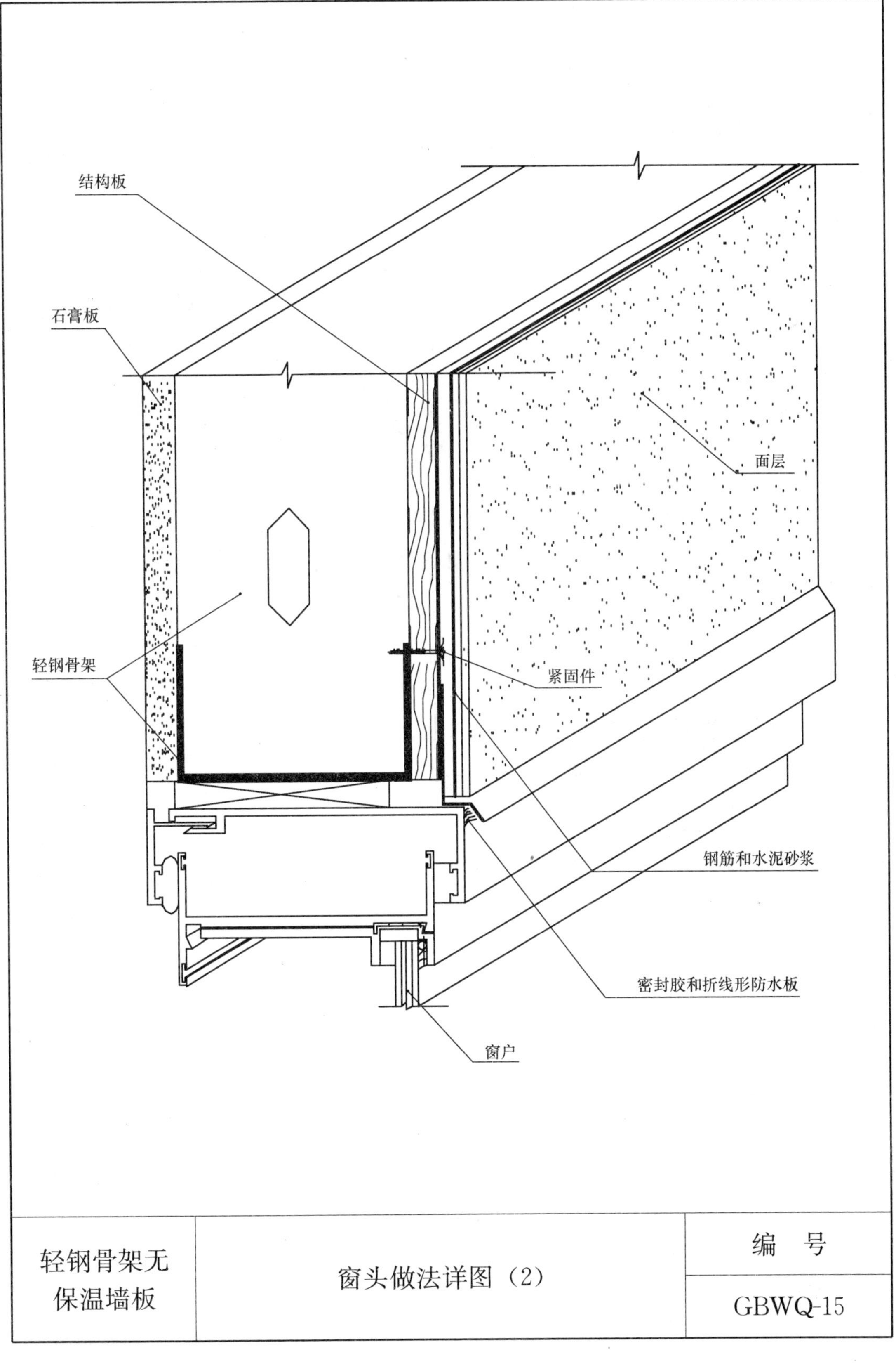

轻钢骨架无保温墙板	窗头做法详图（2）	编　号
		GBWQ-15

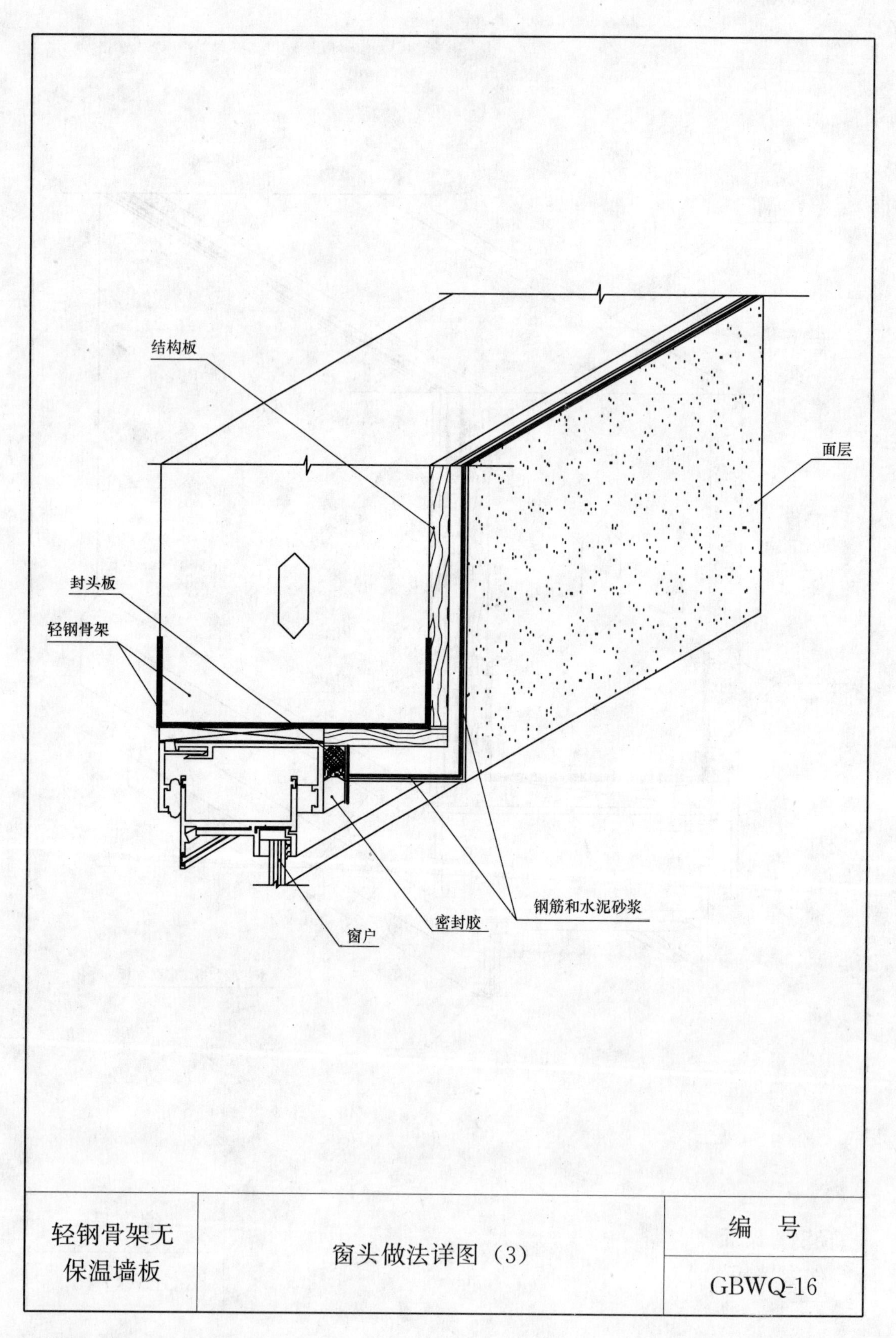
结构板
面层
封头板
轻钢骨架
钢筋和水泥砂浆
密封胶
窗户
轻钢骨架无
保温墙板
窗头做法详图（3）
编　号
GBWQ-16

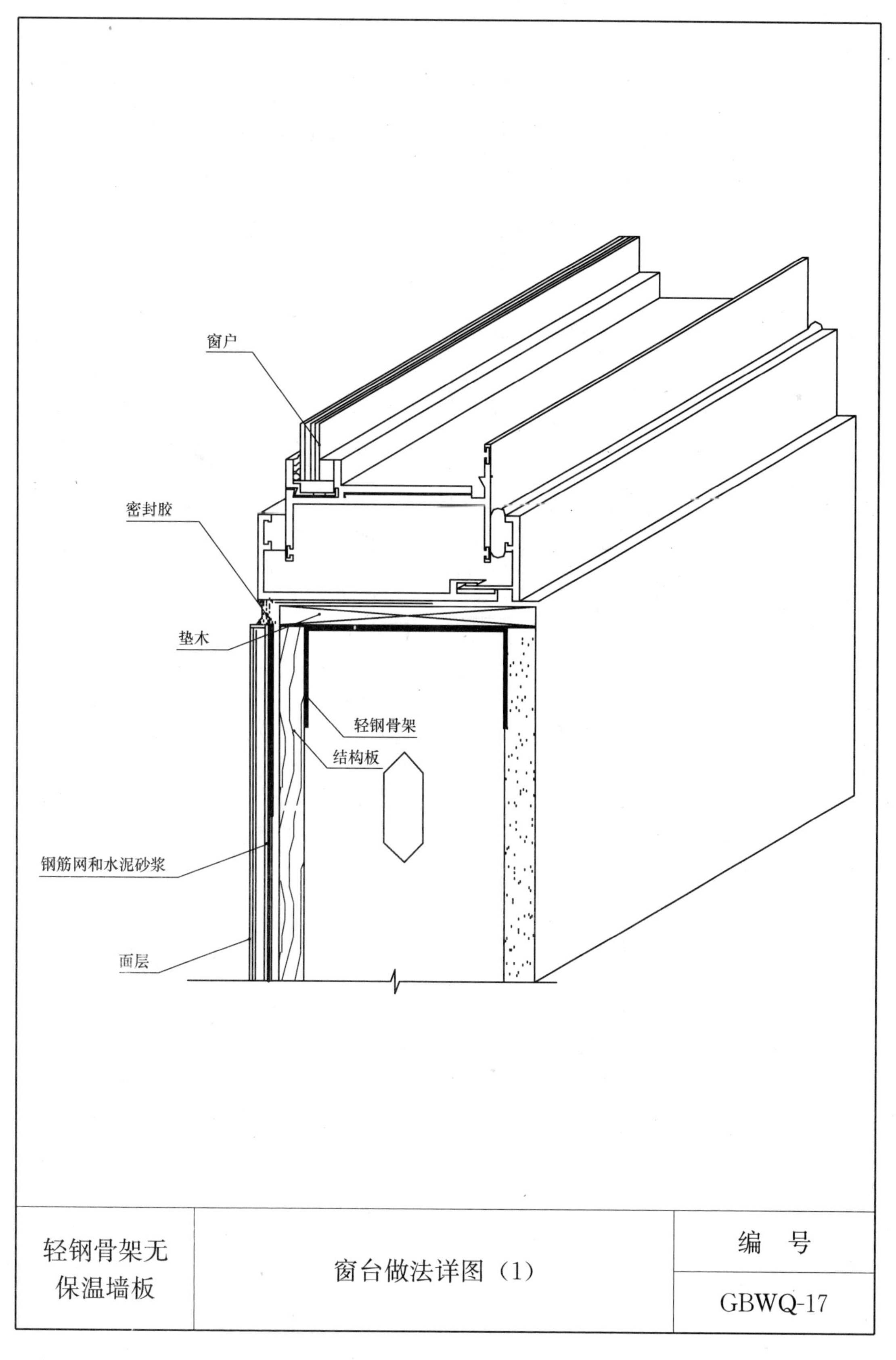

轻钢骨架无保温墙板	窗台做法详图（1）	编　号
		GBWQ-17

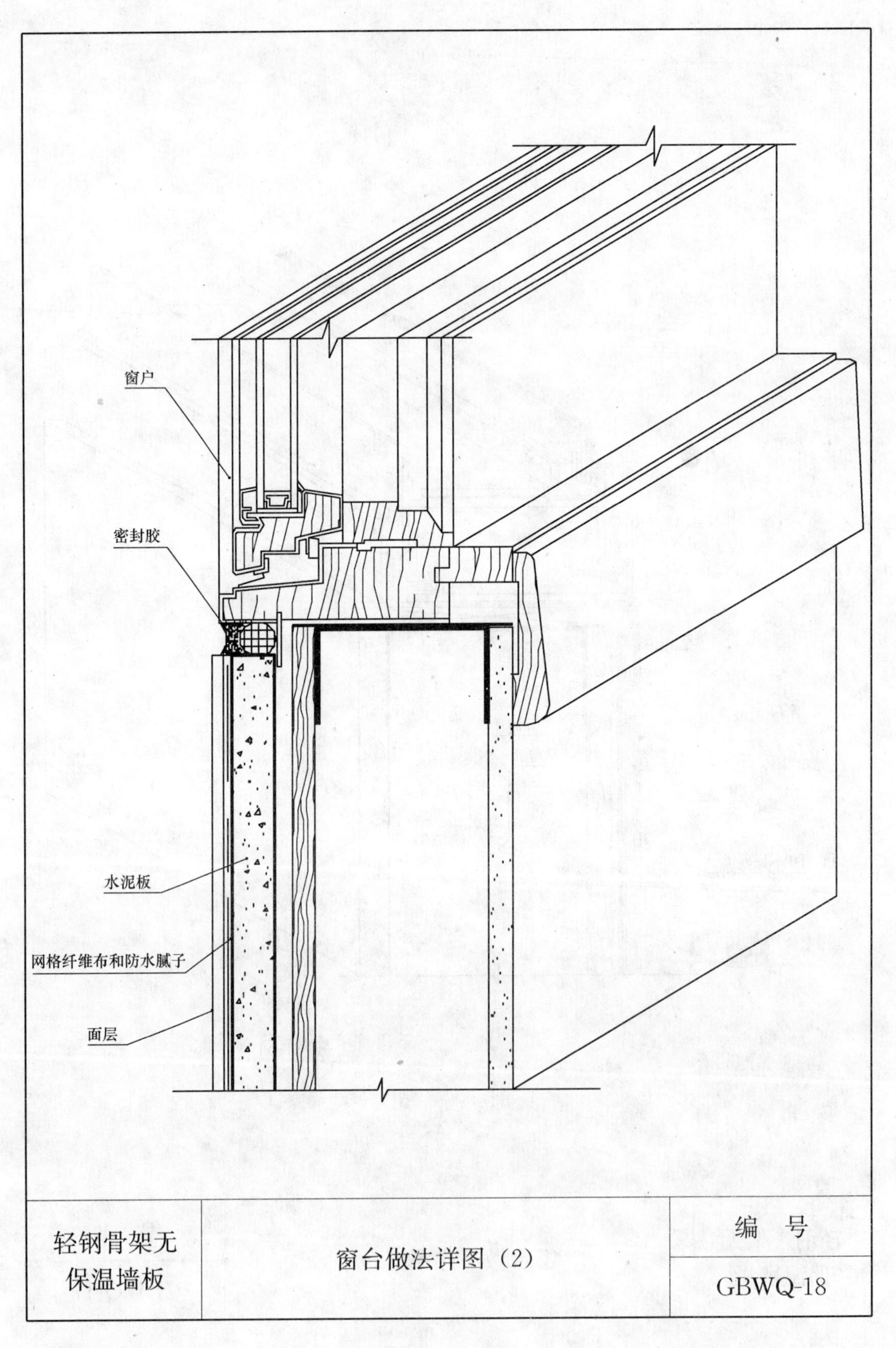

轻钢骨架无 保温墙板	窗台做法详图（2）	编　号 GBWQ-18

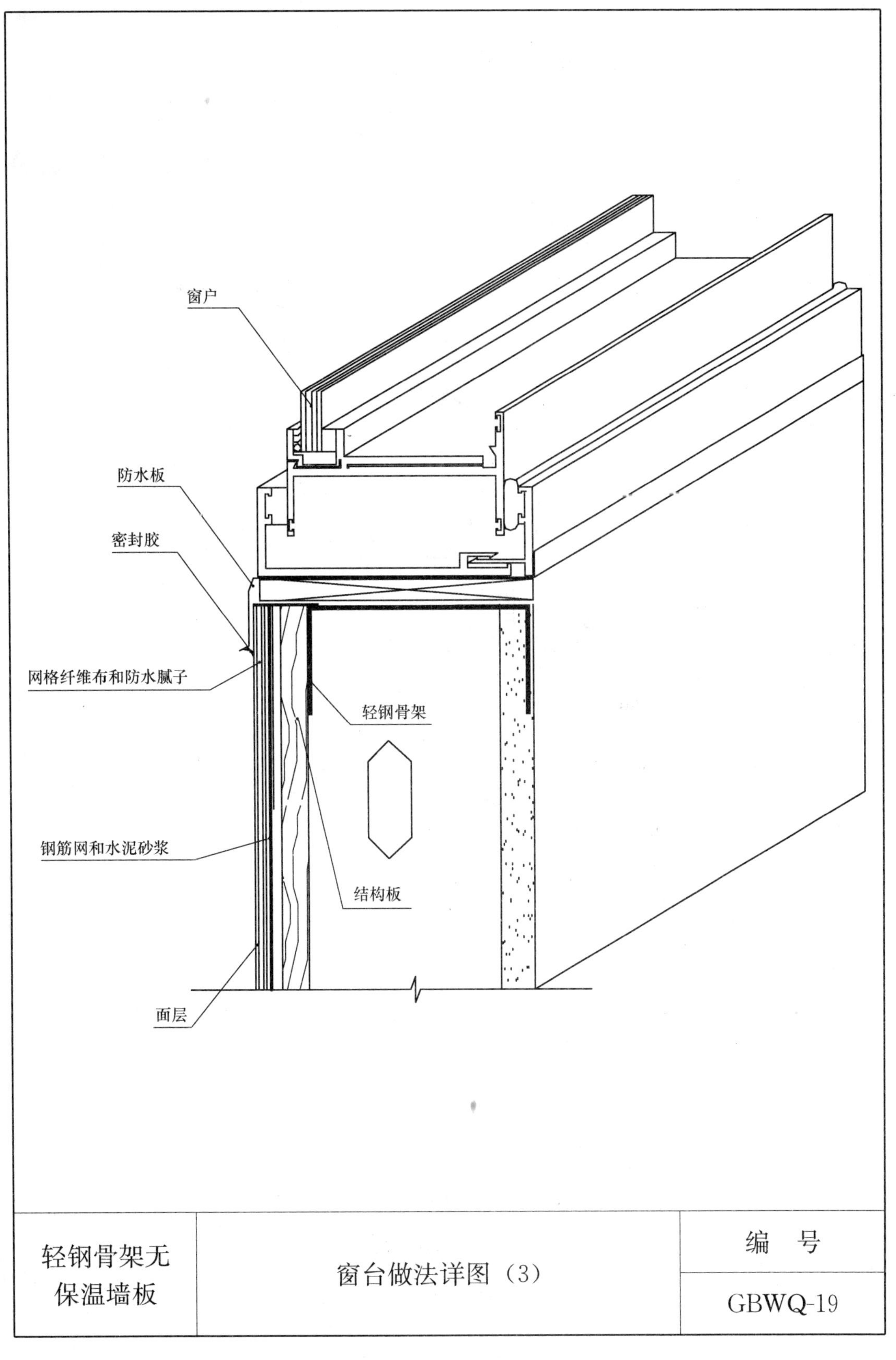

轻钢骨架无保温墙板	窗台做法详图（3）	编　号
		GBWQ-19

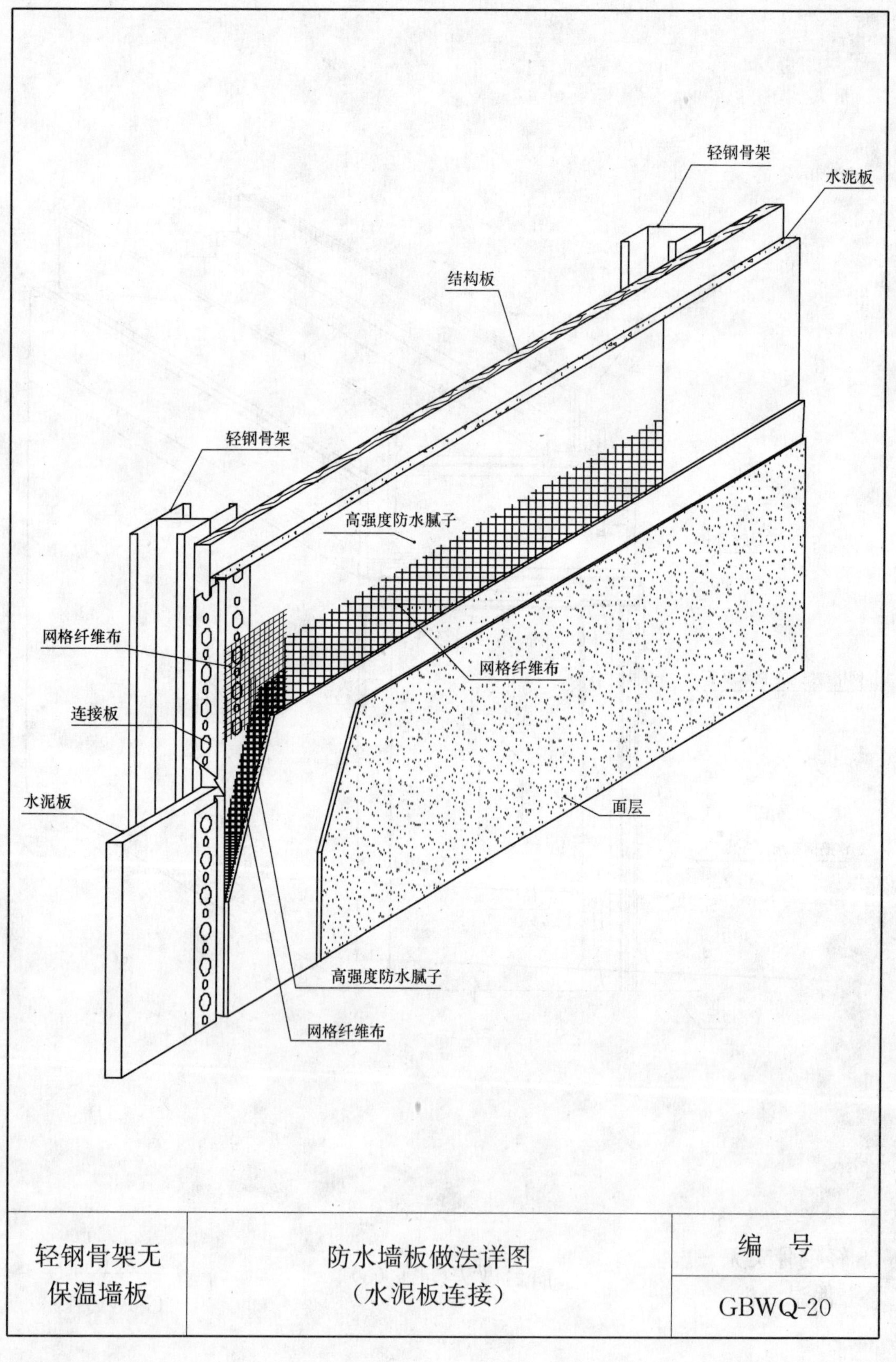

轻钢骨架无保温墙板	防水墙板做法详图（水泥板连接）	编　号
		GBWQ-20

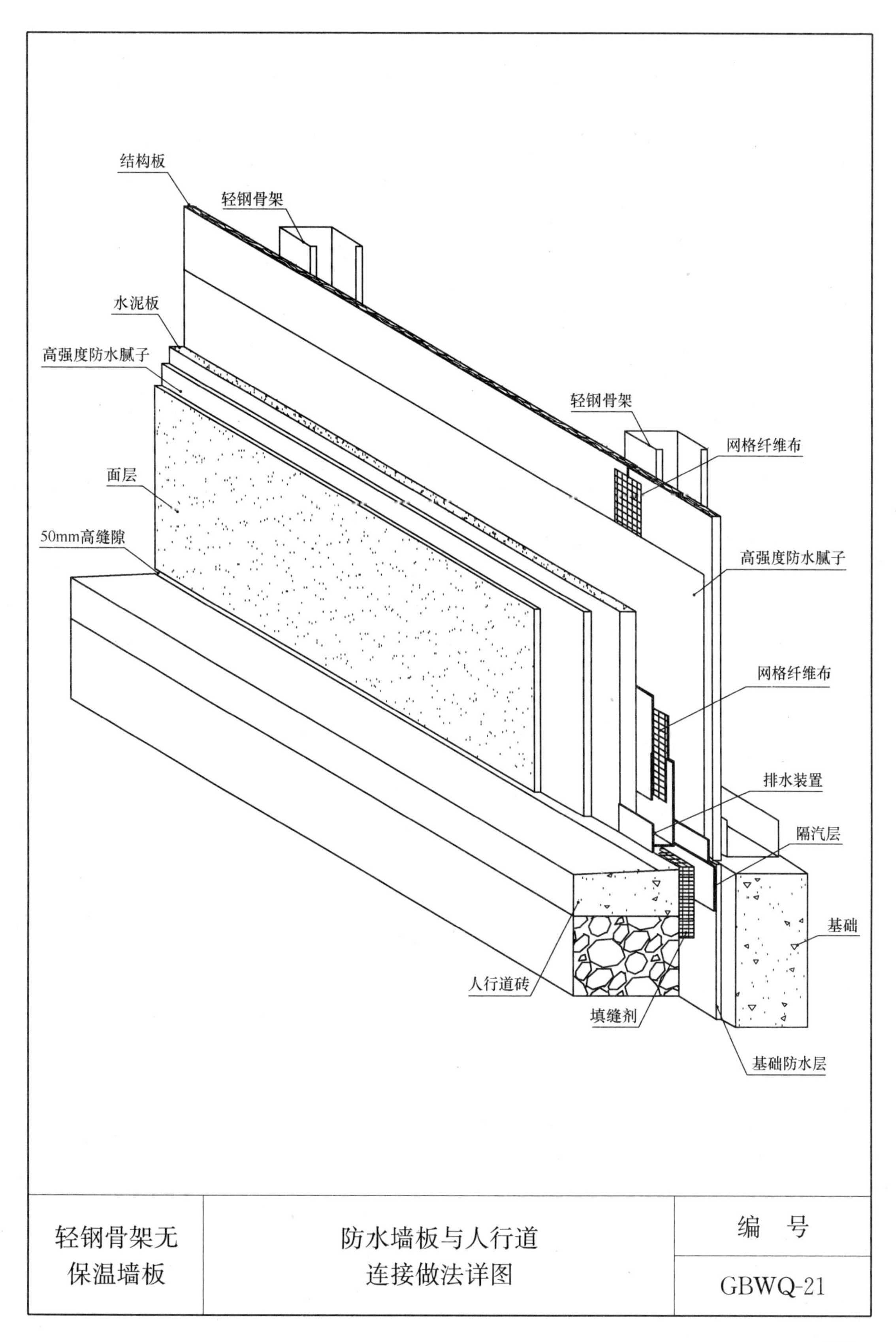

轻钢骨架无 保温墙板	防水墙板与人行道 连接做法详图	编　号 GBWQ-21

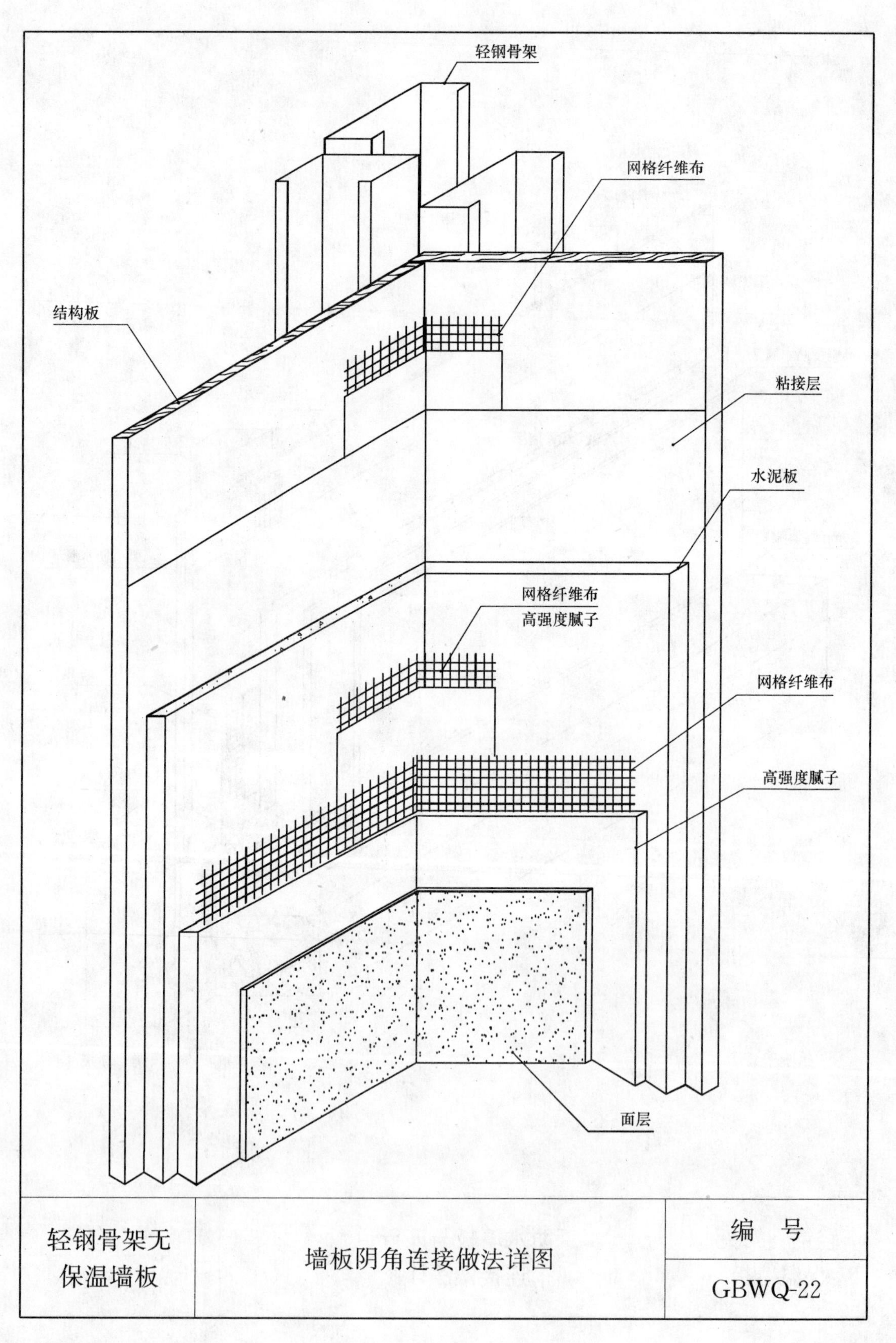
轻钢骨架
网格纤维布
结构板
粘接层
水泥板
网格纤维布
高强度腻子
网格纤维布
高强度腻子
面层
轻钢骨架无
保温墙板
墙板阴角连接做法详图
编 号
GBWQ-22

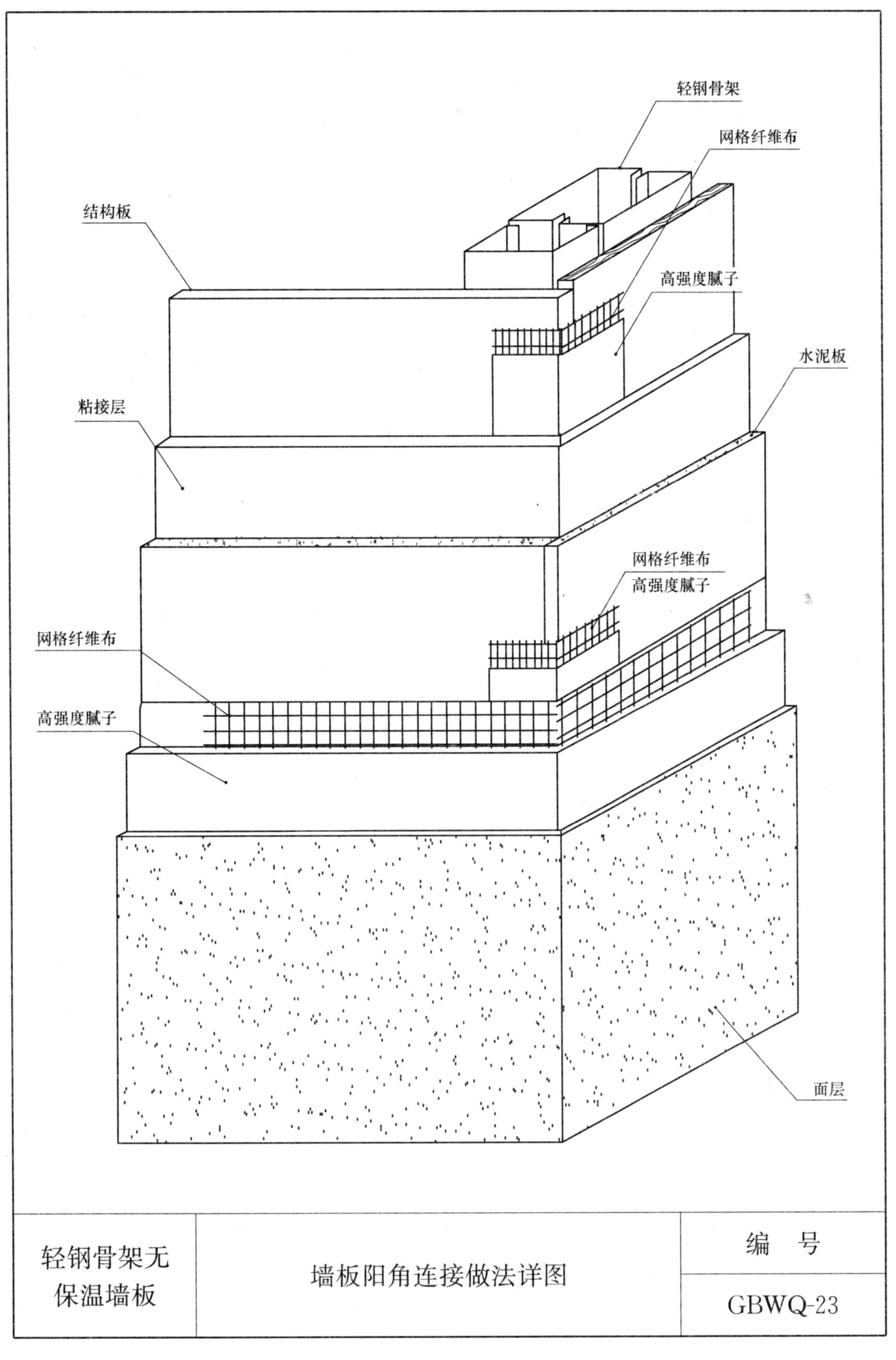

轻钢骨架无保温墙板	墙板阳角连接做法详图	编　号
		GBWQ-23

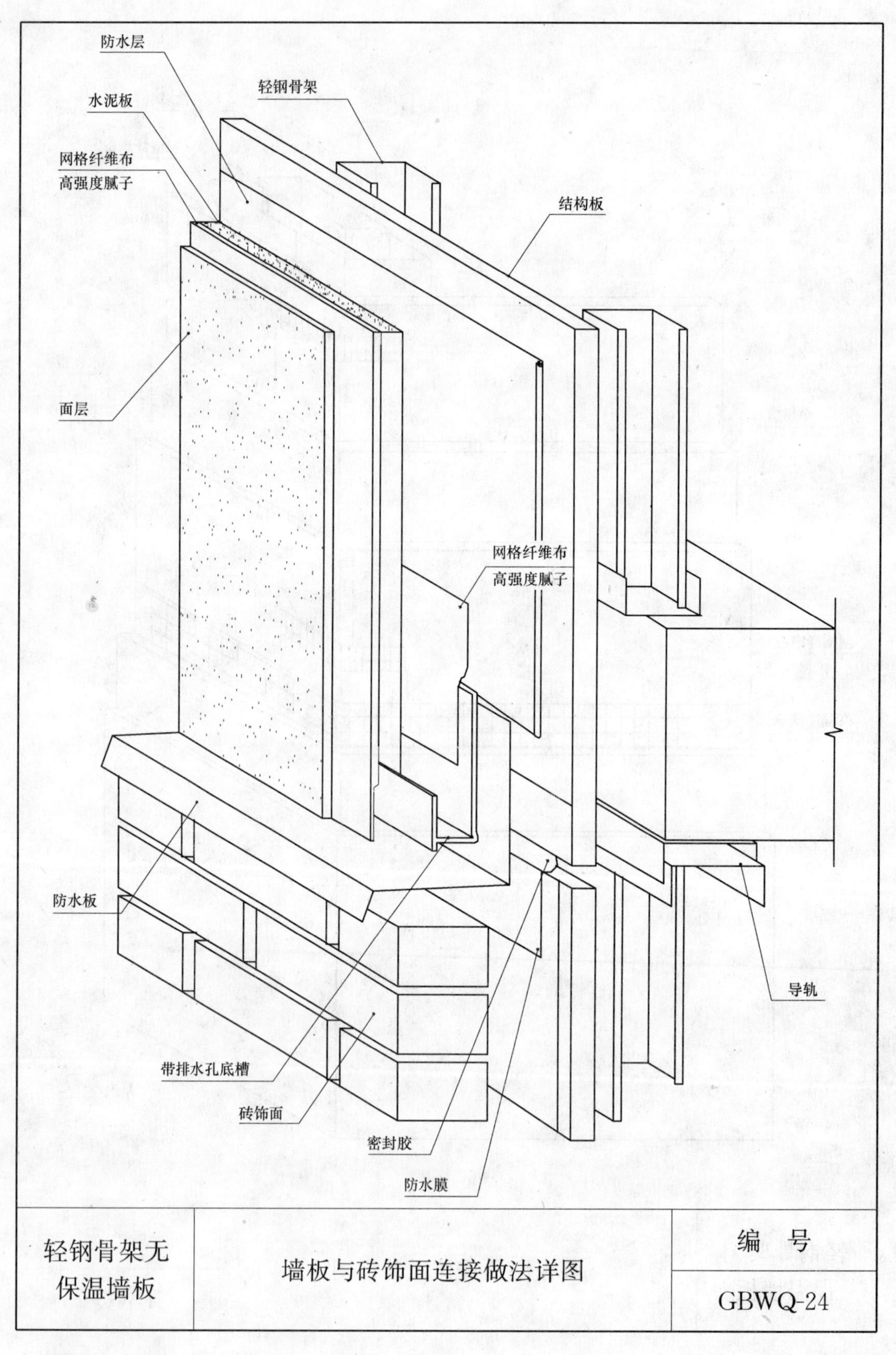
防水层
轻钢骨架
水泥板
网格纤维布
高强度腻子
结构板
面层
网格纤维布
高强度腻子
防水板
导轨
带排水孔底槽
砖饰面
密封胶
防水膜
轻钢骨架无
保温墙板
墙板与砖饰面连接做法详图
编　号
GBWQ-24

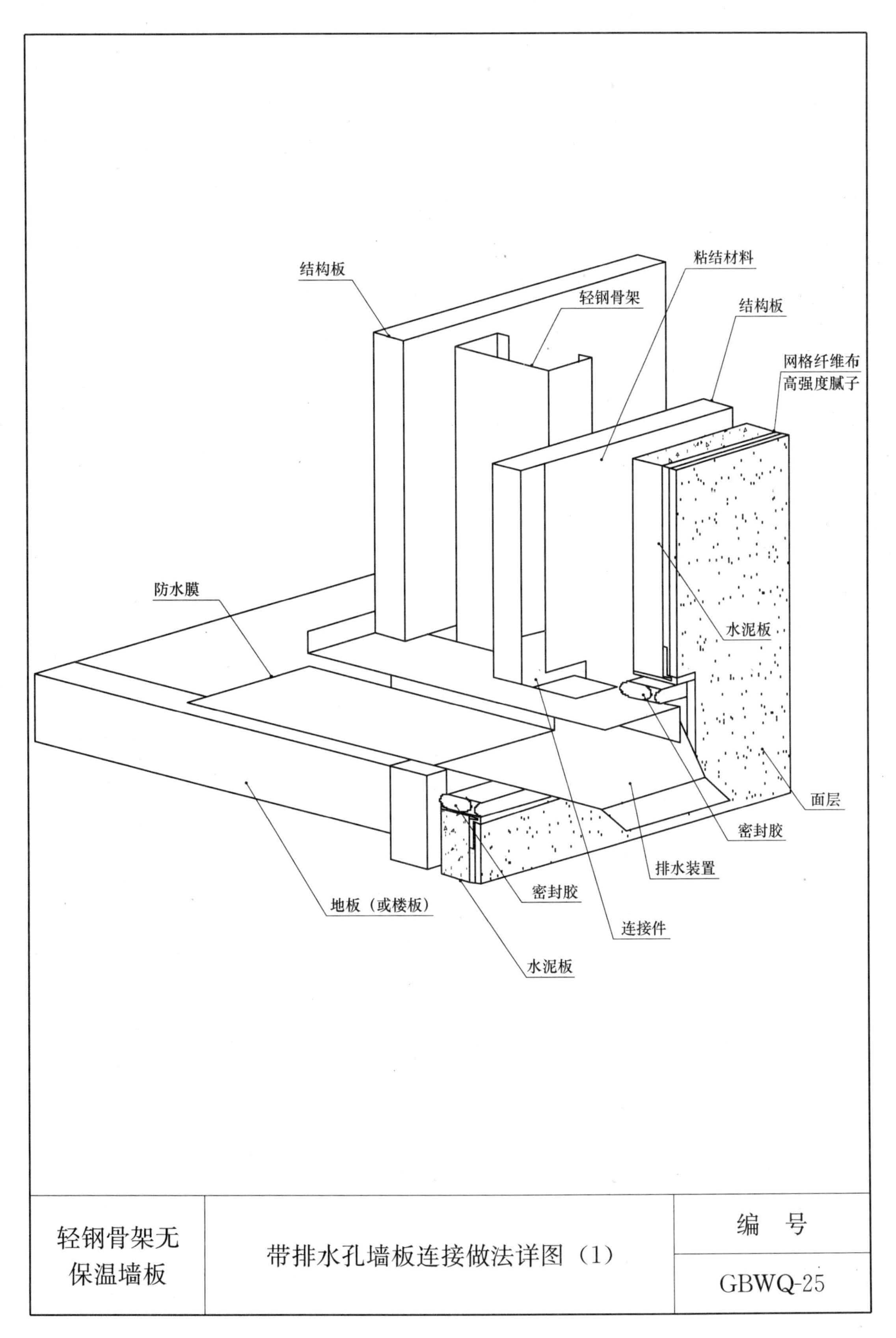

轻钢骨架无保温墙板	带排水孔墙板连接做法详图（1）	编　号
		GBWQ-25

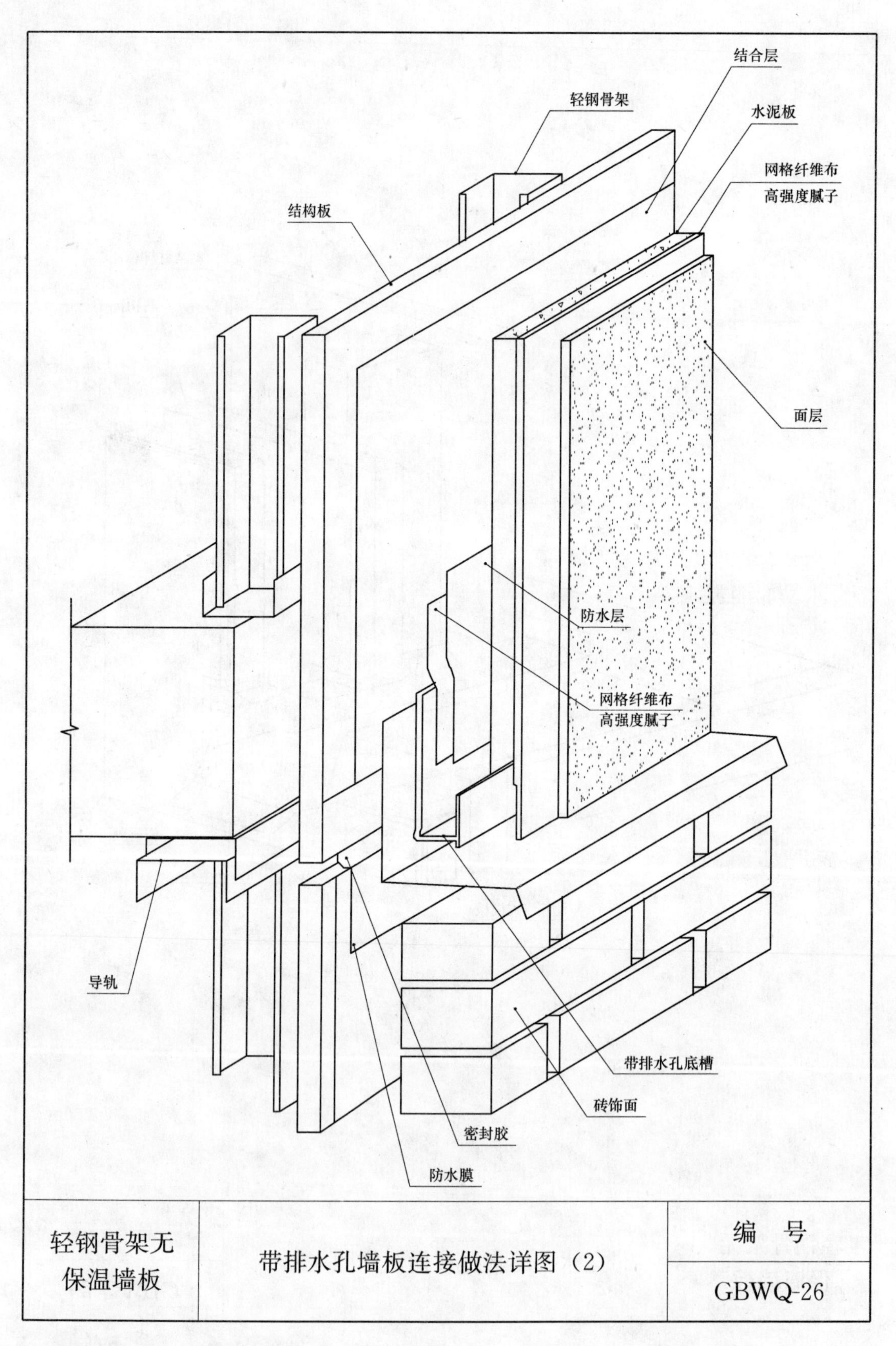

轻钢骨架无保温墙板	带排水孔墙板连接做法详图（2）	编　号 GBWQ-26

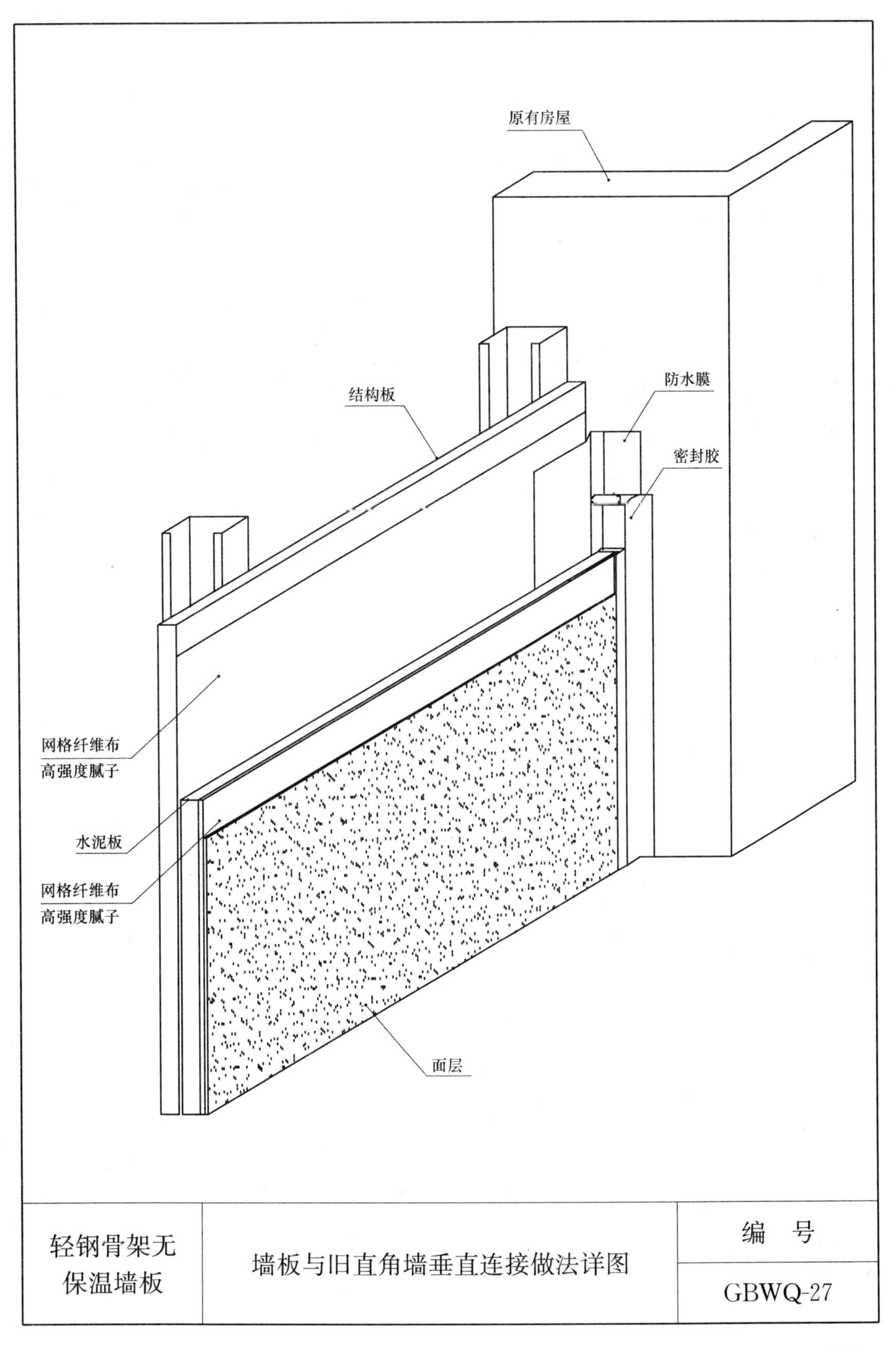

轻钢骨架无保温墙板	墙板与旧直角墙垂直连接做法详图	编　号
		GBWQ-27

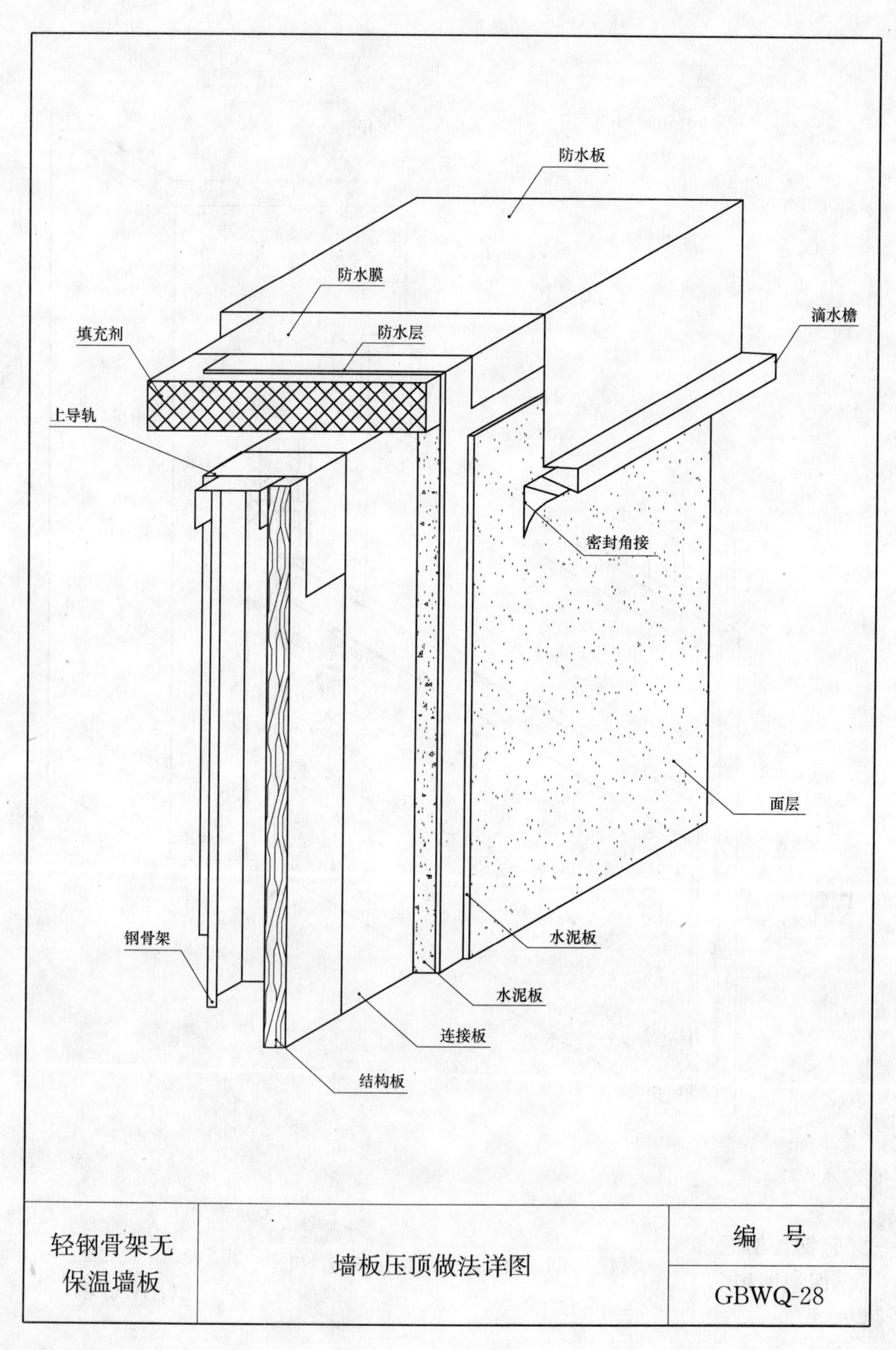
防水板
防水膜
防水层
填充剂
滴水檐
上导轨
密封角接
面层
钢骨架
水泥板
水泥板
连接板
结构板
轻钢骨架无保温墙板
墙板压顶做法详图
编 号
GBWQ-28

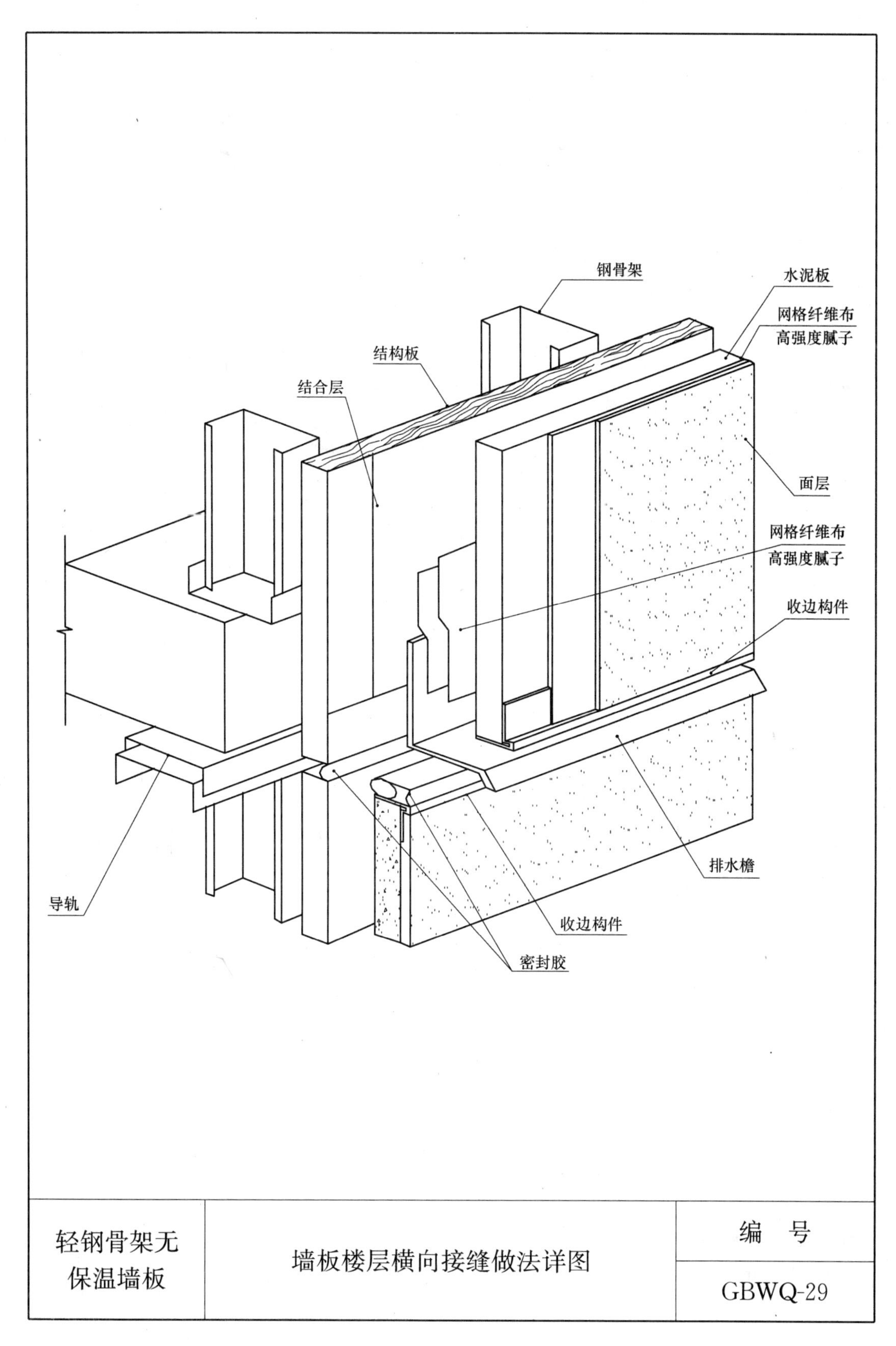
钢骨架
水泥板
网格纤维布
高强度腻子
结构板
结合层
面层
网格纤维布
高强度腻子
收边构件
导轨
排水檐
收边构件
密封胶
轻钢骨架无保温墙板
墙板楼层横向接缝做法详图
编　号
GBWQ-29

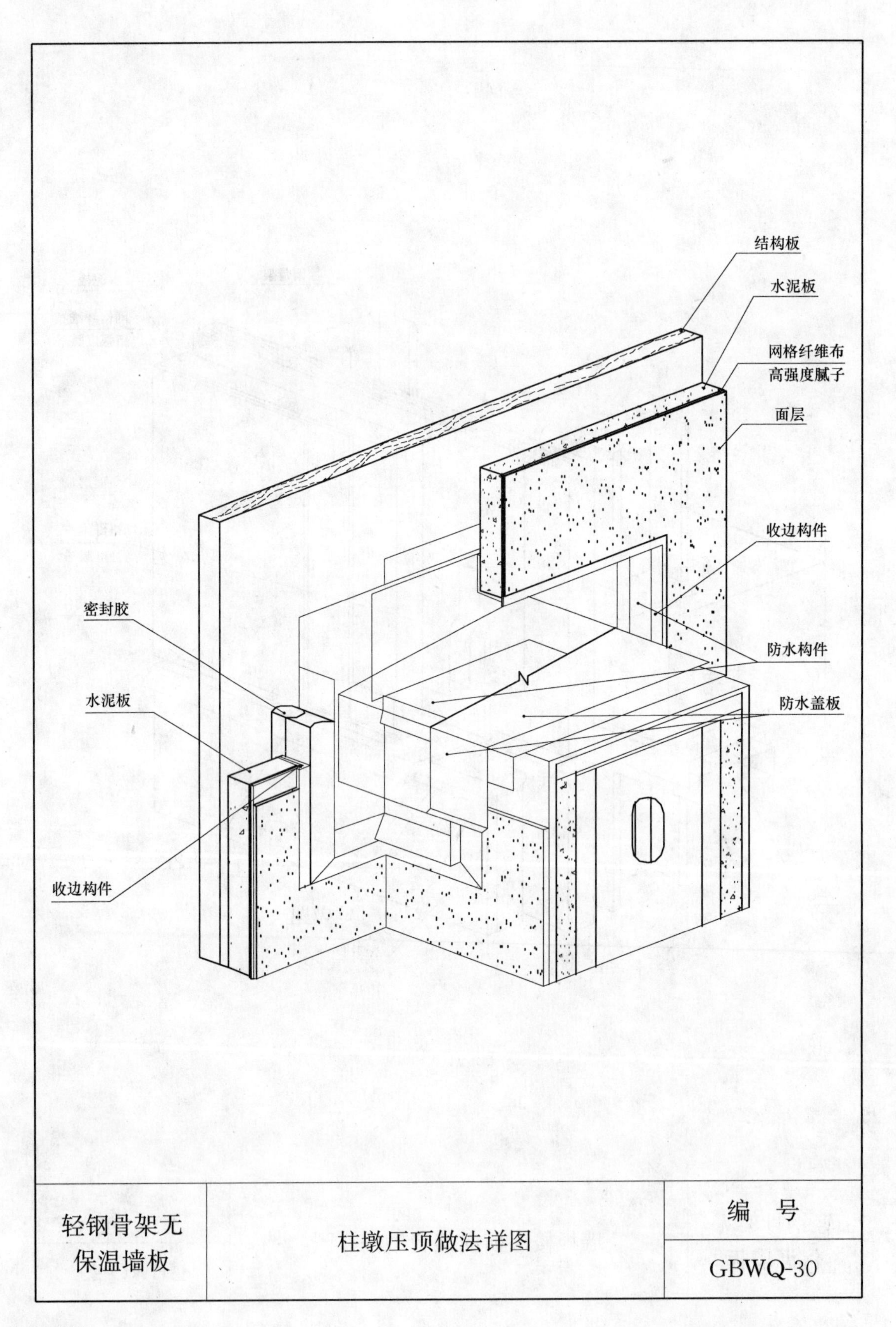
结构板
水泥板
网格纤维布
高强度腻子
面层
收边构件
防水构件
防水盖板
密封胶
水泥板
收边构件
轻钢骨架无
保温墙板
柱墩压顶做法详图
编 号
GBWQ-30

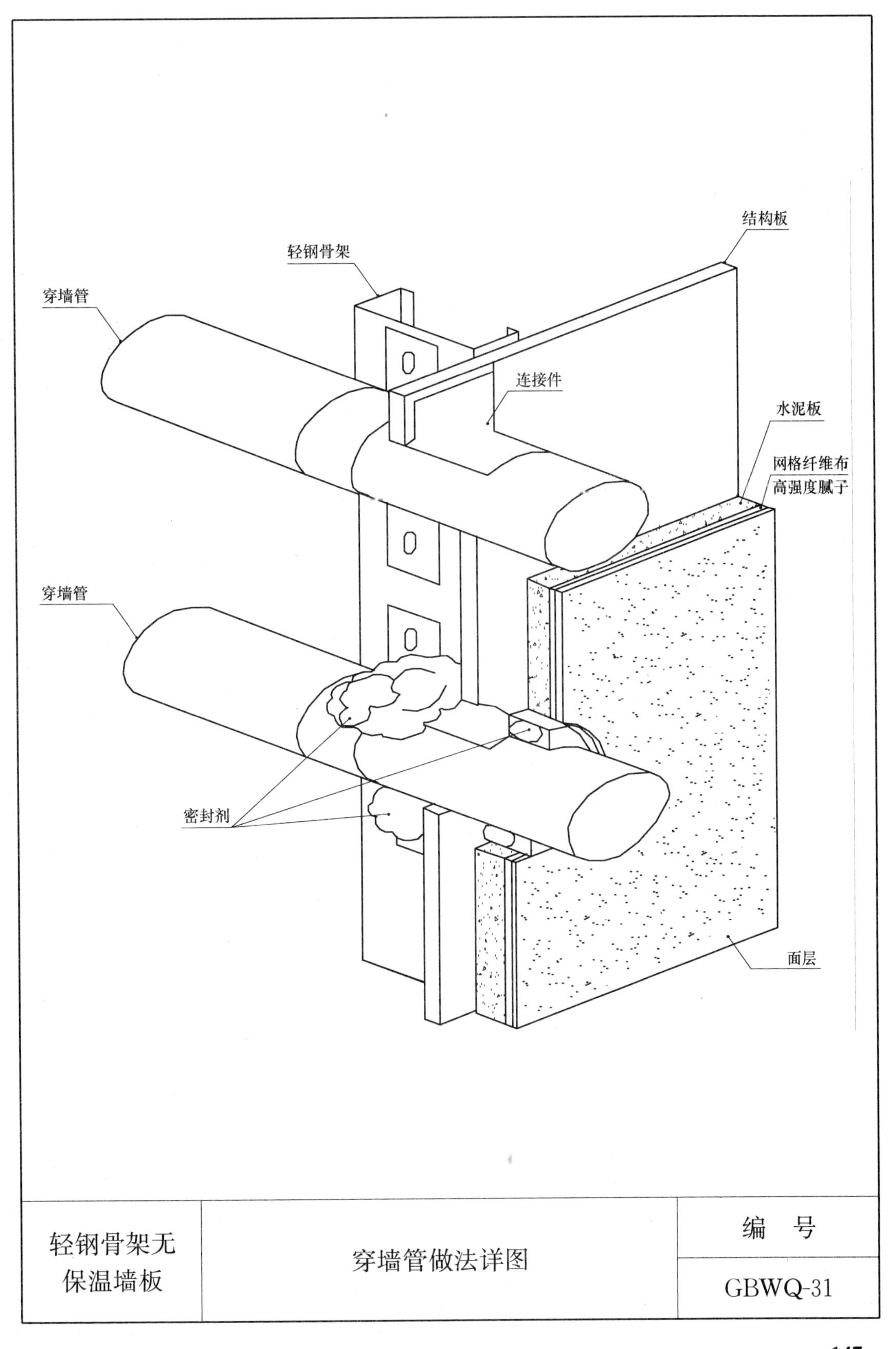

轻钢骨架无保温墙板	穿墙管做法详图	编　号
		GBWQ-31

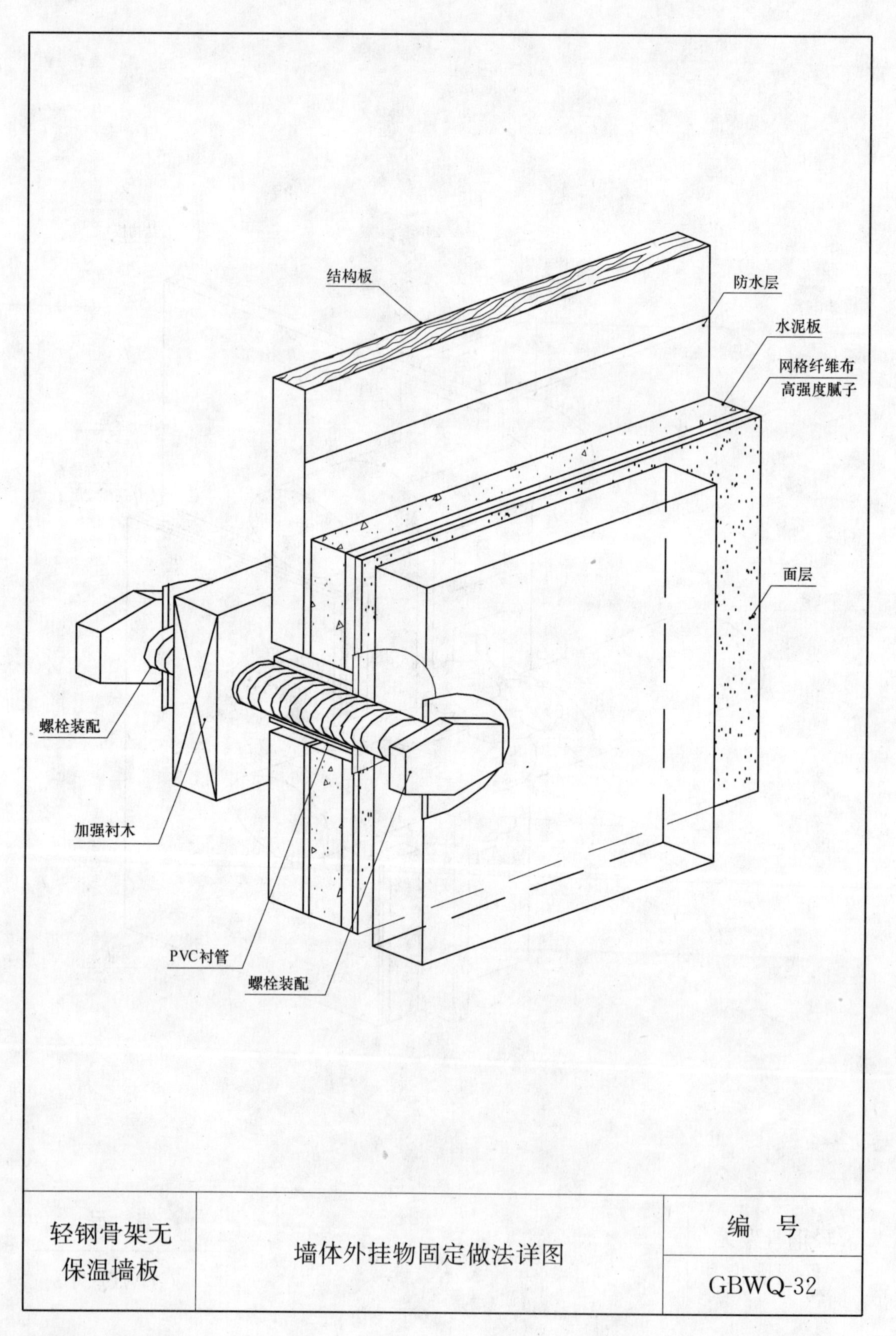
结构板
防水层
水泥板
网格纤维布
高强度腻子
面层
螺栓装配
加强衬木
PVC衬管
螺栓装配
轻钢骨架无保温墙板
墙体外挂物固定做法详图
编 号
GBWQ-32

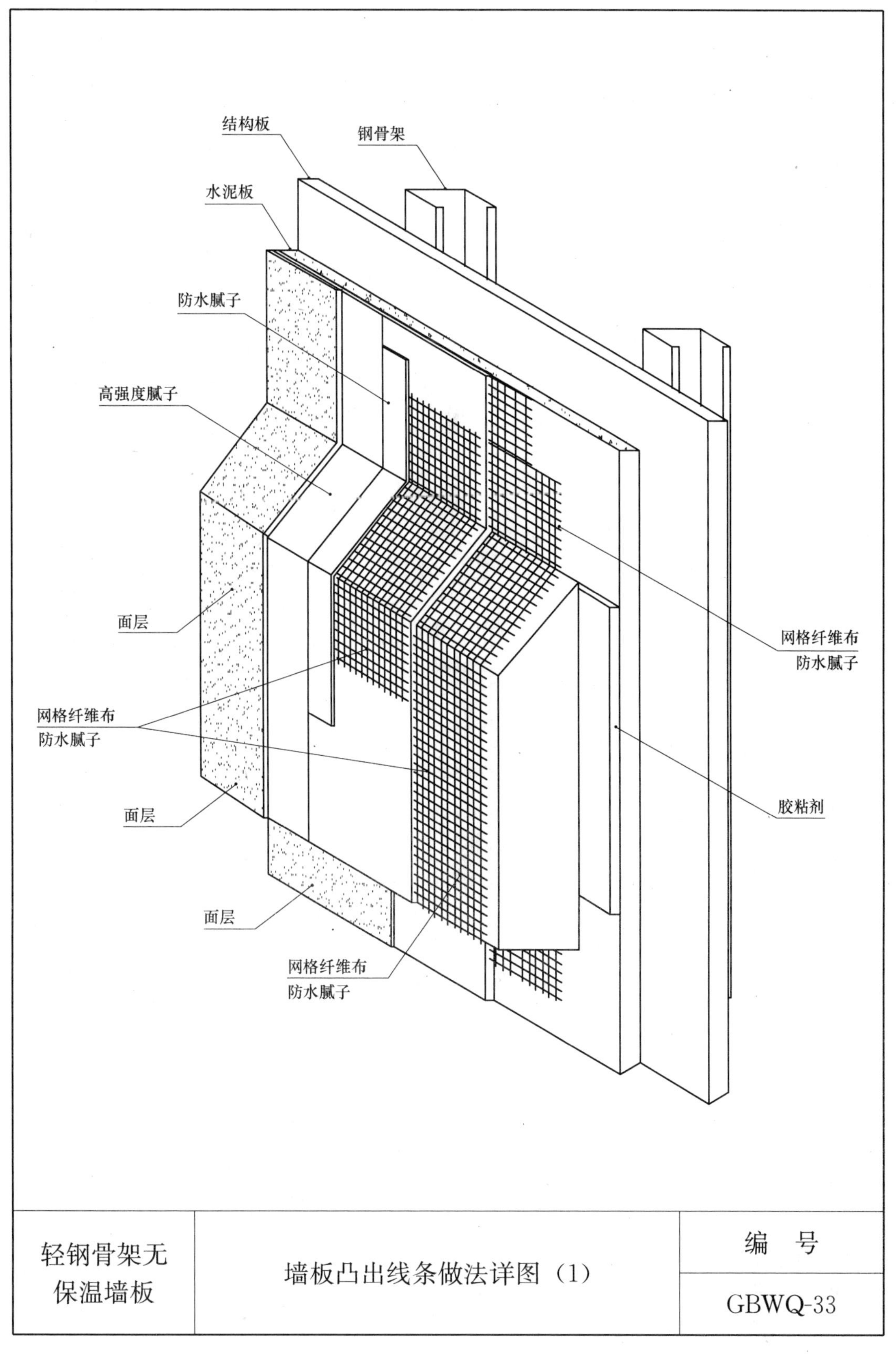

轻钢骨架无保温墙板	墙板凸出线条做法详图（1）	编 号
		GBWQ-33

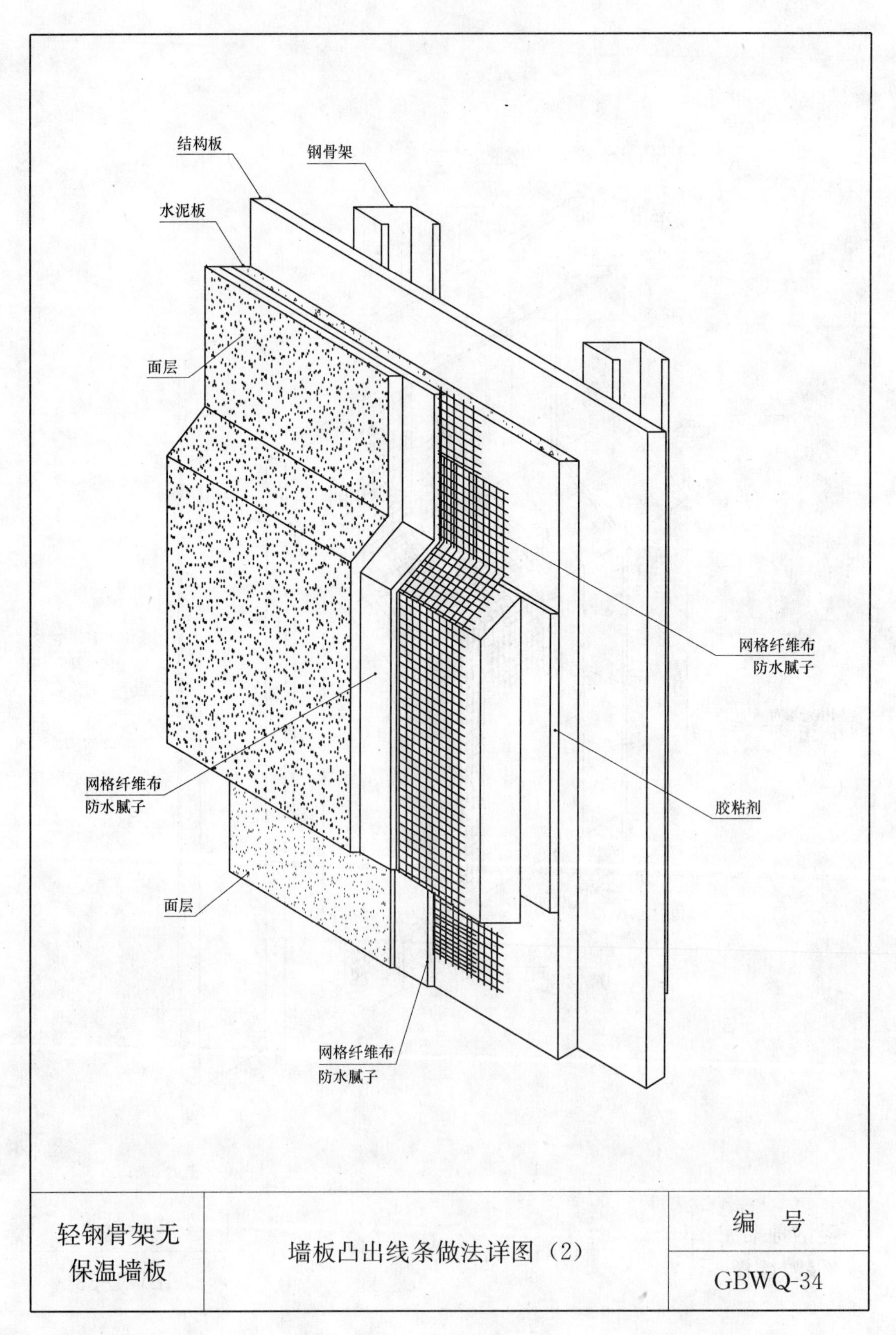
结构板
钢骨架
水泥板
面层
网格纤维布
防水腻子
网格纤维布
防水腻子
胶粘剂
面层
网格纤维布
防水腻子
轻钢骨架无
保温墙板
墙板凸出线条做法详图（2）
编　号
GBWQ-34

第二节　钢骨架防水无保温墙板

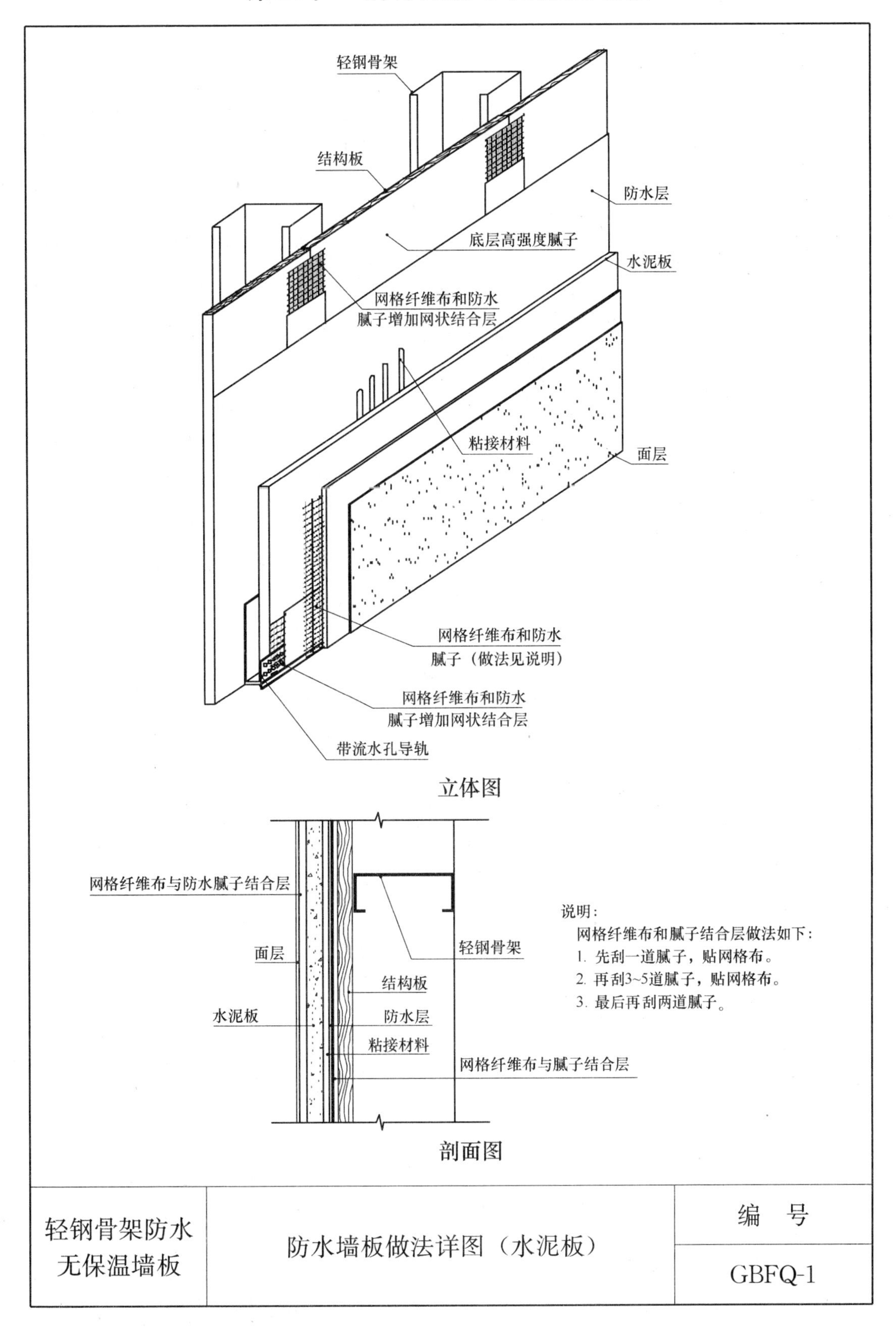

轻钢骨架防水 无保温墙板	防水墙板做法详图（水泥板）	编　号
		GBFQ-1

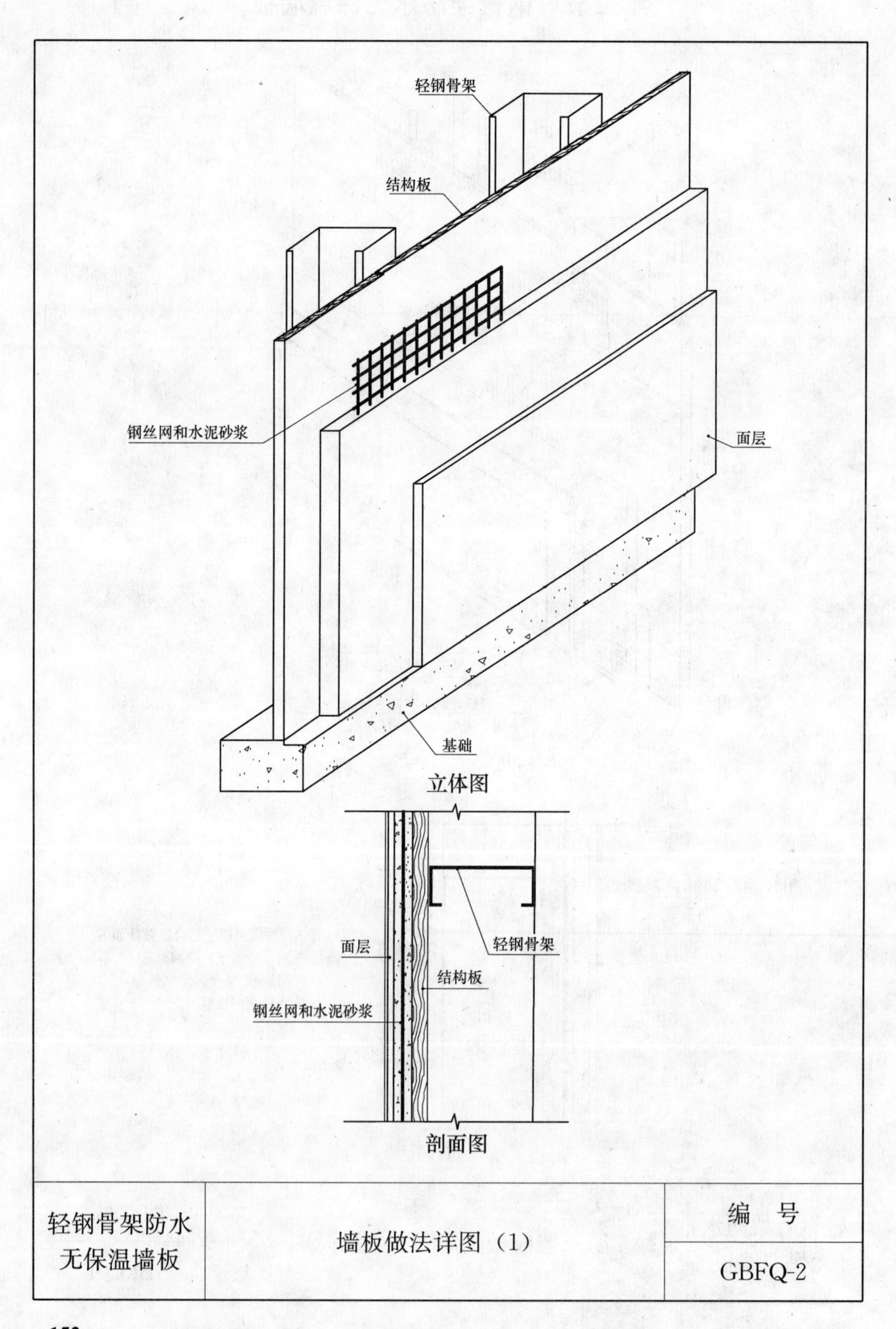
轻钢骨架
结构板
钢丝网和水泥砂浆
面层
基础
立体图
轻钢骨架
面层
结构板
钢丝网和水泥砂浆
剖面图
轻钢骨架防水
无保温墙板
墙板做法详图（1）
编 号
GBFQ-2

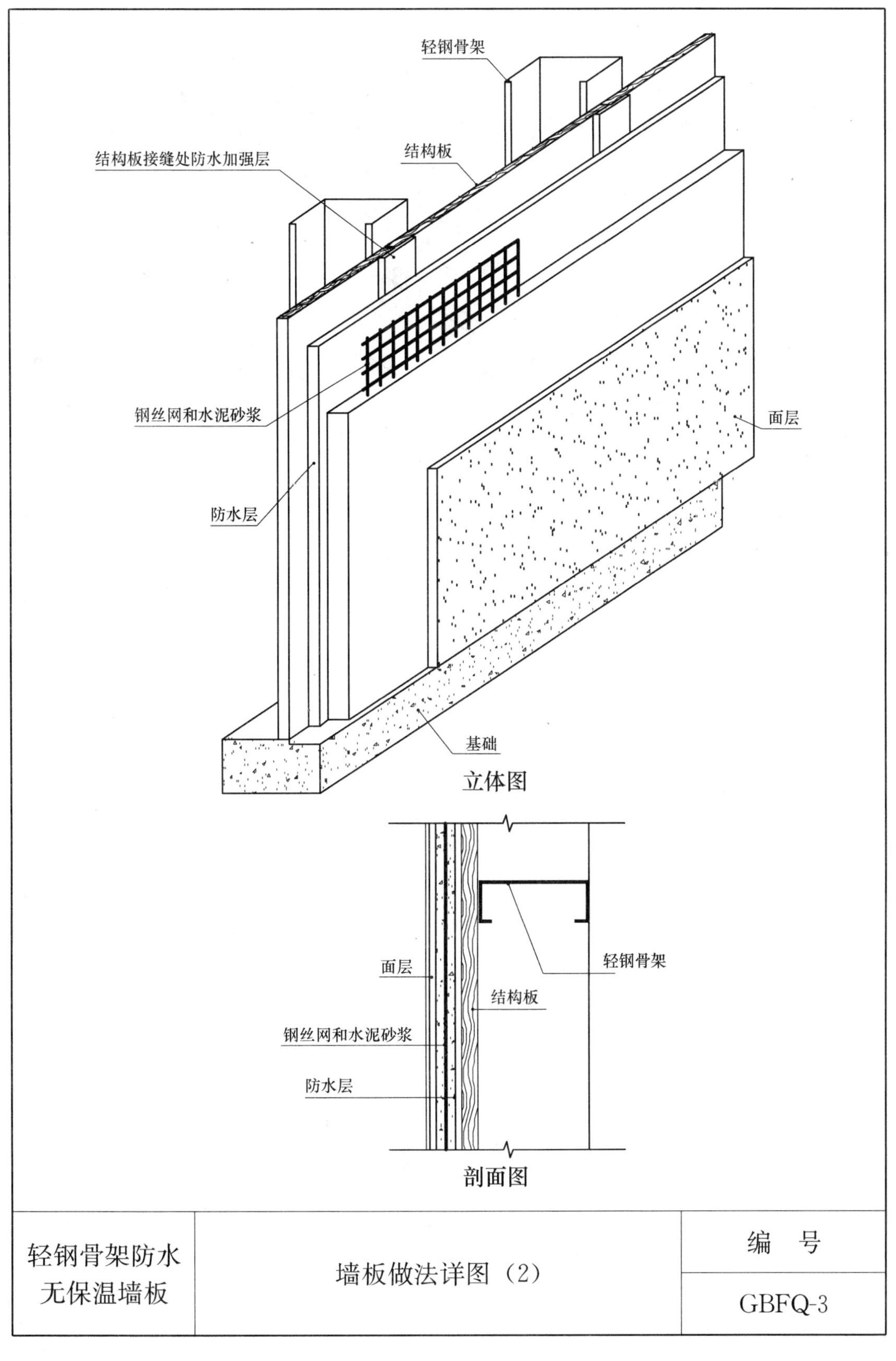
轻钢骨架
结构板接缝处防水加强层
结构板
钢丝网和水泥砂浆
面层
防水层
基础
立体图
轻钢骨架
面层
结构板
钢丝网和水泥砂浆
防水层
剖面图
轻钢骨架防水
无保温墙板
墙板做法详图（2）
编　号
GBFQ-3

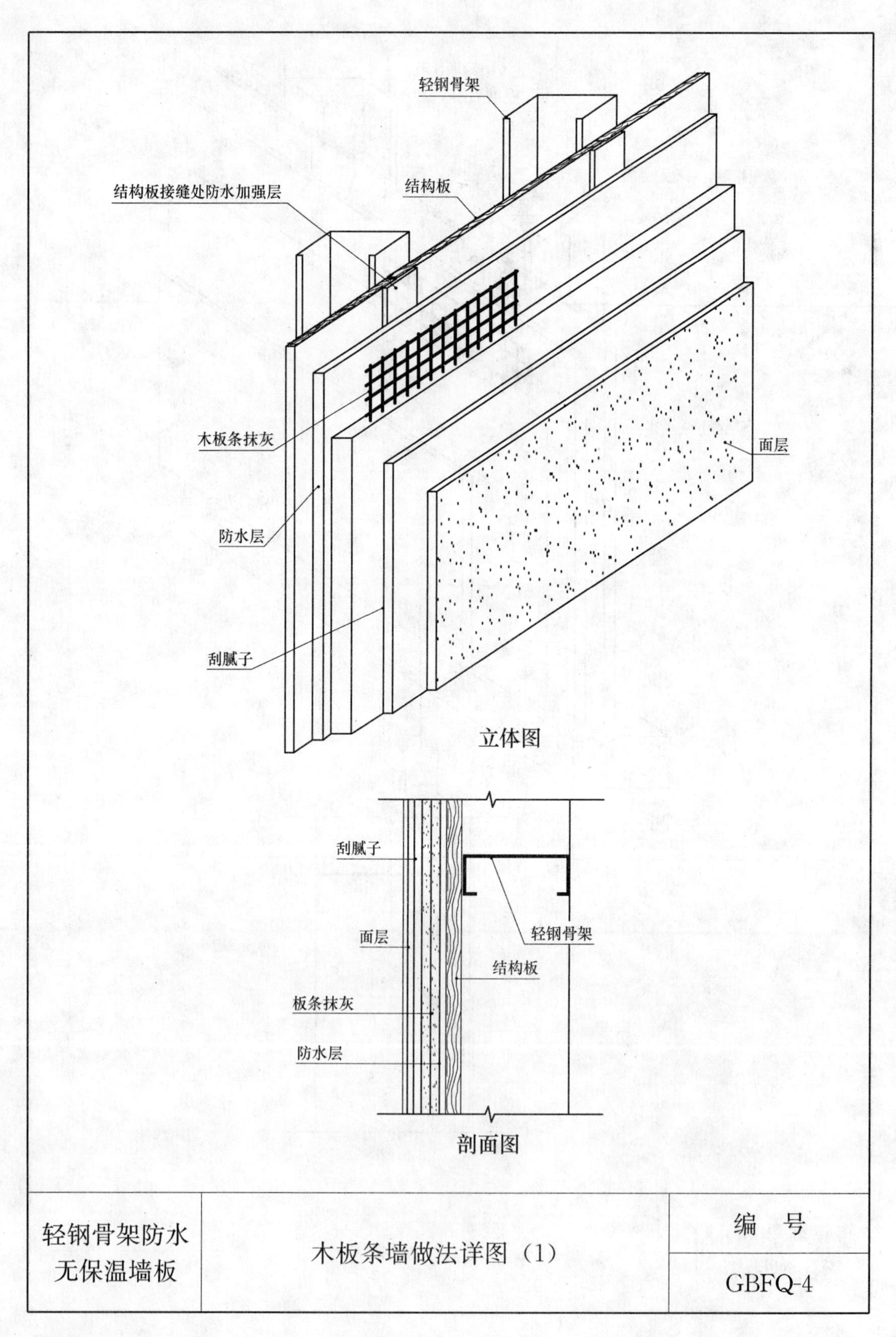

轻钢骨架防水 无保温墙板	木板条墙做法详图（1）	编　号 GBFQ-4

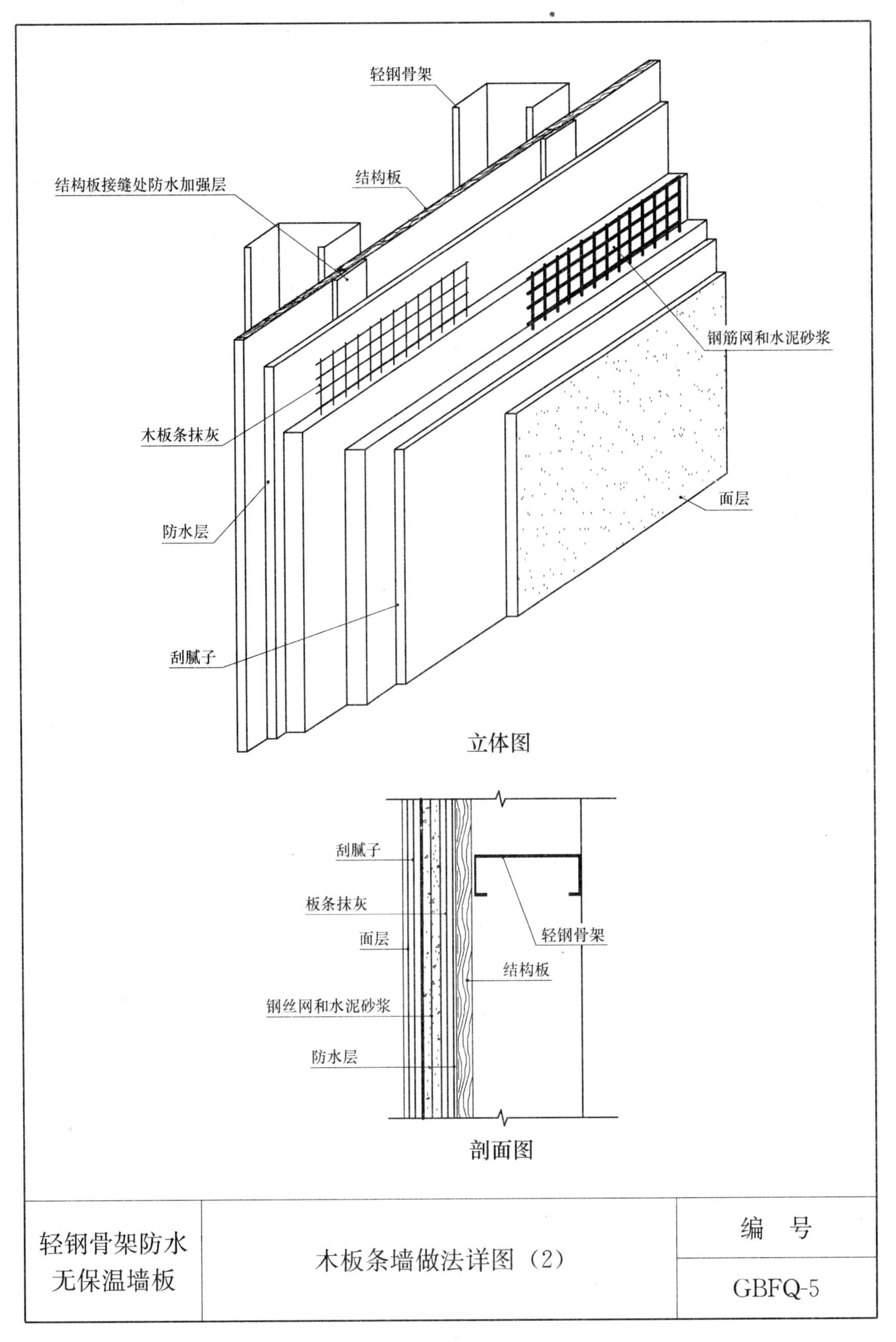

轻钢骨架防水无保温墙板	木板条墙做法详图（2）	编　号
		GBFQ-5

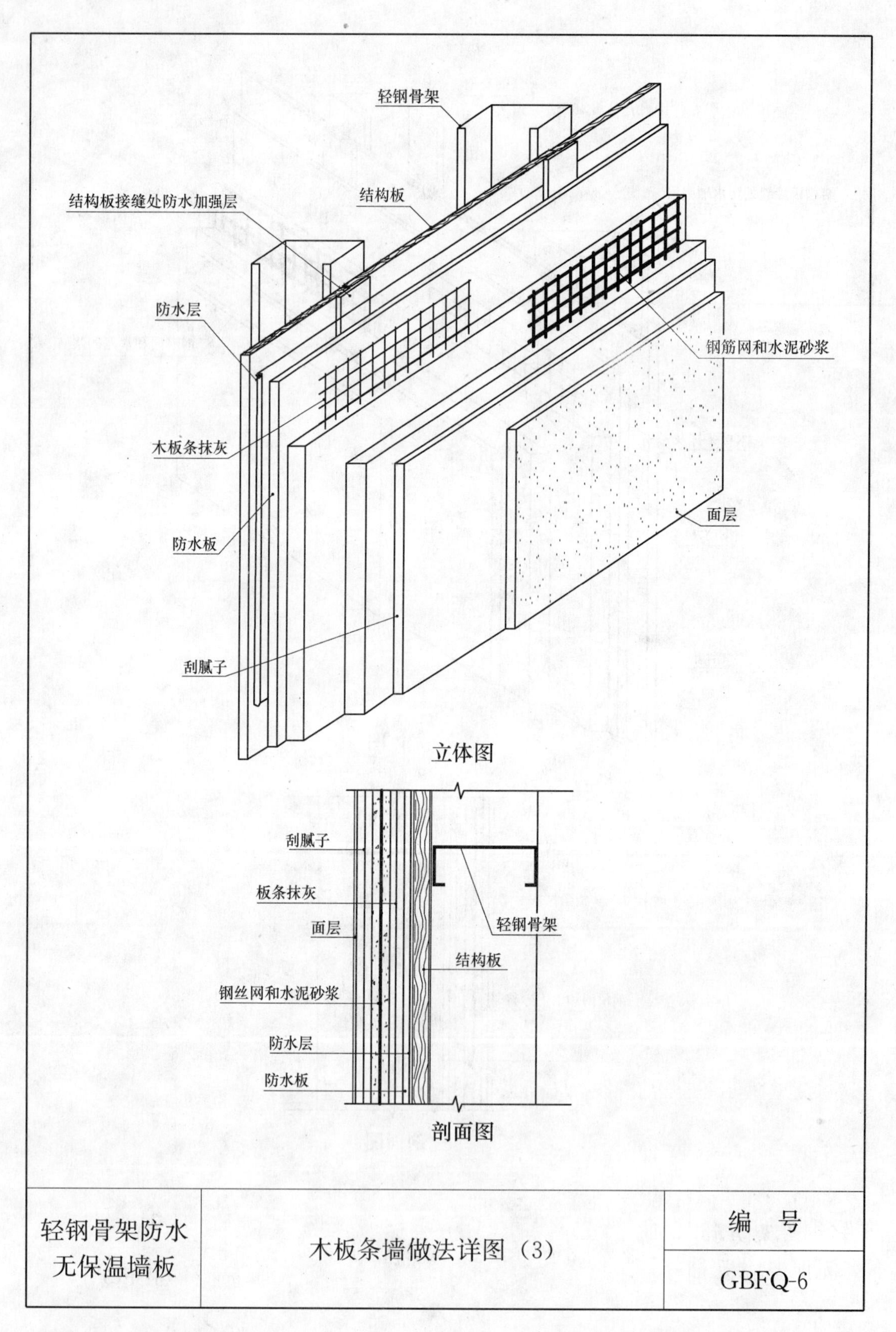
轻钢骨架
结构板接缝处防水加强层
结构板
防水层
钢筋网和水泥砂浆
木板条抹灰
防水板
面层
刮腻子
立体图
刮腻子
板条抹灰
面层
轻钢骨架
结构板
钢丝网和水泥砂浆
防水层
防水板
剖面图
轻钢骨架防水
无保温墙板
木板条墙做法详图（3）
编　号
GBFQ-6

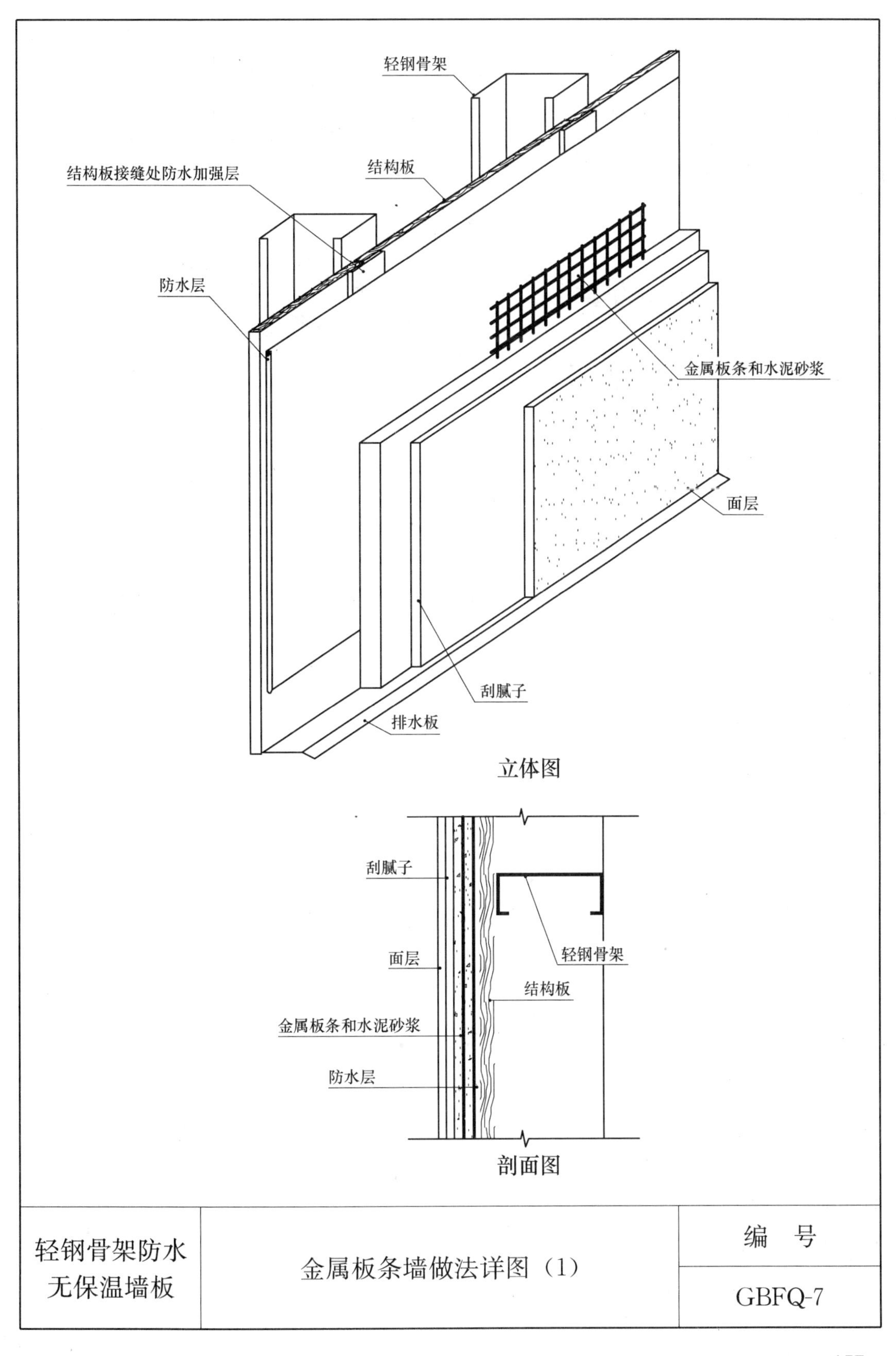
轻钢骨架
结构板接缝处防水加强层
结构板
防水层
金属板条和水泥砂浆
面层
刮腻子
排水板
立体图
刮腻子
面层
金属板条和水泥砂浆
防水层
轻钢骨架
结构板
剖面图
轻钢骨架防水
无保温墙板
金属板条墙做法详图（1）
编　号
GBFQ-7

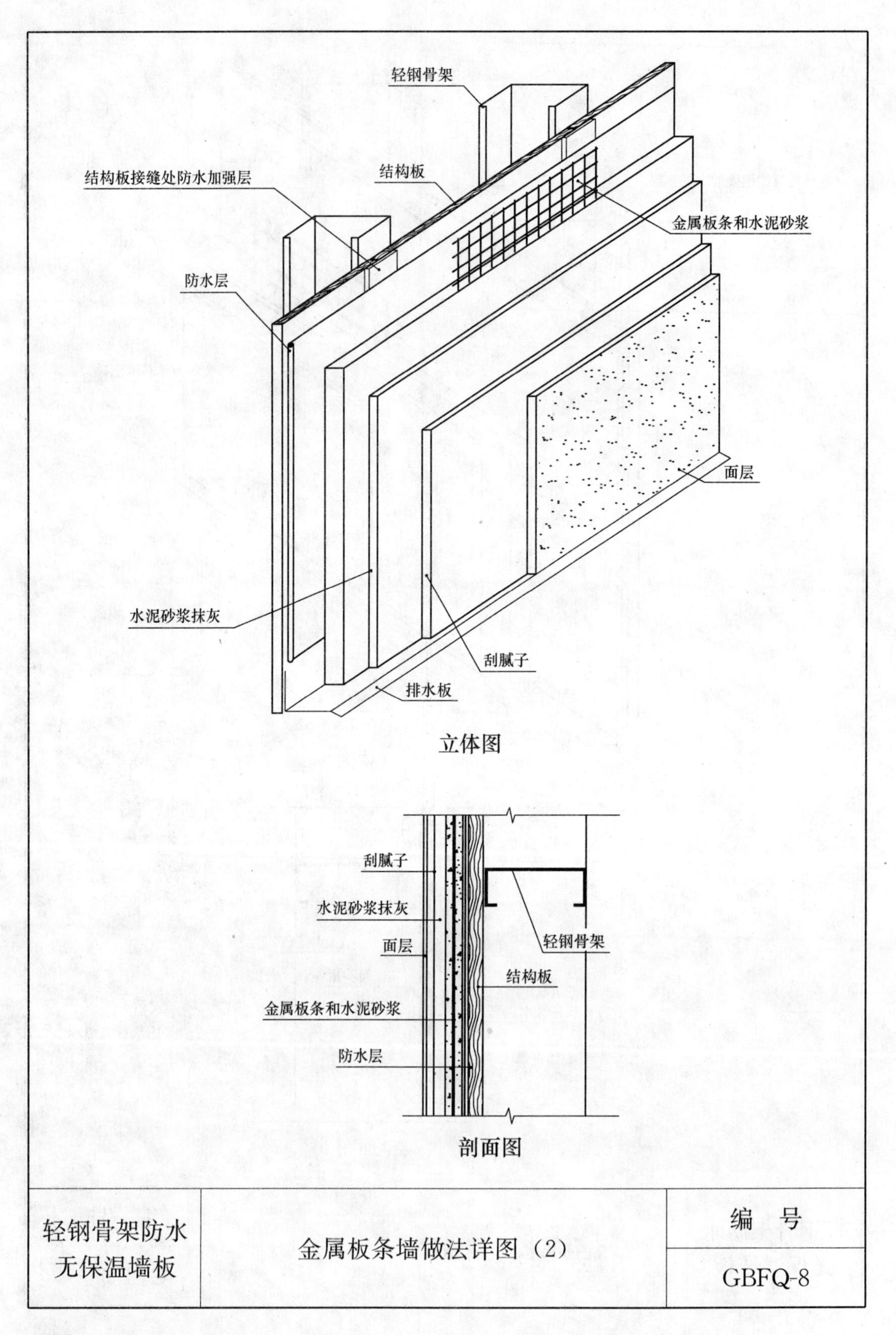

轻钢骨架防水 无保温墙板	金属板条墙做法详图（2）	编　号 GBFQ-8

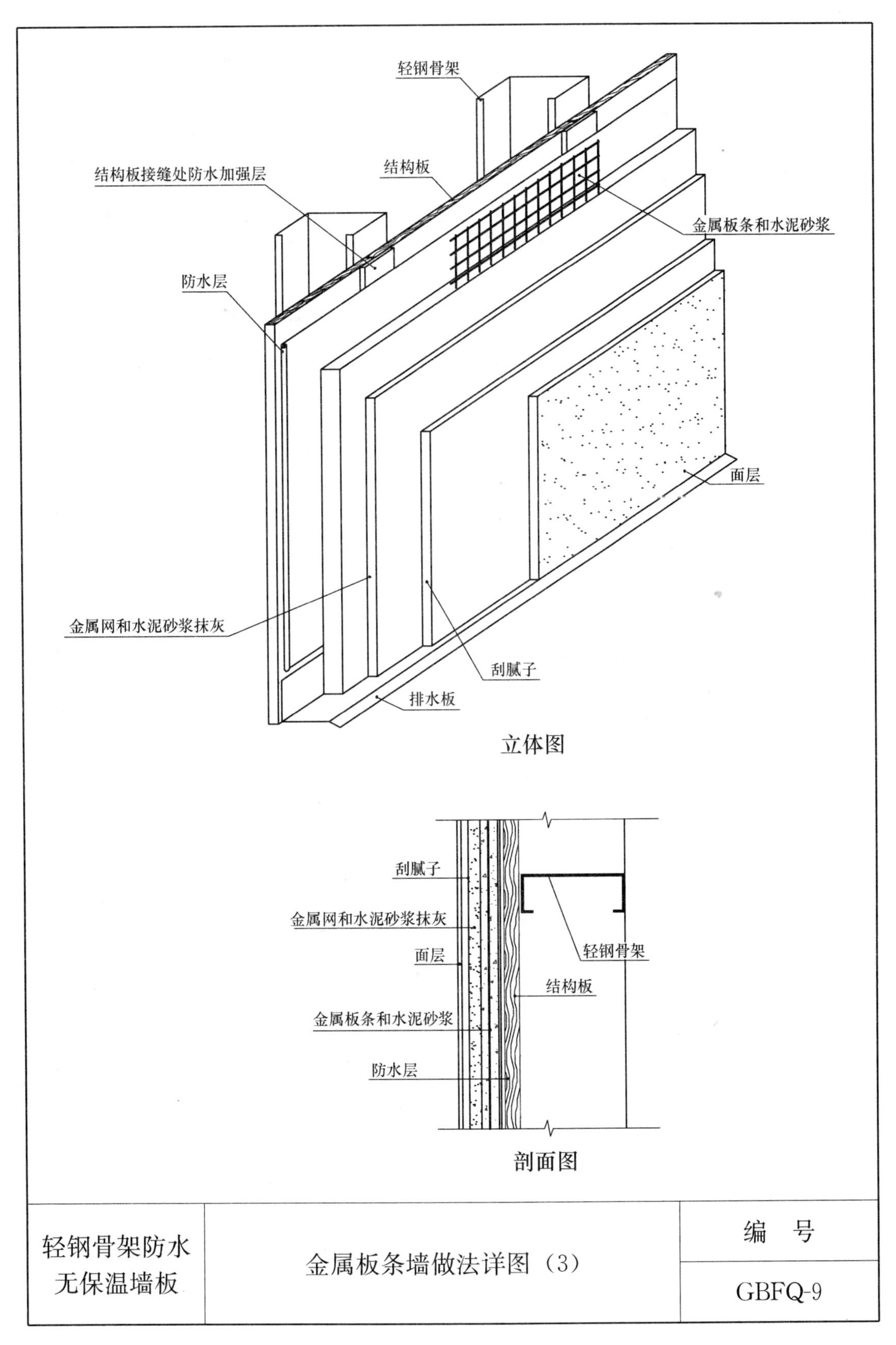

轻钢骨架防水 无保温墙板	金属板条墙做法详图（3）	编　号
		GBFQ-9

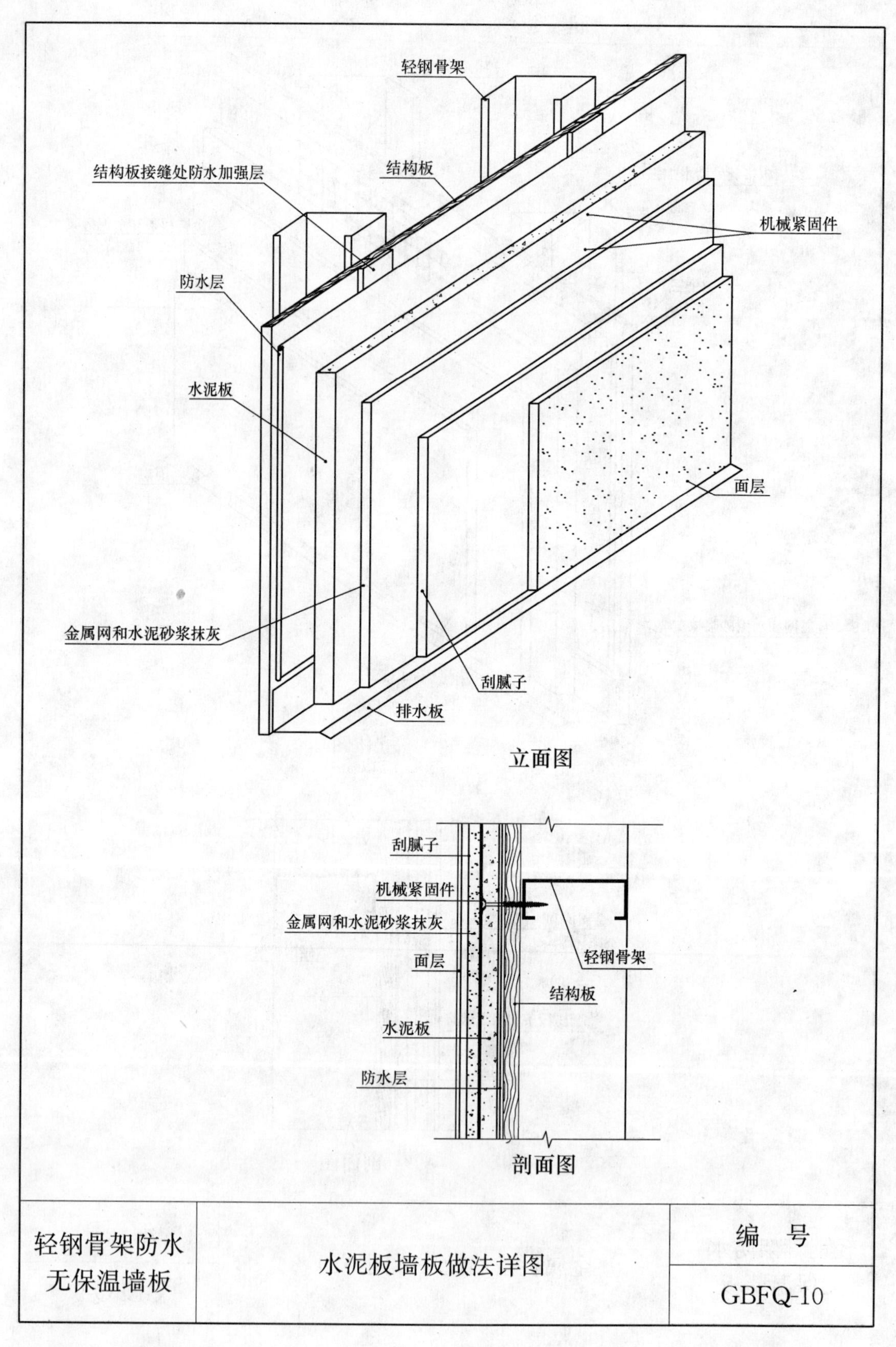
轻钢骨架
结构板接缝处防水加强层
结构板
机械紧固件
防水层
水泥板
面层
金属网和水泥砂浆抹灰
刮腻子
排水板
立面图
刮腻子
机械紧固件
金属网和水泥砂浆抹灰
面层
轻钢骨架
结构板
水泥板
防水层
剖面图
轻钢骨架防水
无保温墙板
水泥板墙板做法详图
编　号
GBFQ-10

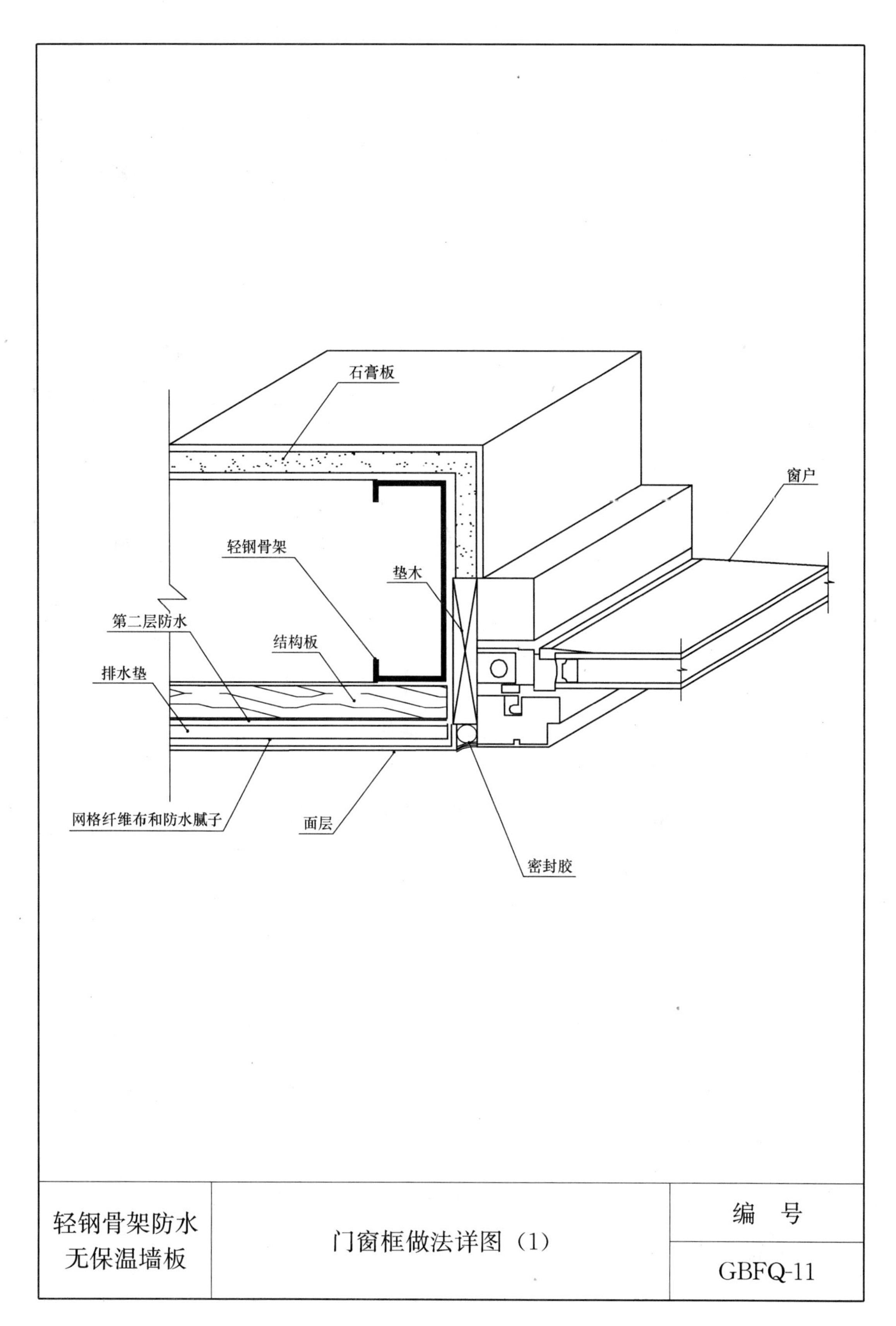
石膏板
窗户
轻钢骨架
垫木
第二层防水
结构板
排水垫
网格纤维布和防水腻子
面层
密封胶
轻钢骨架防水
无保温墙板
门窗框做法详图（1）
编 号
GBFQ-11

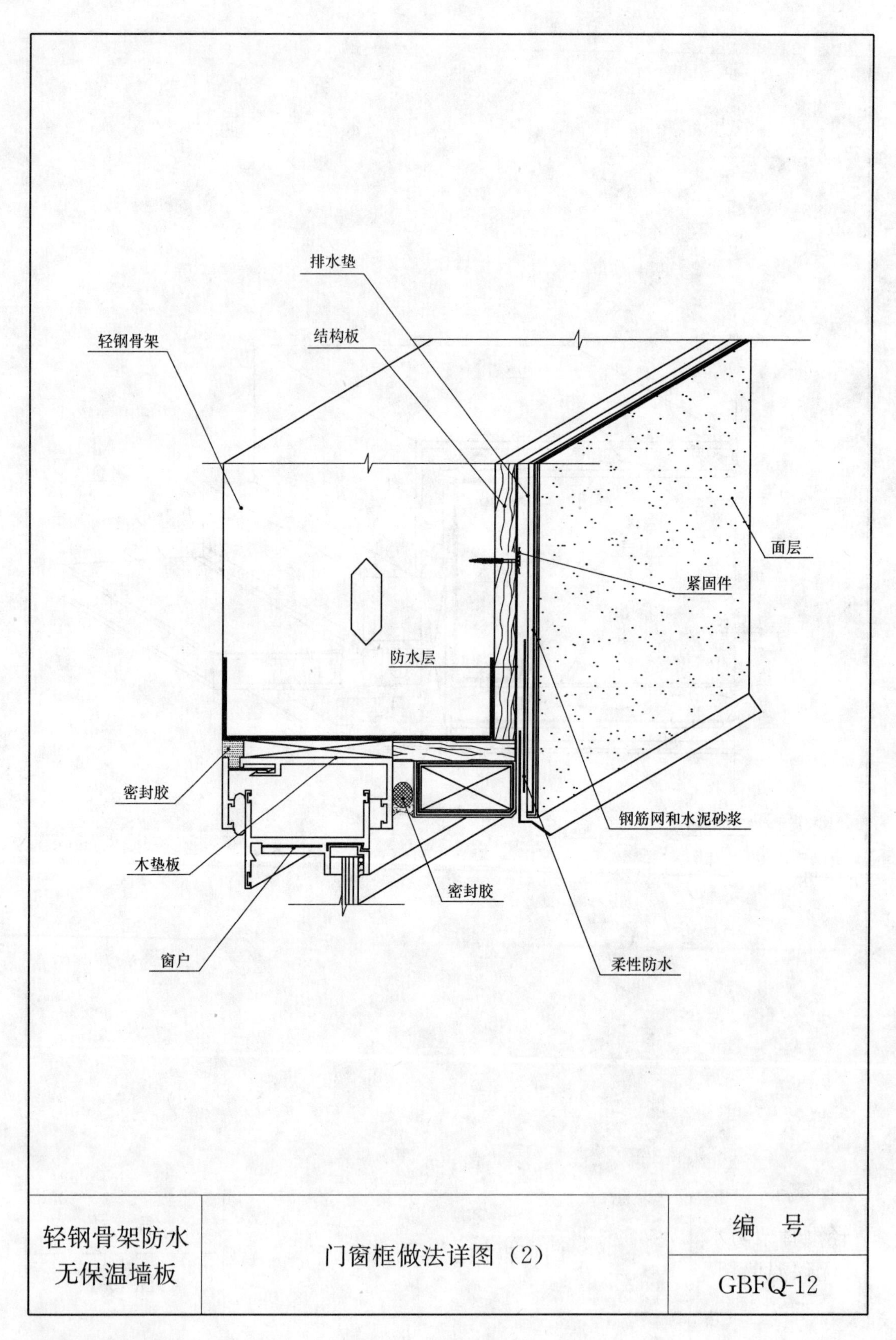
排水垫
结构板
轻钢骨架
面层
紧固件
防水层
密封胶
木垫板
密封胶
钢筋网和水泥砂浆
窗户
柔性防水
轻钢骨架防水
无保温墙板
门窗框做法详图（2）
编 号
GBFQ-12

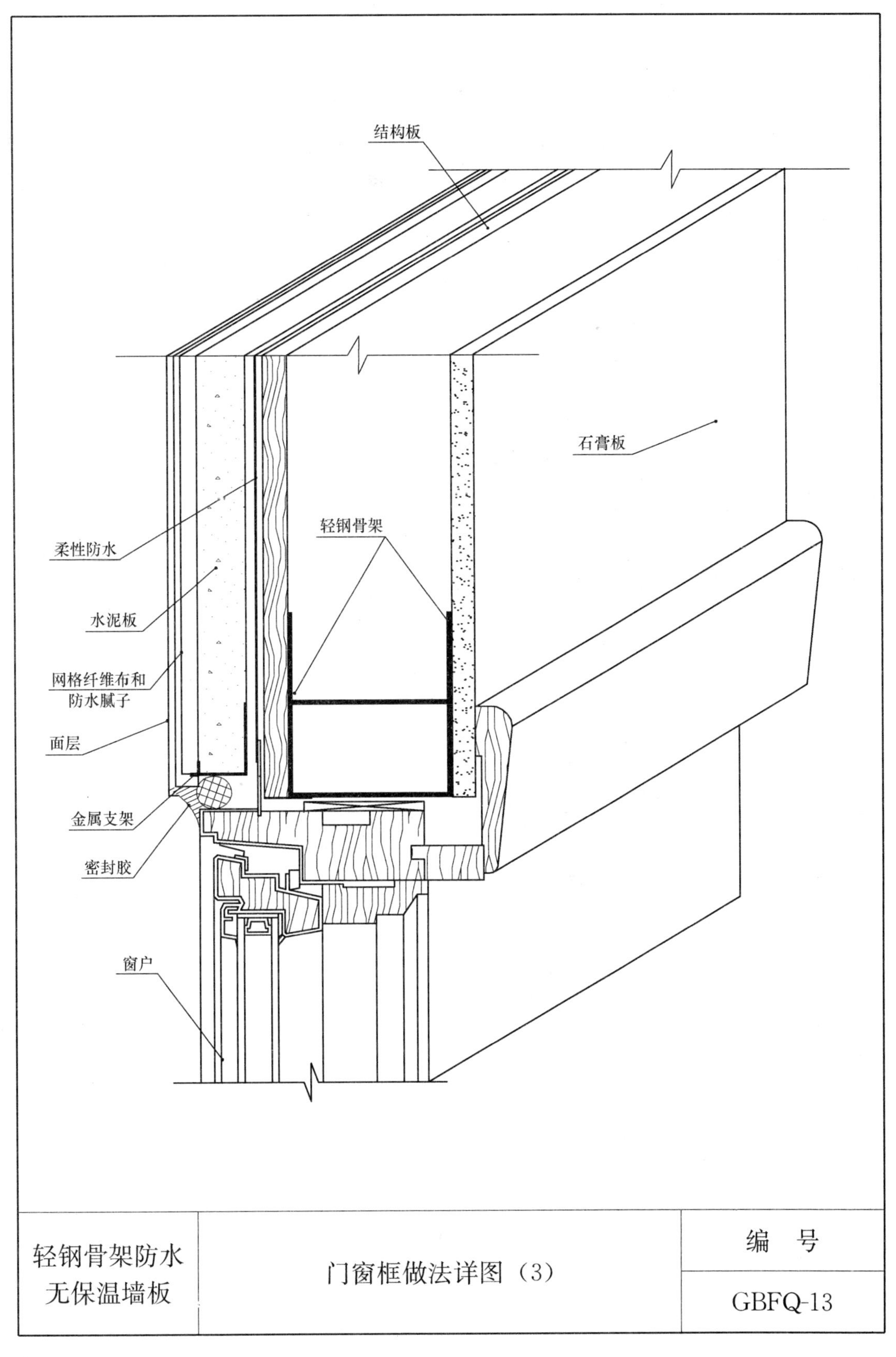

轻钢骨架防水 无保温墙板	门窗框做法详图（3）	编　号
		GBFQ-13

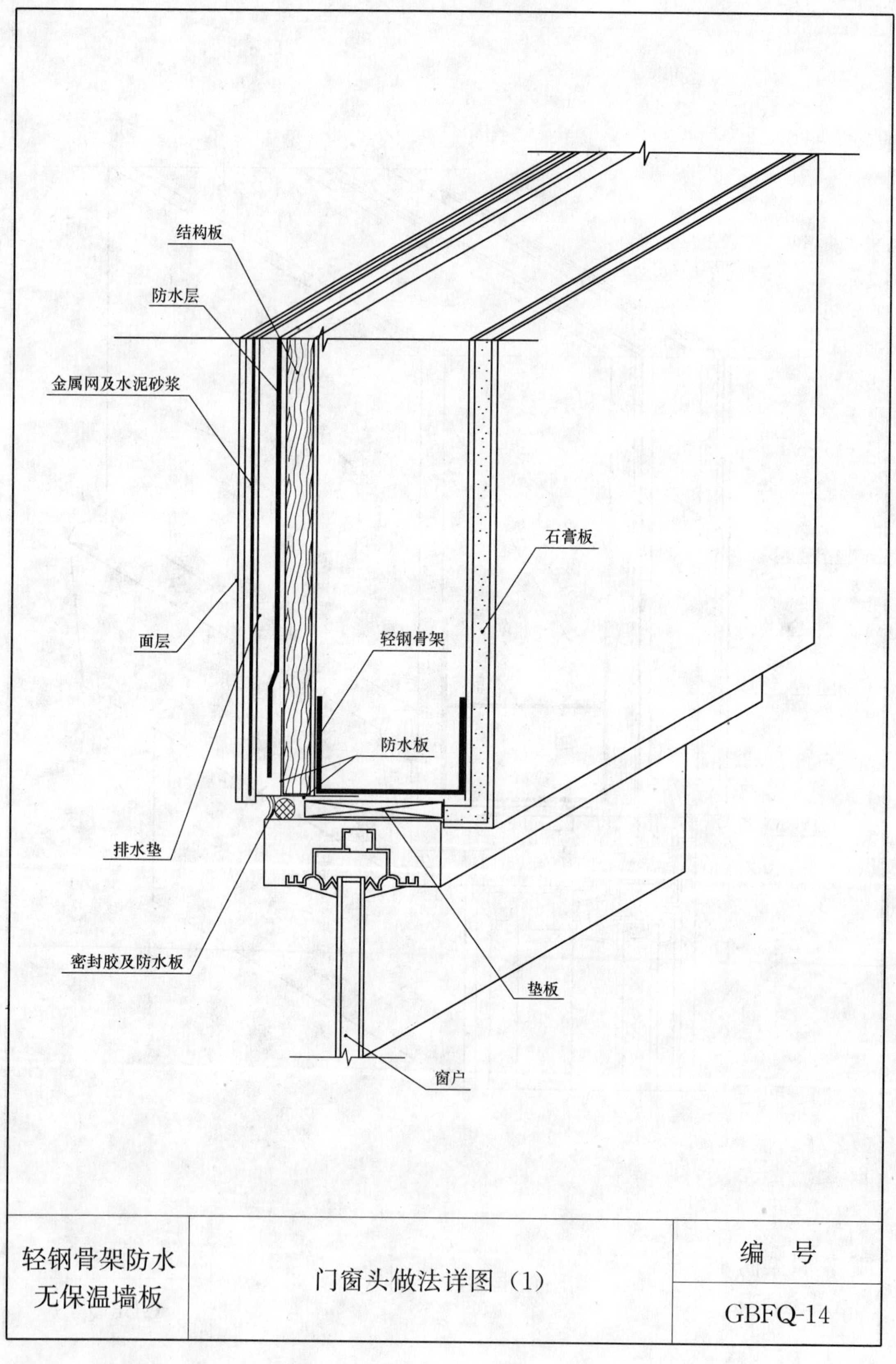

轻钢骨架防水 无保温墙板	门窗头做法详图（1）	编　号 GBFQ-14

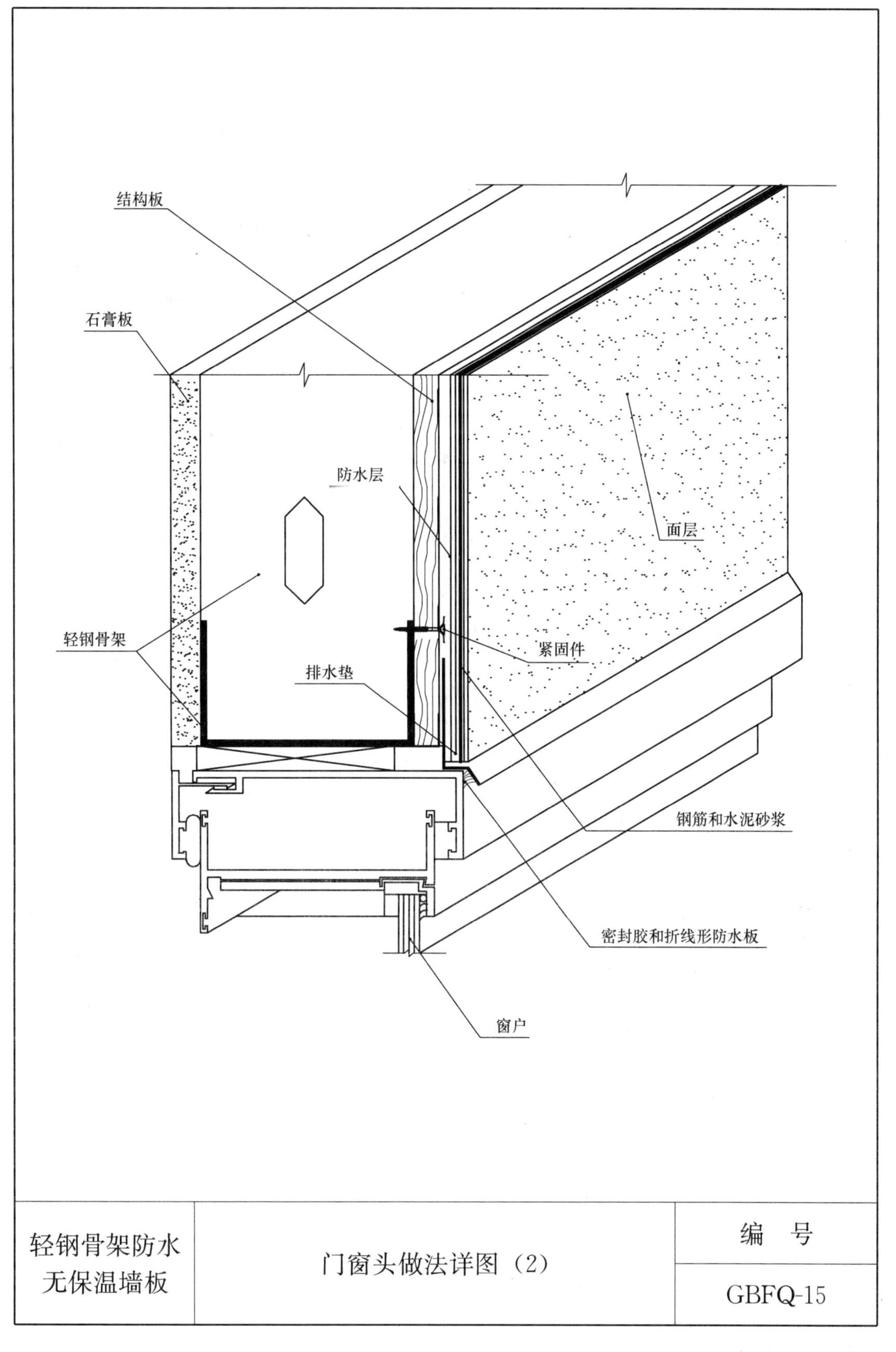
结构板
石膏板
防水层
面层
轻钢骨架
紧固件
排水垫
钢筋和水泥砂浆
密封胶和折线形防水板
窗户
轻钢骨架防水
无保温墙板
门窗头做法详图（2）
编　号
GBFQ-15

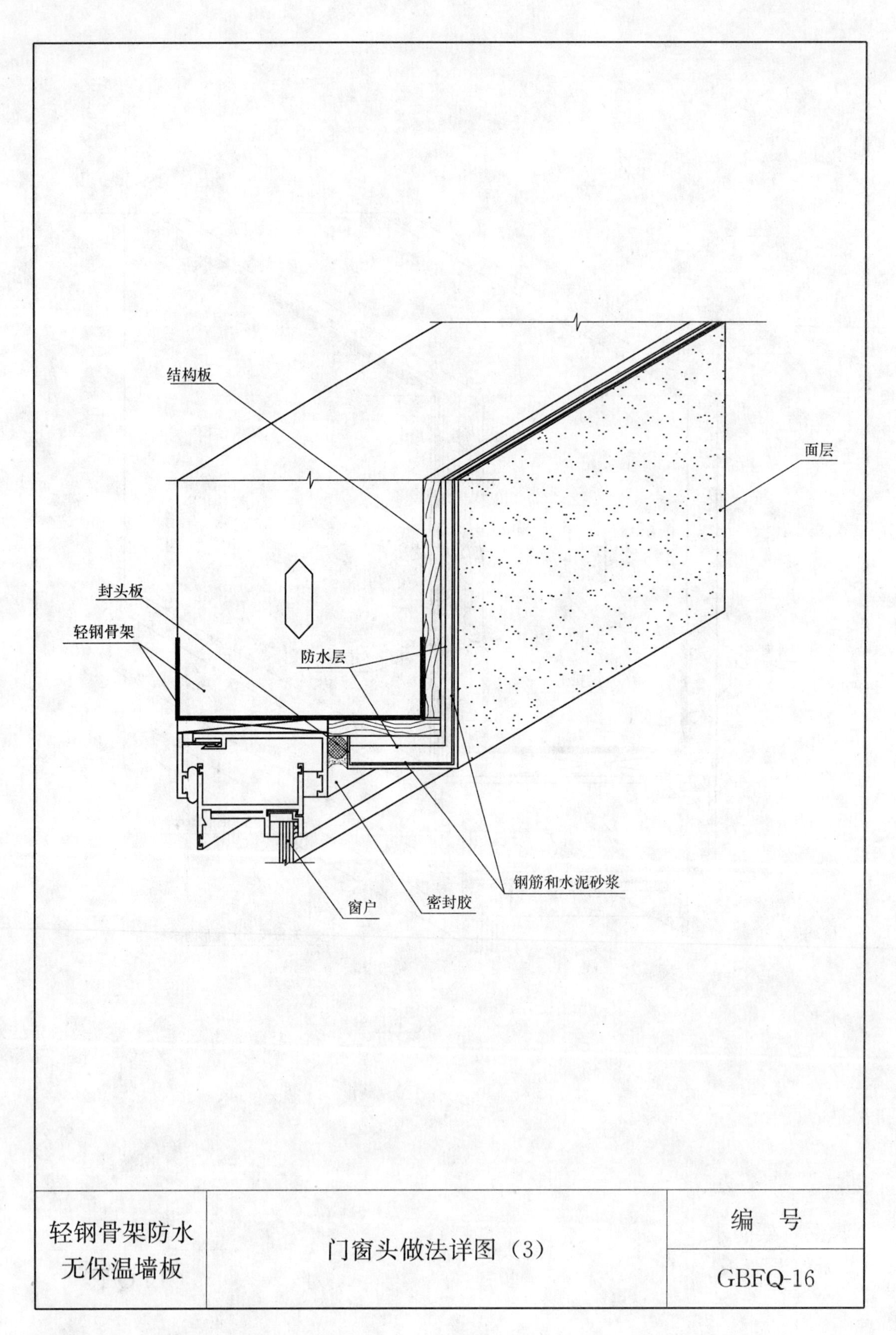
结构板
面层
封头板
轻钢骨架
防水层
钢筋和水泥砂浆
窗户
密封胶
轻钢骨架防水
无保温墙板
门窗头做法详图（3）
编　号
GBFQ-16

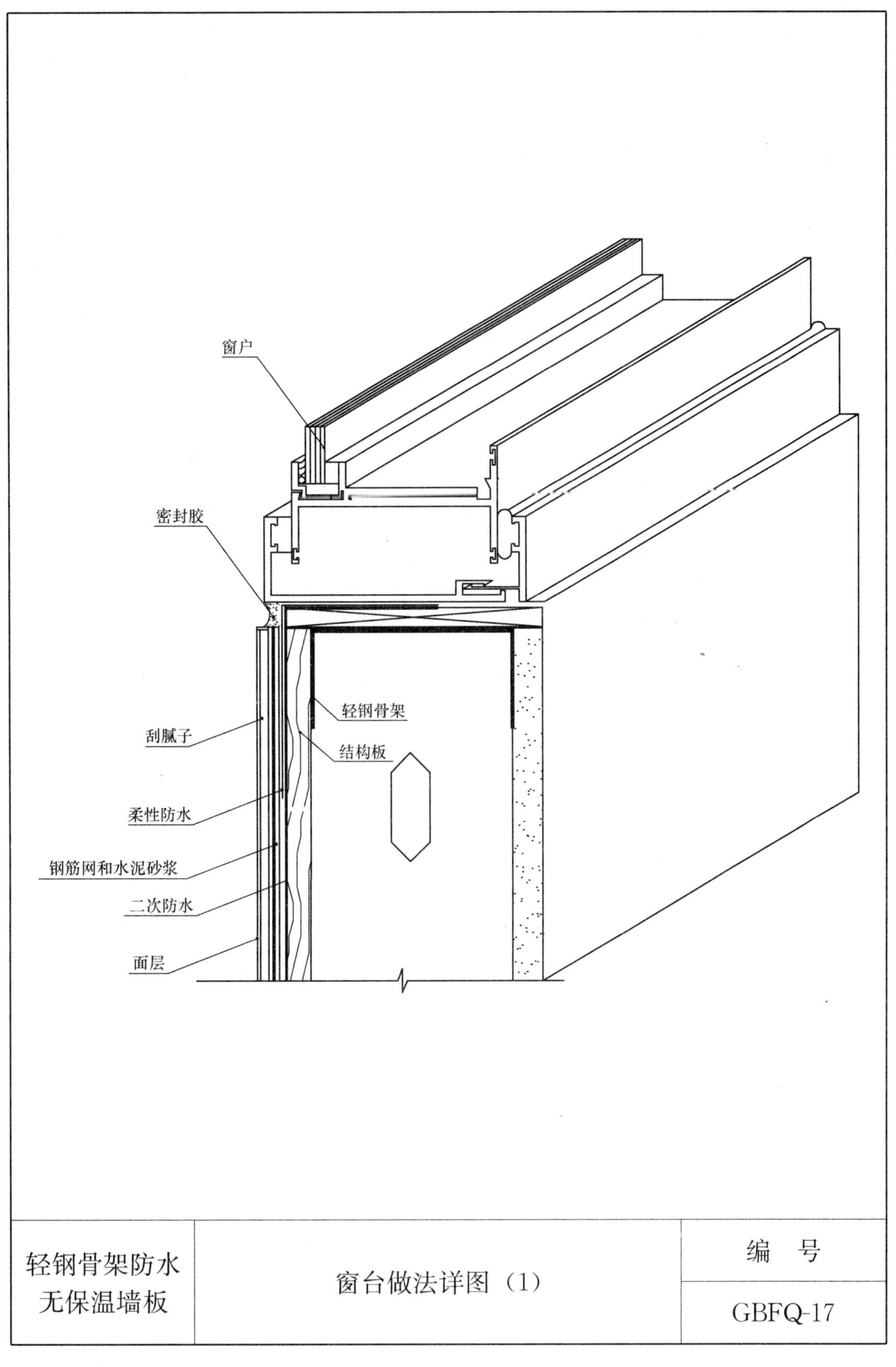

轻钢骨架防水 无保温墙板	窗台做法详图（1）	编　号
		GBFQ-17

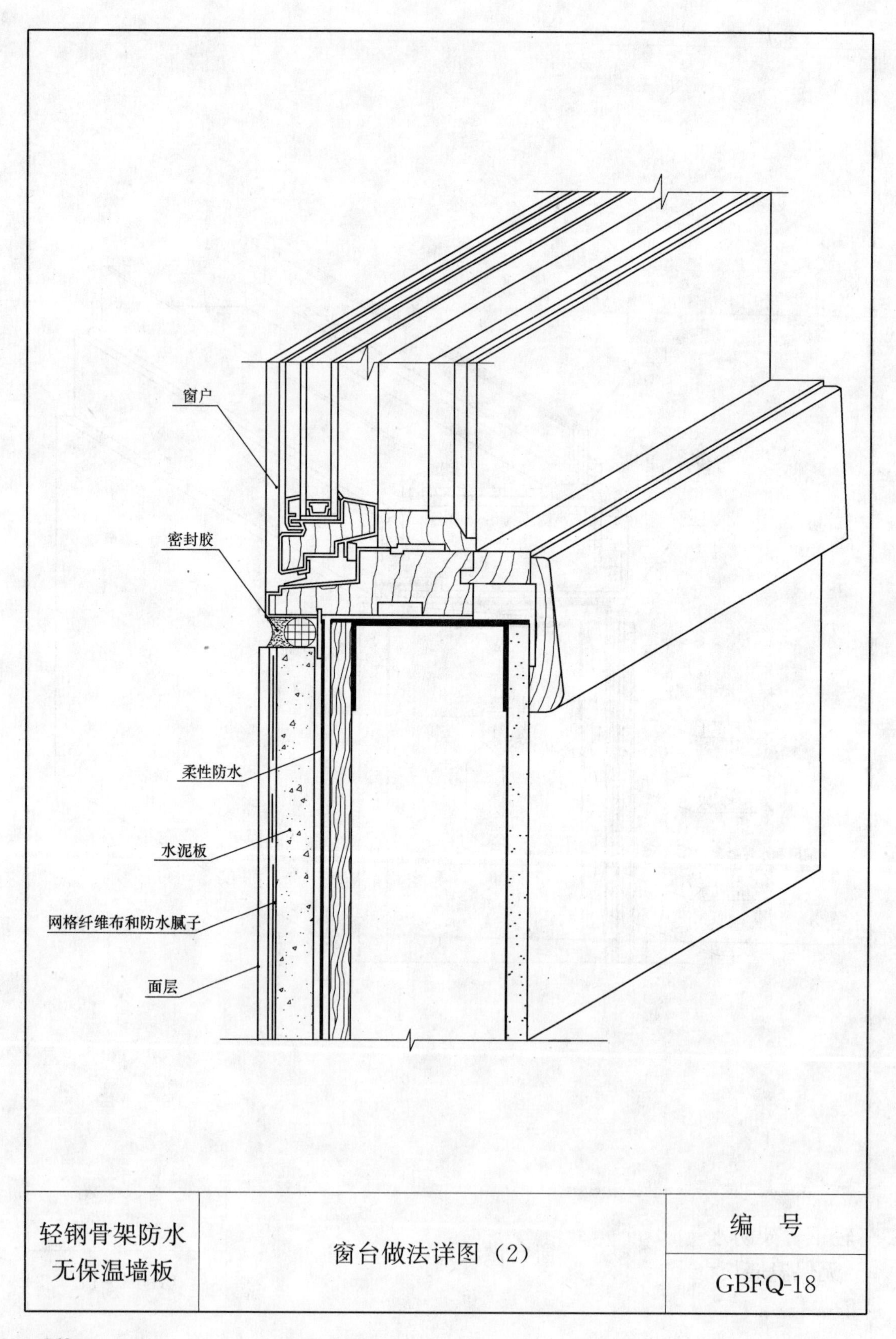

轻钢骨架防水 无保温墙板	窗台做法详图（2）	编　号 GBFQ-18

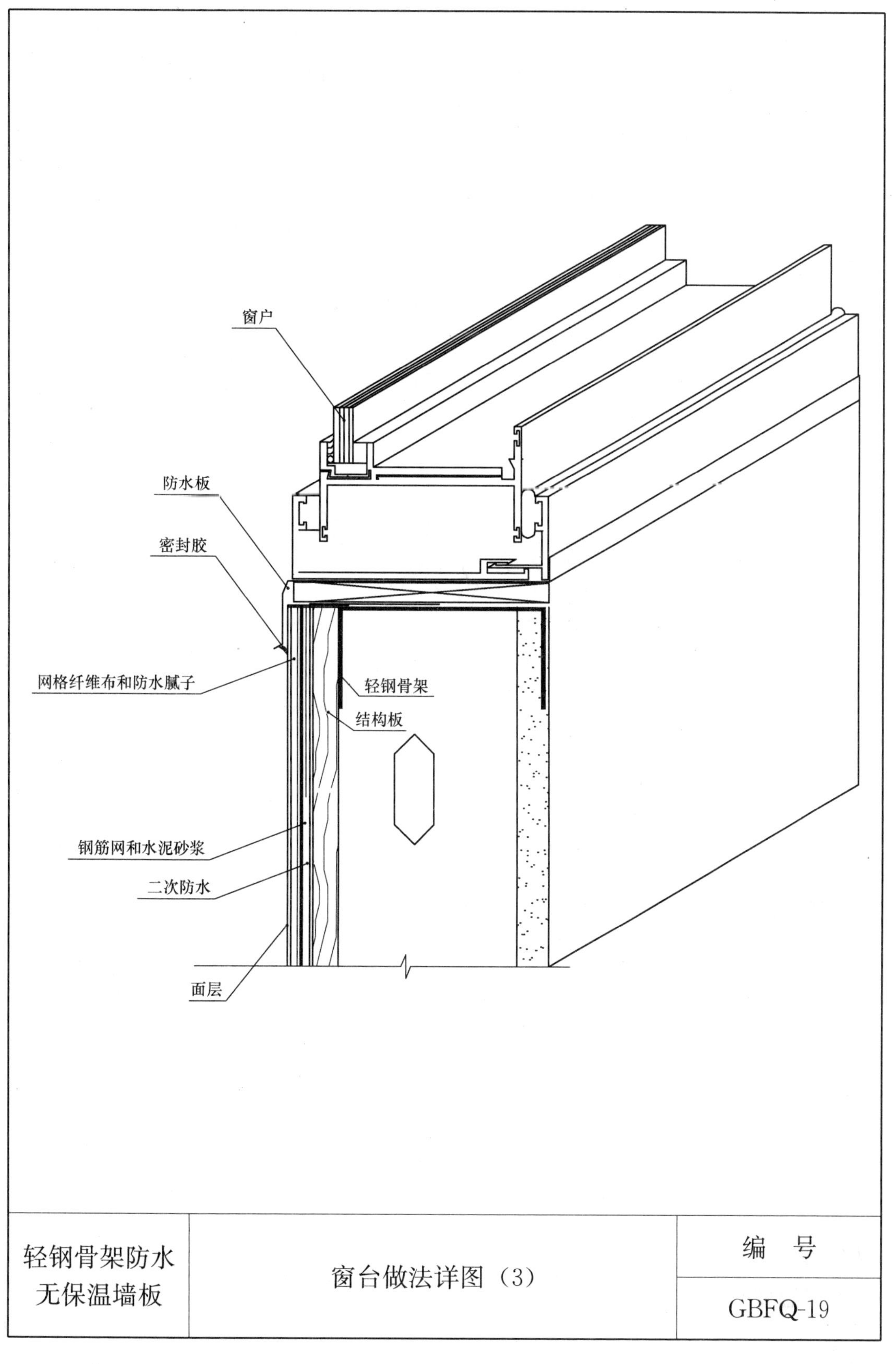
窗户
防水板
密封胶
网格纤维布和防水腻子
轻钢骨架
结构板
钢筋网和水泥砂浆
二次防水
面层
轻钢骨架防水
无保温墙板
窗台做法详图（3）
编　号
GBFQ-19

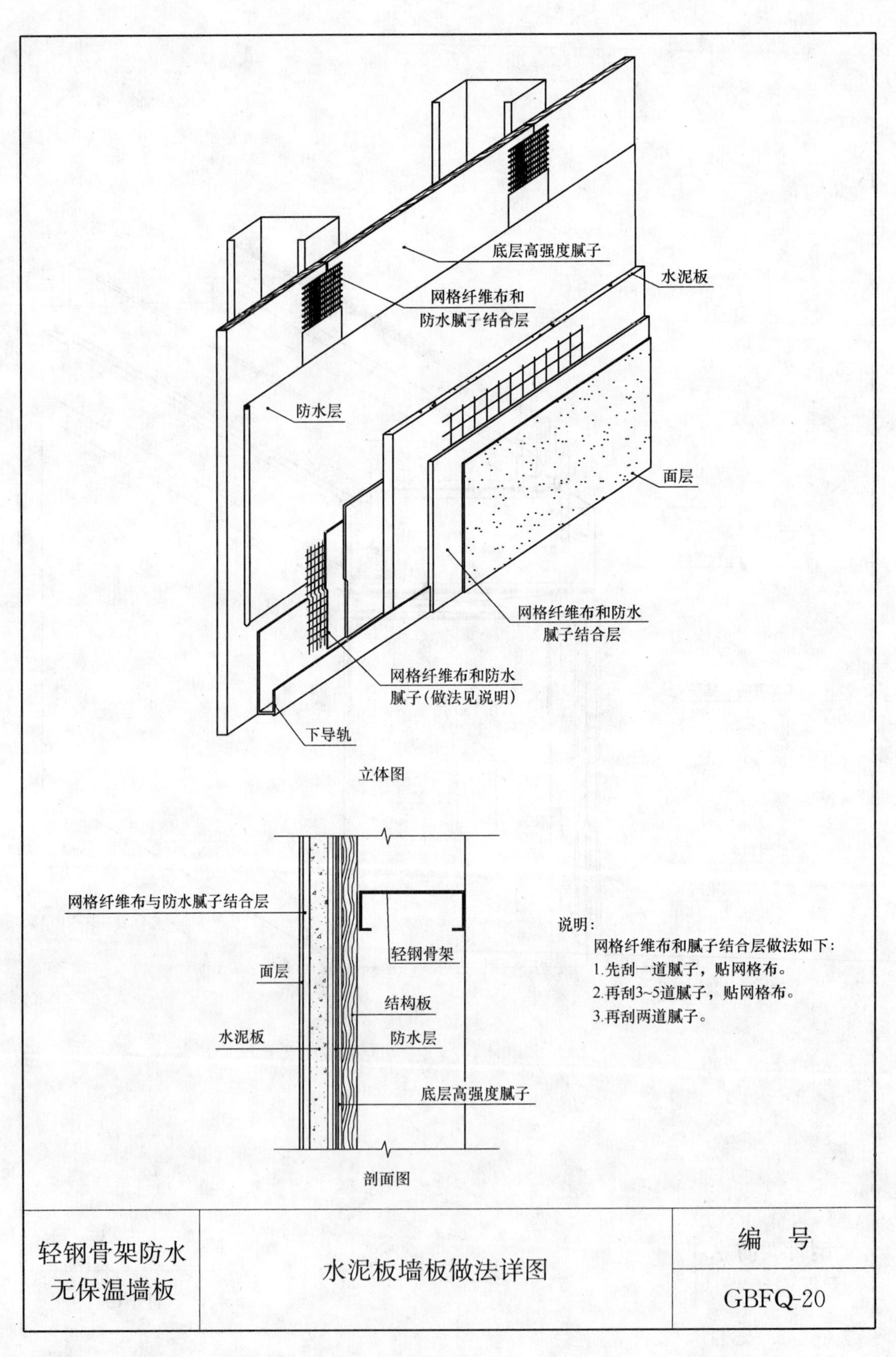

说明:

网格纤维布和腻子结合层做法如下:

1.先刮一道腻子，贴网格布。

2.再刮3~5道腻子，贴网格布。

3.再刮两道腻子。

轻钢骨架防水 无保温墙板	水泥板墙板做法详图	编　号
		GBFQ-20

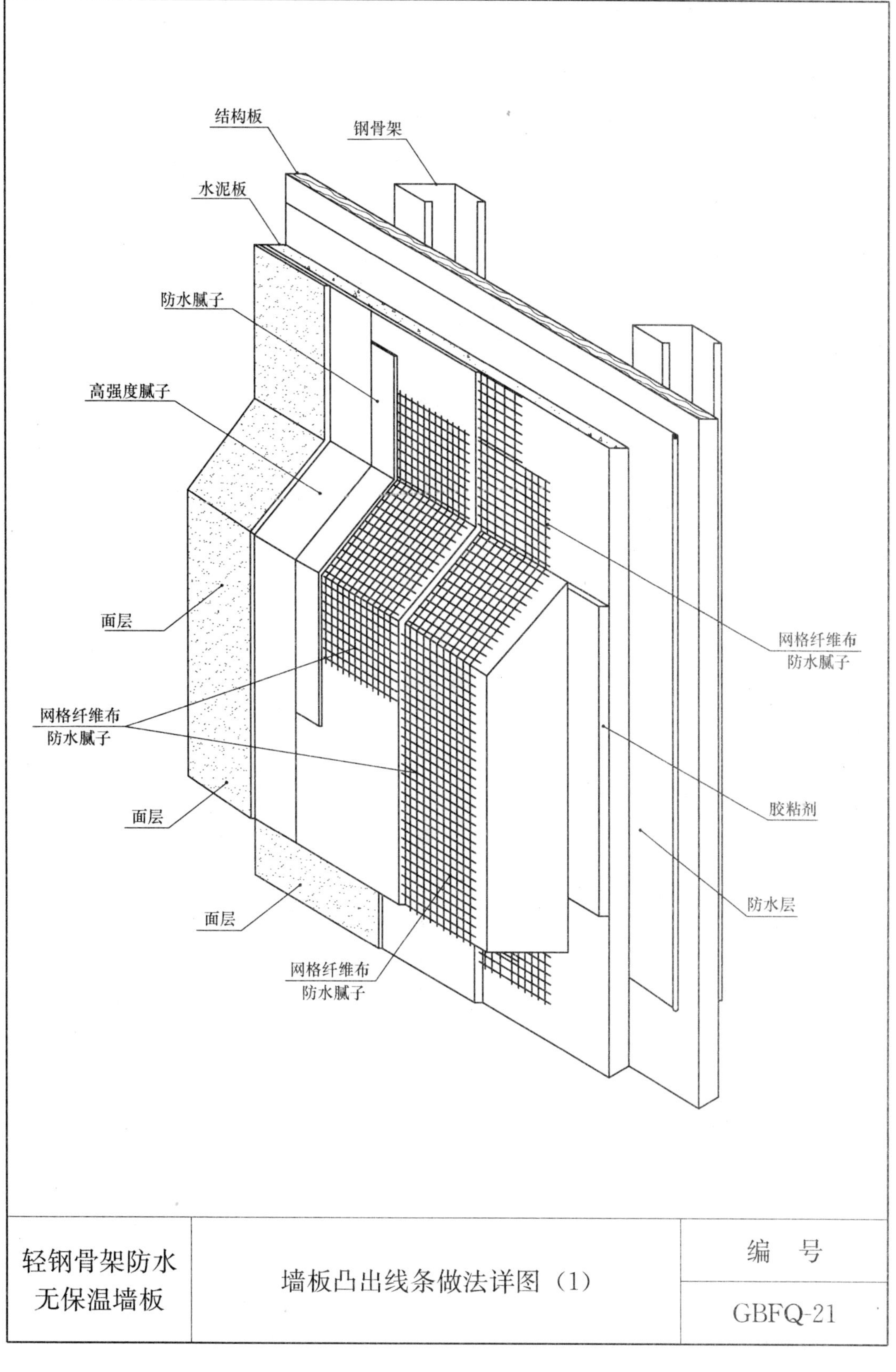
结构板
钢骨架
水泥板
防水腻子
高强度腻子
面层
网格纤维布
防水腻子
面层
面层
网格纤维布
防水腻子
网格纤维布
防水腻子
胶粘剂
防水层
轻钢骨架防水
无保温墙板
墙板凸出线条做法详图（1）
编　号
GBFQ-21

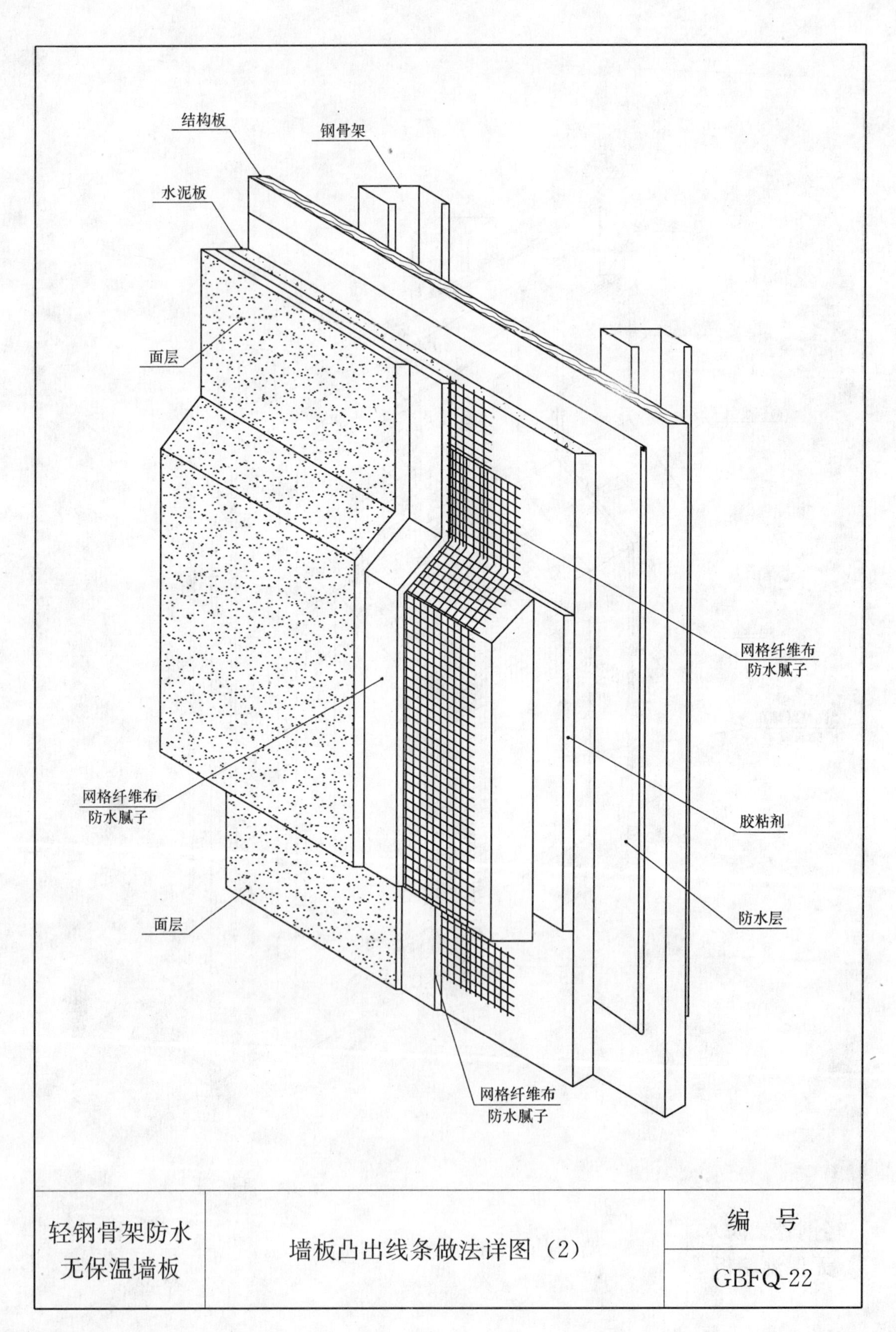

轻钢骨架防水无保温墙板	墙板凸出线条做法详图（2）	编　号
		GBFQ-22

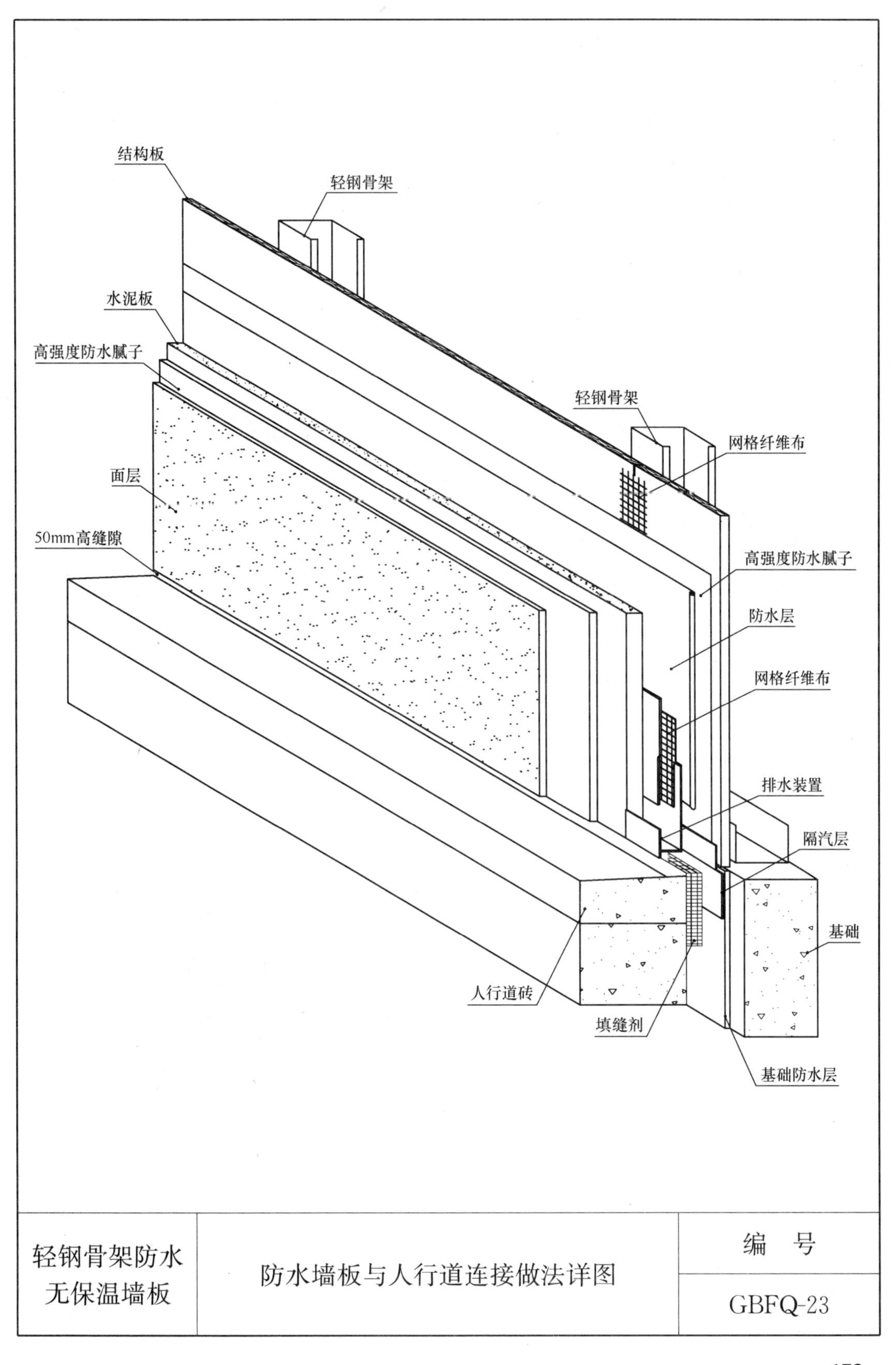

轻钢骨架防水无保温墙板	防水墙板与人行道连接做法详图	编　号
		GBFQ-23

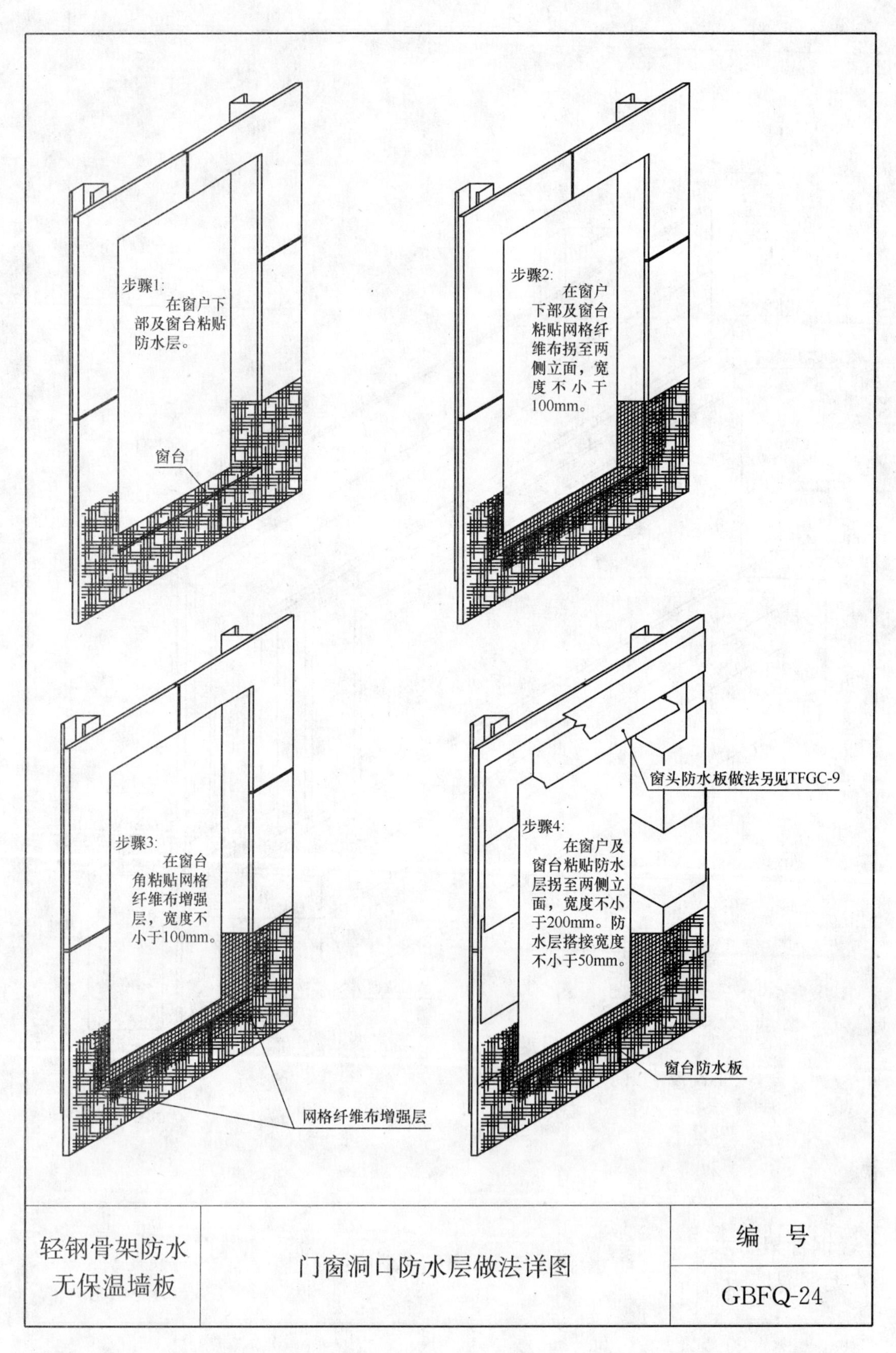
步骤1:
在窗户下部及窗台粘贴防水层。
窗台
步骤2:
在窗户下部及窗台粘贴网格纤维布拐至两侧立面，宽度不小于100mm。
步骤3:
在窗台角粘贴网格纤维布增强层，宽度不小于100mm。
网格纤维布增强层
窗头防水板做法另见TFGC-9
步骤4:
在窗户及窗台粘贴防水层拐至两侧立面，宽度不小于200mm。防水层搭接宽度不小于50mm。
窗台防水板
轻钢骨架防水
无保温墙板
门窗洞口防水层做法详图
编　号
GBFQ-24

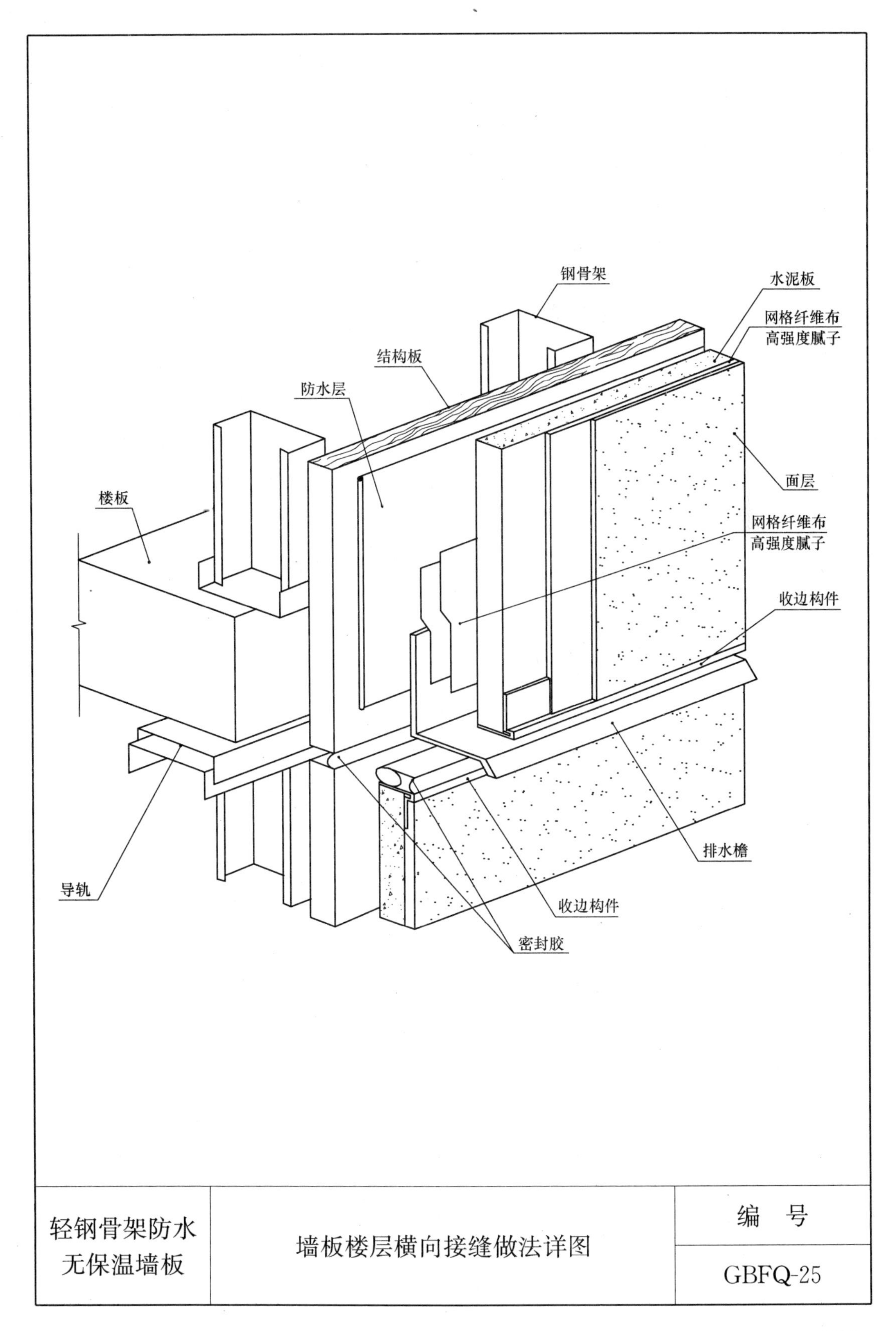

轻钢骨架防水无保温墙板	墙板楼层横向接缝做法详图	编 号
		GBFQ-25

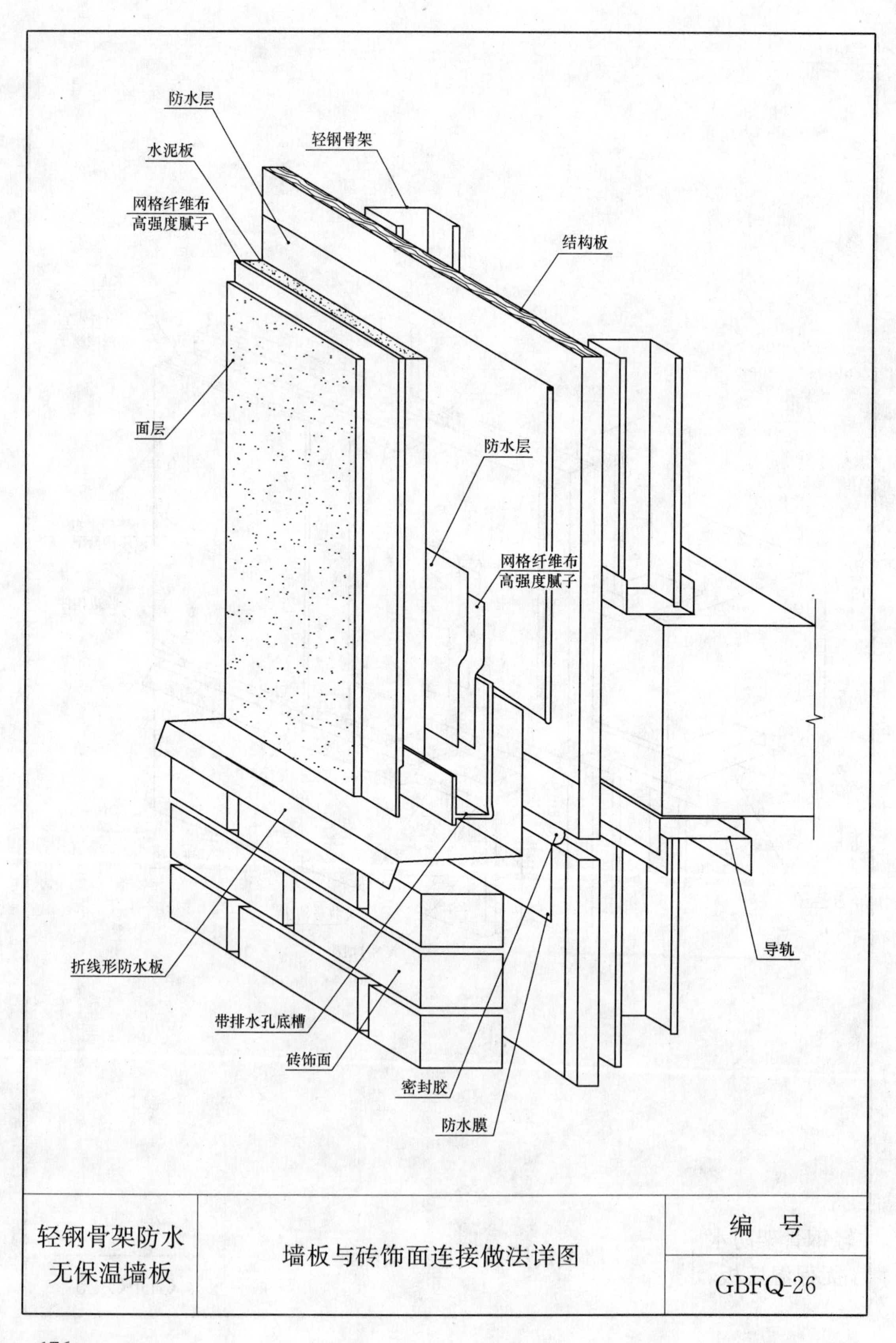

轻钢骨架防水无保温墙板	墙板与砖饰面连接做法详图	编 号
		GBFQ-26

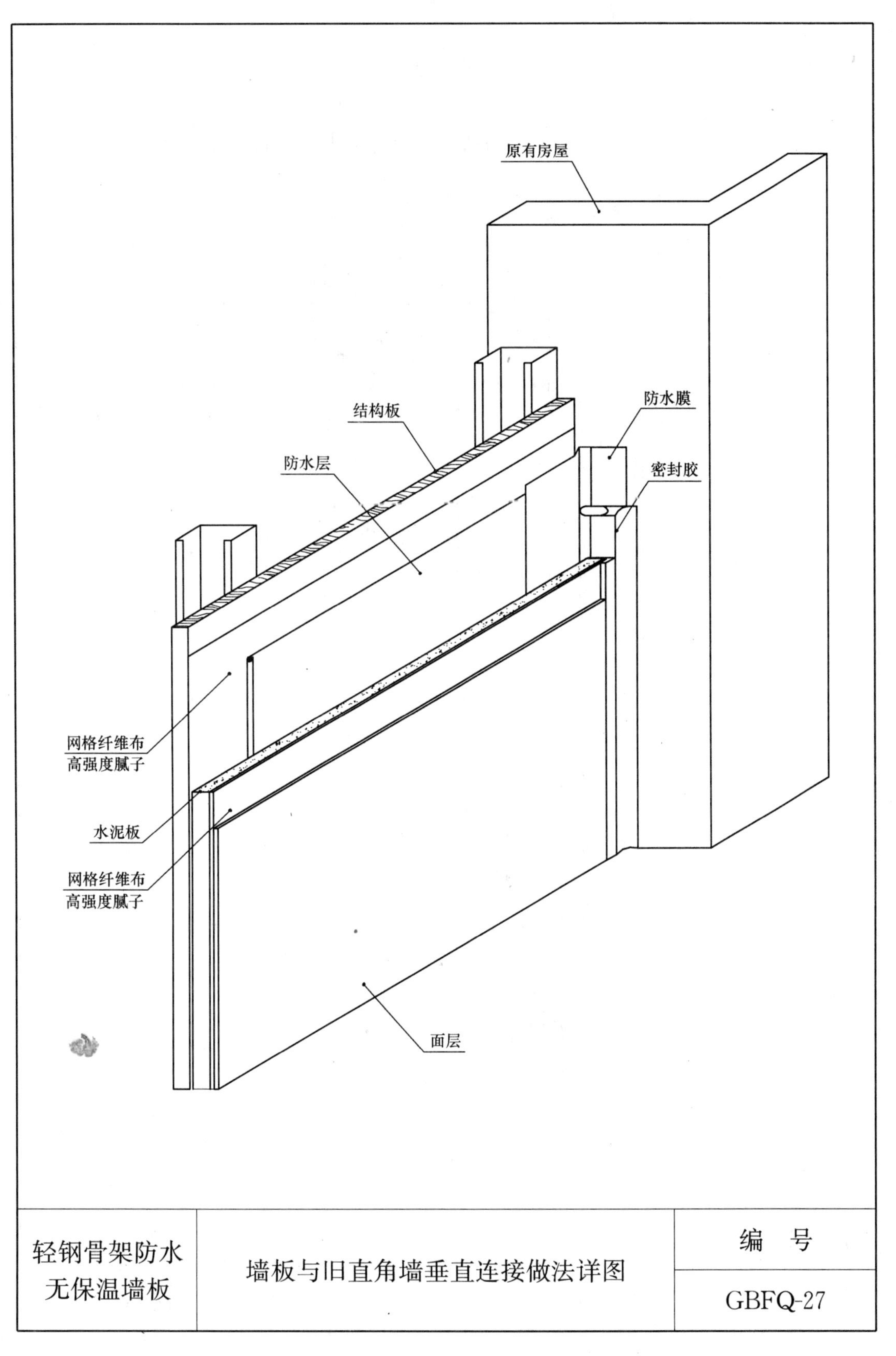
原有房屋
结构板
防水膜
防水层
密封胶
网格纤维布
高强度腻子
水泥板
网格纤维布
高强度腻子
面层
轻钢骨架防水
无保温墙板
墙板与旧直角墙垂直连接做法详图
编 号
GBFQ-27

第三节　木骨架无保温墙板

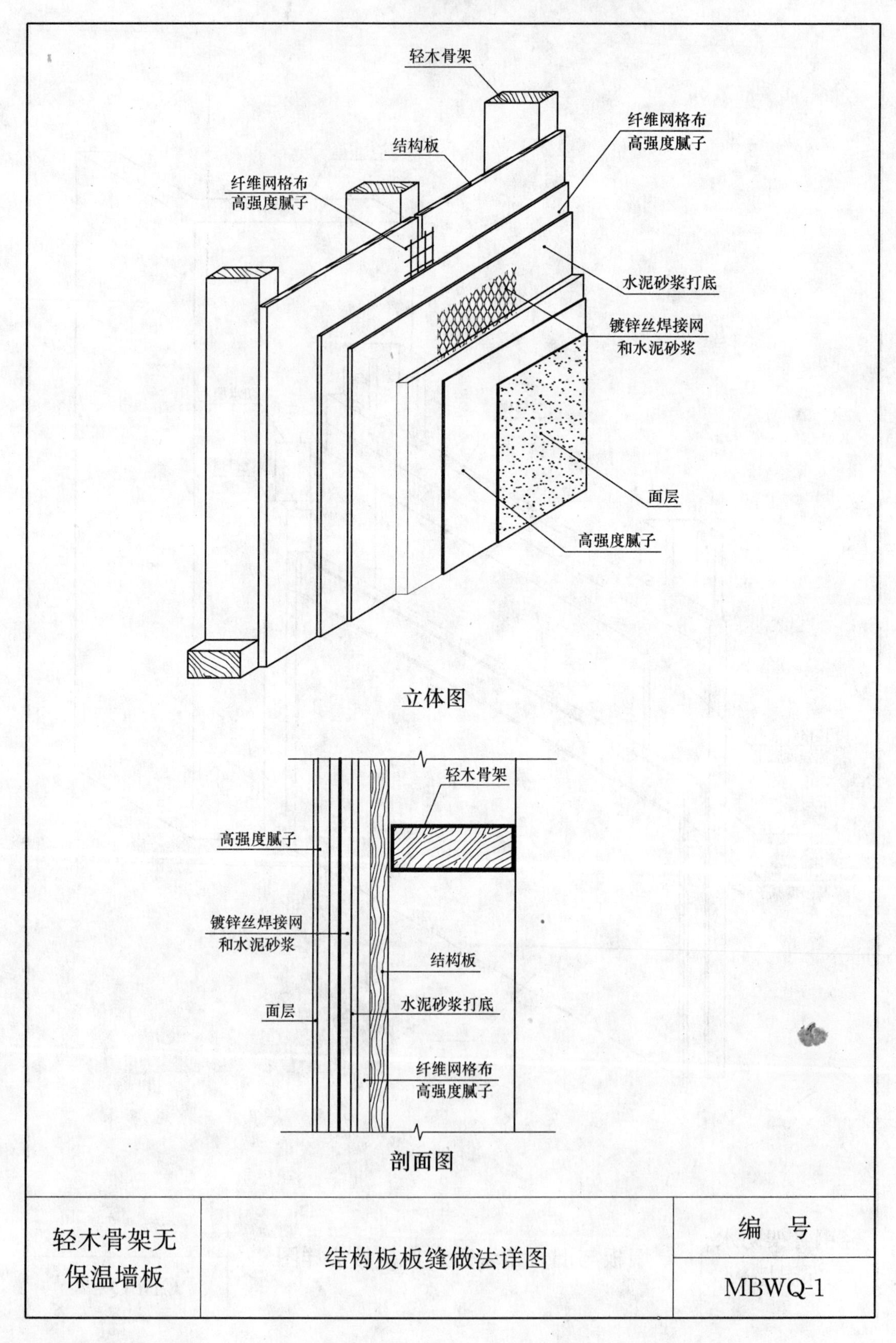

轻木骨架无保温墙板	结构板板缝做法详图	编　号
		MBWQ-1

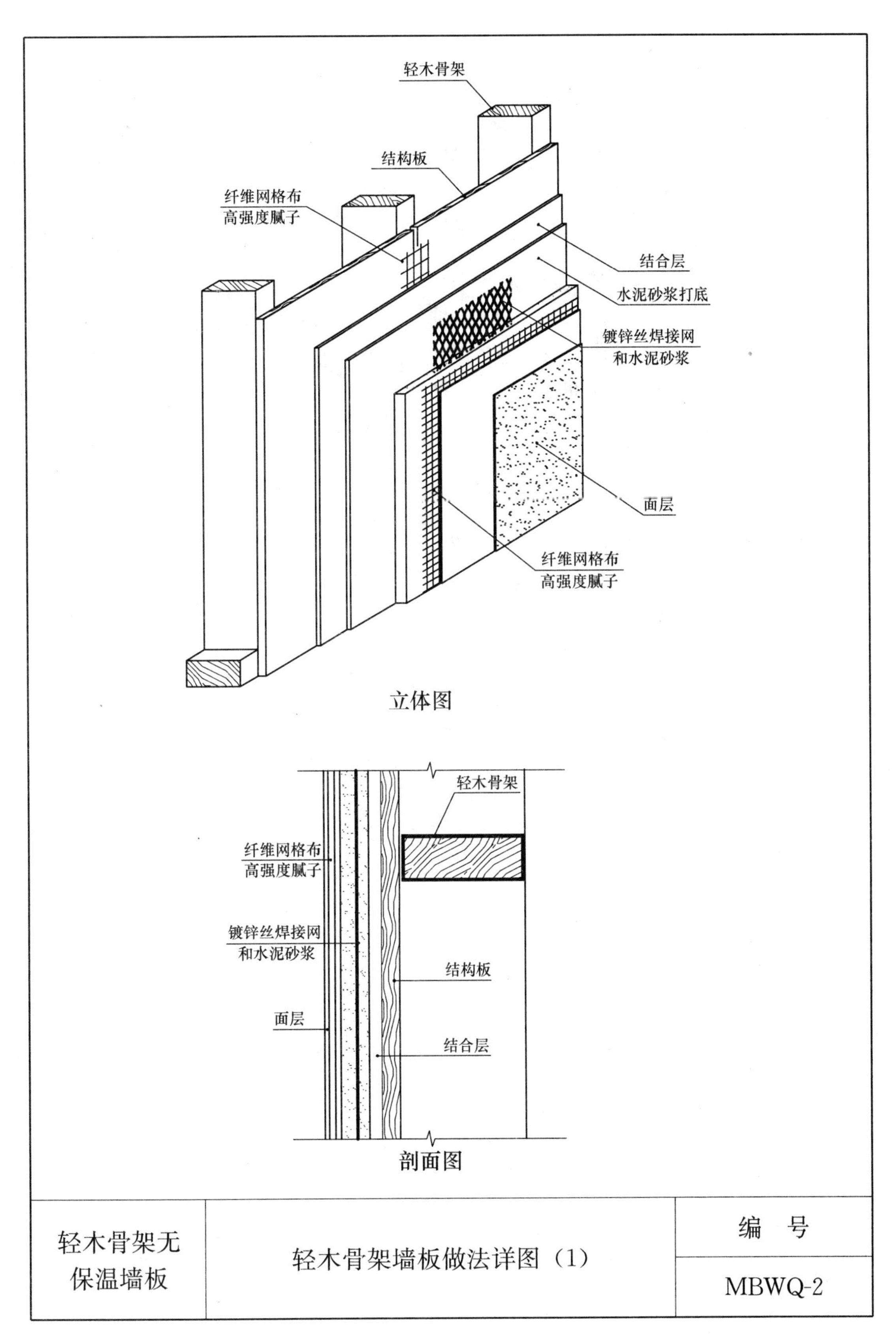

轻木骨架无保温墙板	轻木骨架墙板做法详图（1）	编 号
		MBWQ-2

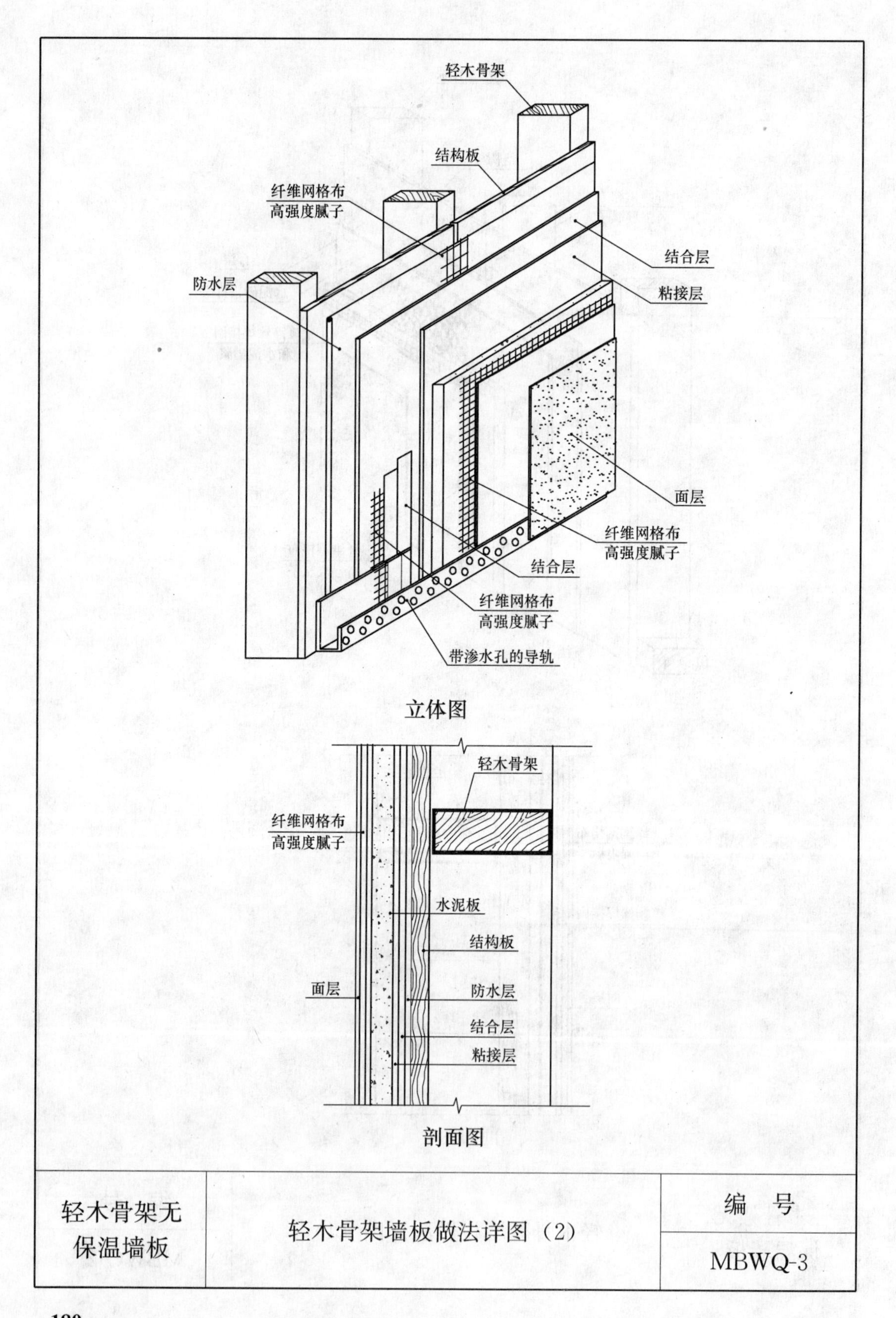
轻木骨架
结构板
纤维网格布
高强度腻子
结合层
粘接层
防水层
面层
纤维网格布
高强度腻子
结合层
纤维网格布
高强度腻子
带渗水孔的导轨
立体图
轻木骨架
纤维网格布
高强度腻子
水泥板
结构板
面层
防水层
结合层
粘接层
剖面图
轻木骨架无
保温墙板
轻木骨架墙板做法详图（2）
编　号
MBWQ-3

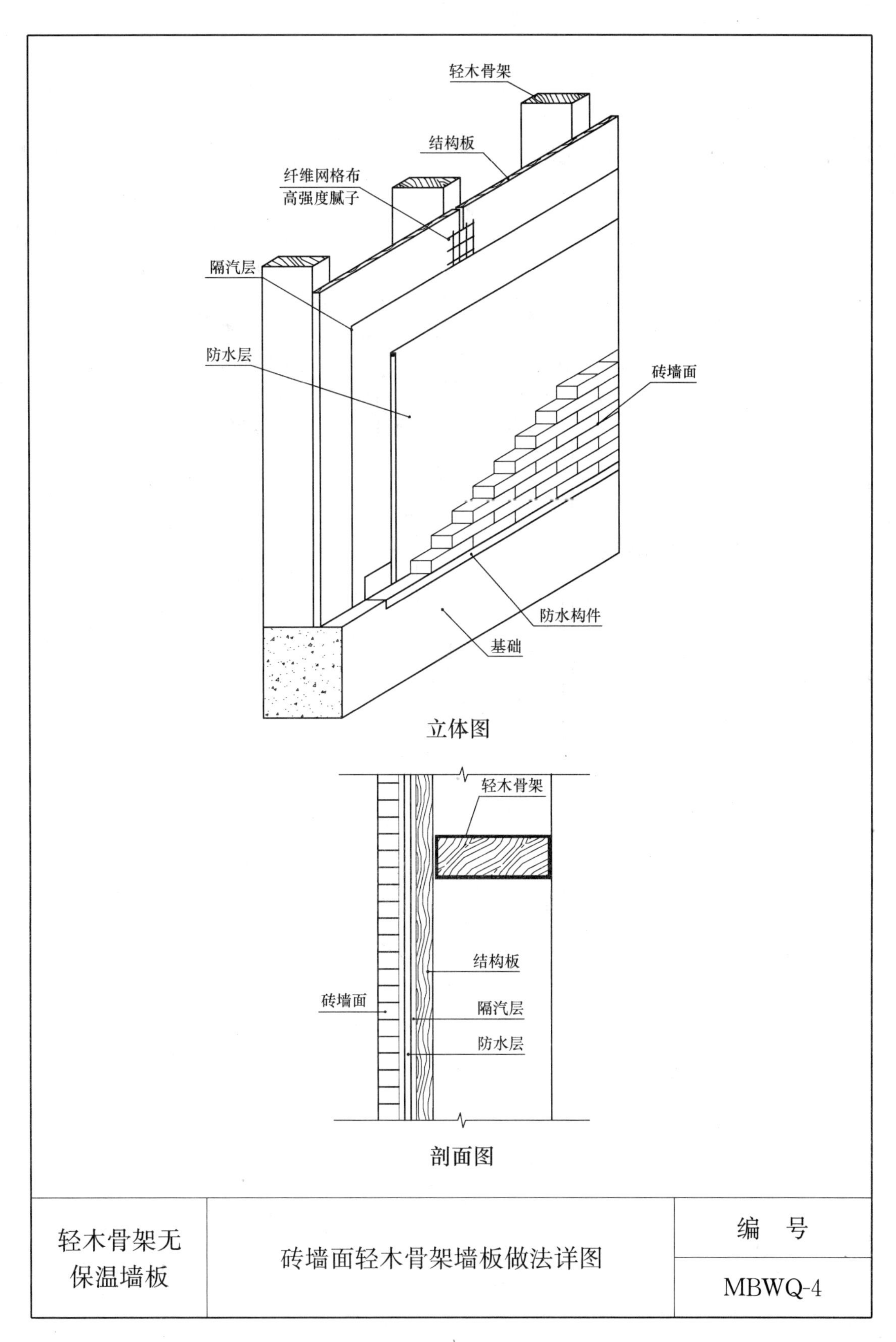
轻木骨架
结构板
纤维网格布
高强度腻子
隔汽层
防水层
砖墙面
防水构件
基础
立体图
轻木骨架
结构板
砖墙面
隔汽层
防水层
剖面图
轻木骨架无保温墙板
砖墙面轻木骨架墙板做法详图
编　号
MBWQ-4

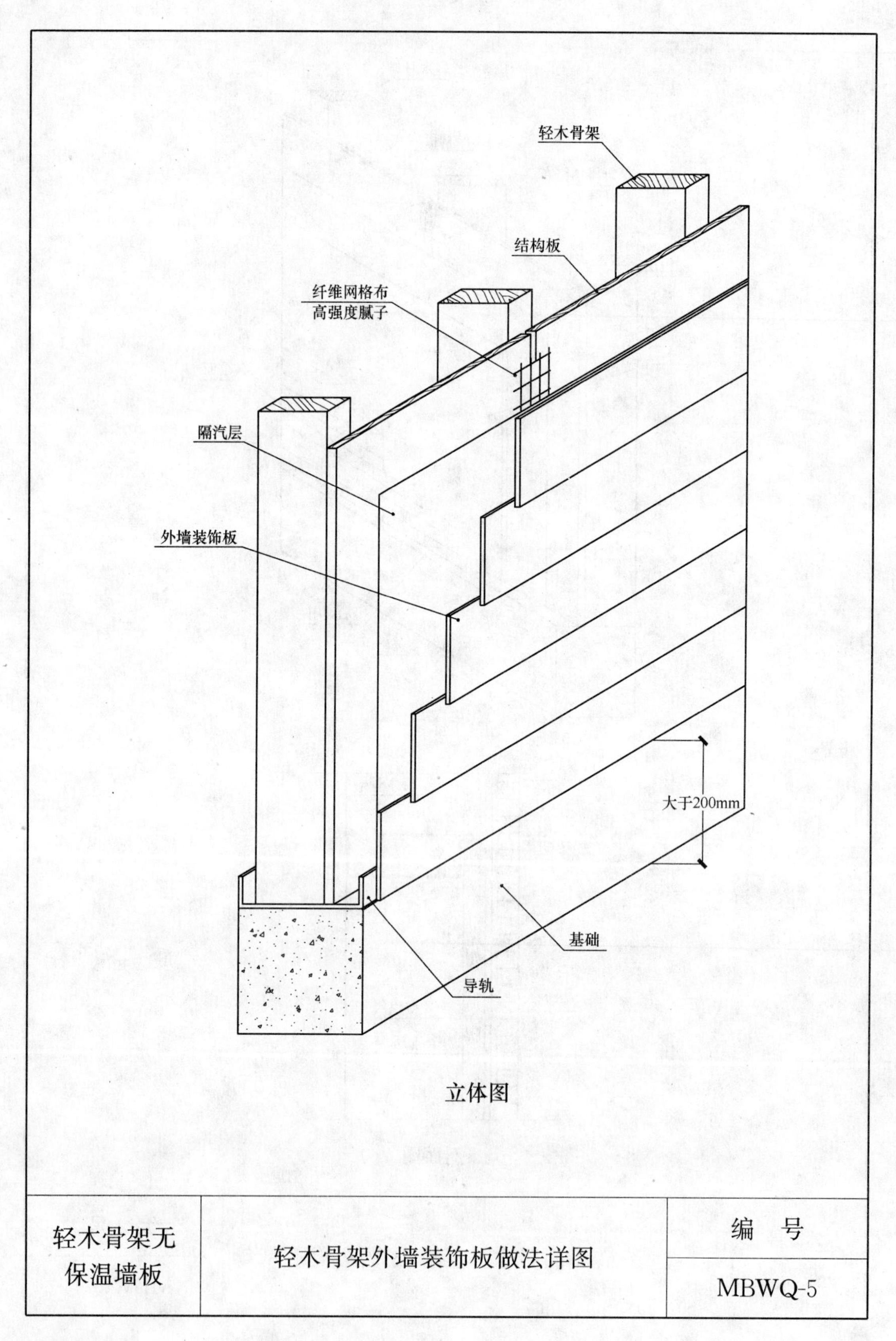
轻木骨架
结构板
纤维网格布
高强度腻子
隔汽层
外墙装饰板
大于200mm
基础
导轨
轻木骨架无
保温墙板
轻木骨架外墙装饰板做法详图
编 号
MBWQ-5

立体图

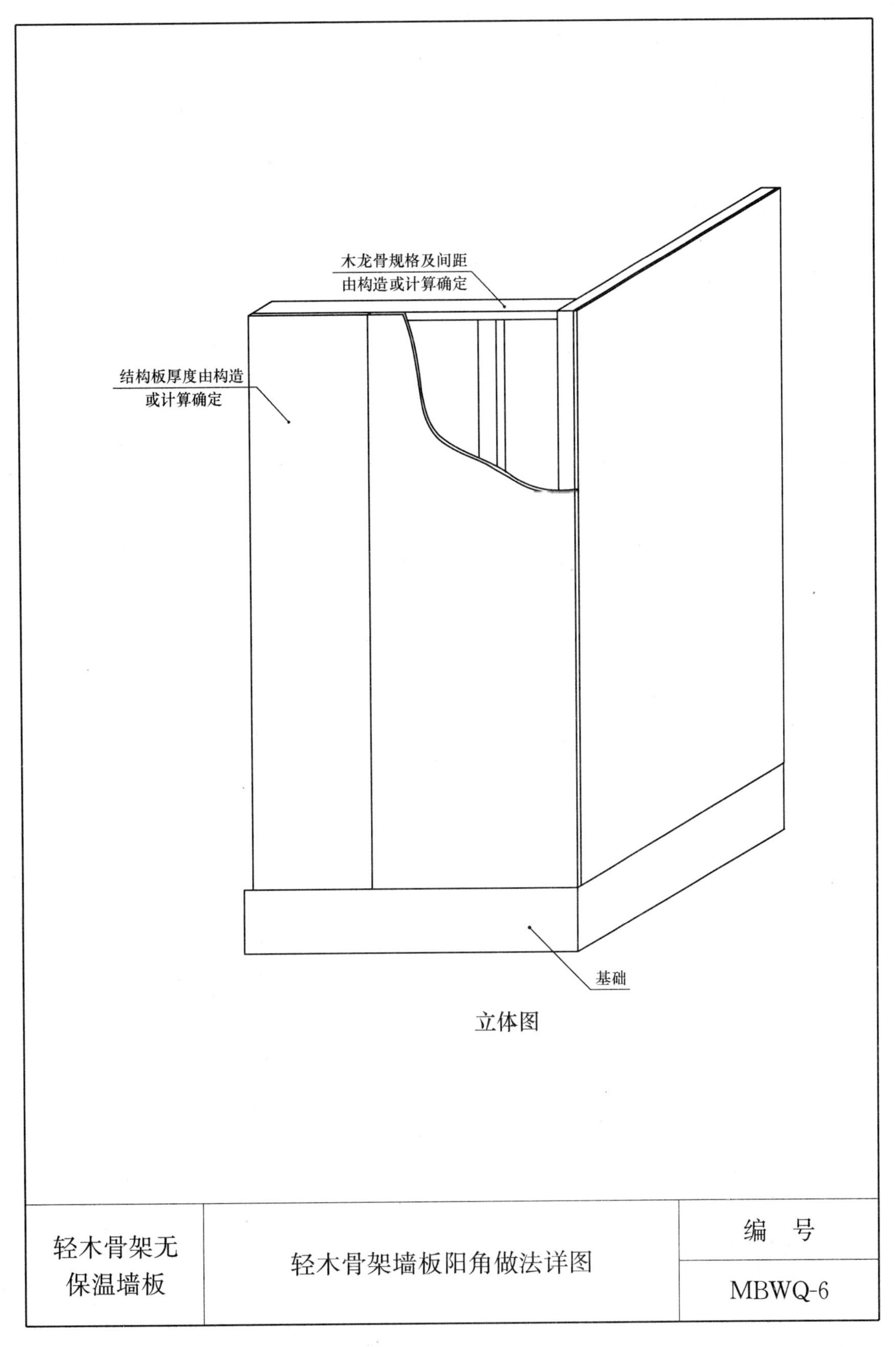

立体图

轻木骨架无保温墙板	轻木骨架墙板阳角做法详图	编　号
		MBWQ-6

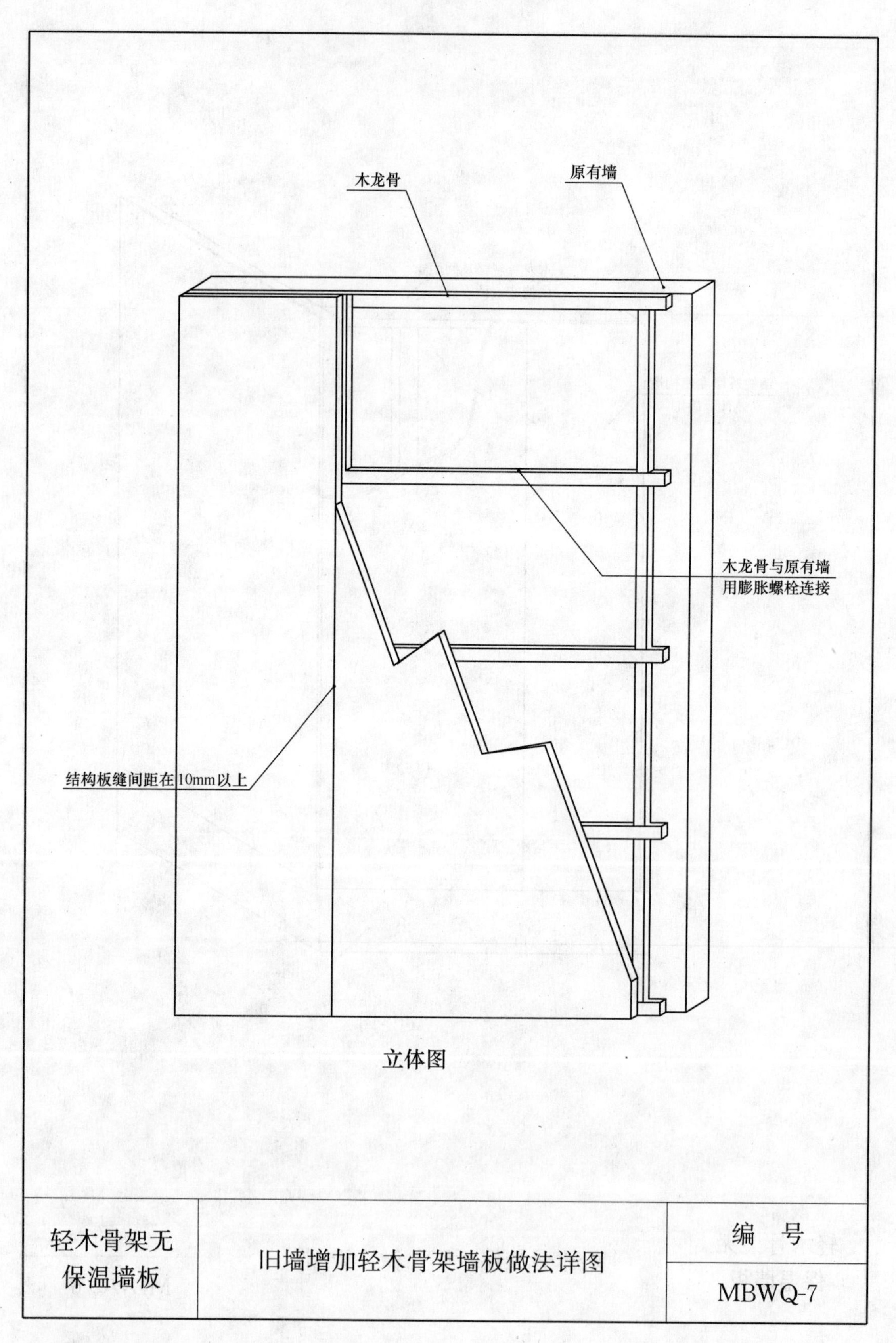
木龙骨
原有墙
木龙骨与原有墙
用膨胀螺栓连接
结构板缝间距在10mm以上
轻木骨架无
保温墙板
旧墙增加轻木骨架墙板做法详图
编　号
MBWQ-7
立体图

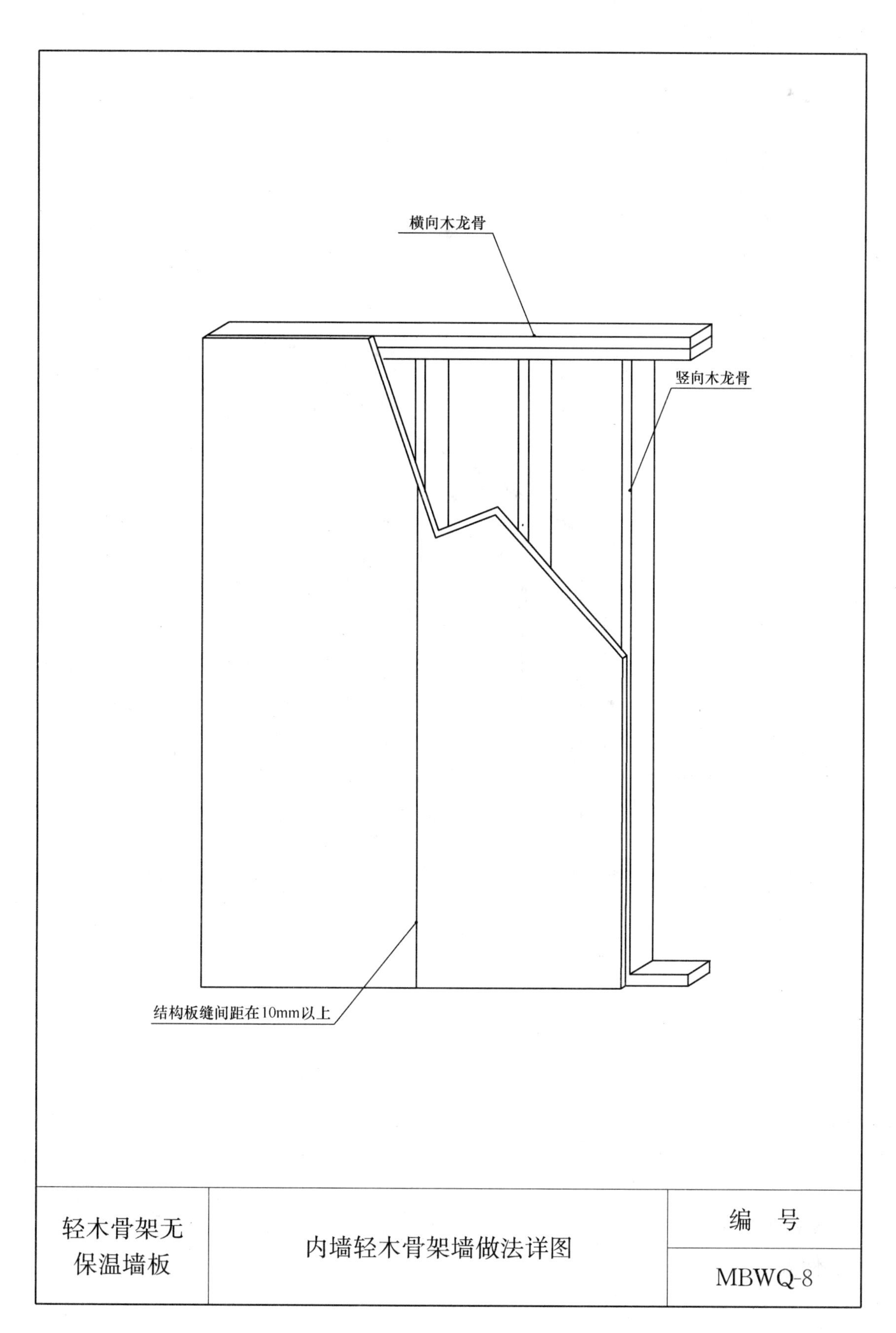
横向木龙骨
竖向木龙骨
结构板缝间距在10mm以上
轻木骨架无保温墙板
内墙轻木骨架墙做法详图
编 号
MBWQ-8

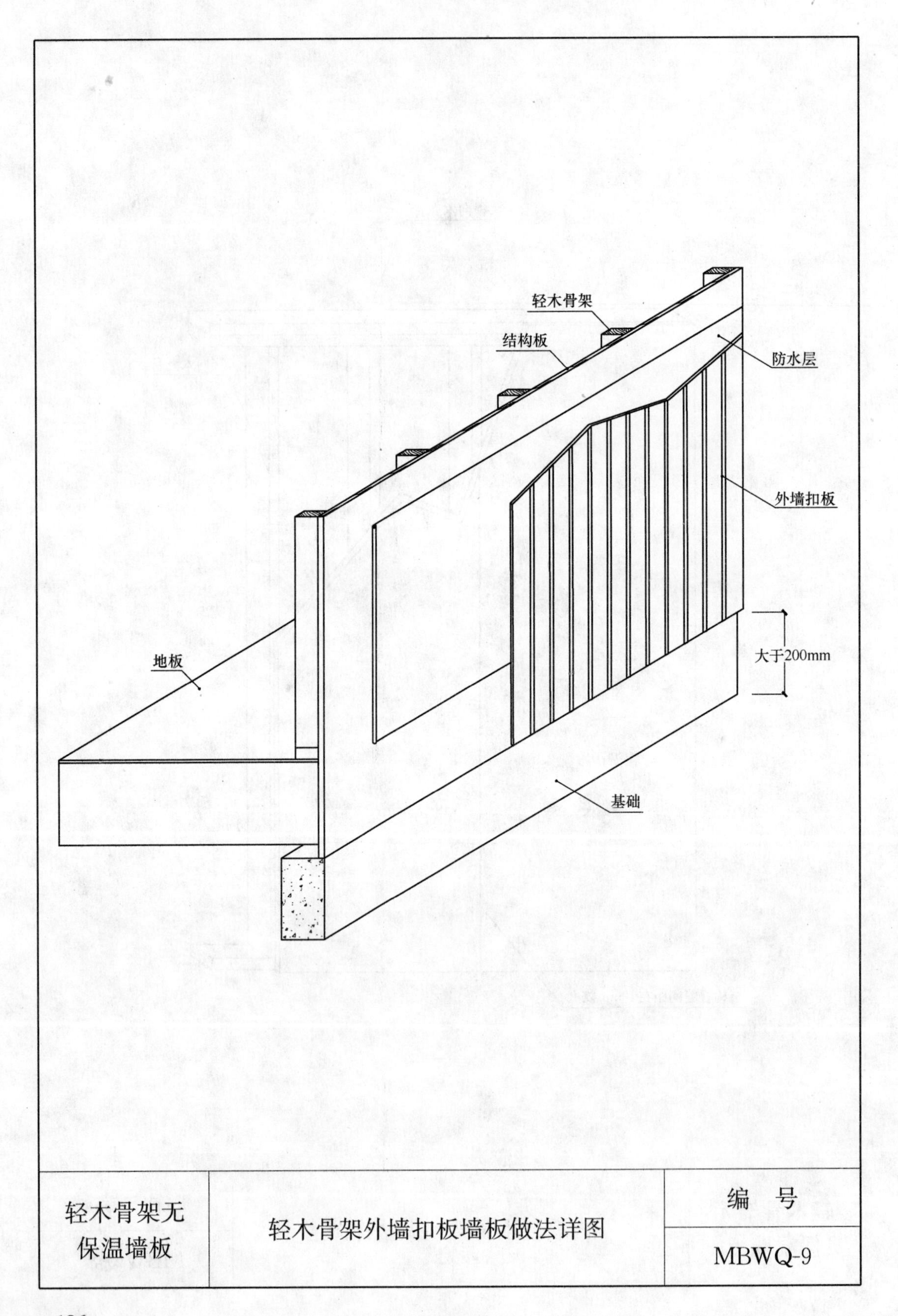
轻木骨架
结构板
防水层
外墙扣板
大于200mm
地板
基础
轻木骨架无
保温墙板
轻木骨架外墙扣板墙板做法详图
编 号
MBWQ-9

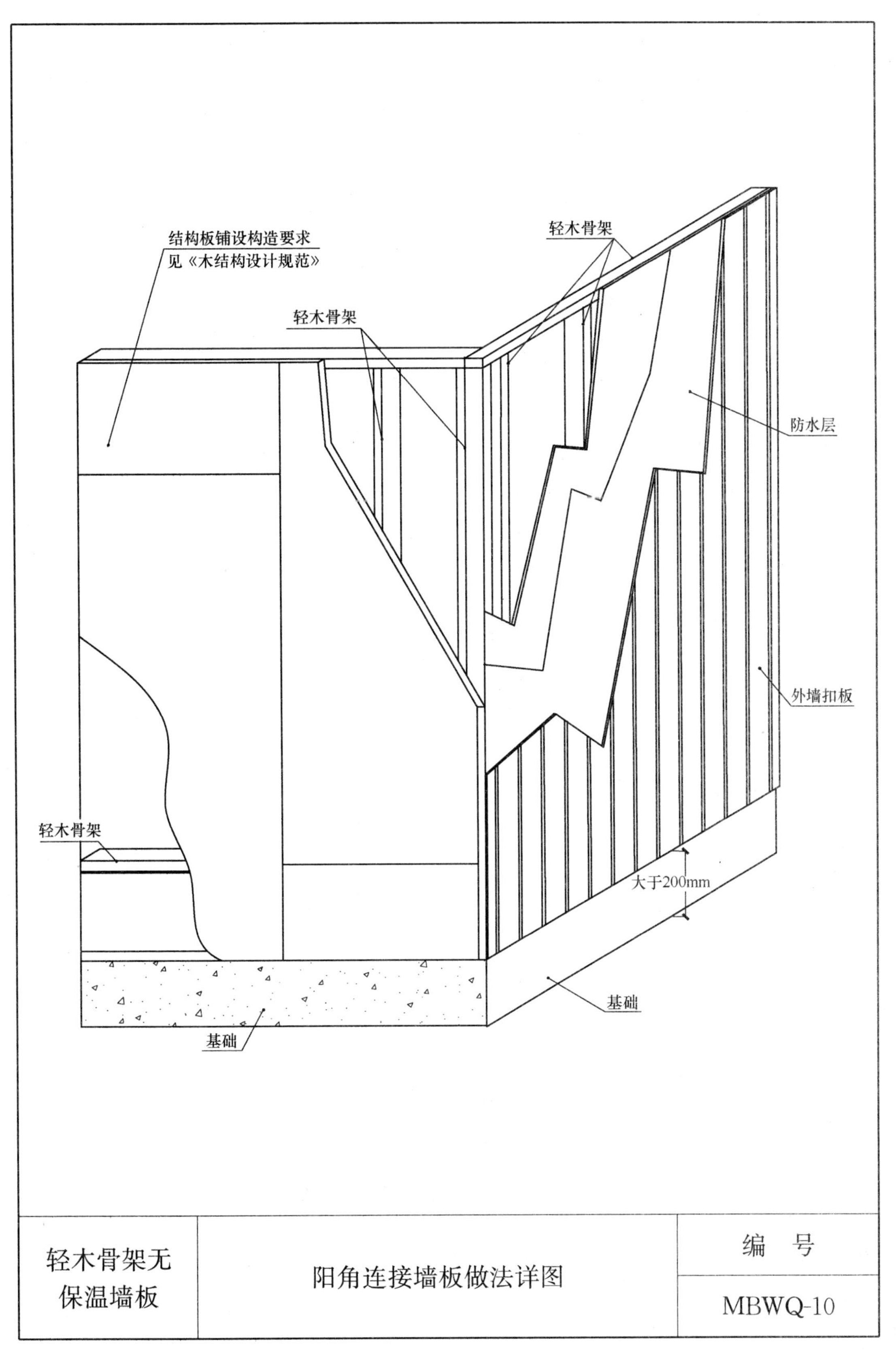

轻木骨架无保温墙板	阳角连接墙板做法详图	编　号
		MBWQ-10

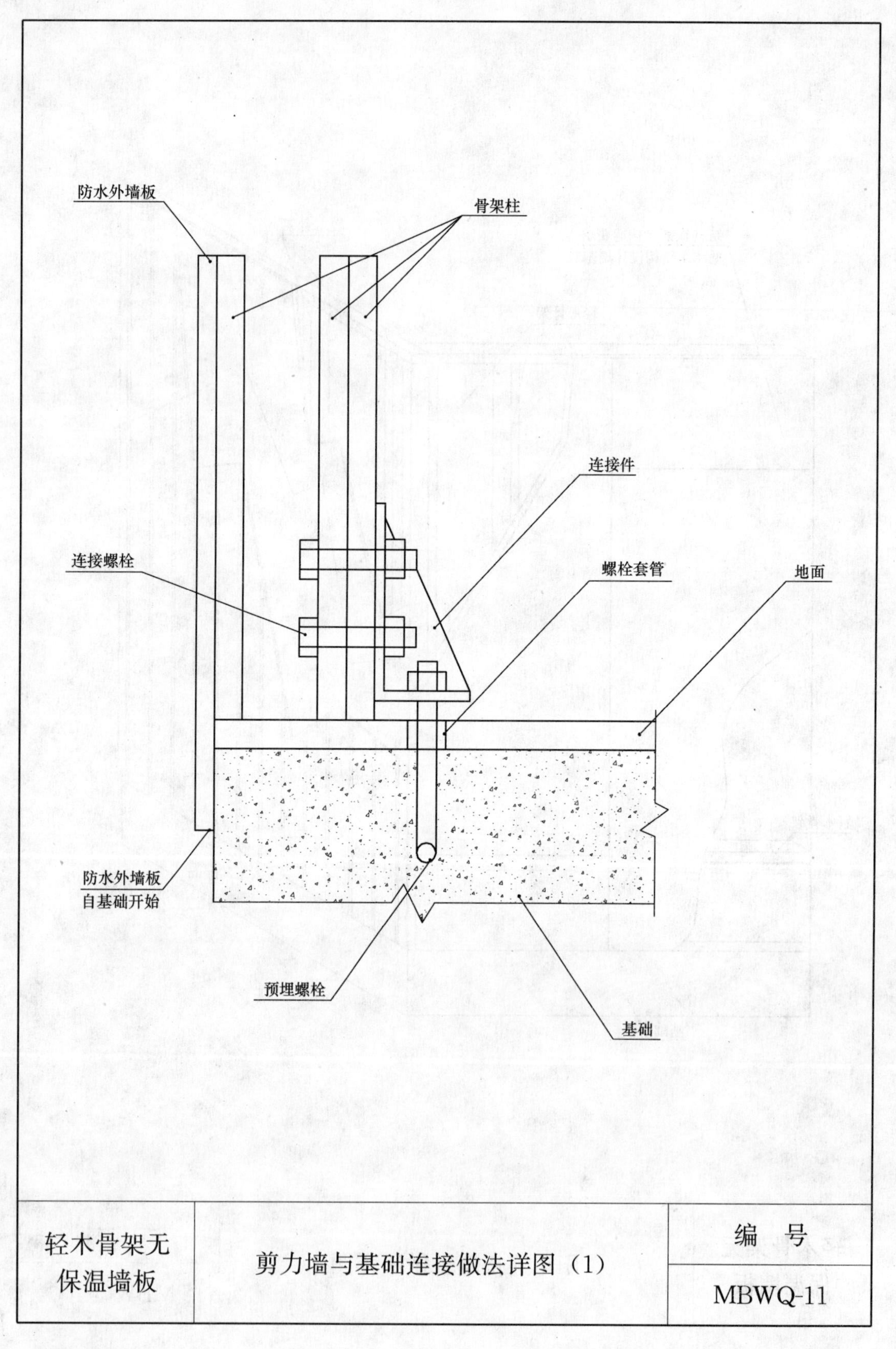
防水外墙板
骨架柱
连接件
连接螺栓
螺栓套管
地面
防水外墙板
自基础开始
预埋螺栓
基础
轻木骨架无
保温墙板
剪力墙与基础连接做法详图（1）
编　号
MBWQ-11

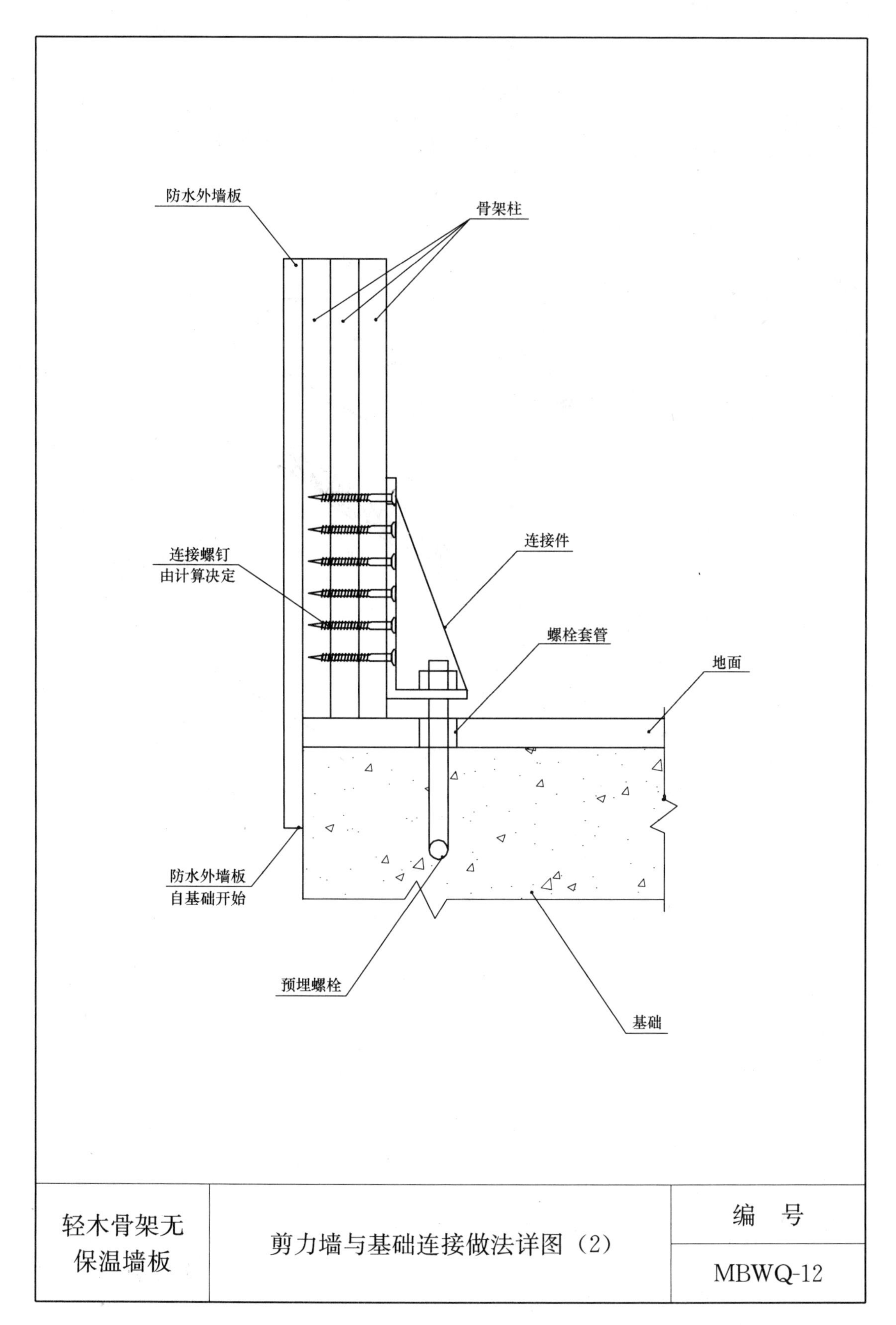
防水外墙板
骨架柱
连接螺钉
由计算决定
连接件
螺栓套管
地面
防水外墙板
自基础开始
预埋螺栓
基础
轻木骨架无
保温墙板
剪力墙与基础连接做法详图（2）
编　号
MBWQ-12

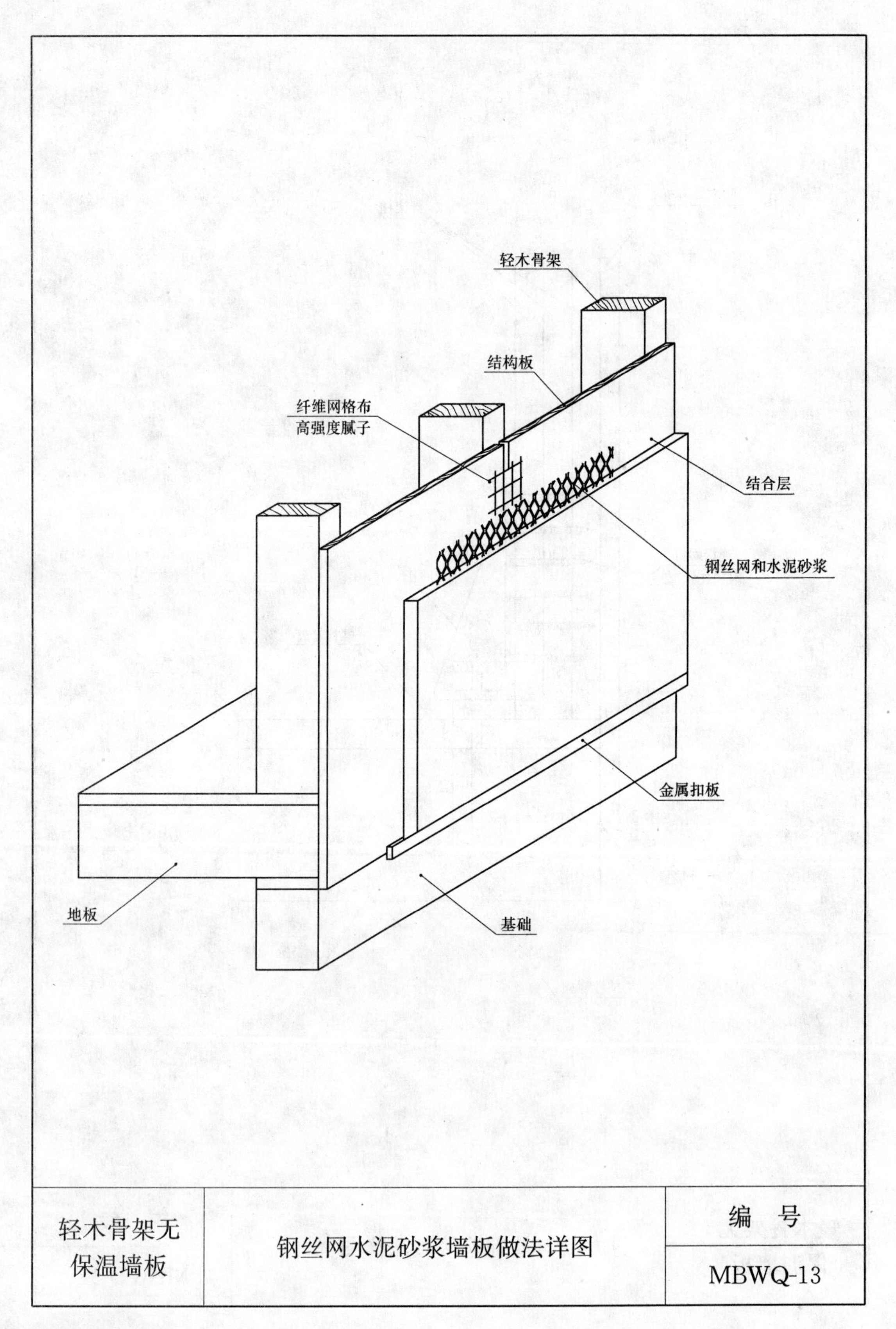
轻木骨架
结构板
纤维网格布
高强度腻子
结合层
钢丝网和水泥砂浆
金属扣板
地板
基础
轻木骨架无
保温墙板
钢丝网水泥砂浆墙板做法详图
编 号
MBWQ-13

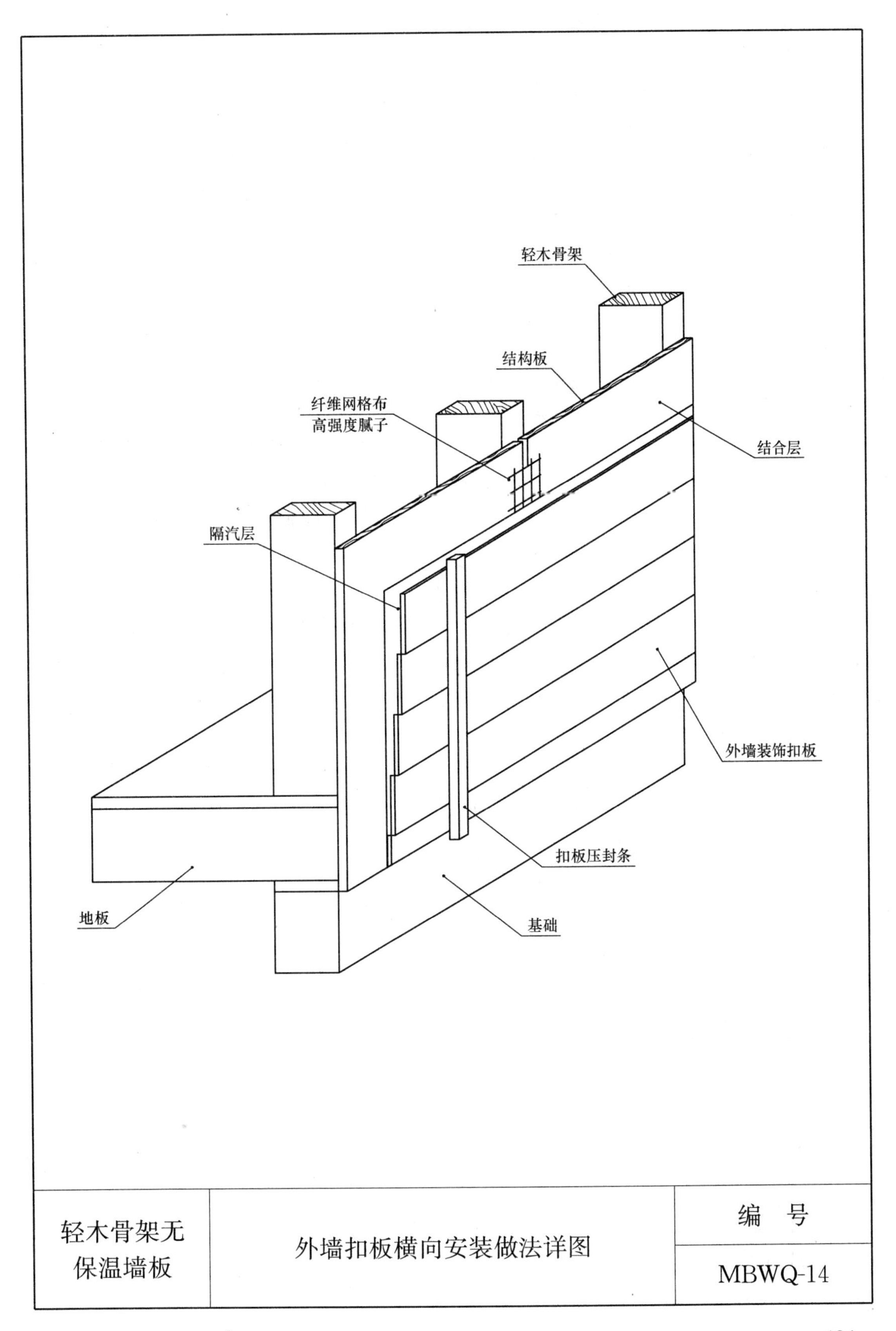

轻木骨架无保温墙板	外墙扣板横向安装做法详图	编　号
		MBWQ-14

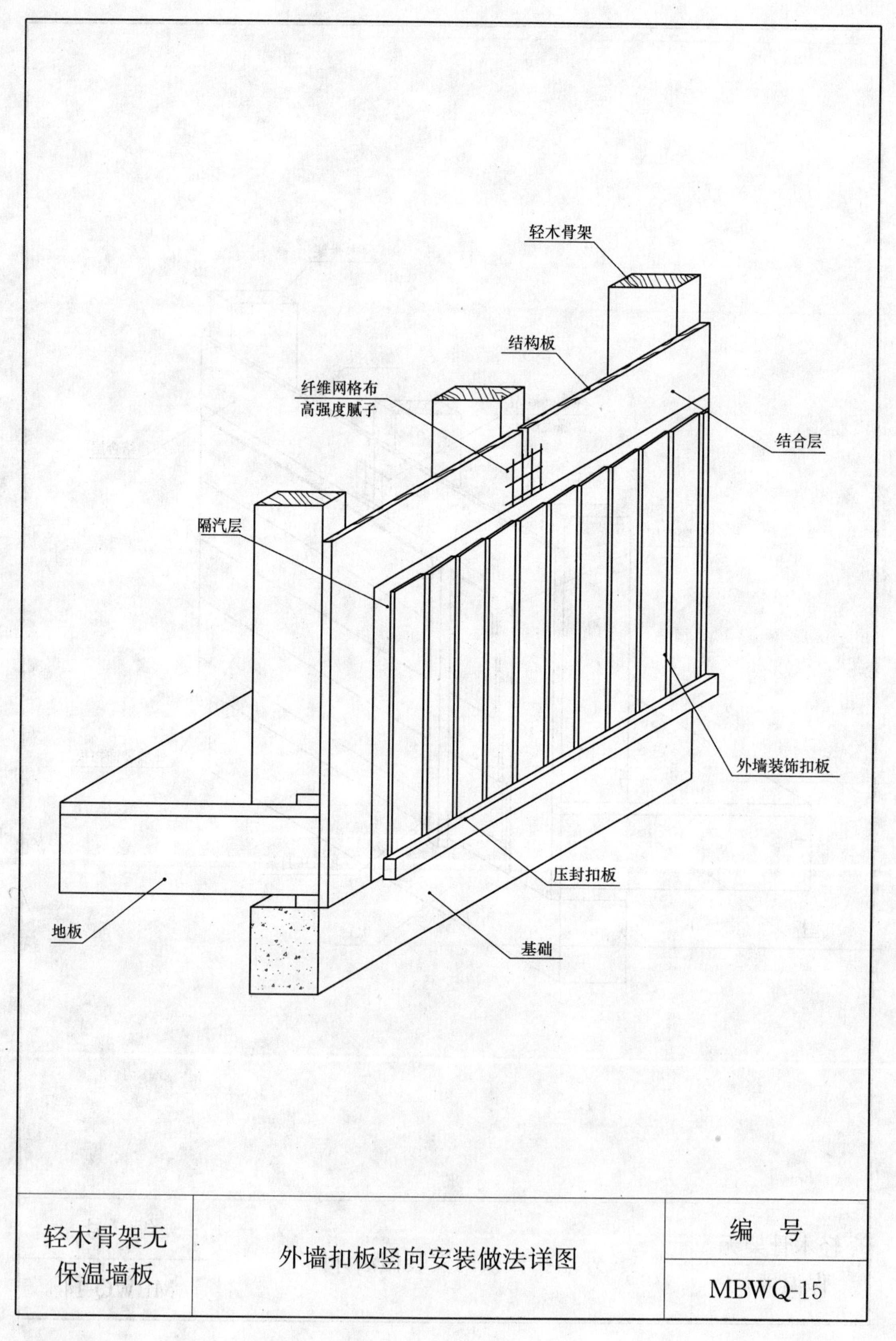

轻木骨架无 保温墙板	外墙扣板竖向安装做法详图	编 号
		MBWQ-15

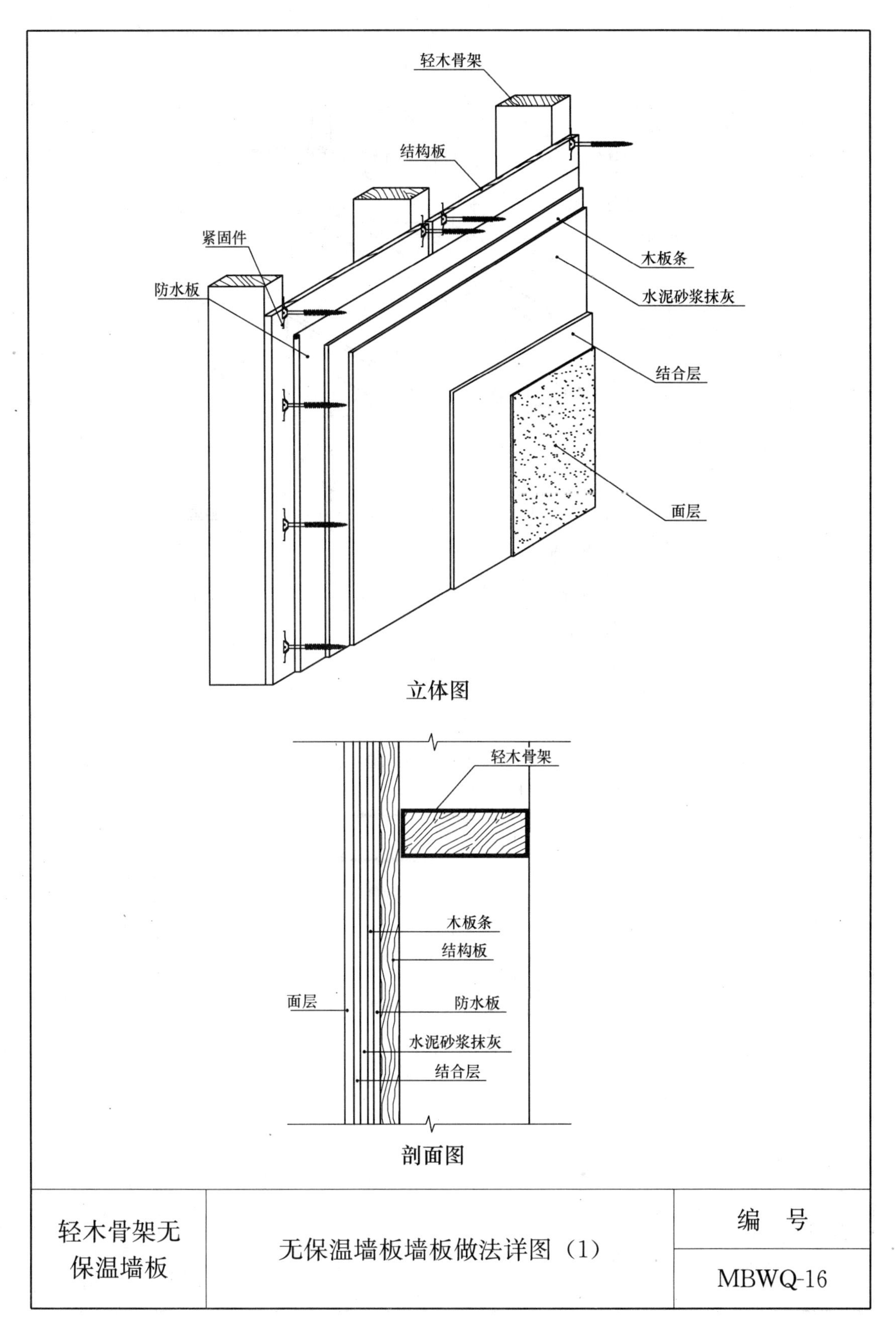

立体图

剖面图

轻木骨架无保温墙板	无保温墙板墙板做法详图（1）	编　号
		MBWQ-16

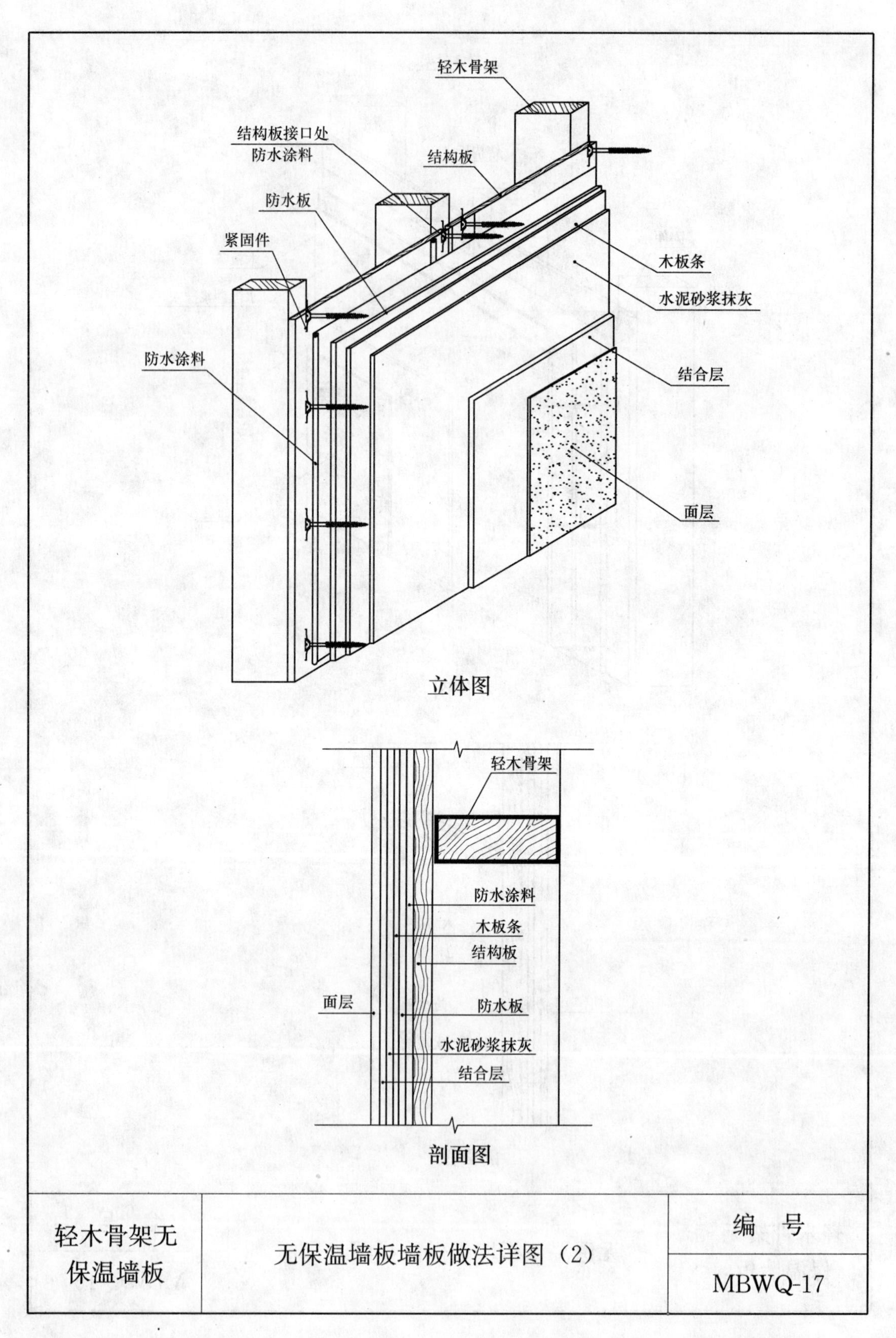

轻木骨架无保温墙板	无保温墙板墙板做法详图（2）	编　号
		MBWQ-17

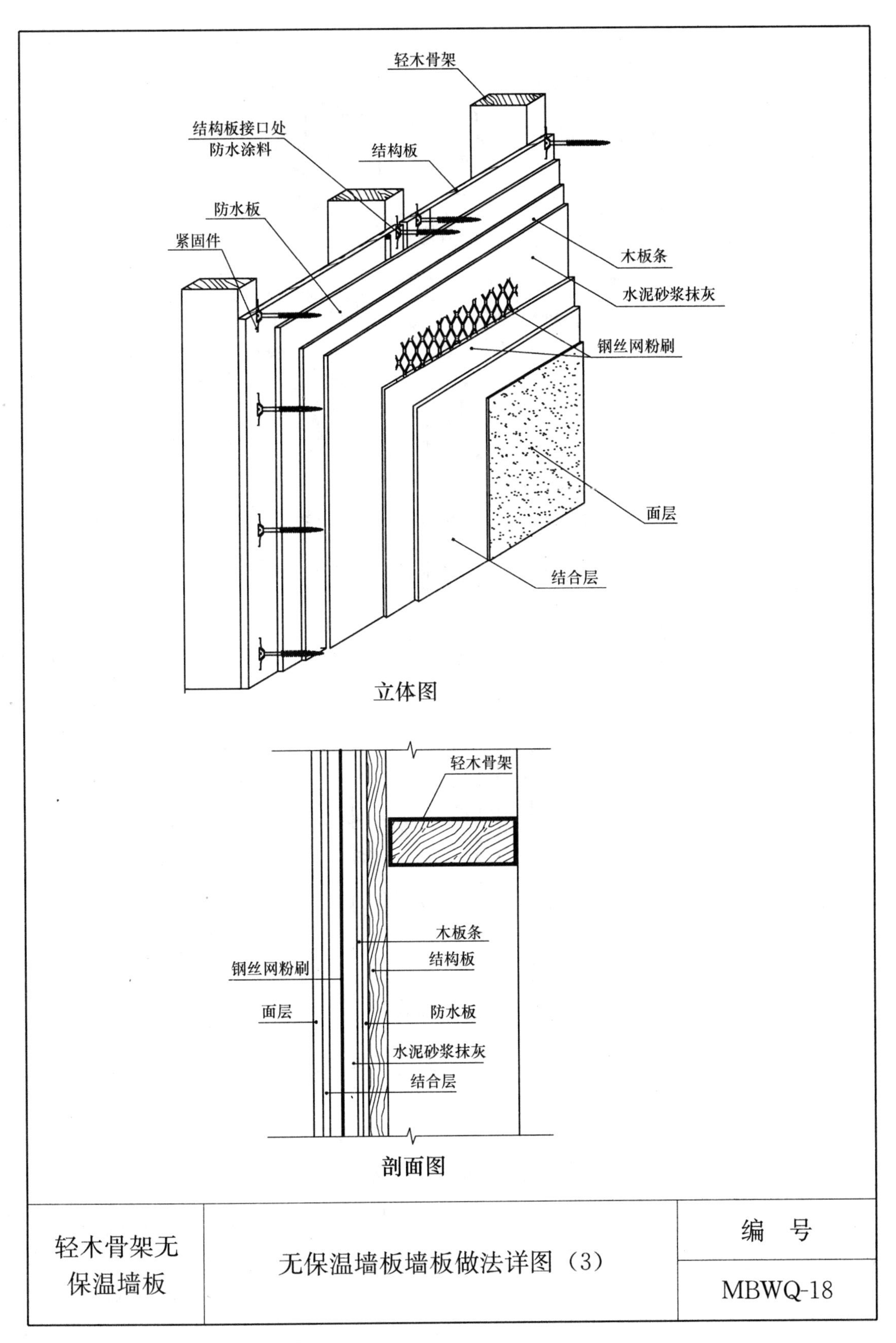

轻木骨架无保温墙板	无保温墙板墙板做法详图（3）	编　号
		MBWQ-18

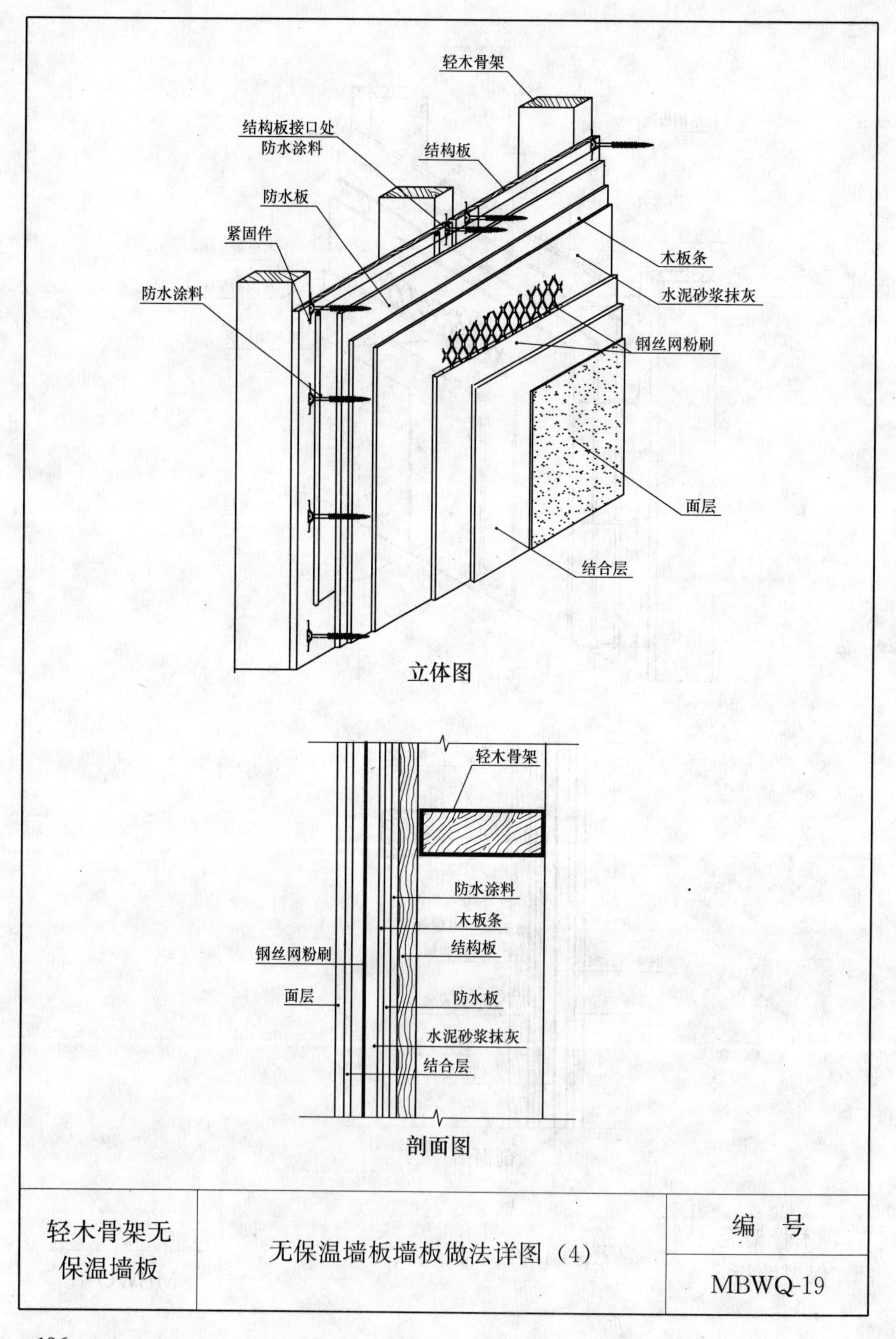

轻木骨架无保温墙板	无保温墙板墙板做法详图（4）	编　号
		MBWQ-19

第三章　防水隔汽层做法

第一节　涂层防水隔汽层

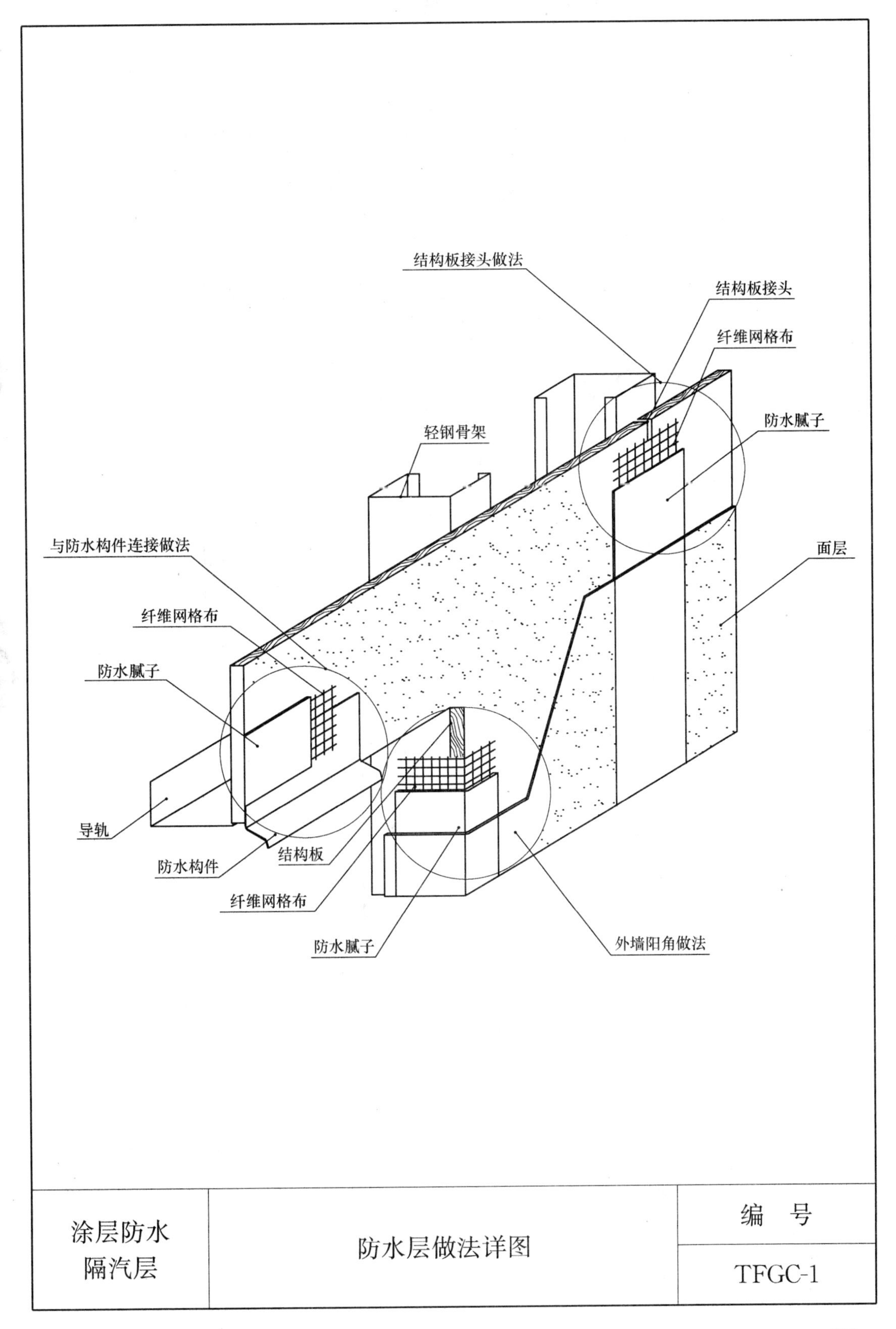

结构板接头做法
结构板接头
纤维网格布
防水腻子
轻钢骨架
面层
与防水构件连接做法
纤维网格布
防水腻子
导轨
防水构件
结构板
纤维网格布
防水腻子
外墙阳角做法
涂层防水
隔汽层
防水层做法详图
编　号
TFGC-1

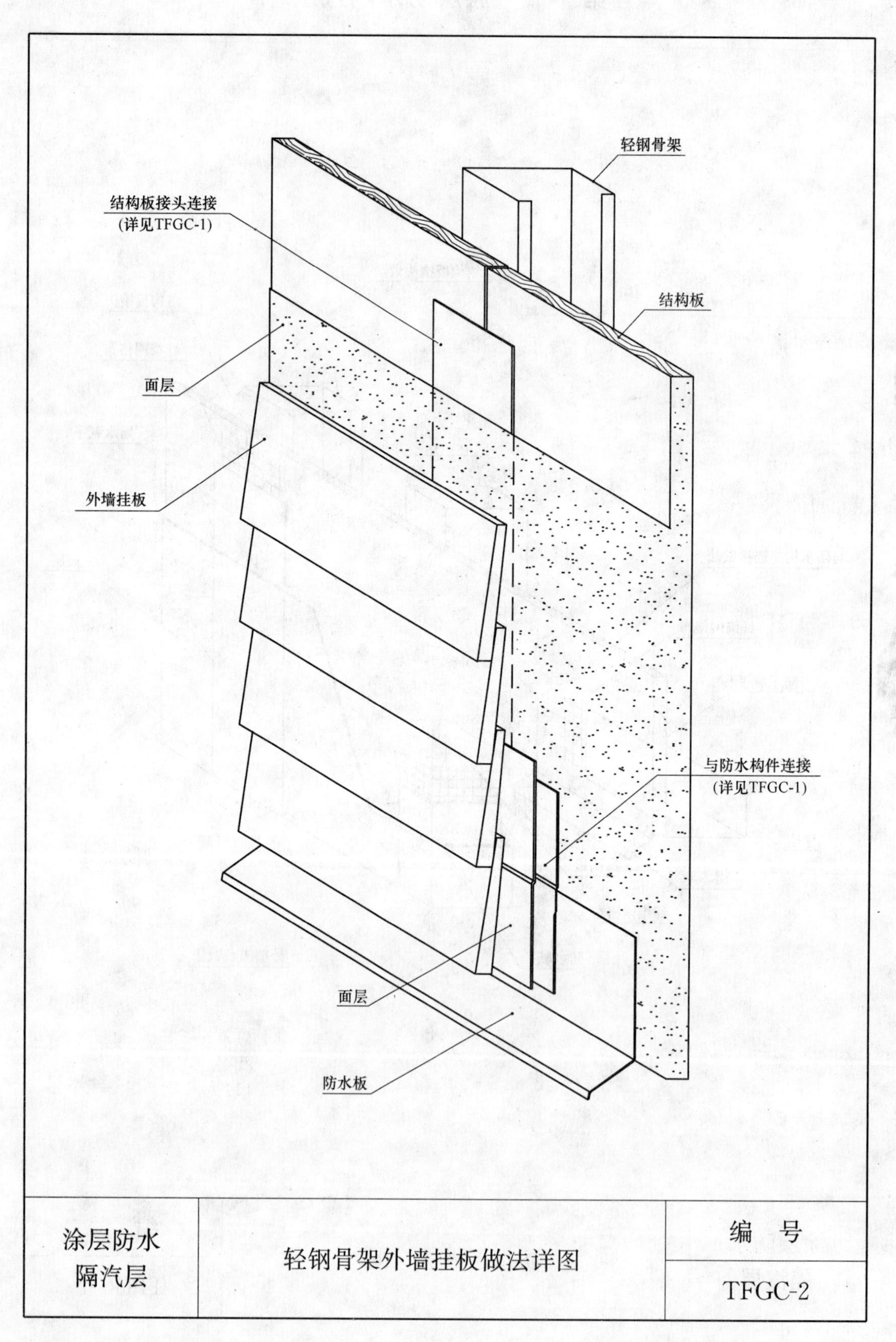
轻钢骨架
结构板接头连接
(详见TFGC-1)
结构板
面层
外墙挂板
与防水构件连接
(详见TFGC-1)
面层
防水板
涂层防水
隔汽层
轻钢骨架外墙挂板做法详图
编 号
TFGC-2

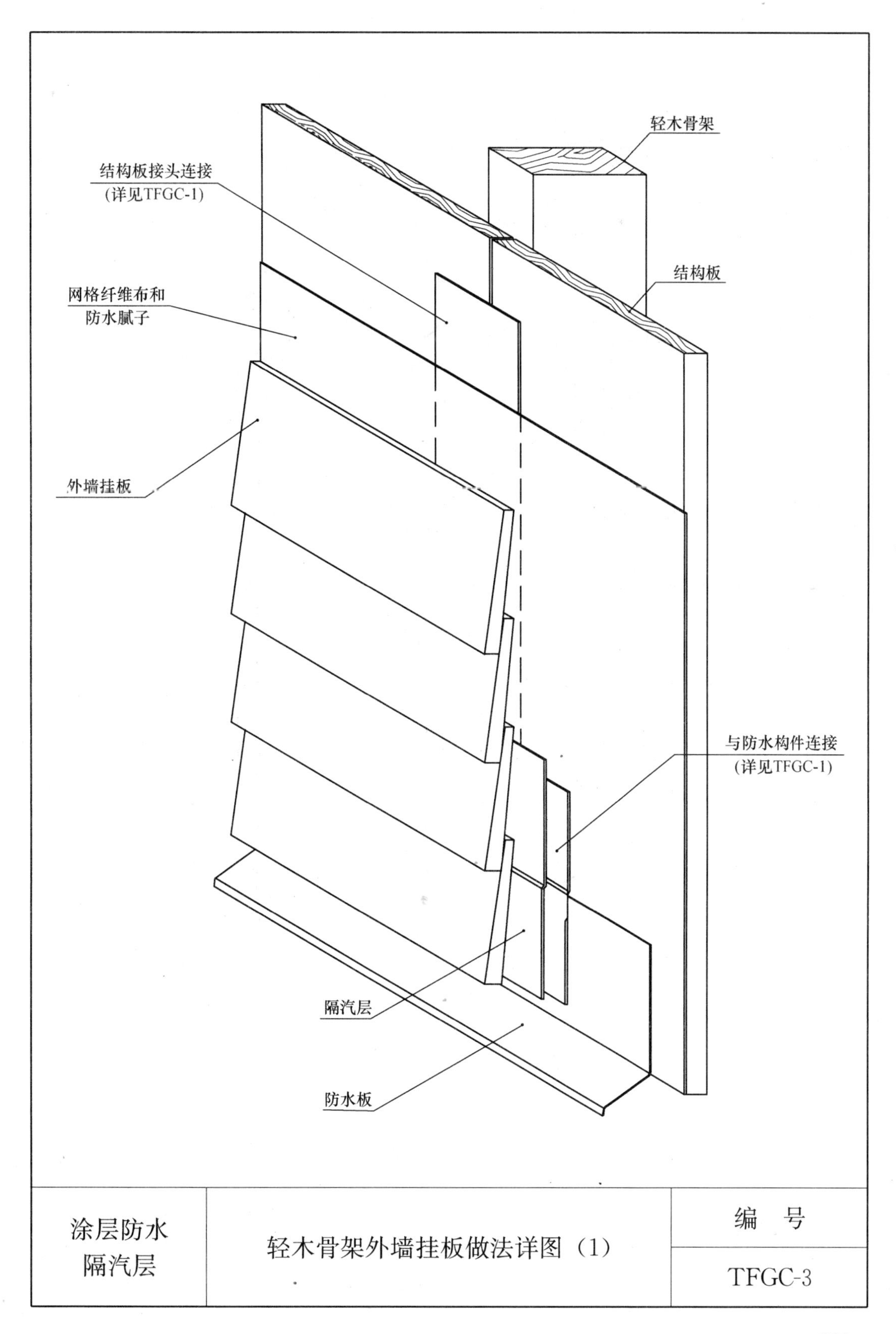
轻木骨架
结构板接头连接
(详见TFGC-1)
结构板
网格纤维布和
防水腻子
外墙挂板
与防水构件连接
(详见TFGC-1)
隔汽层
防水板
涂层防水
隔汽层
轻木骨架外墙挂板做法详图（1）
编 号
TFGC-3

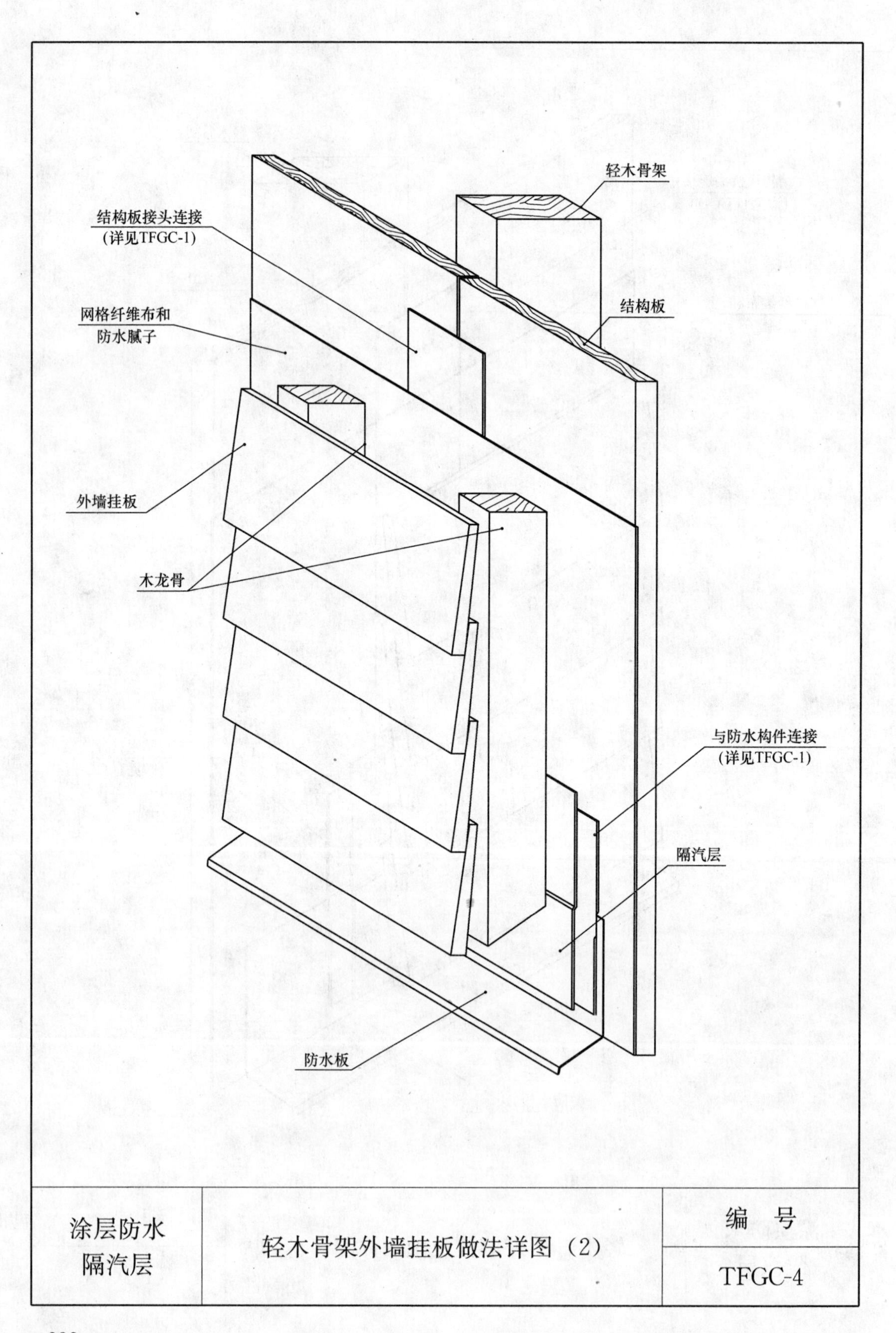

涂层防水 隔汽层	轻木骨架外墙挂板做法详图（2）	编　号
		TFGC-4

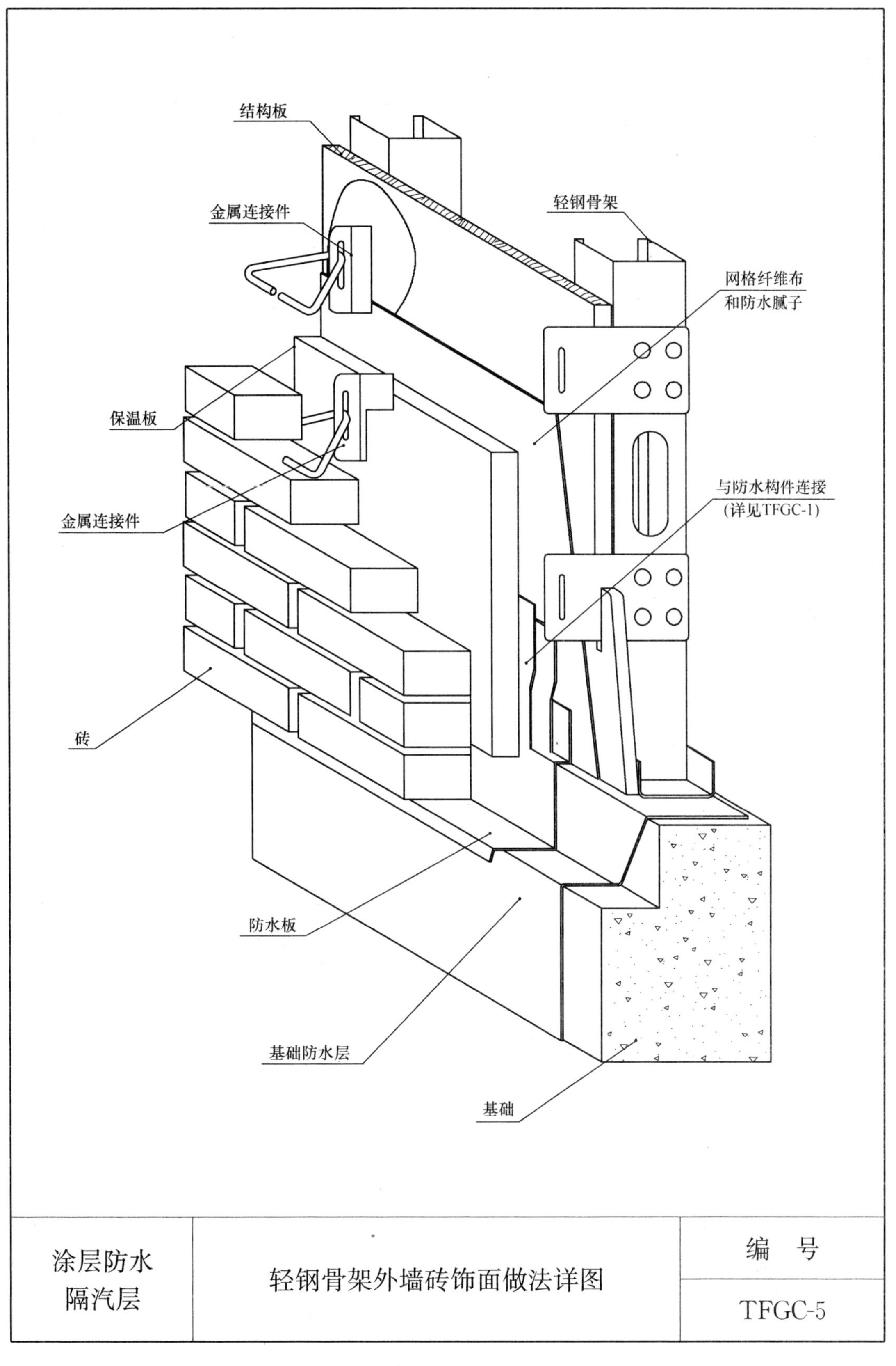

涂层防水 隔汽层	轻钢骨架外墙砖饰面做法详图	编　号
		TFGC-5

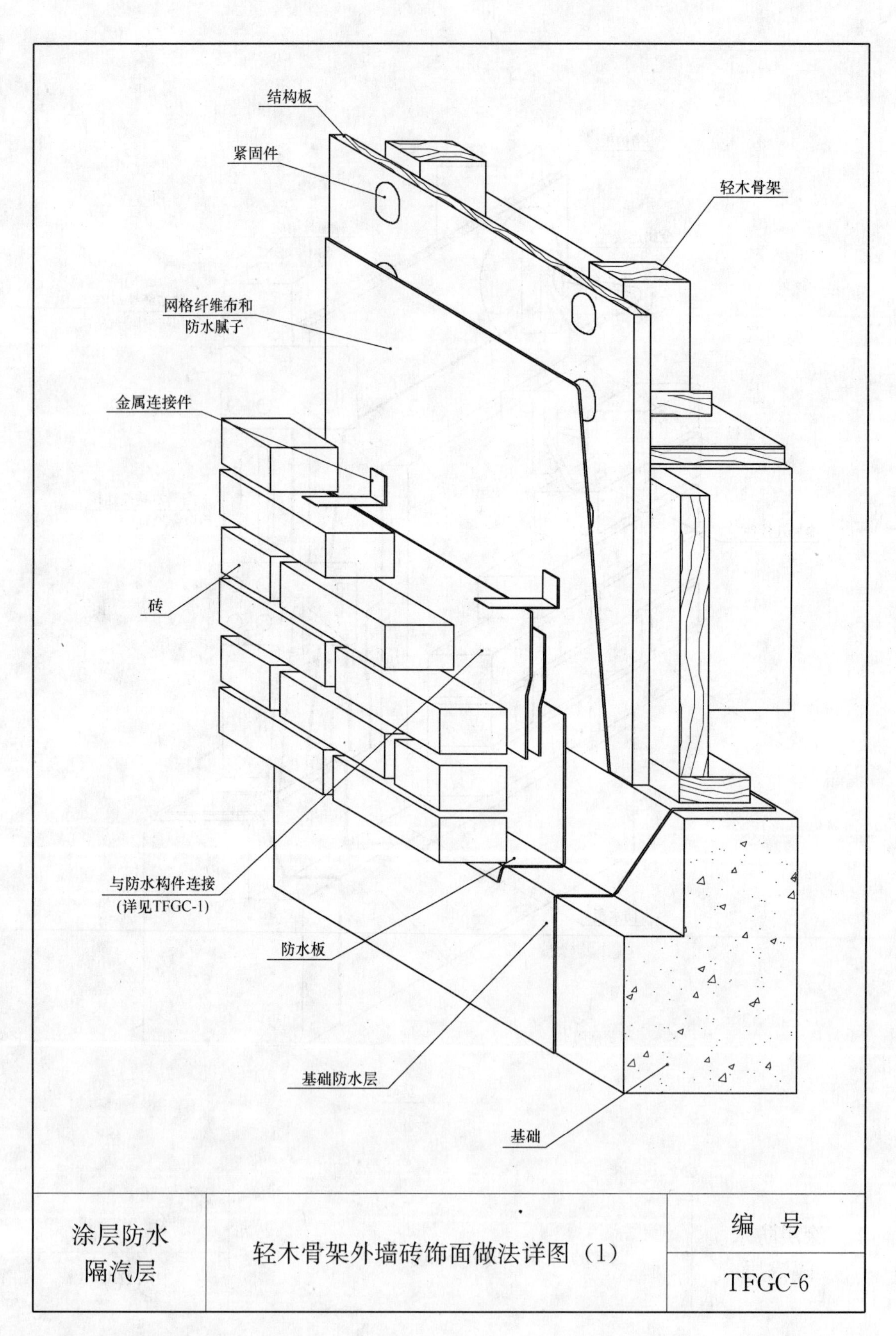
结构板
紧固件
轻木骨架
网格纤维布和
防水腻子
金属连接件
砖
与防水构件连接
(详见TFGC-1)
防水板
基础防水层
基础
涂层防水
隔汽层
轻木骨架外墙砖饰面做法详图（1）
编 号
TFGC-6

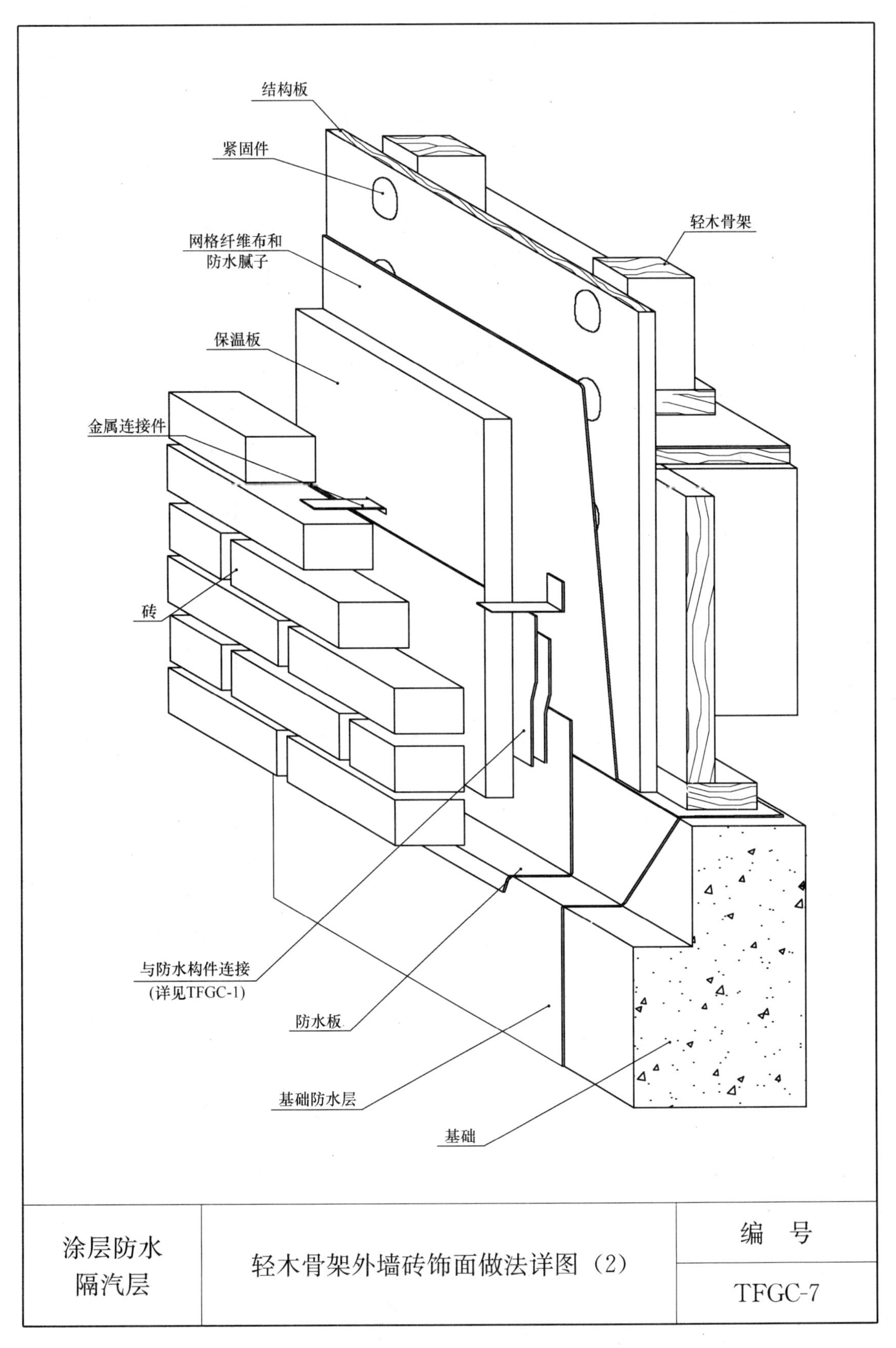

涂层防水 隔汽层	轻木骨架外墙砖饰面做法详图（2）	编　号
		TFGC-7

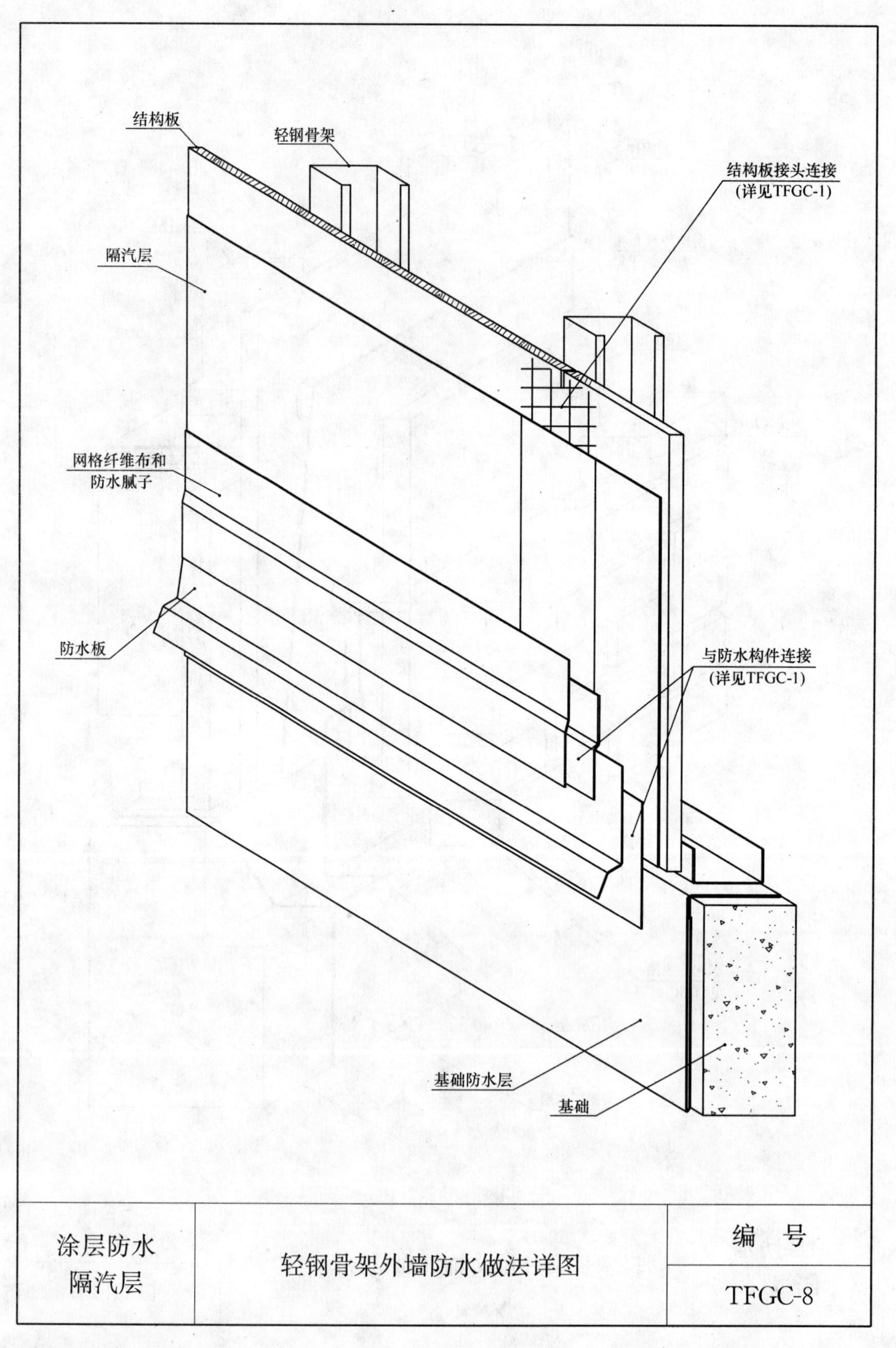

结构板
轻钢骨架
结构板接头连接
(详见TFGC-1)
隔汽层
网格纤维布和
防水腻子
防水板
与防水构件连接
(详见TFGC-1)
基础防水层
基础
涂层防水
隔汽层
轻钢骨架外墙防水做法详图
编 号
TFGC-8

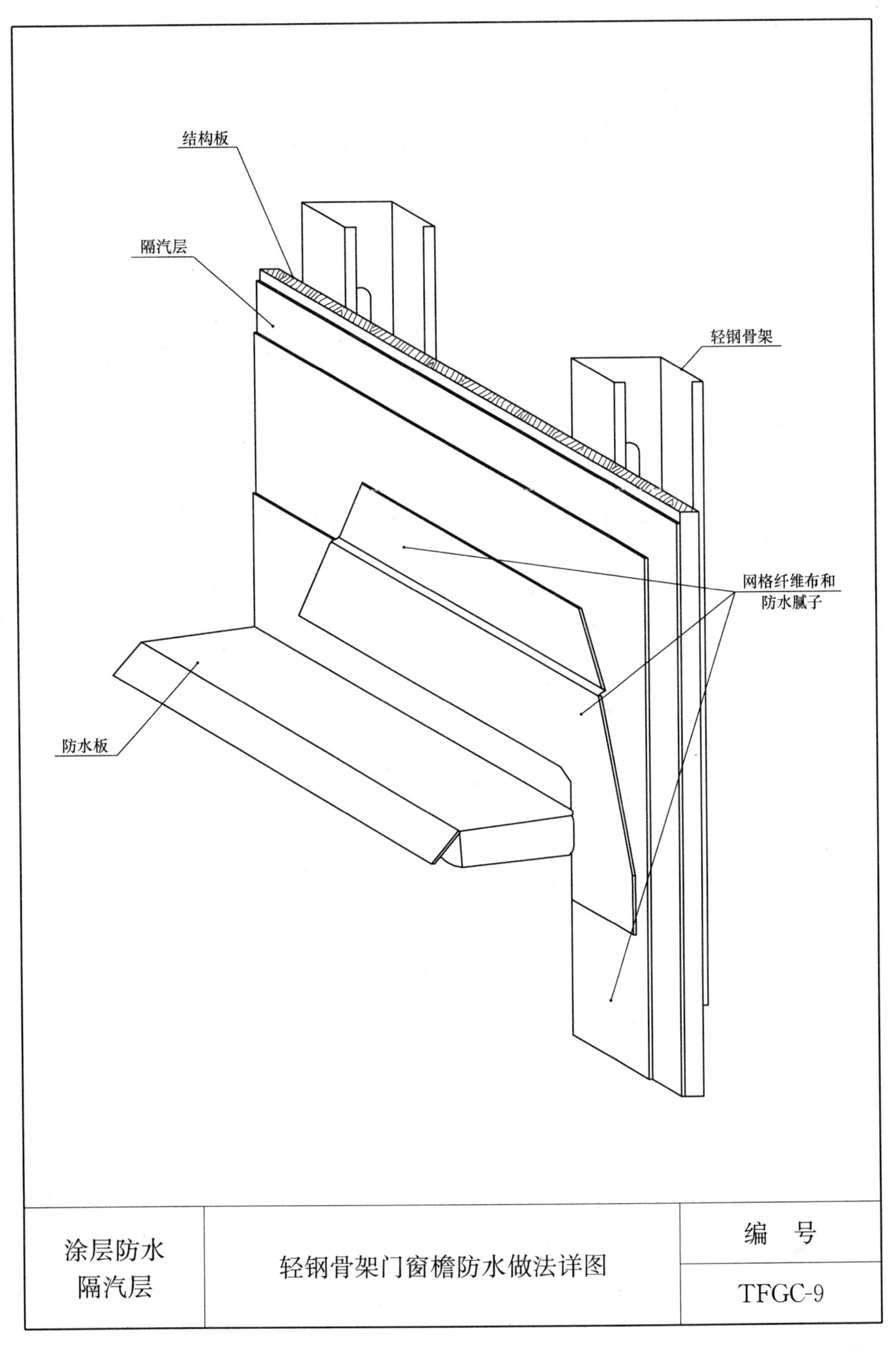

涂层防水 隔汽层	轻钢骨架门窗檐防水做法详图	编 号
		TFGC-9

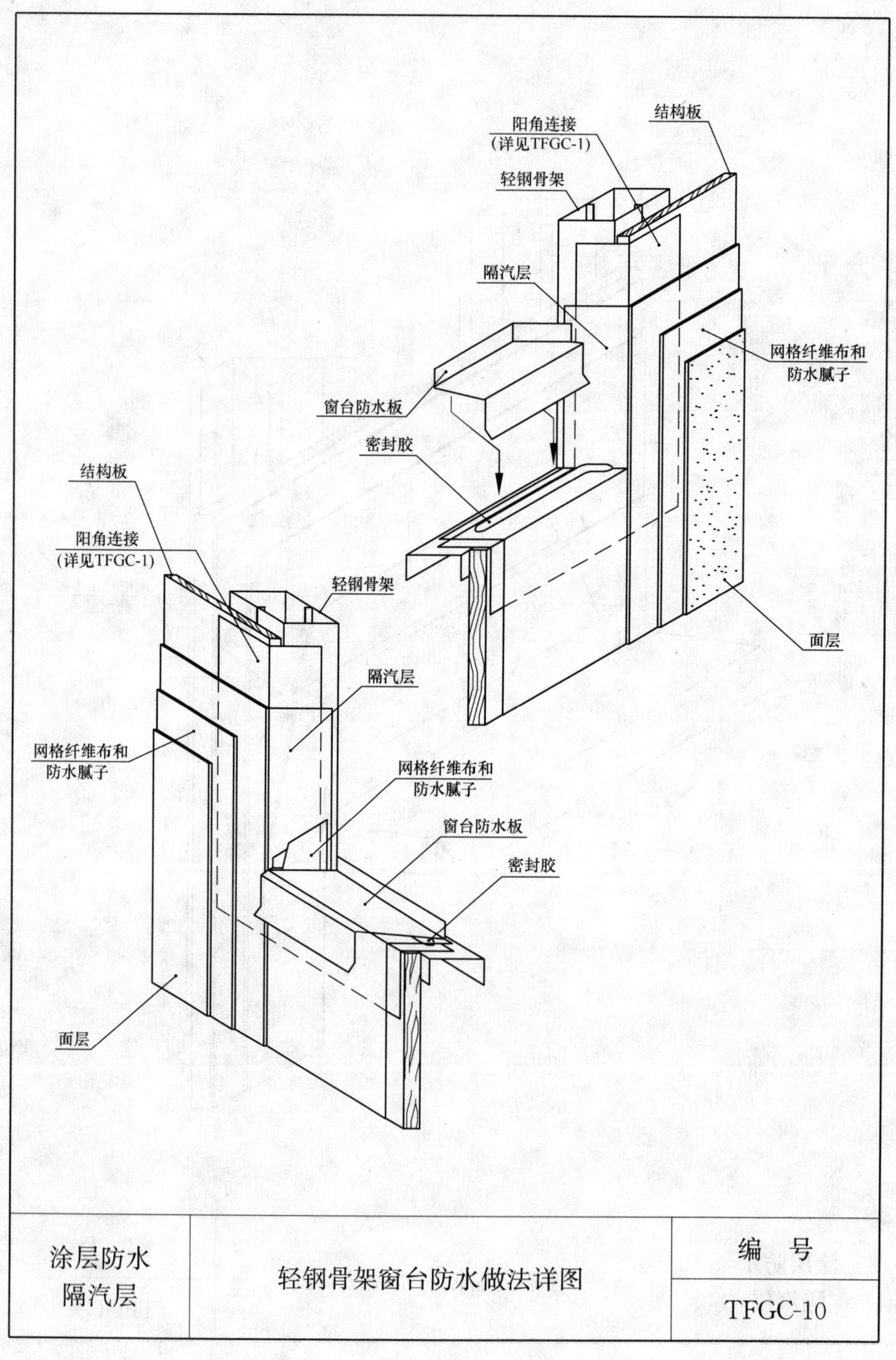

涂层防水 隔汽层	轻钢骨架窗台防水做法详图	编　号 TFGC-10

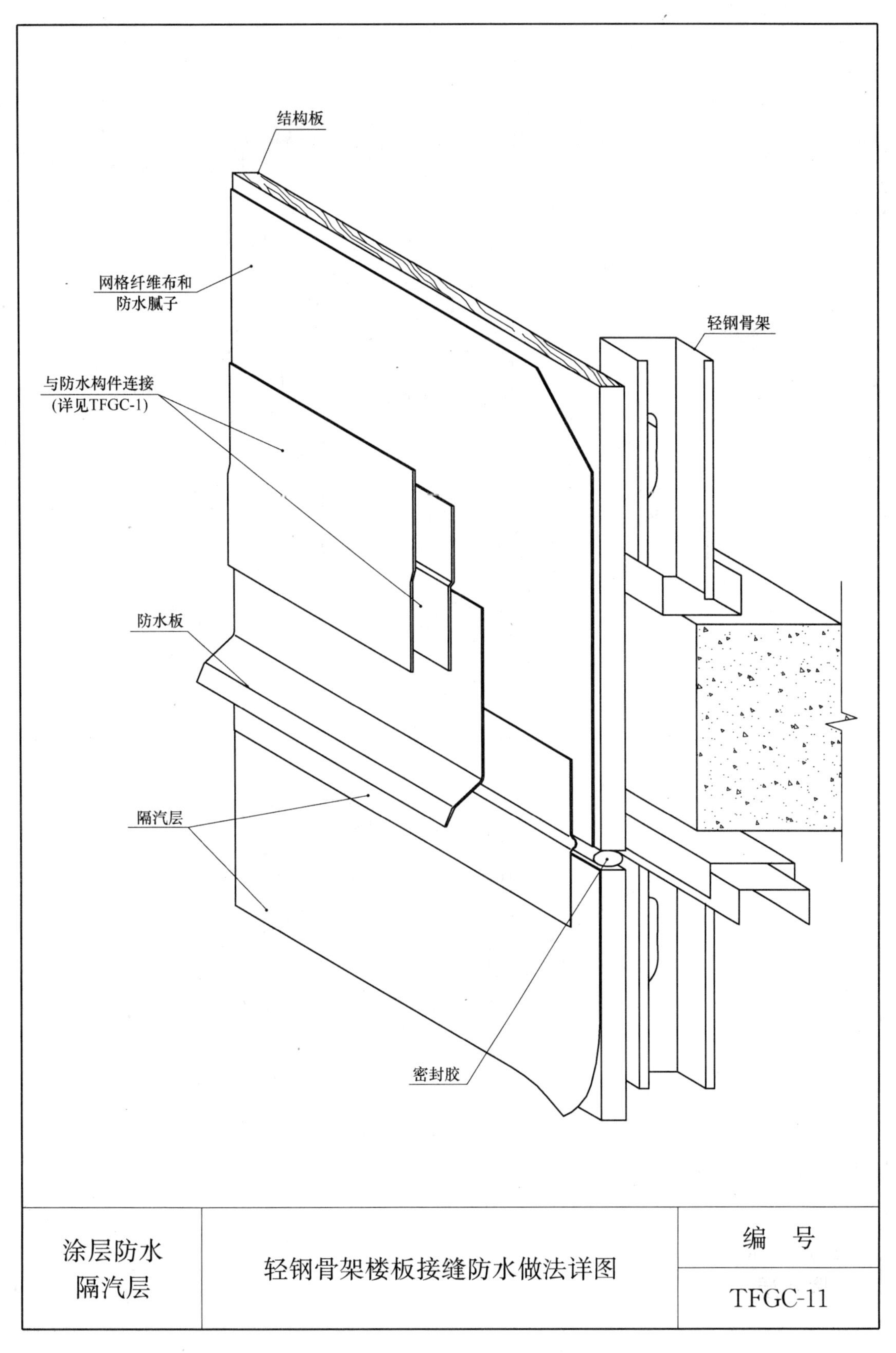

涂层防水 隔汽层	轻钢骨架楼板接缝防水做法详图	编　号
		TFGC-11

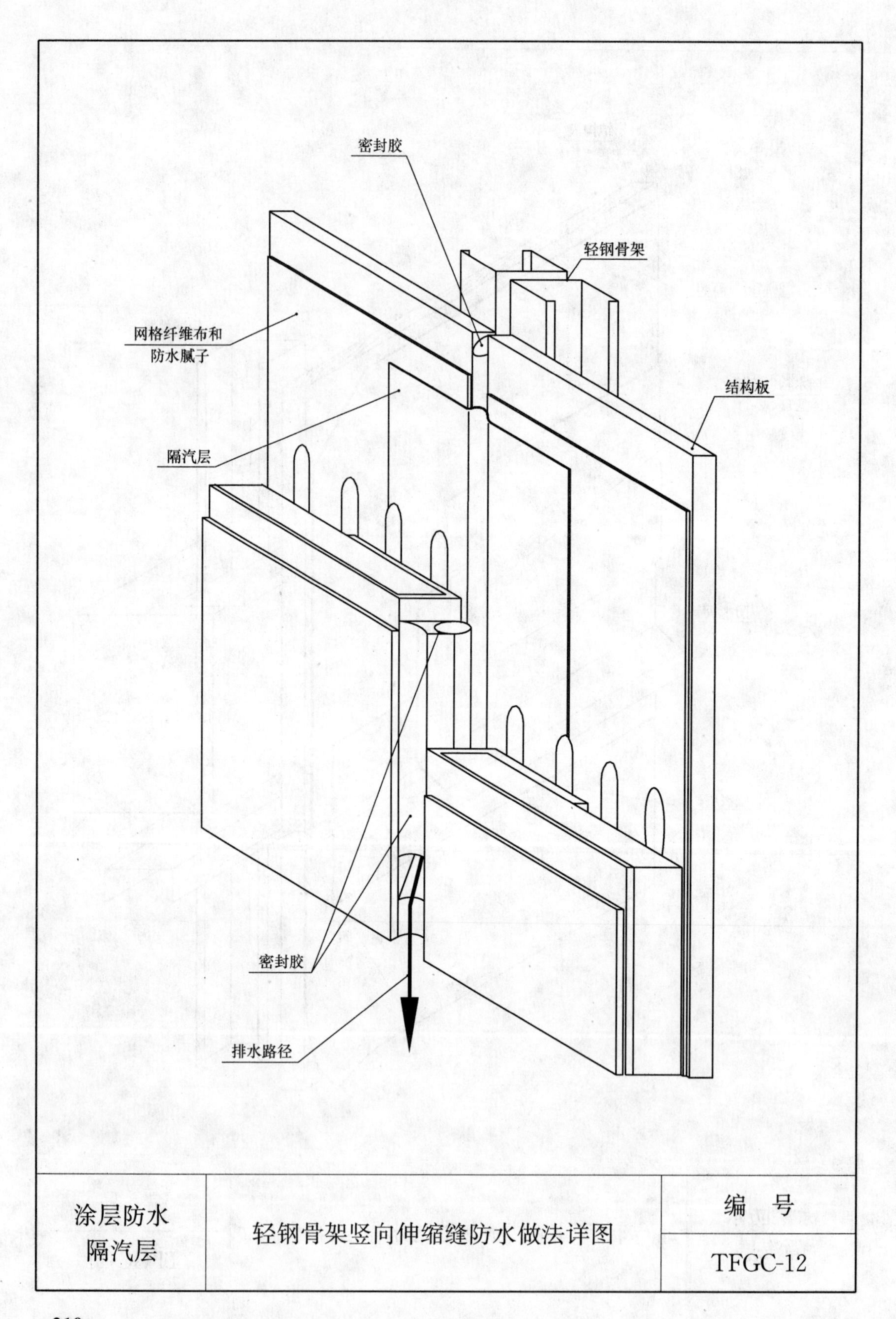

涂层防水 隔汽层	轻钢骨架竖向伸缩缝防水做法详图	编 号
		TFGC-12

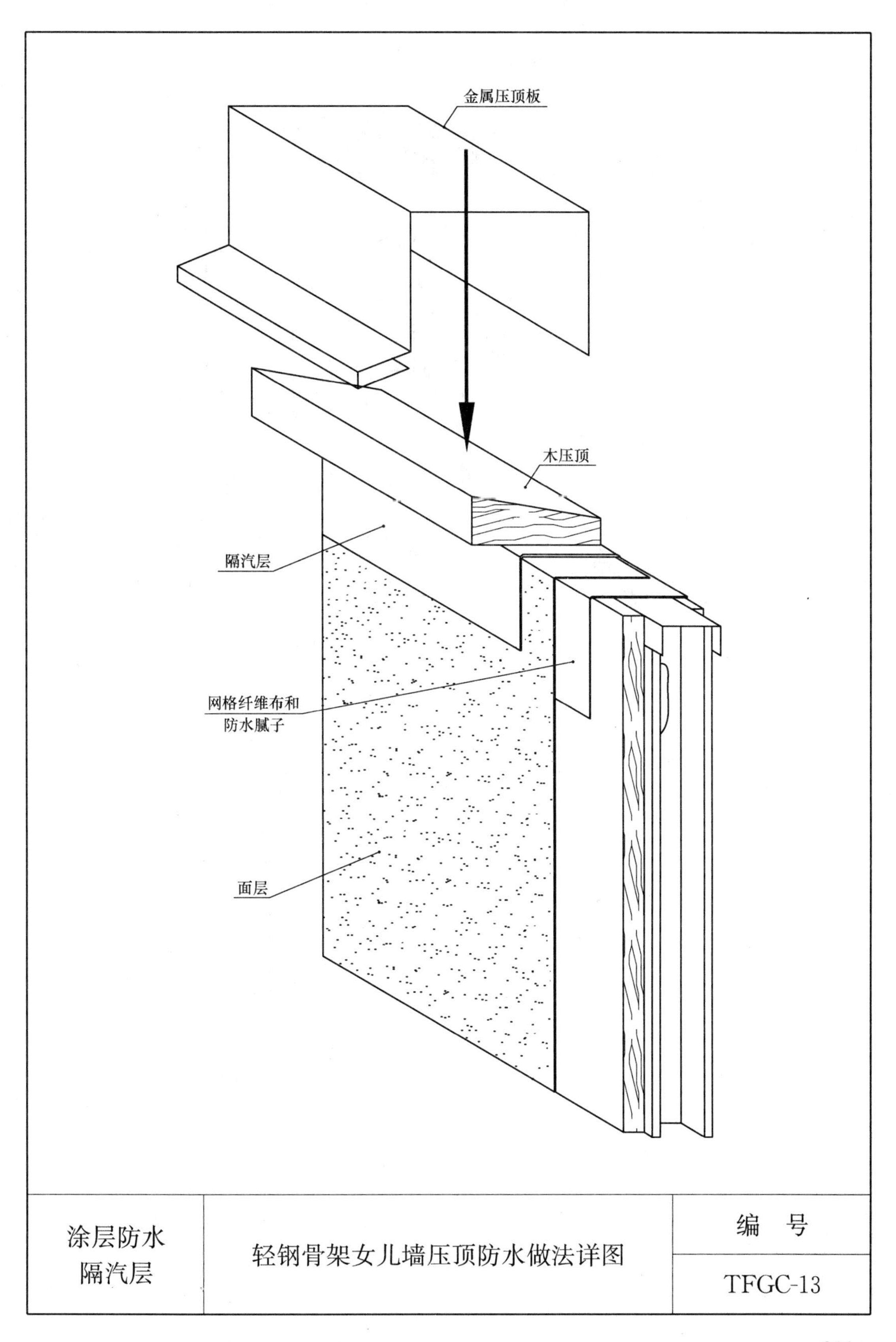

涂层防水 隔汽层	轻钢骨架女儿墙压顶防水做法详图	编　号
		TFGC-13

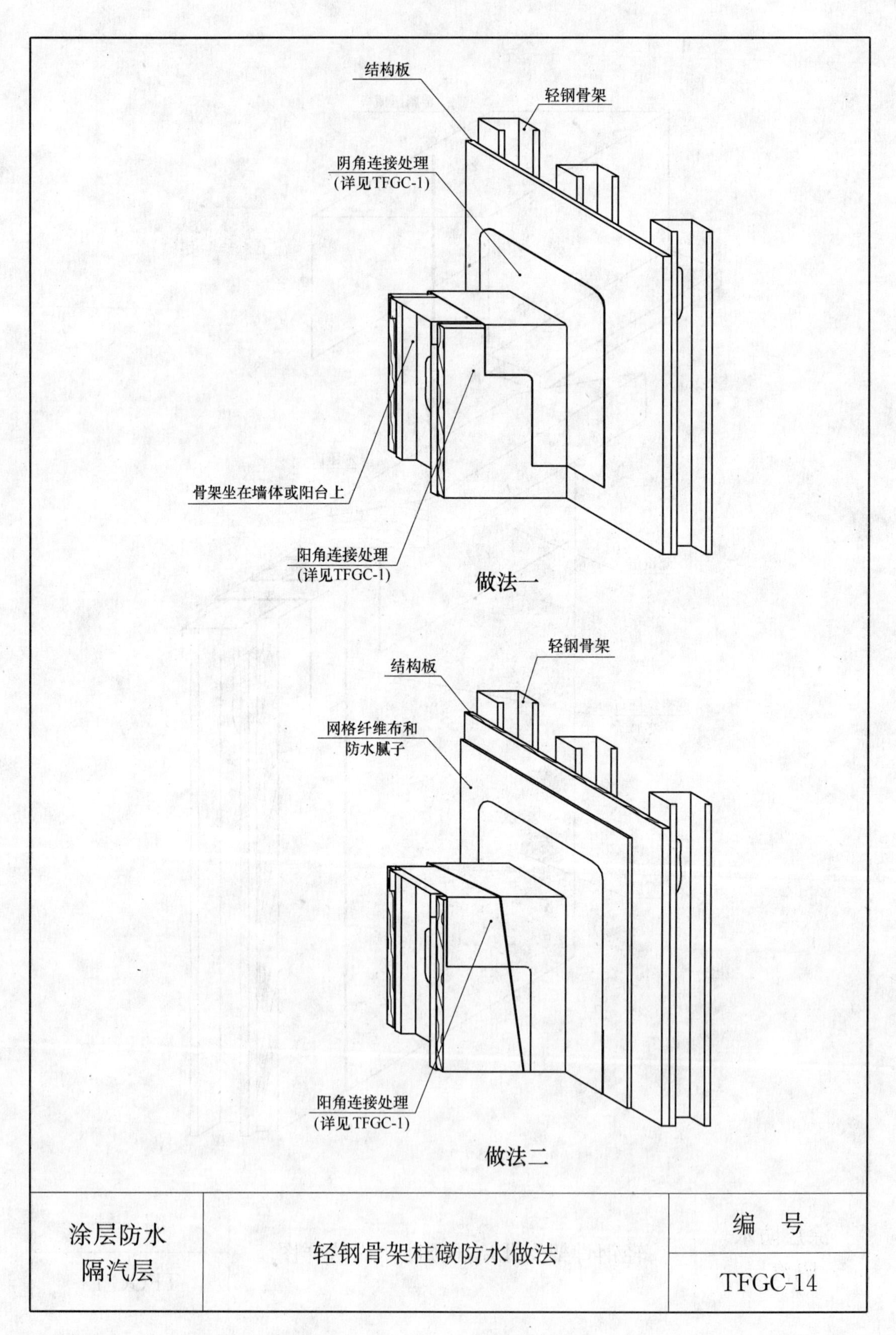
结构板
轻钢骨架
阴角连接处理
(详见TFGC-1)
骨架坐在墙体或阳台上
阳角连接处理
(详见TFGC-1)
做法一
轻钢骨架
结构板
网格纤维布和
防水腻子
阳角连接处理
(详见TFGC-1)
做法二
涂层防水
隔汽层
轻钢骨架柱礅防水做法
编 号
TFGC-14

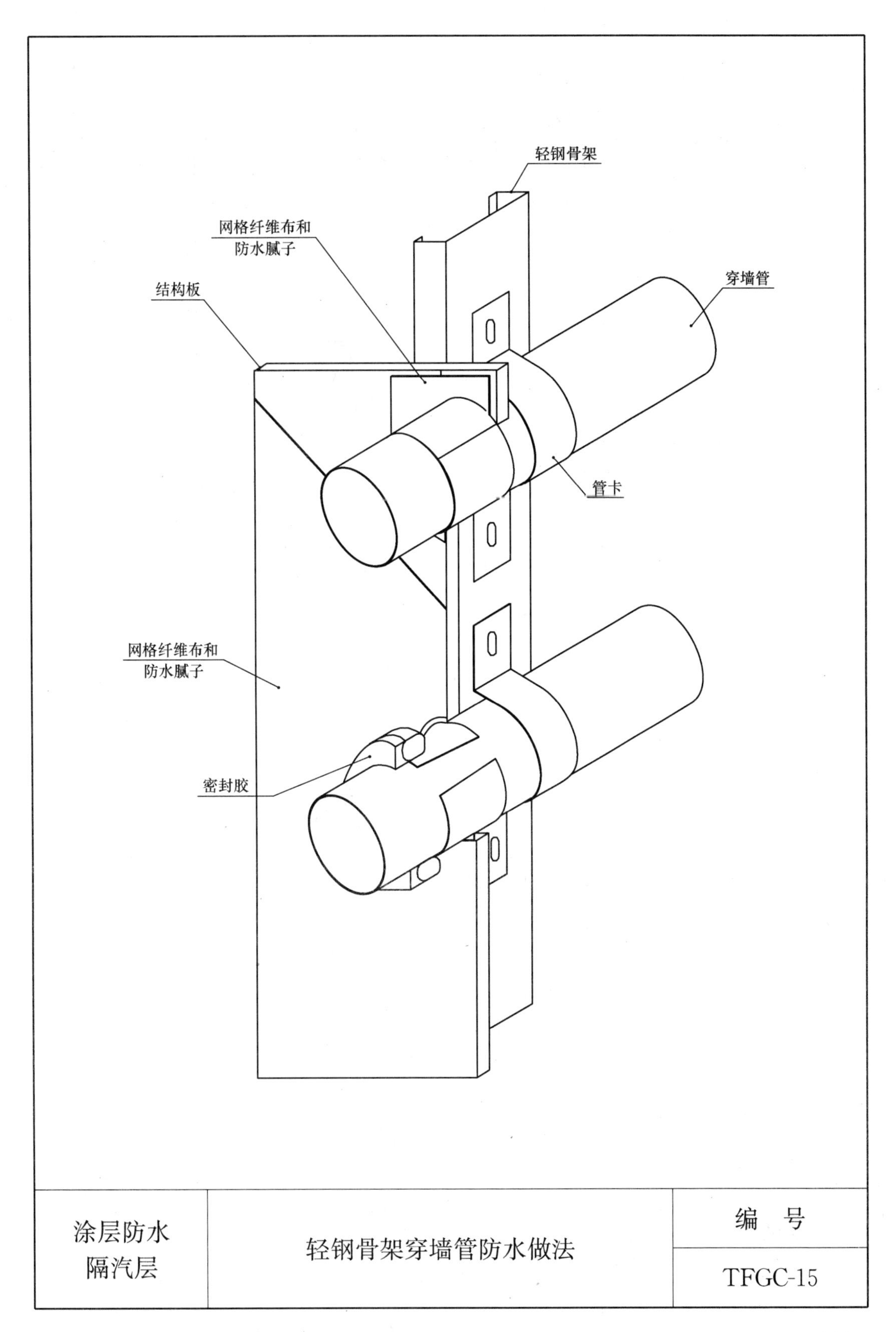

涂层防水 隔汽层	轻钢骨架穿墙管防水做法	编 号
		TFGC-15

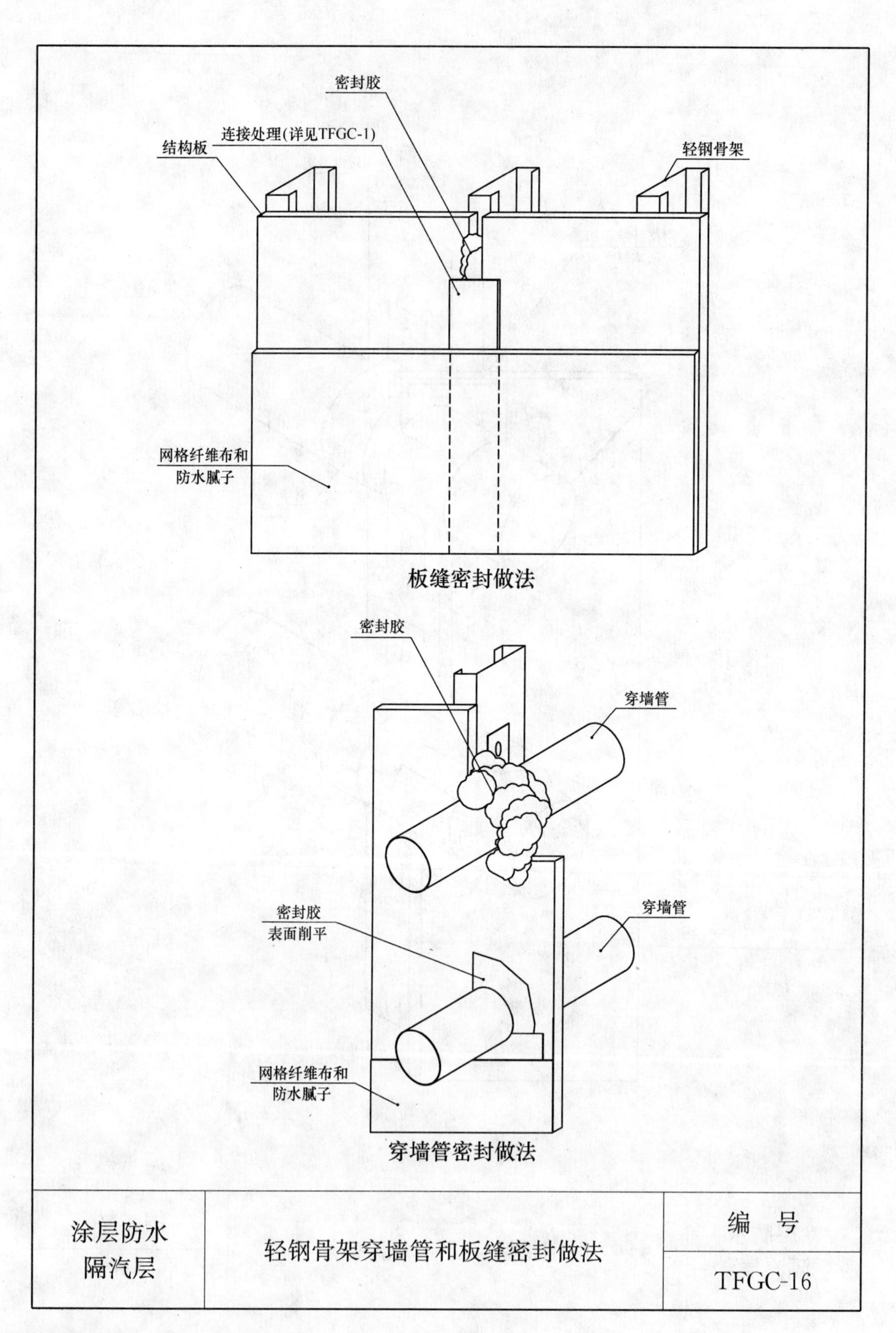

密封胶
连接处理(详见TFGC-1)
结构板
轻钢骨架
网格纤维布和
防水腻子
板缝密封做法
密封胶
穿墙管
穿墙管
密封胶
表面削平
网格纤维布和
防水腻子
穿墙管密封做法
涂层防水
隔汽层
轻钢骨架穿墙管和板缝密封做法
编 号
TFGC-16

第二节 卷材防水隔汽层

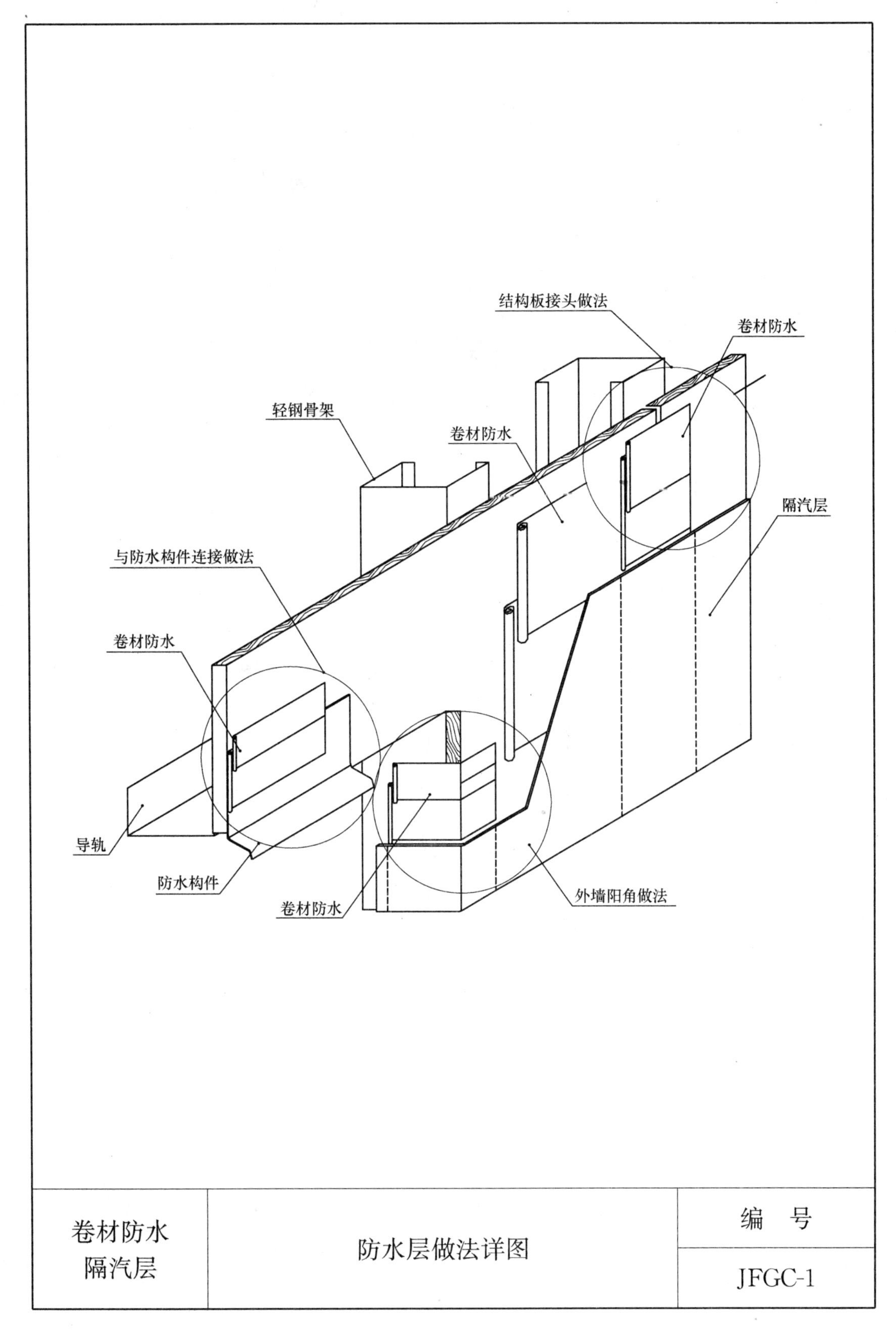

卷材防水 隔汽层	防水层做法详图	编 号
		JFGC-1

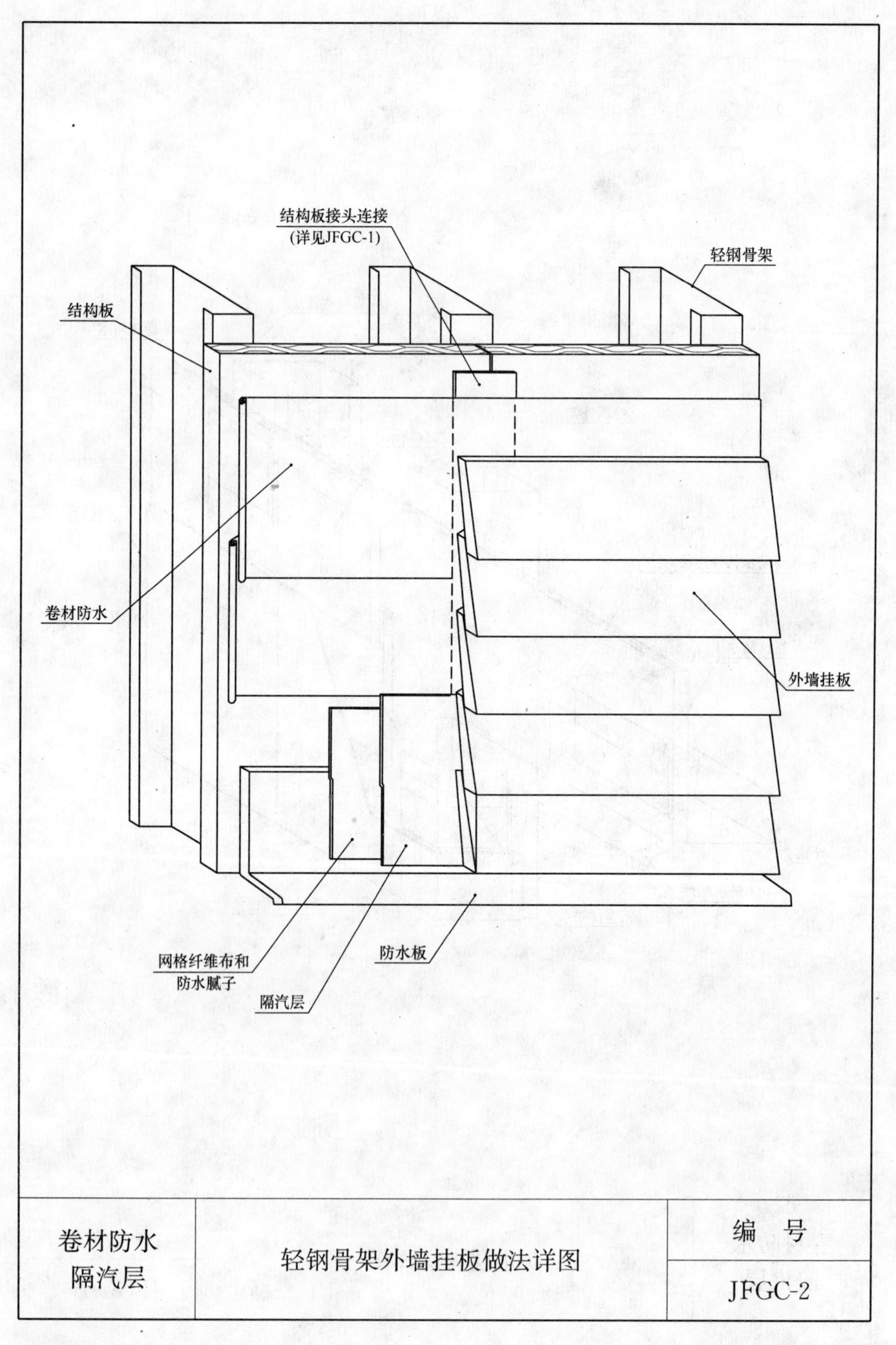
结构板接头连接
(详见JFGC-1)
轻钢骨架
结构板
卷材防水
外墙挂板
网格纤维布和
防水腻子
防水板
隔汽层
卷材防水
隔汽层
轻钢骨架外墙挂板做法详图
编　号
JFGC-2

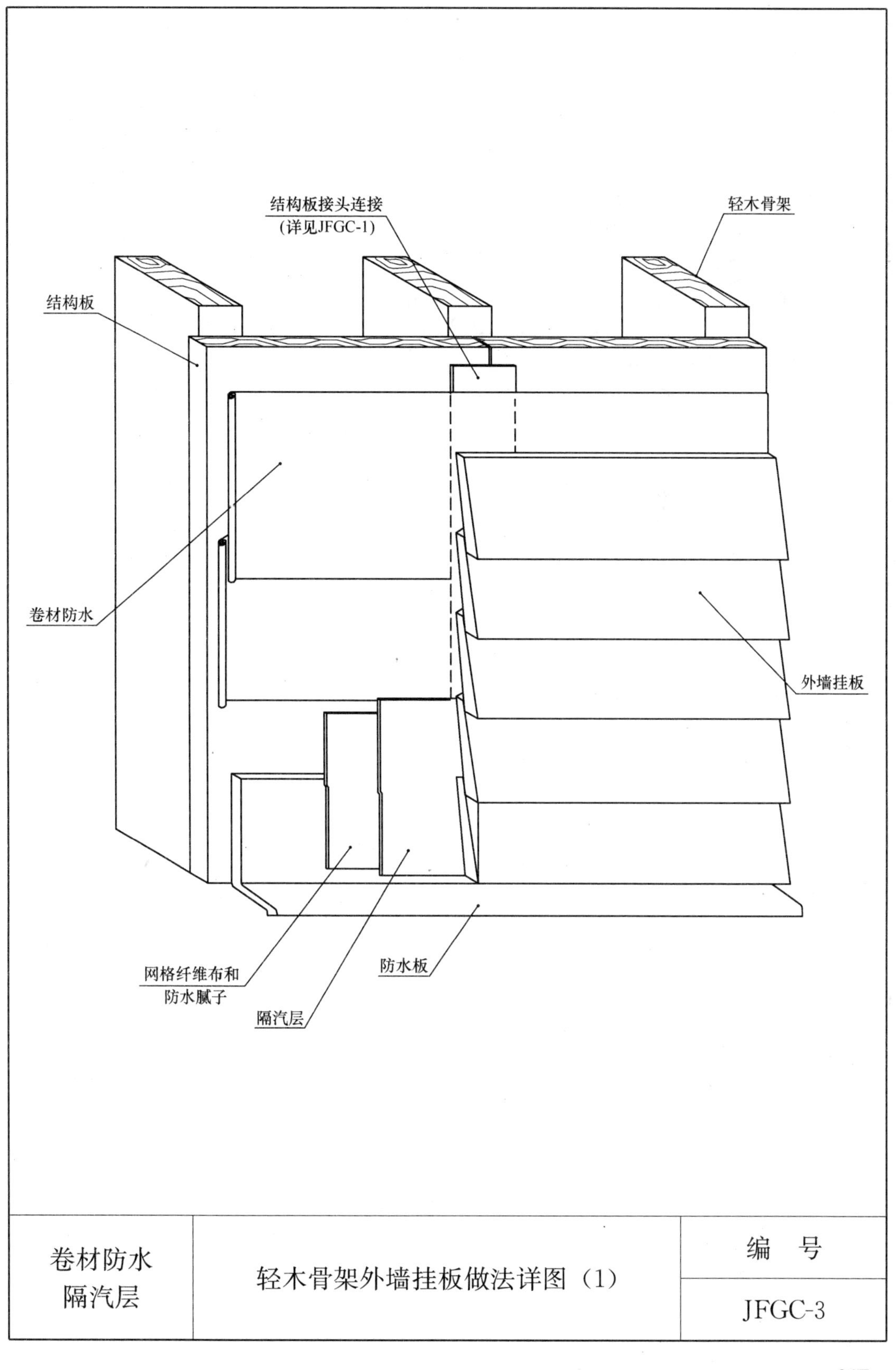

卷材防水 隔汽层	轻木骨架外墙挂板做法详图（1）	编　号
		JFGC-3

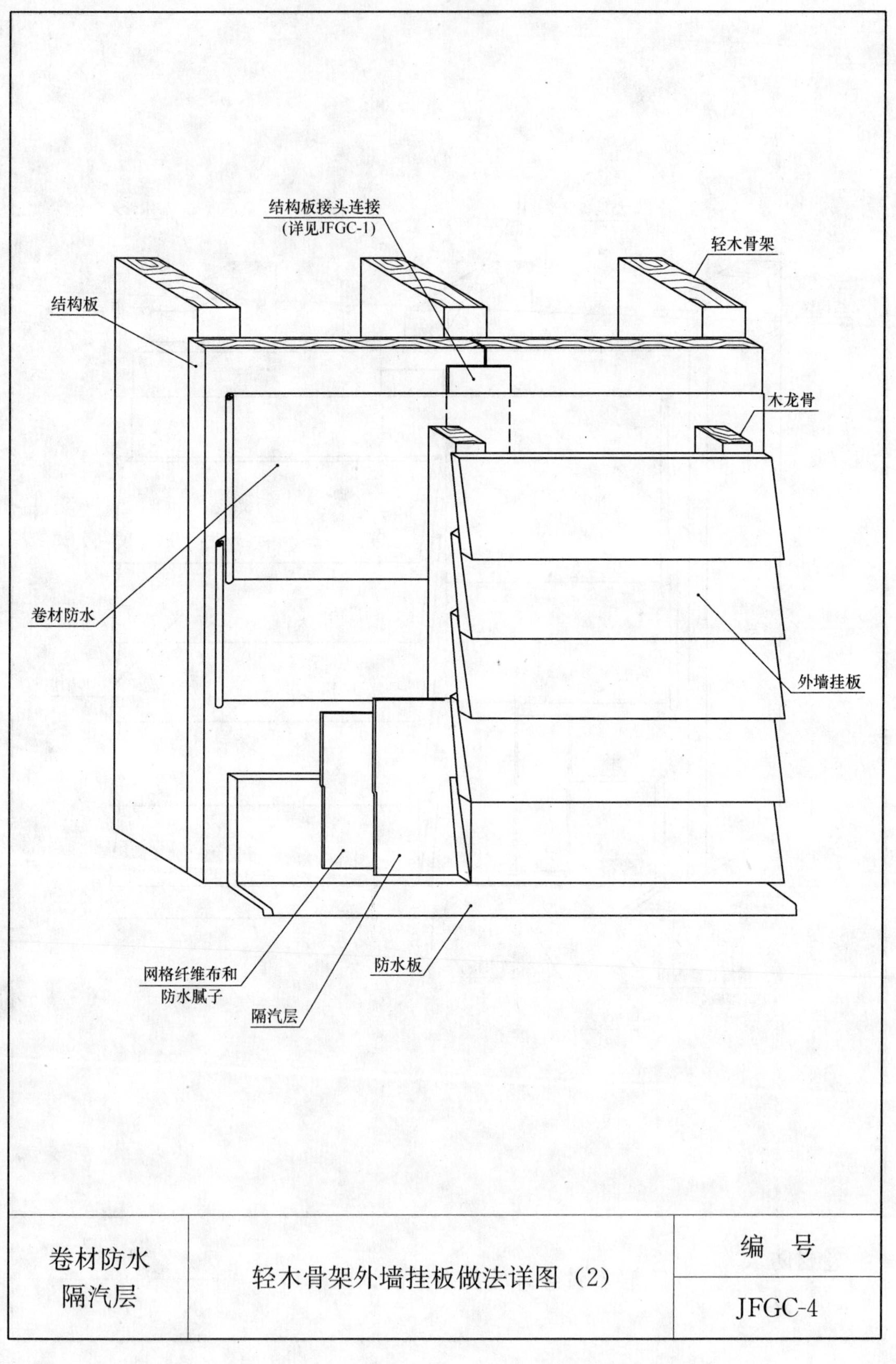
结构板接头连接
(详见JFGC-1)
轻木骨架
结构板
木龙骨
卷材防水
外墙挂板
网格纤维布和
防水腻子
防水板
隔汽层
卷材防水
隔汽层
轻木骨架外墙挂板做法详图（2）
编　号
JFGC-4

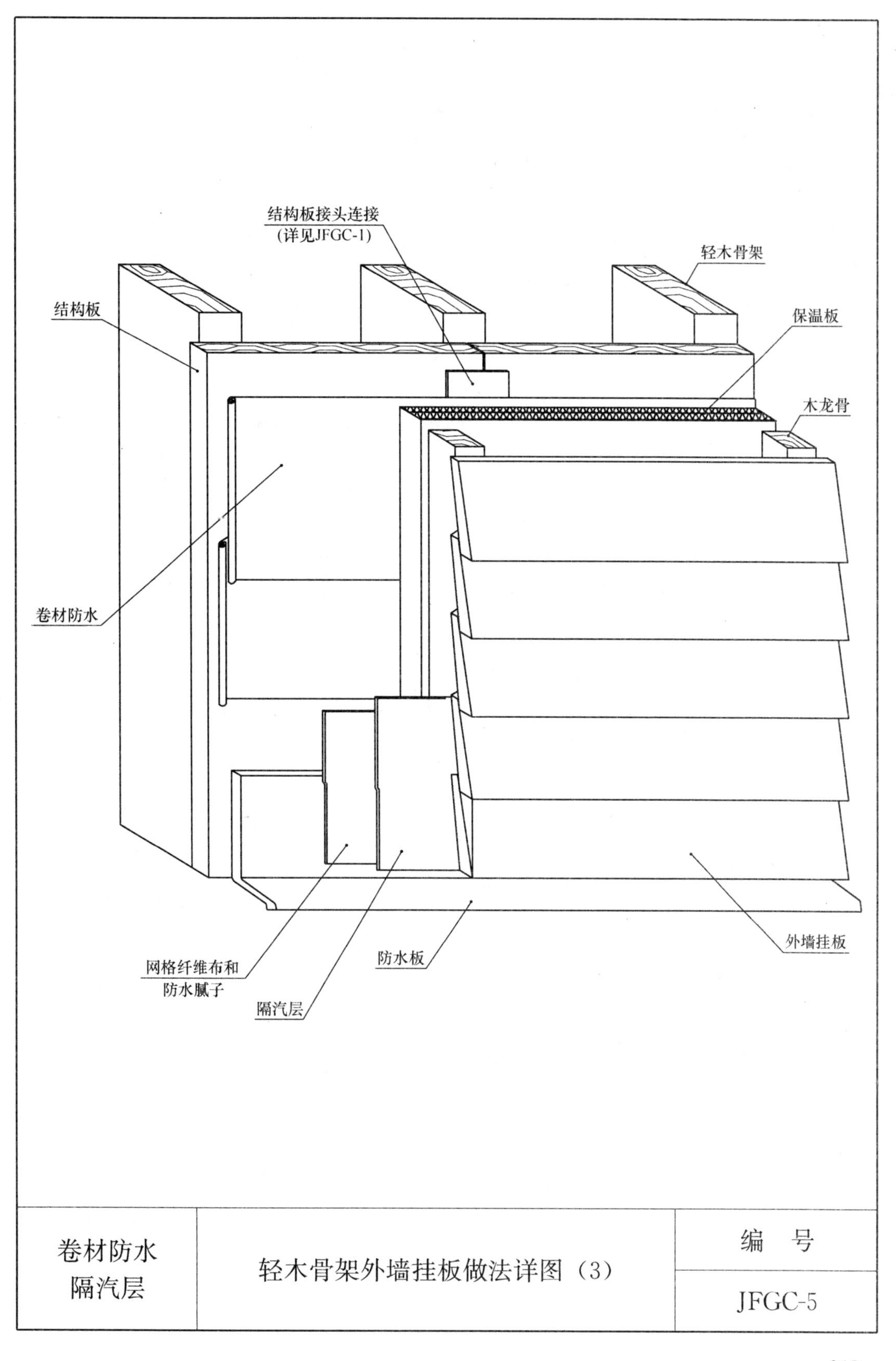

结构板接头连接
(详见JFGC-1)
轻木骨架
结构板
保温板
木龙骨
卷材防水
外墙挂板
防水板
网格纤维布和
防水腻子
隔汽层
卷材防水
隔汽层
轻木骨架外墙挂板做法详图（3）
编 号
JFGC-5

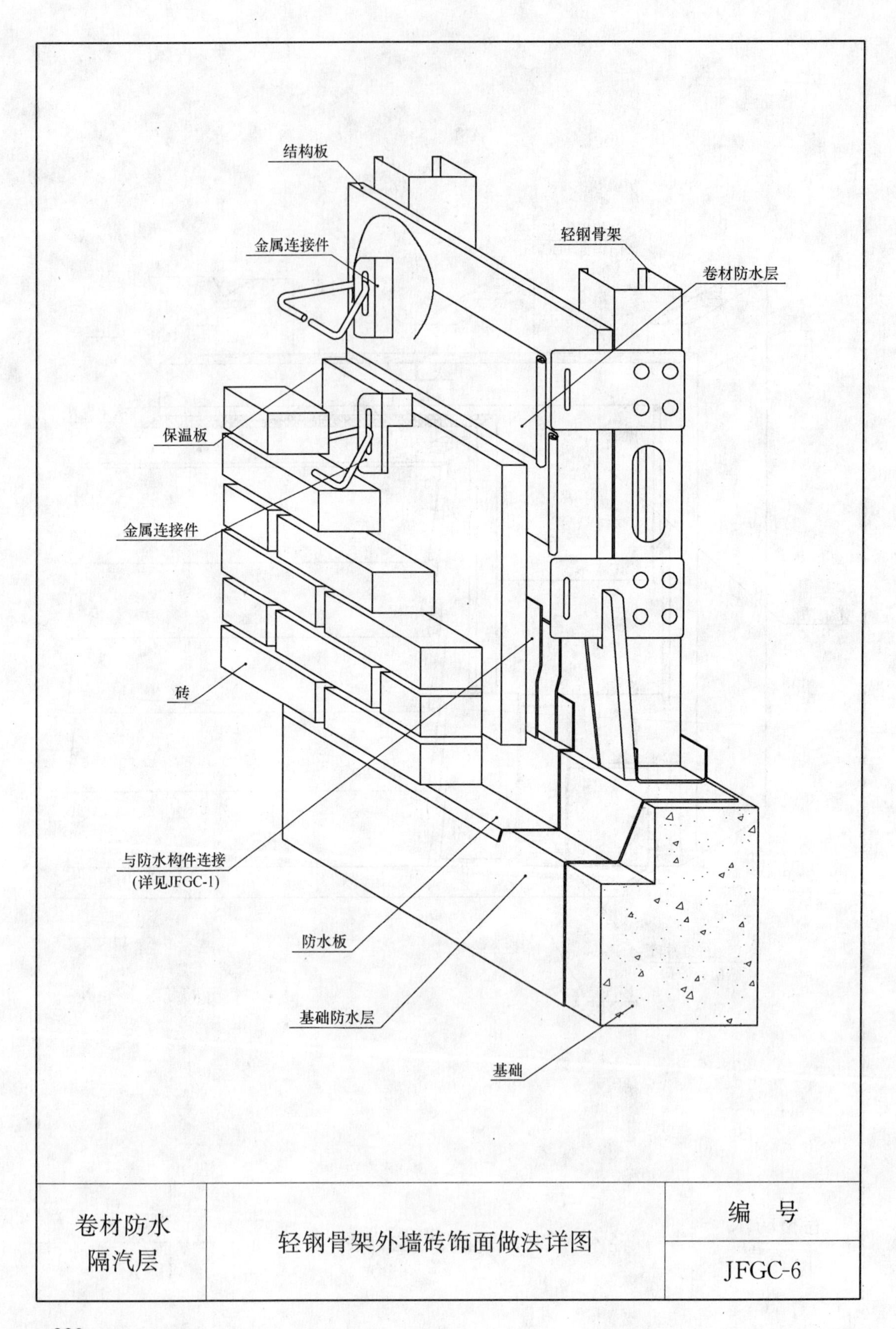

卷材防水 隔汽层	轻钢骨架外墙砖饰面做法详图	编　号
		JFGC-6

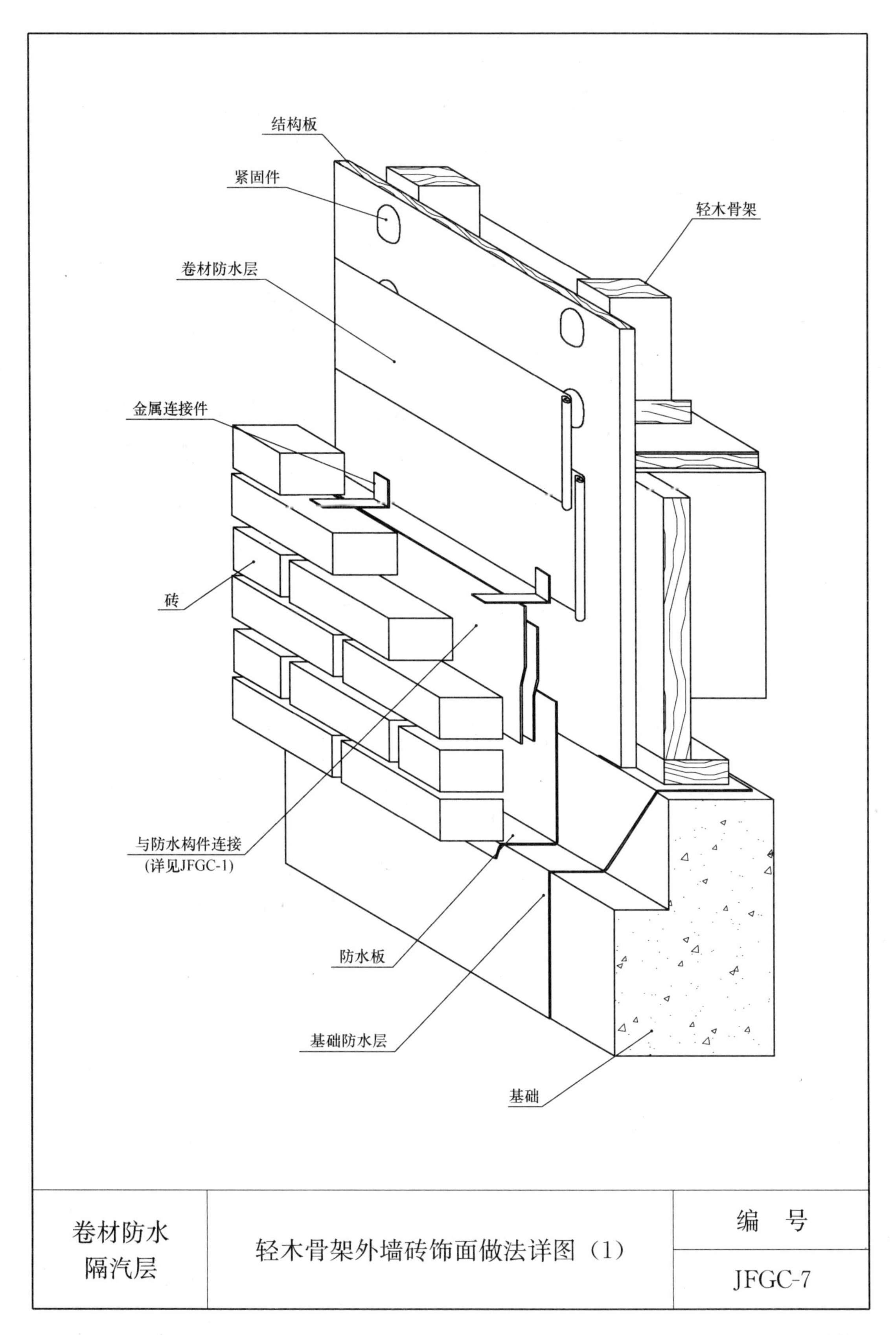

卷材防水 隔汽层	轻木骨架外墙砖饰面做法详图（1）	编　号
		JFGC-7

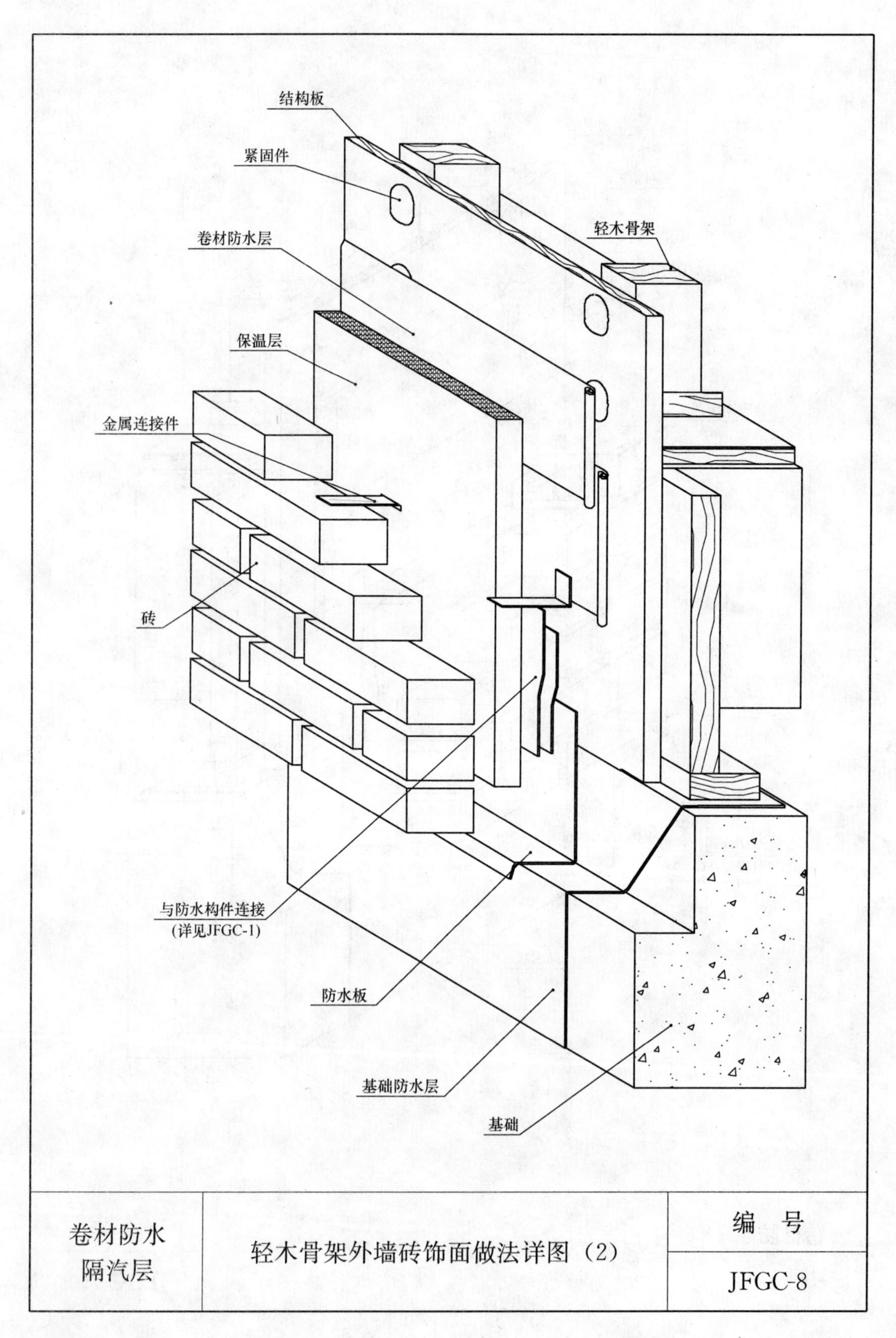

卷材防水 隔汽层	轻木骨架外墙砖饰面做法详图（2）	编　号
		JFGC-8

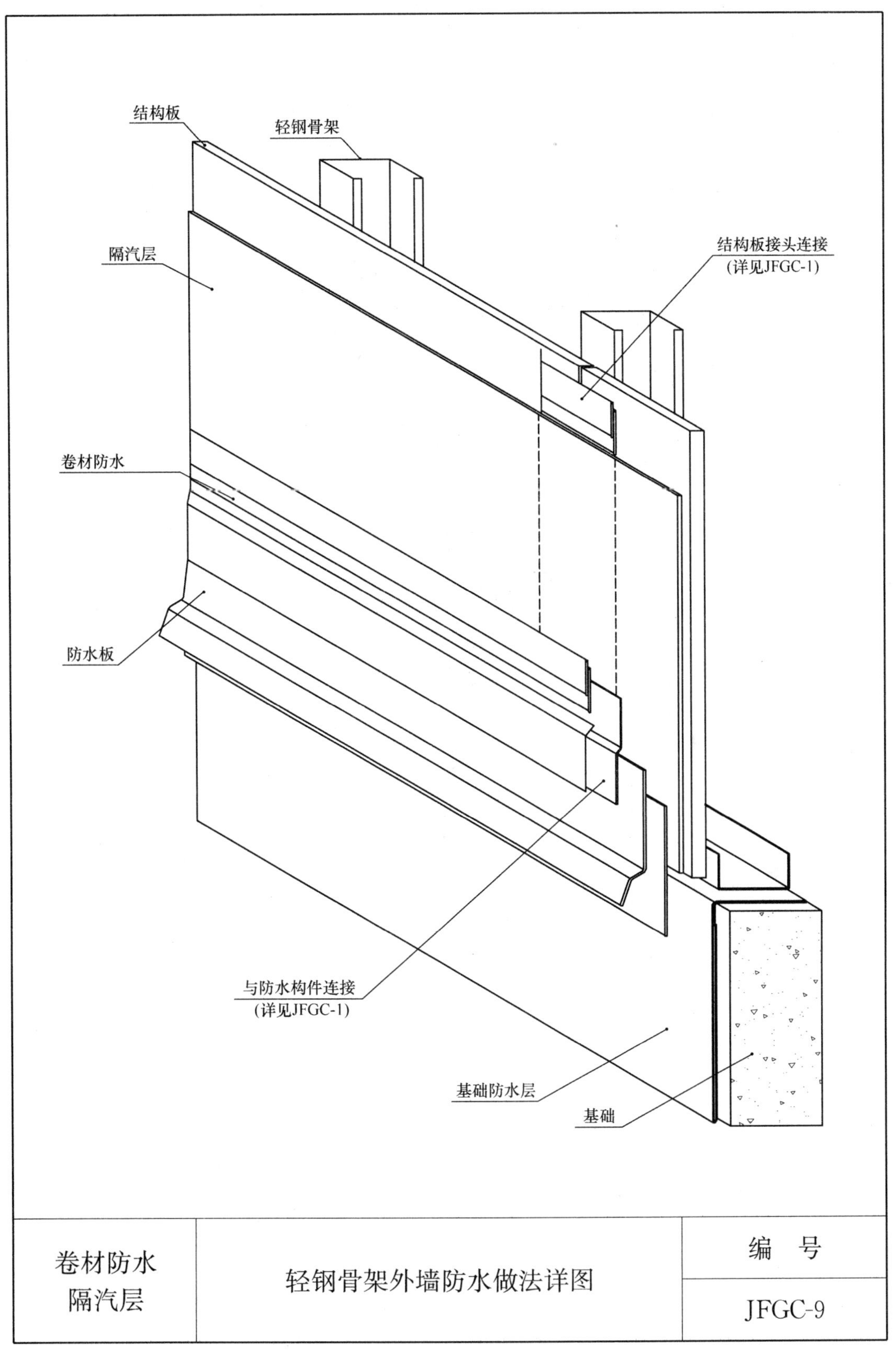
结构板
轻钢骨架
隔汽层
结构板接头连接
(详见JFGC-1)
卷材防水
防水板
与防水构件连接
(详见JFGC-1)
基础防水层
基础
卷材防水
隔汽层
轻钢骨架外墙防水做法详图
编 号
JFGC-9

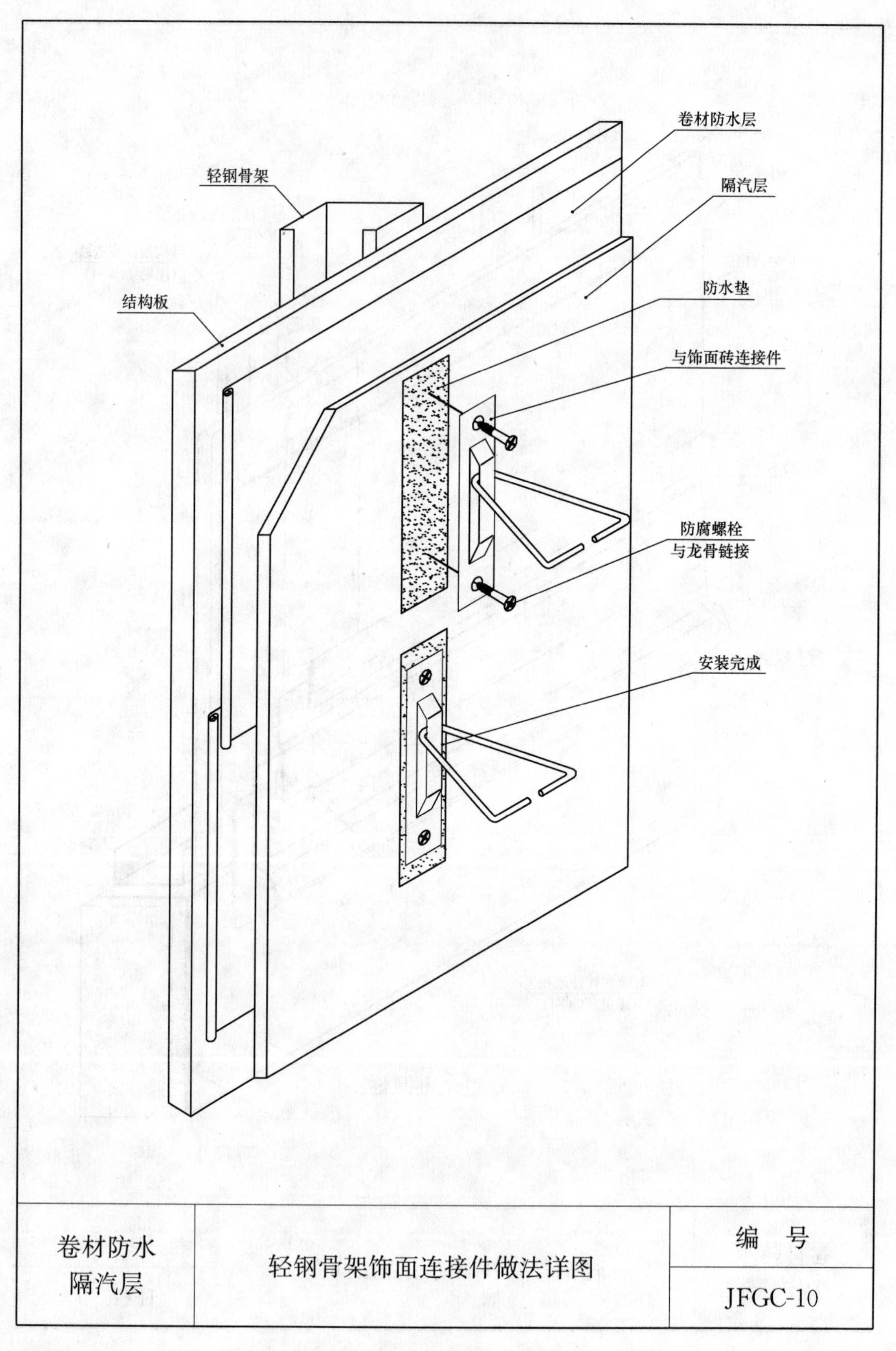
卷材防水层
轻钢骨架
隔汽层
结构板
防水垫
与饰面砖连接件
防腐螺栓
与龙骨链接
安装完成
卷材防水
隔汽层
轻钢骨架饰面连接件做法详图
编 号
JFGC-10

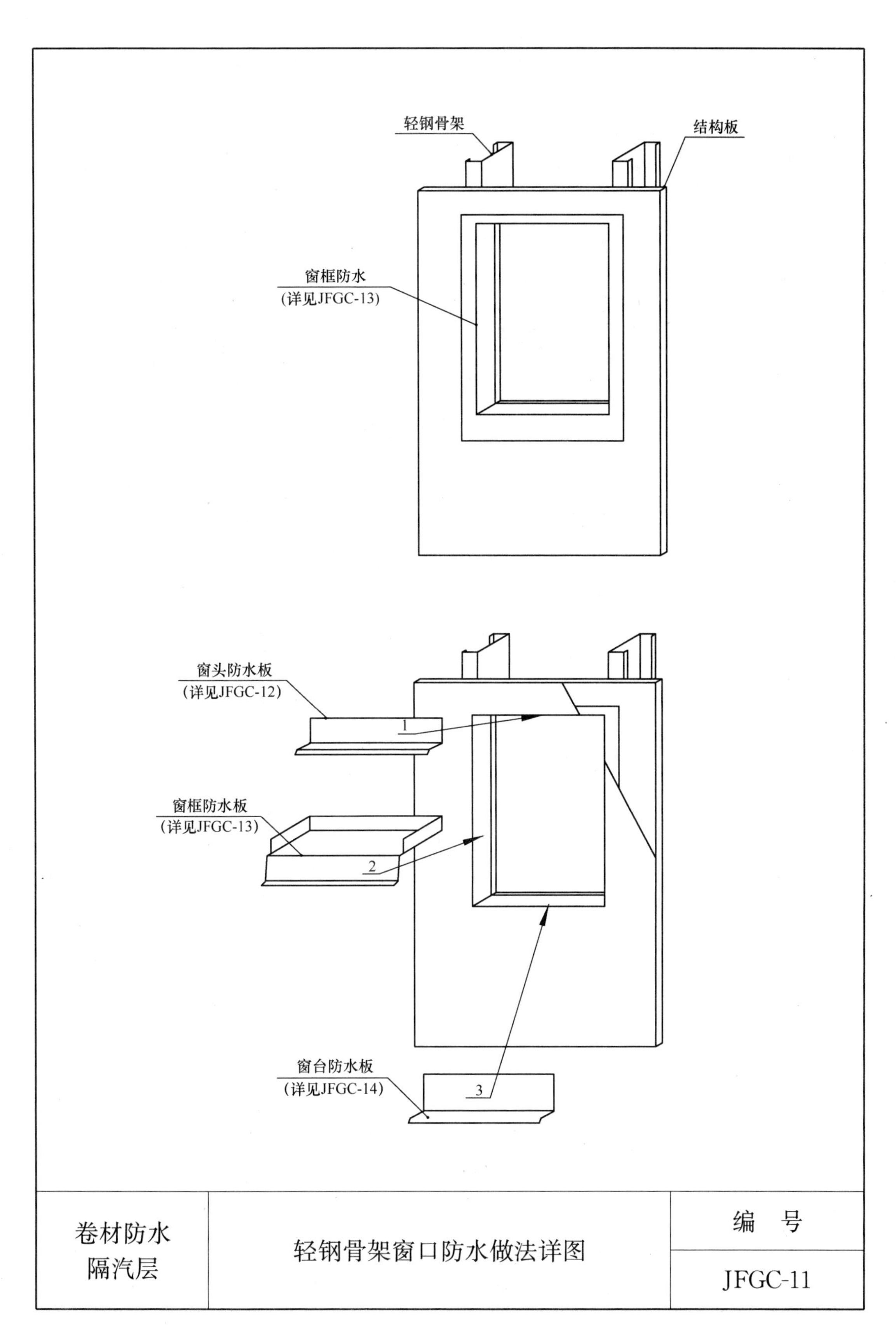

轻钢骨架
结构板
窗框防水
(详见JFGC-13)
窗头防水板
(详见JFGC-12)
1
窗框防水板
(详见JFGC-13)
2
窗台防水板
(详见JFGC-14)
3
卷材防水
隔汽层
轻钢骨架窗口防水做法详图
编 号
JFGC-11

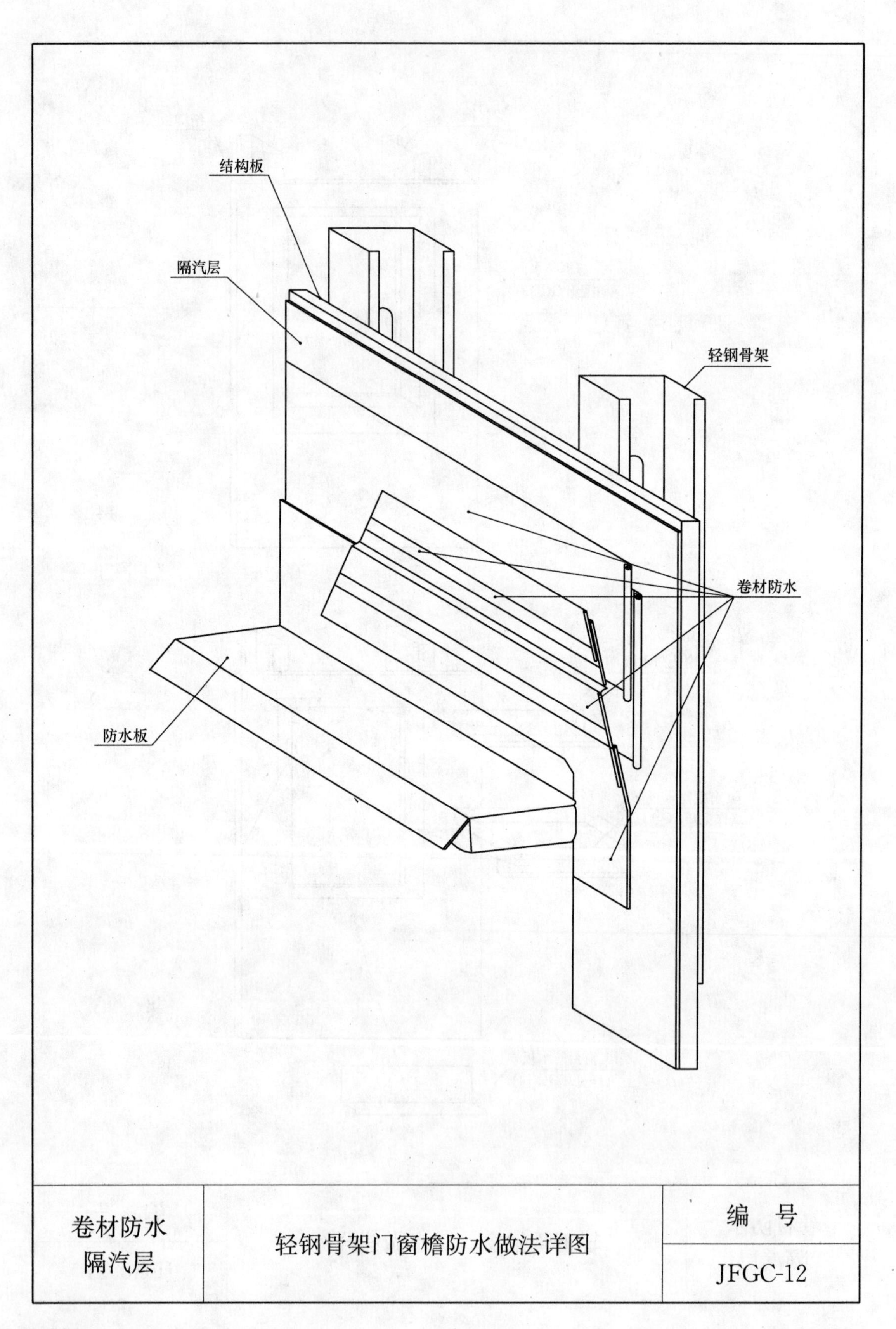

卷材防水 隔汽层	轻钢骨架门窗檐防水做法详图	编　号
		JFGC-12

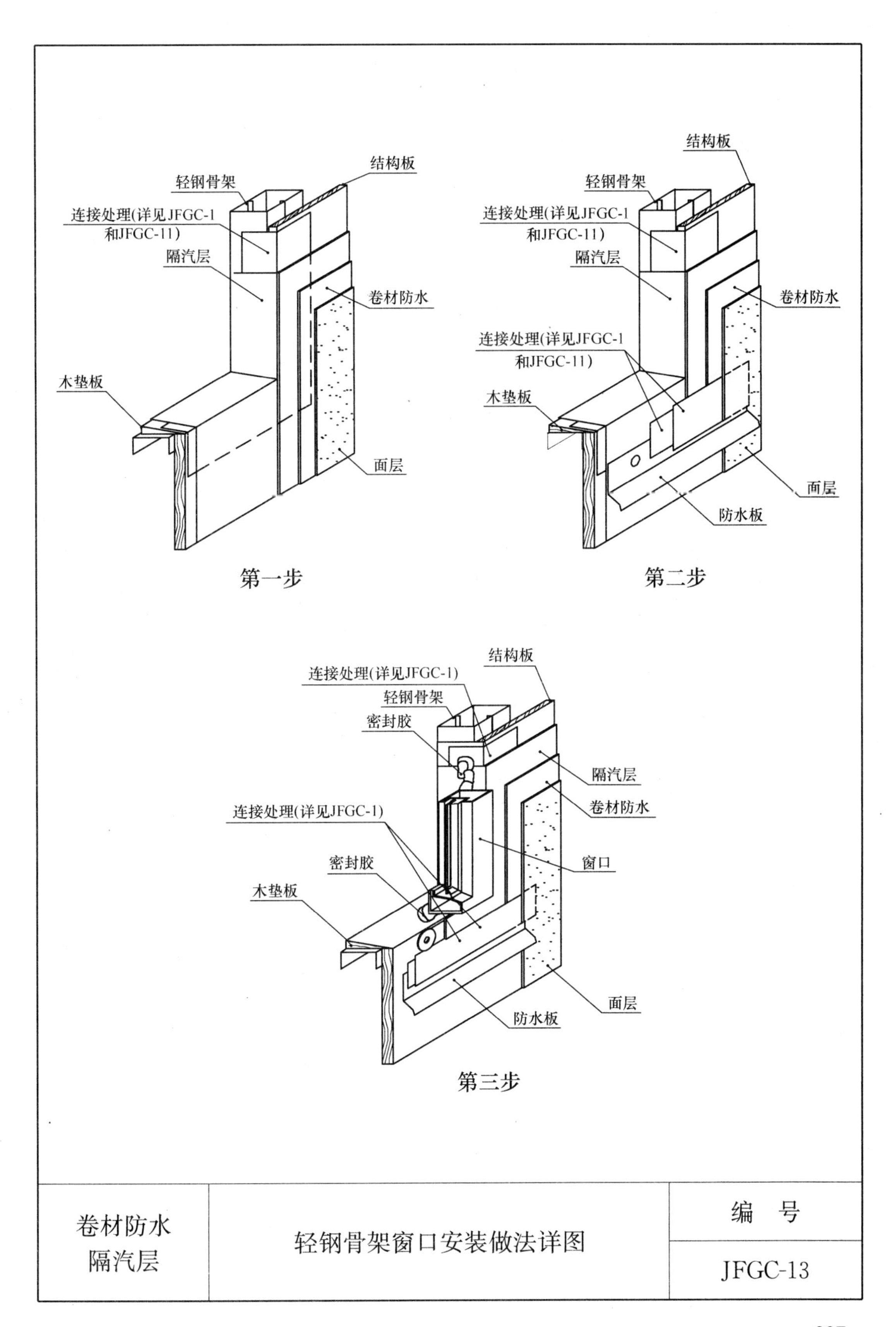

卷材防水 隔汽层	轻钢骨架窗口安装做法详图	编　号
		JFGC-13

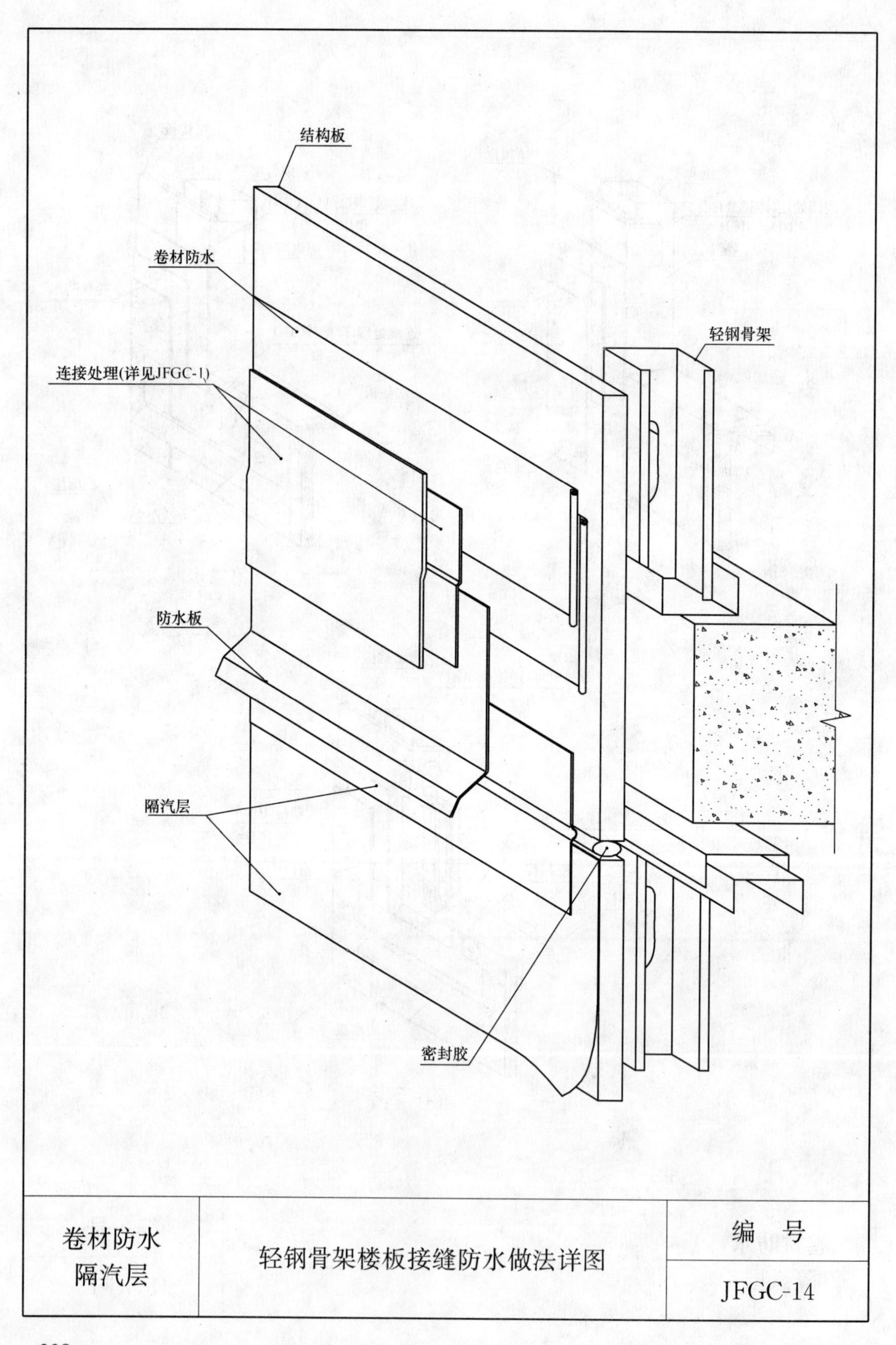

卷材防水 隔汽层	轻钢骨架楼板接缝防水做法详图	编 号
		JFGC-14

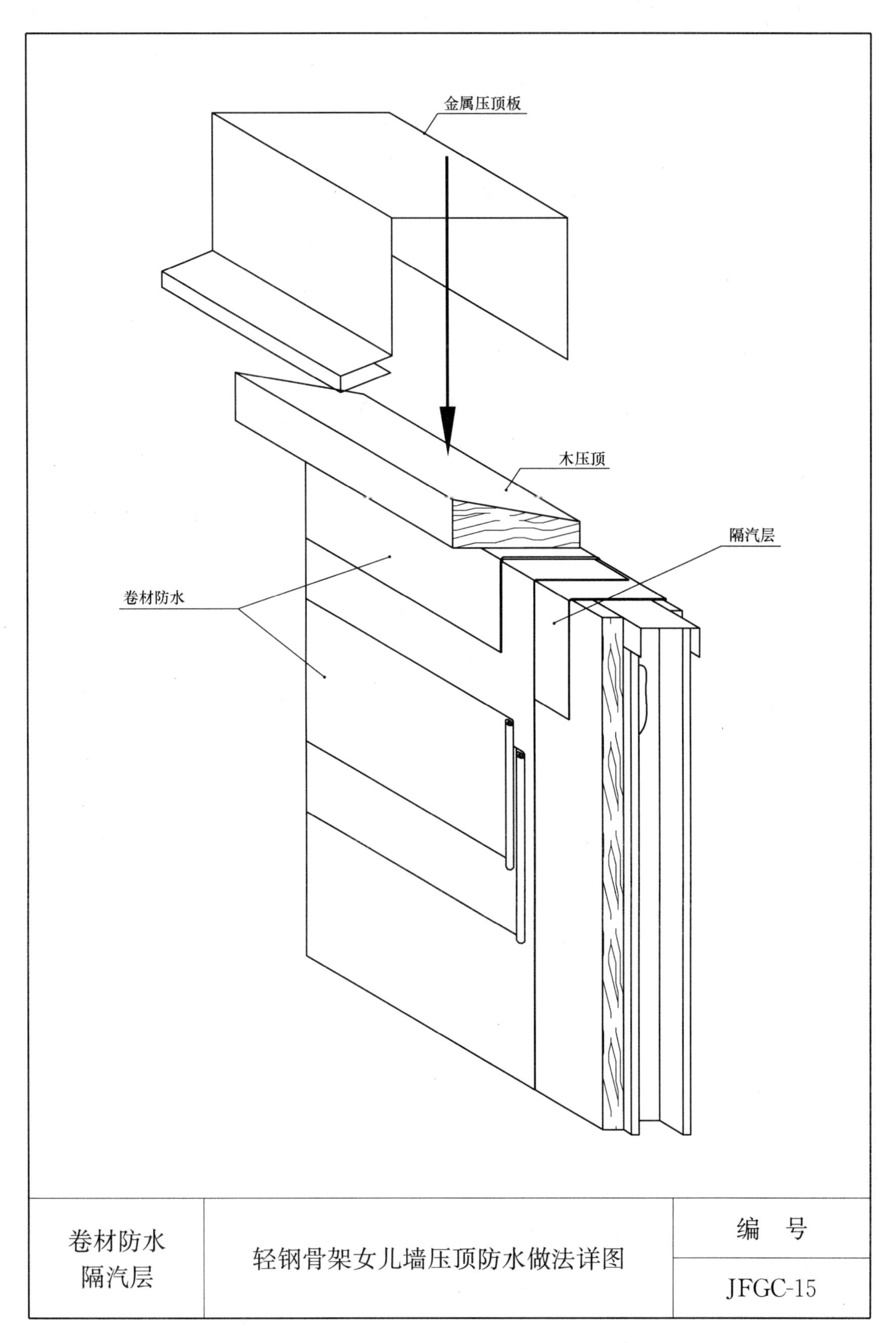
金属压顶板
木压顶
隔汽层
卷材防水
卷材防水
隔汽层
轻钢骨架女儿墙压顶防水做法详图
编 号
JFGC-15

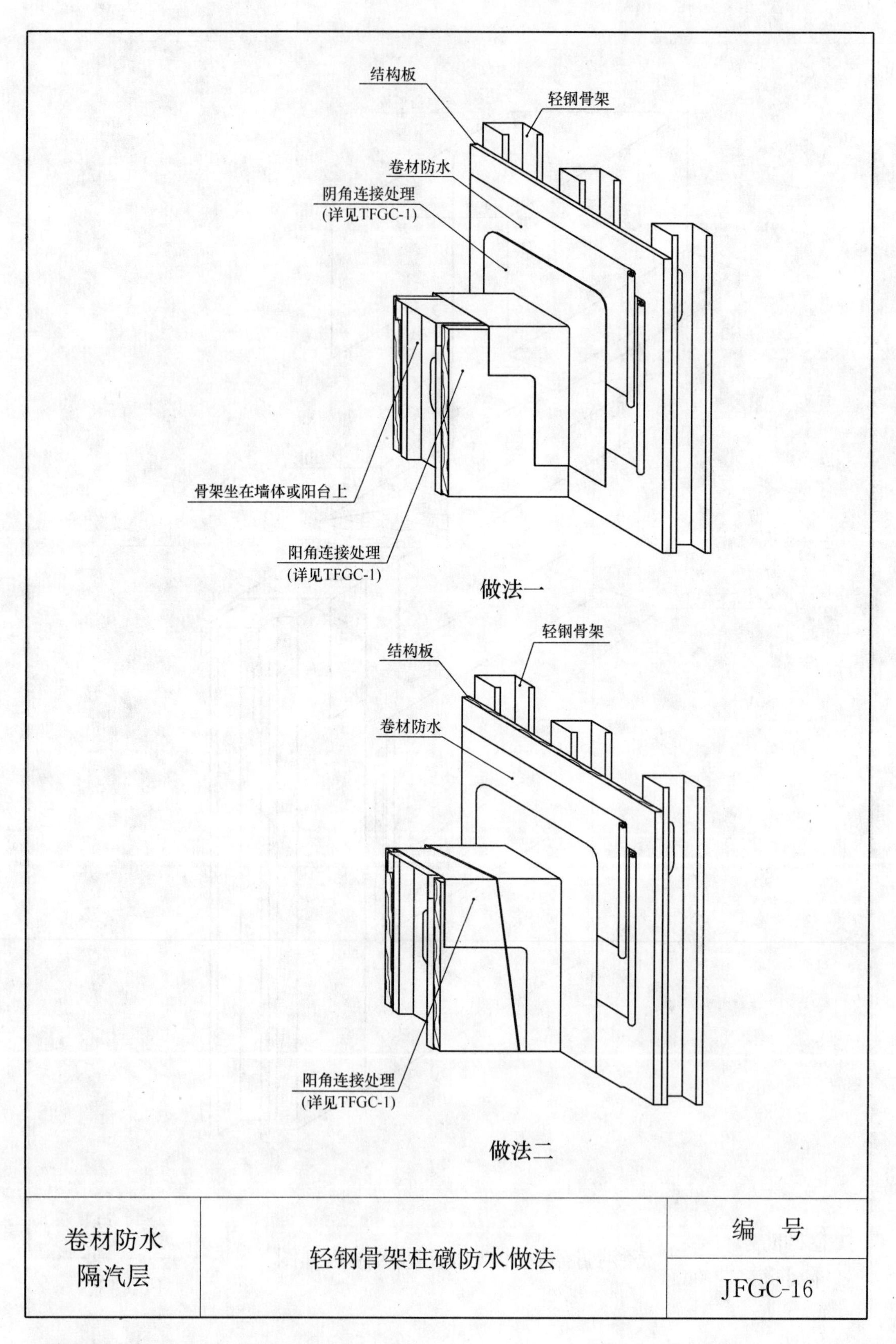
结构板
轻钢骨架
卷材防水
阴角连接处理
(详见TFGC-1)
骨架坐在墙体或阳台上
阳角连接处理
(详见TFGC-1)
做法一
结构板
轻钢骨架
卷材防水
阳角连接处理
(详见TFGC-1)
做法二
卷材防水
隔汽层
轻钢骨架柱礅防水做法
编 号
JFGC-16

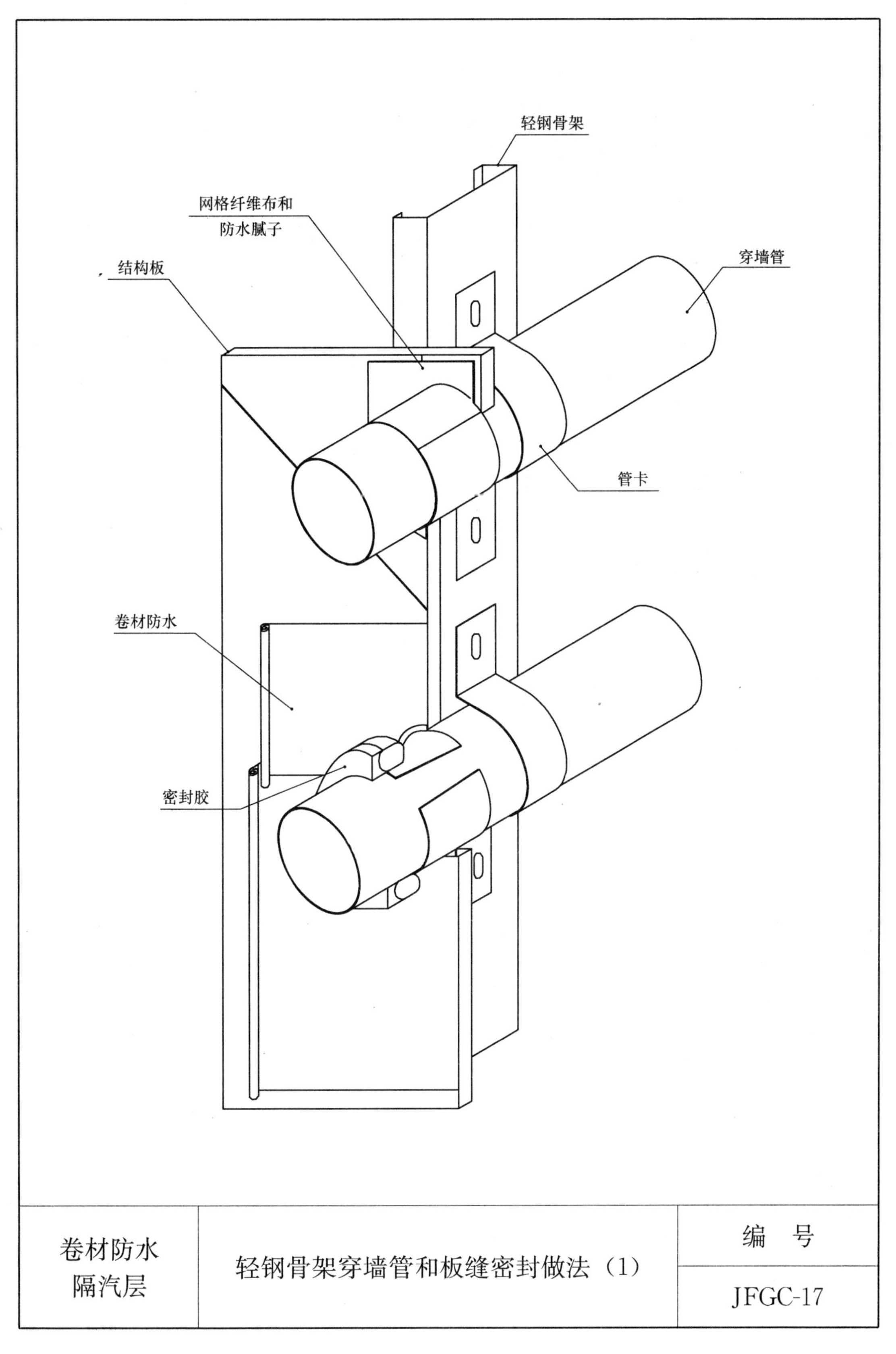

卷材防水 隔汽层	轻钢骨架穿墙管和板缝密封做法（1）	编　号
		JFGC-17

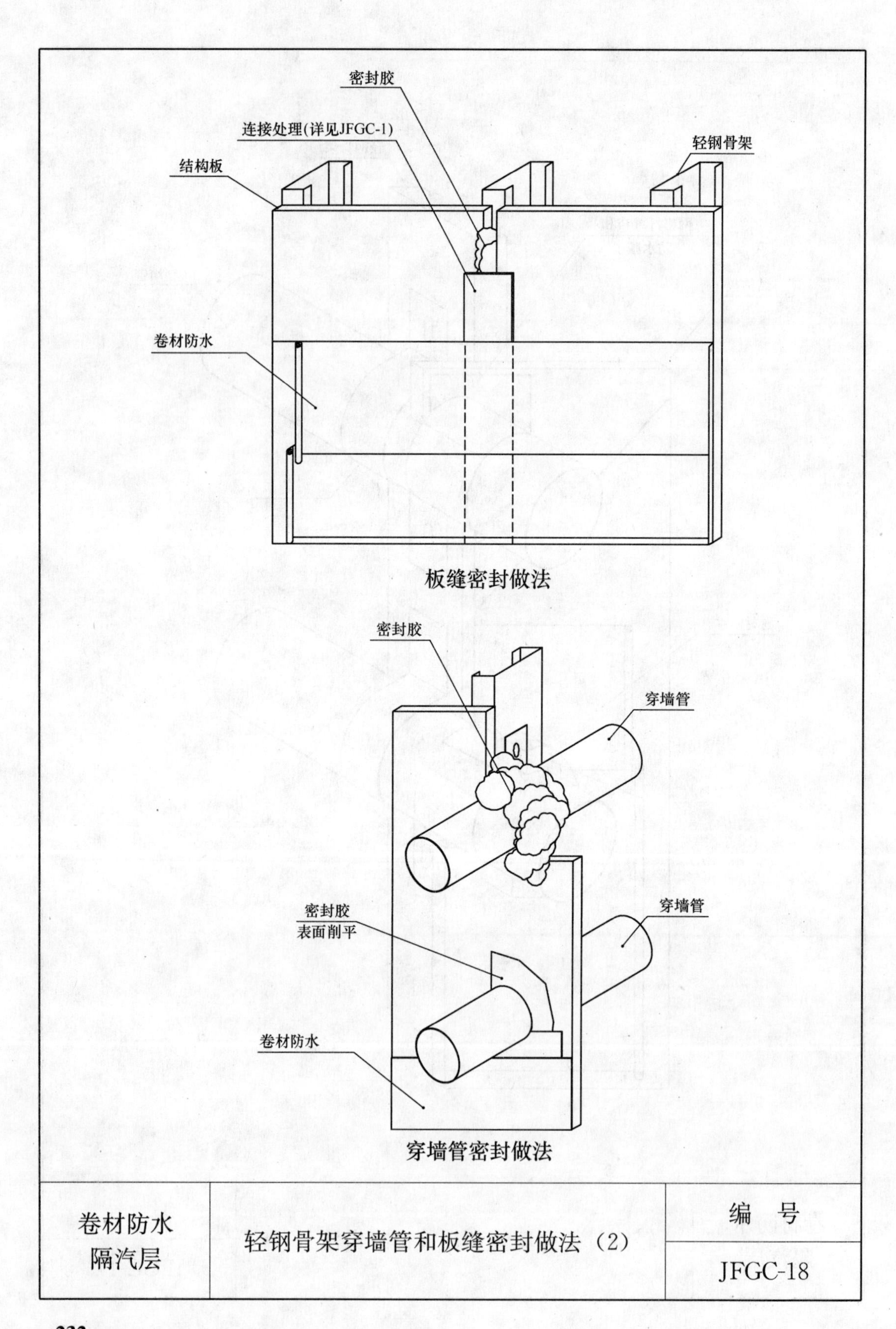
密封胶
连接处理(详见JFGC-1)
轻钢骨架
结构板
卷材防水
板缝密封做法
密封胶
穿墙管
穿墙管
密封胶
表面削平
卷材防水
穿墙管密封做法
卷材防水
隔汽层
轻钢骨架穿墙管和板缝密封做法（2）
编 号
JFGC-18

第四章　细部做法

第一节　木骨架屋顶连接做法详图
第二节　木骨架墙板端部连接做法
第三节　木骨架墙板连接细部做法
第四节　木骨架墙板伸缩缝做法
第五节　轻木骨架墙穿透做法
第六节　轻木骨架外墙板装饰线做法
第七节　轻钢骨架屋面连接做法详图
第八节　轻钢骨架墙板端部连接做法
第九节　轻钢骨架墙板连接细部做法
第十节　轻钢骨架墙板伸缩缝做法
第十一节　轻钢骨架穿墙做法
第十二节　轻钢骨架外墙板装饰线做法

第一节　木骨架屋顶连接做法详图

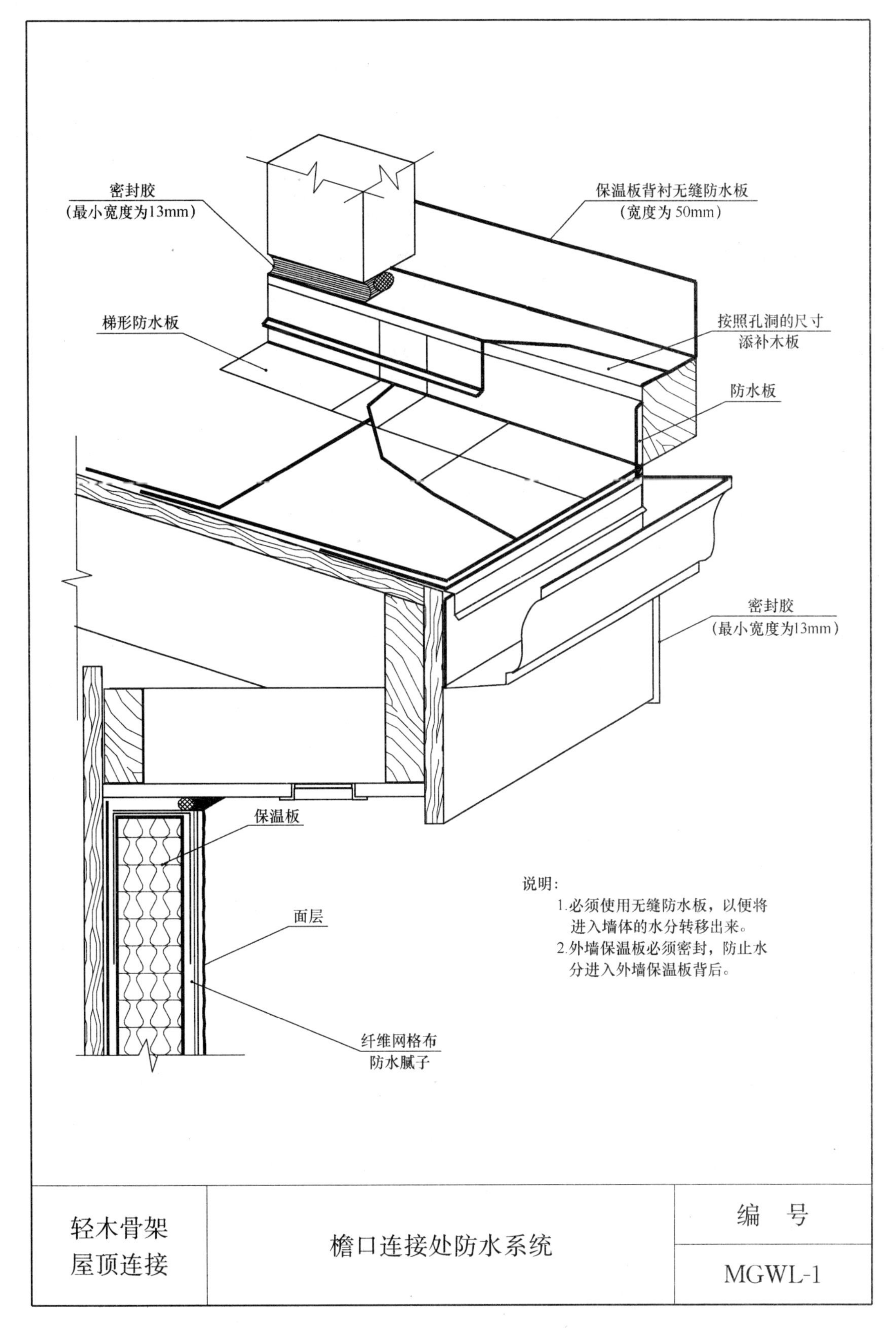

说明：

1.必须使用无缝防水板，以便将进入墙体的水分转移出来。

2.外墙保温板必须密封，防止水分进入外墙保温板背后。

轻木骨架 屋顶连接	檐口连接处防水系统	编　号 MGWL-1

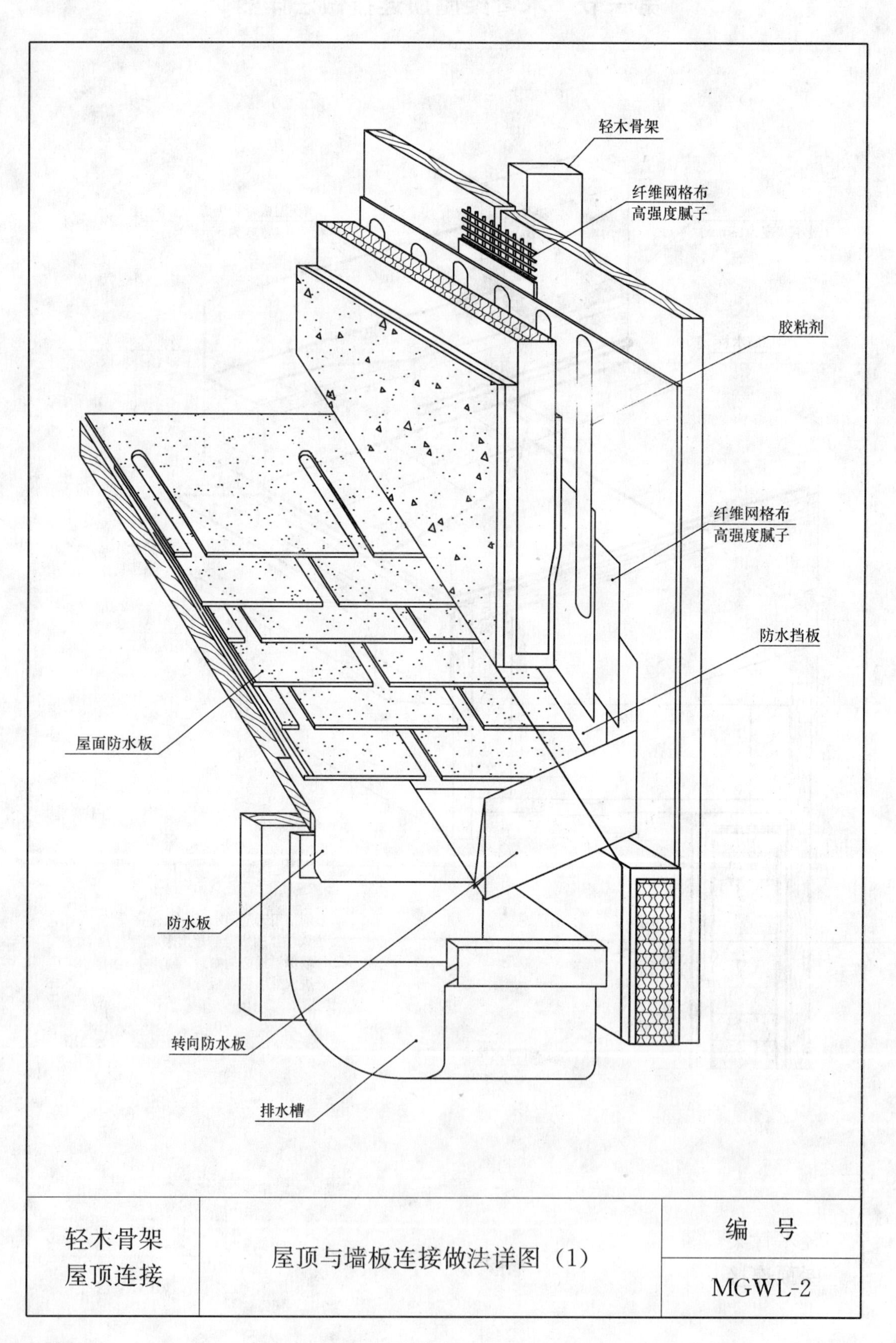
轻木骨架
纤维网格布
高强度腻子
胶粘剂
纤维网格布
高强度腻子
防水挡板
屋面防水板
防水板
转向防水板
排水槽
轻木骨架
屋顶连接
屋顶与墙板连接做法详图（1）
编　号
MGWL-2

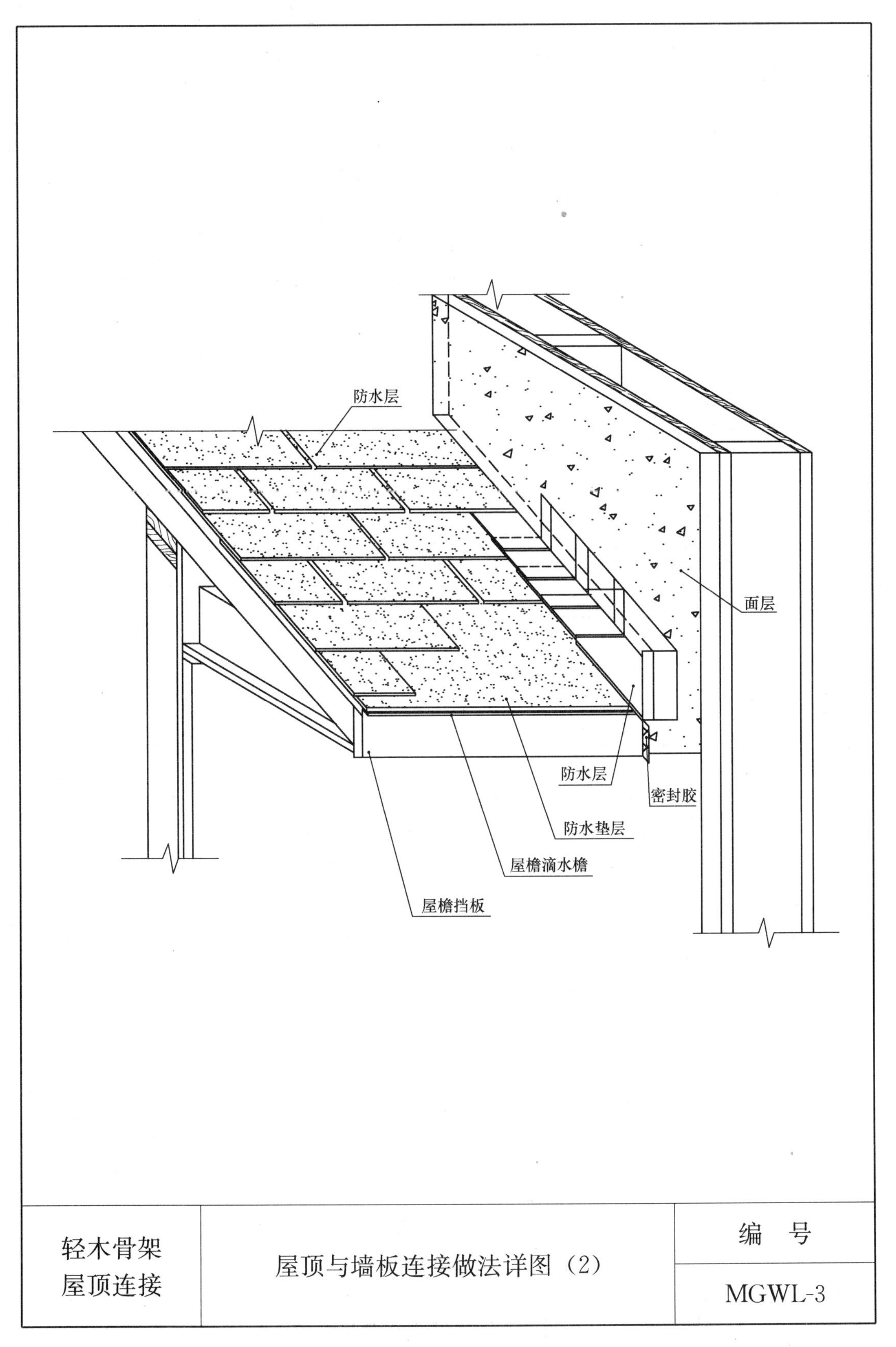

轻木骨架 屋顶连接	屋顶与墙板连接做法详图（2）	编　号
		MGWL-3

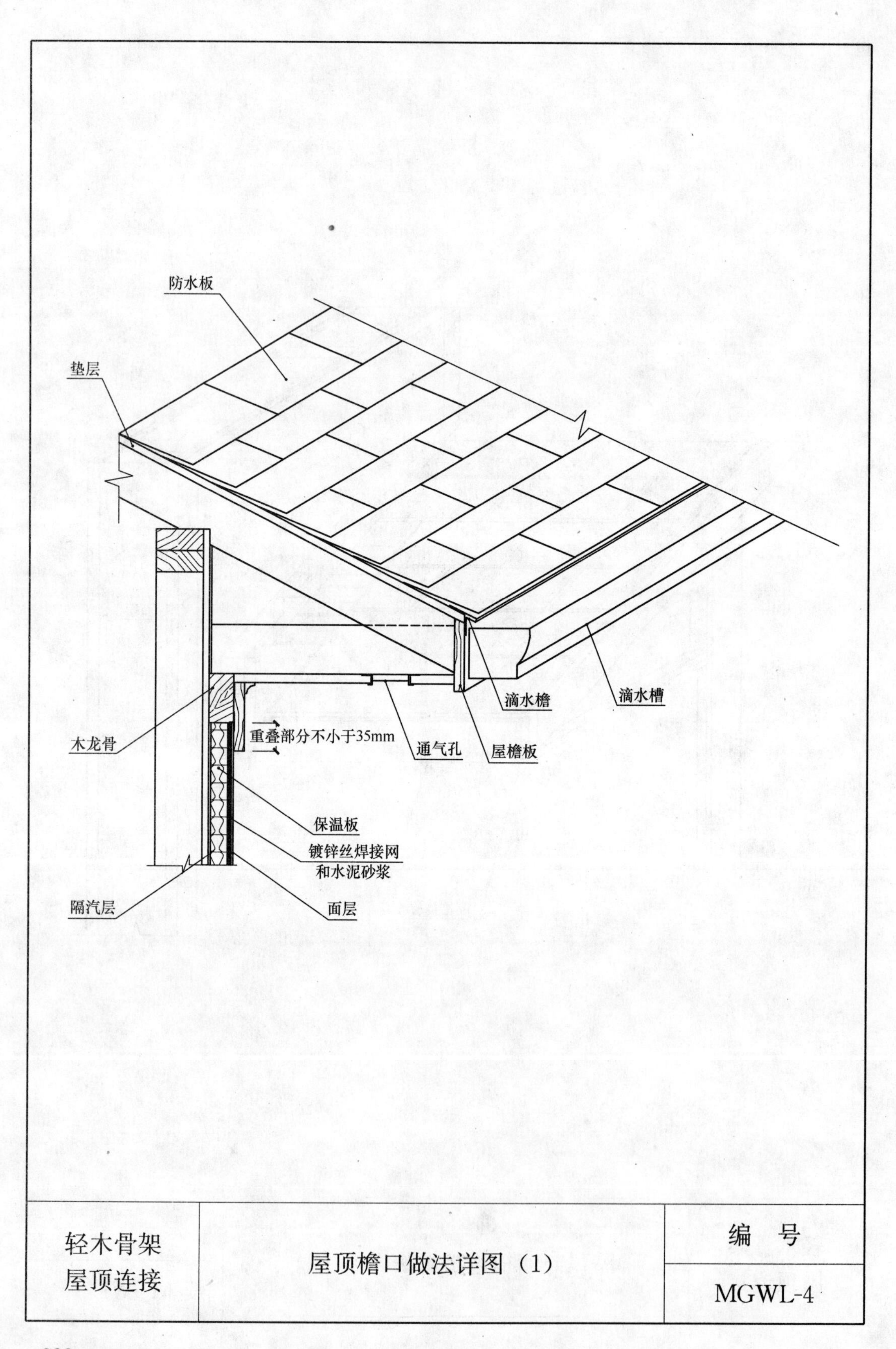

轻木骨架 屋顶连接	屋顶檐口做法详图（1）	编　号 MGWL-4

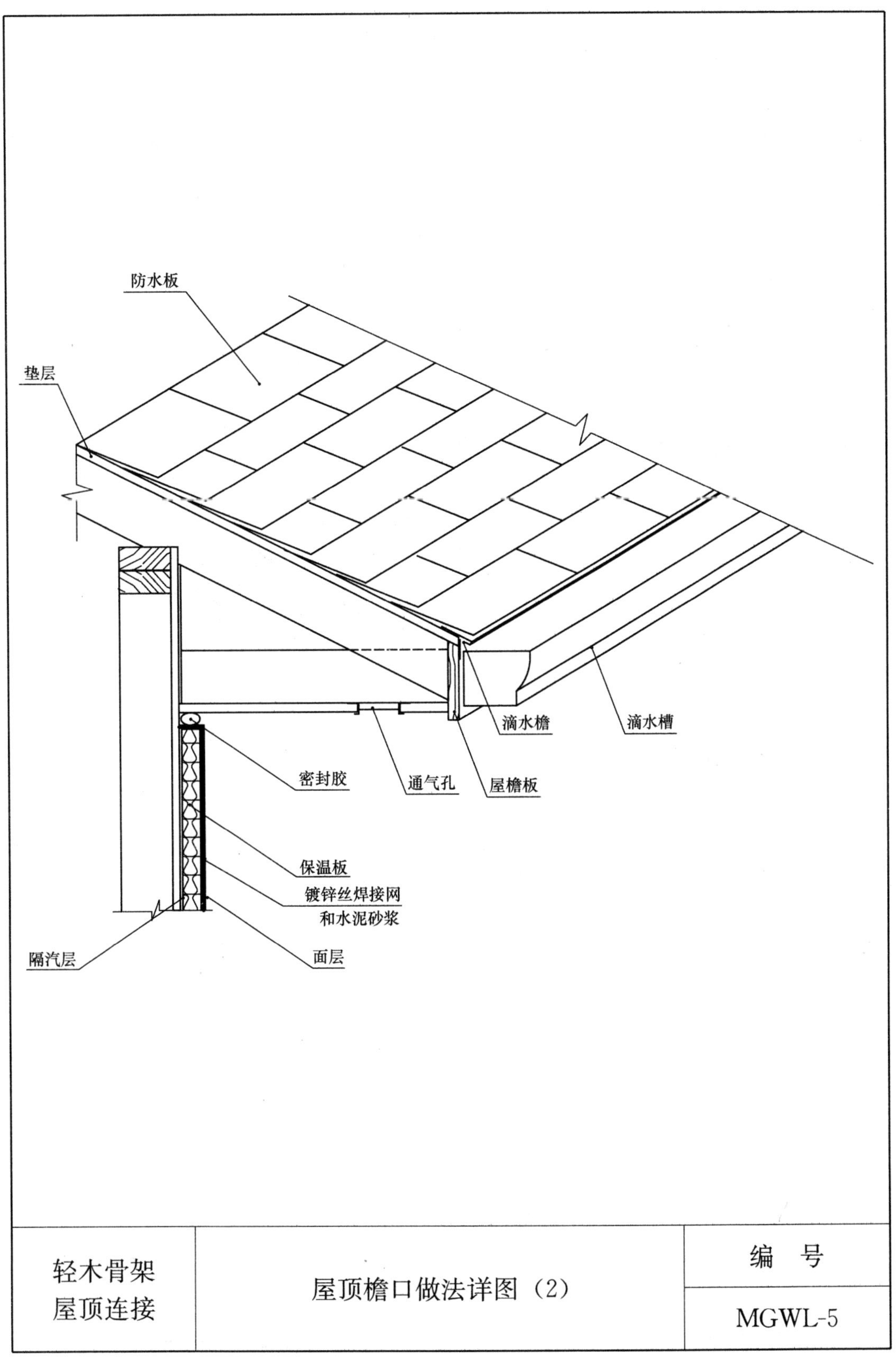
防水板
垫层
滴水檐
滴水槽
密封胶
通气孔
屋檐板
保温板
镀锌丝焊接网
和水泥砂浆
隔汽层
面层
轻木骨架
屋顶连接
屋顶檐口做法详图（2）
编 号
MGWL-5

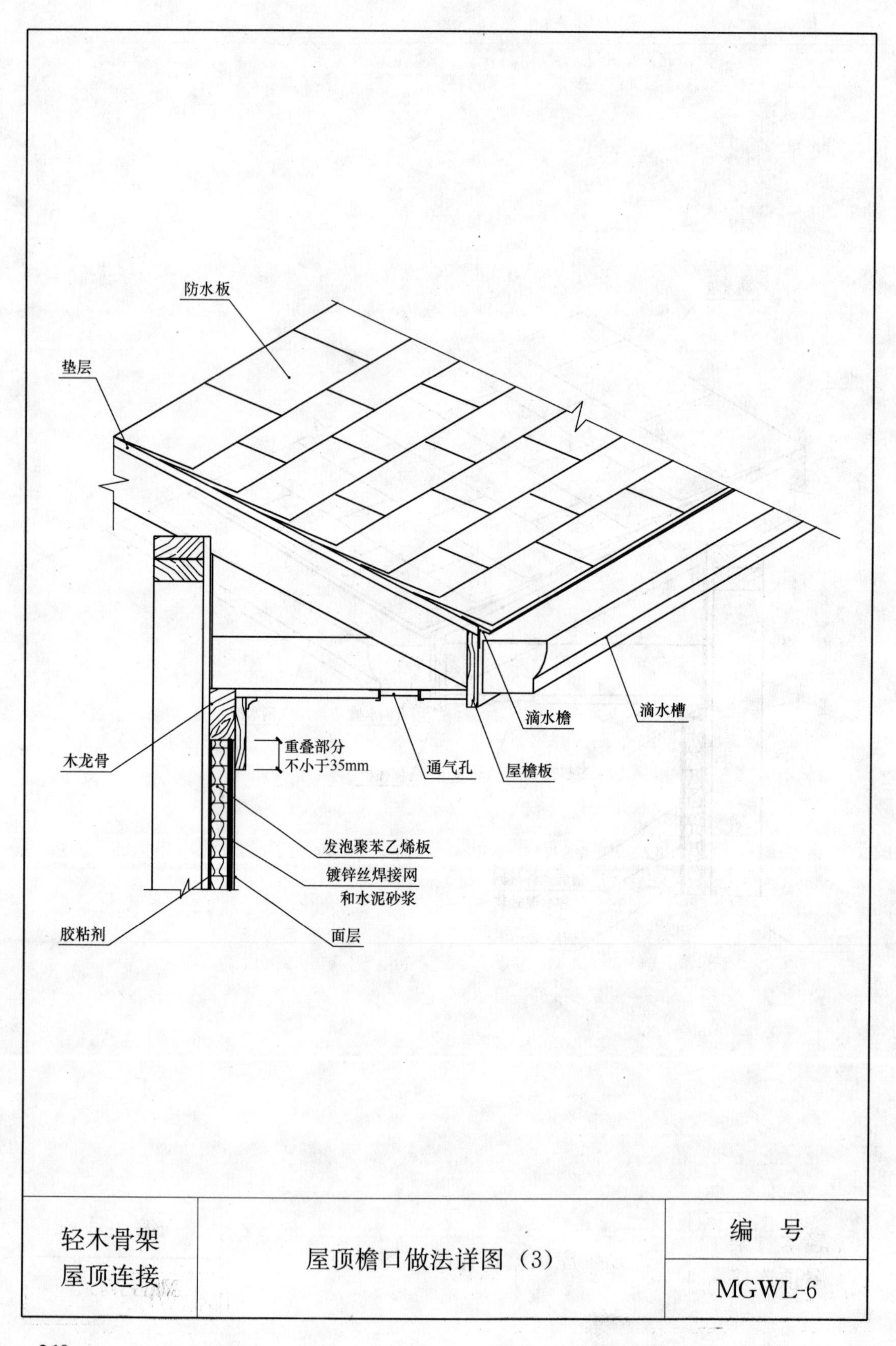
防水板
垫层
木龙骨
重叠部分
不小于35mm
通气孔
屋檐板
滴水檐
滴水槽
发泡聚苯乙烯板
镀锌丝焊接网
和水泥砂浆
胶粘剂
面层
轻木骨架
屋顶连接
屋顶檐口做法详图（3）
编 号
MGWL-6

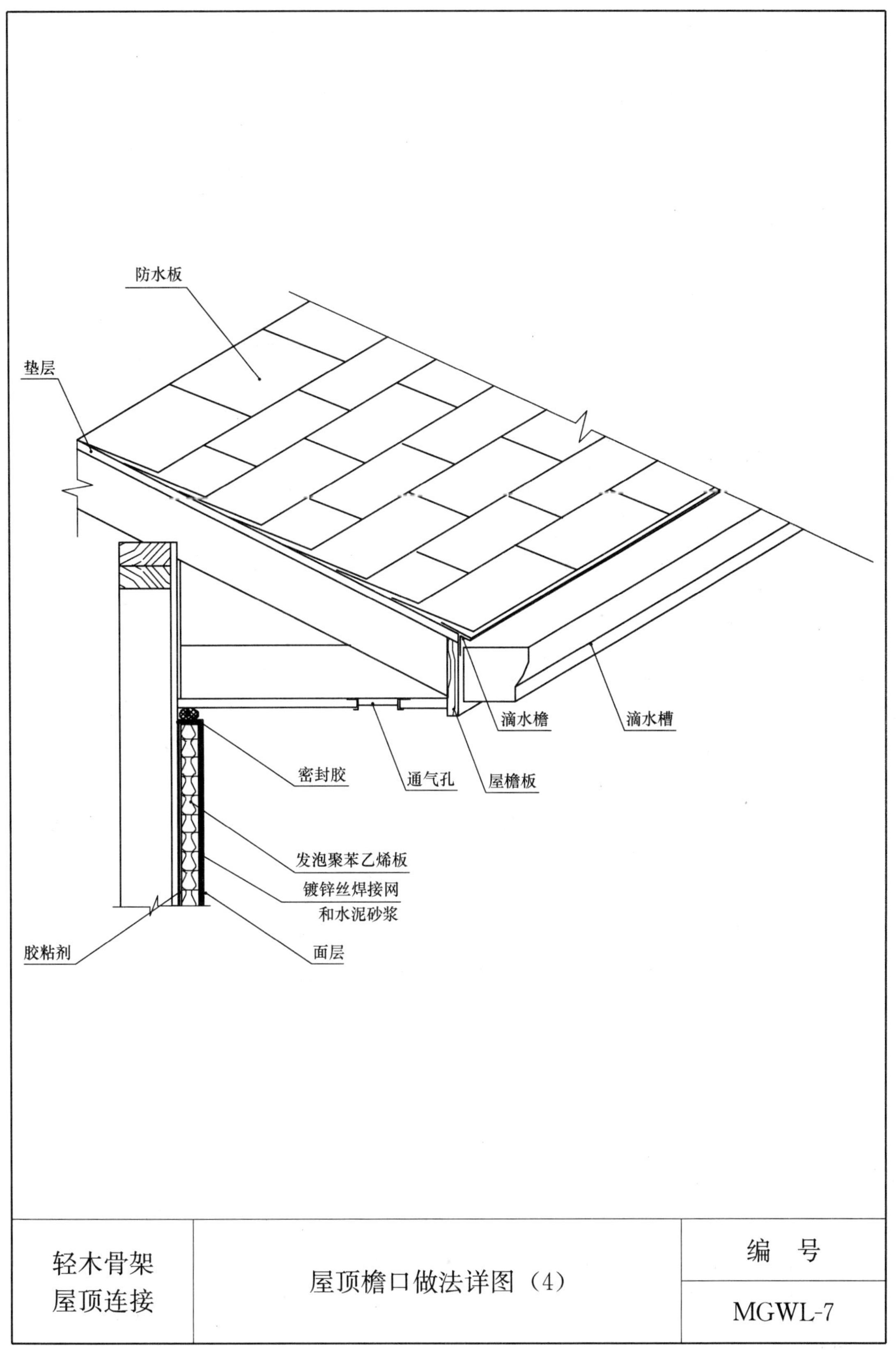

轻木骨架 屋顶连接	屋顶檐口做法详图（4）	编　号
		MGWL-7

第二节　木骨架墙板端部连接做法

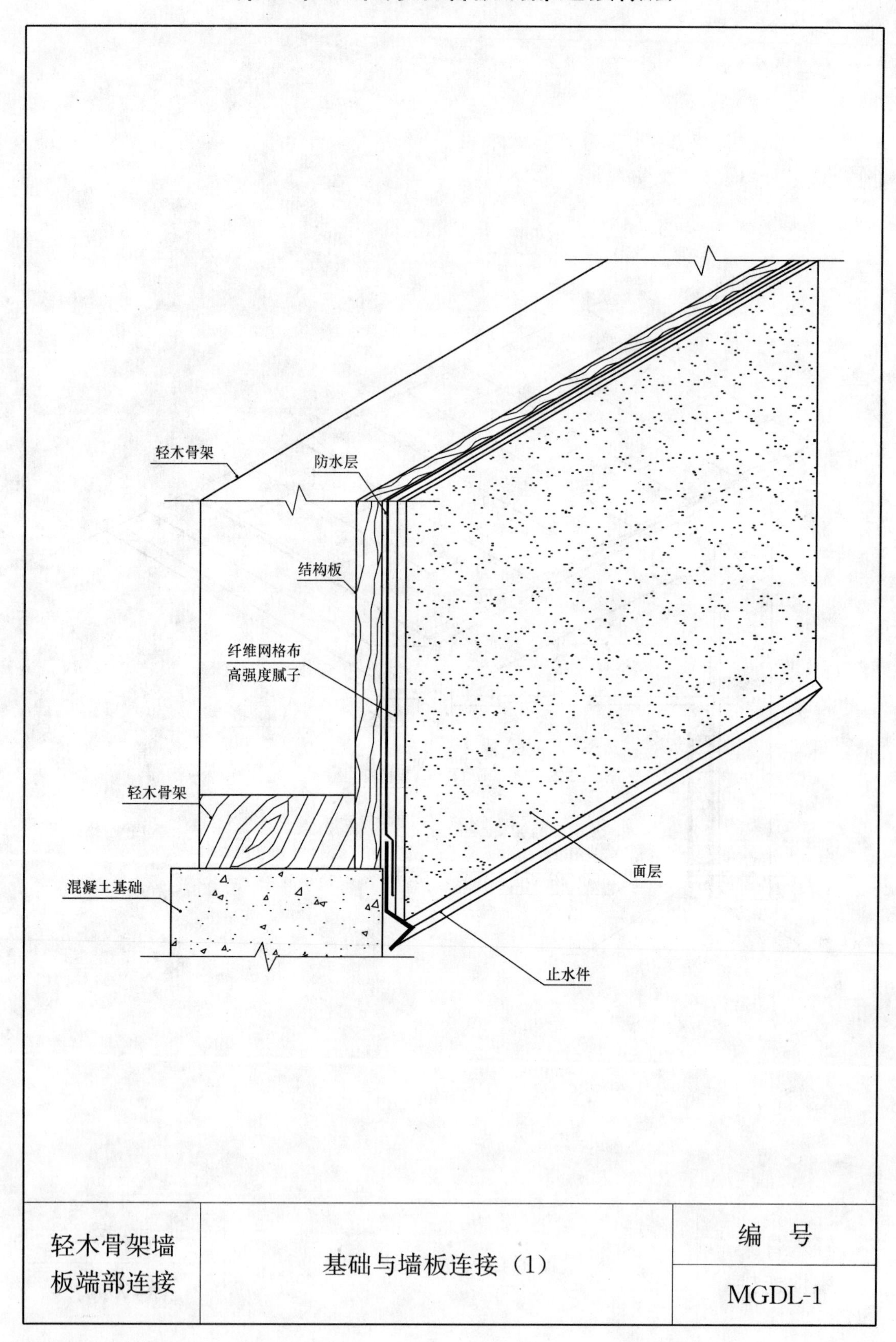

轻木骨架墙板端部连接	基础与墙板连接（1）	编　号
		MGDL-1

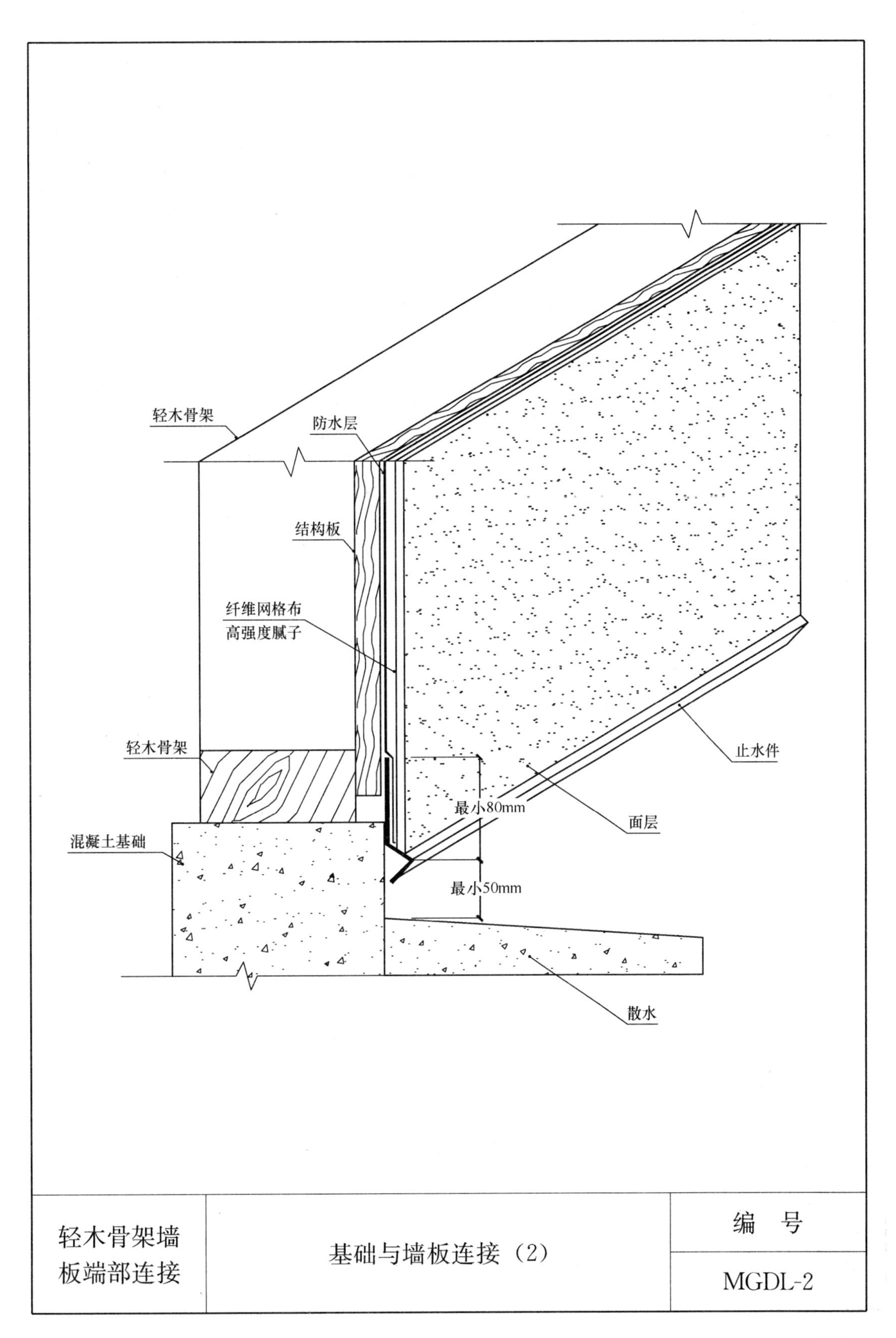

轻木骨架
防水层
结构板
纤维网格布
高强度腻子
轻木骨架
混凝土基础
止水件
最小80mm
面层
最小50mm
散水
轻木骨架墙
板端部连接
基础与墙板连接（2）
编 号
MGDL-2

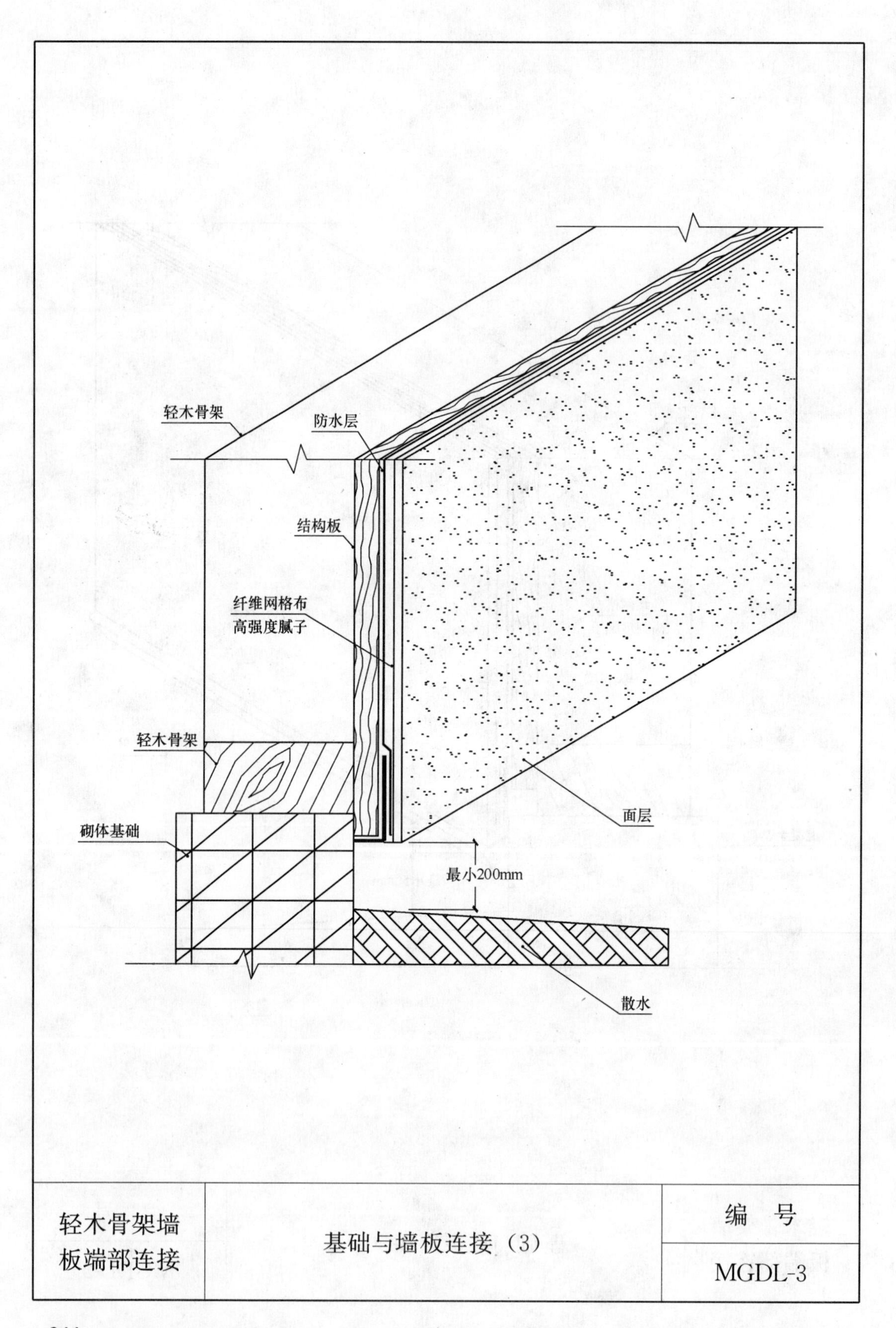
轻木骨架
防水层
结构板
纤维网格布
高强度腻子
轻木骨架
砌体基础
面层
最小200mm
散水
轻木骨架墙板端部连接
基础与墙板连接（3）
编 号
MGDL-3

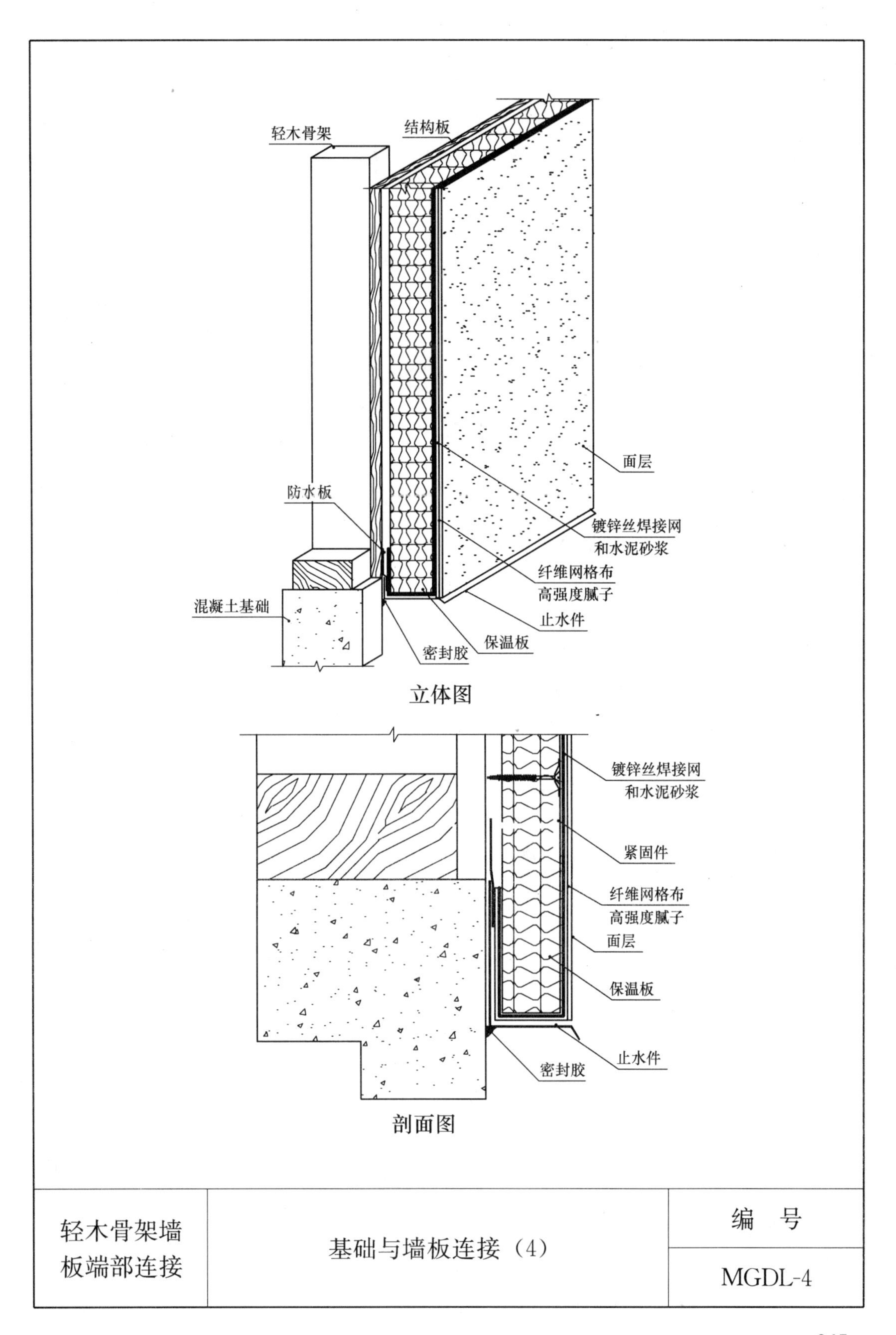

轻木骨架墙板端部连接	基础与墙板连接（4）	编　号
		MGDL-4

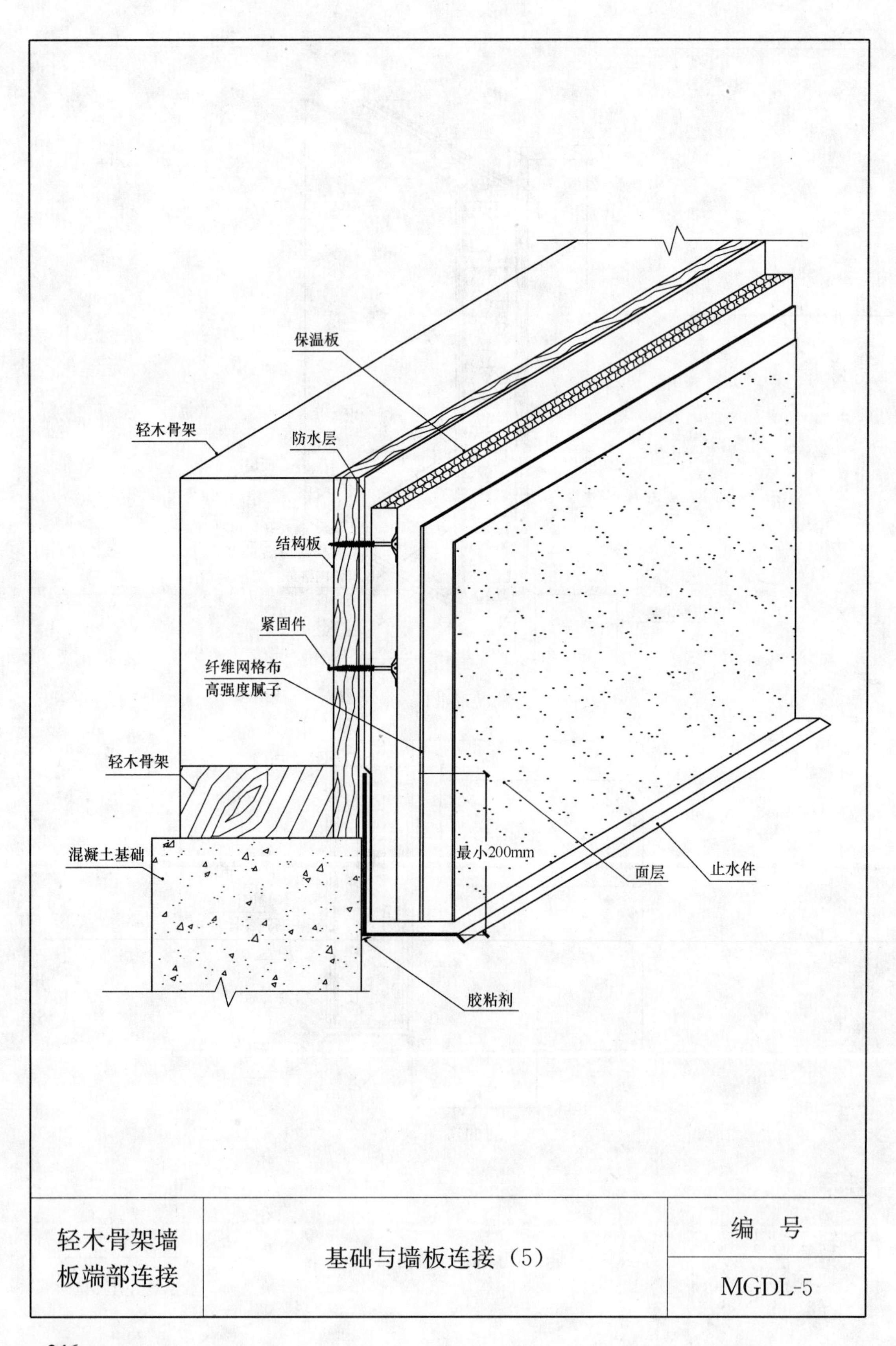
保温板
轻木骨架
防水层
结构板
紧固件
纤维网格布
高强度腻子
轻木骨架
混凝土基础
最小200mm
面层
止水件
胶粘剂
轻木骨架墙
板端部连接
基础与墙板连接（5）
编 号
MGDL-5

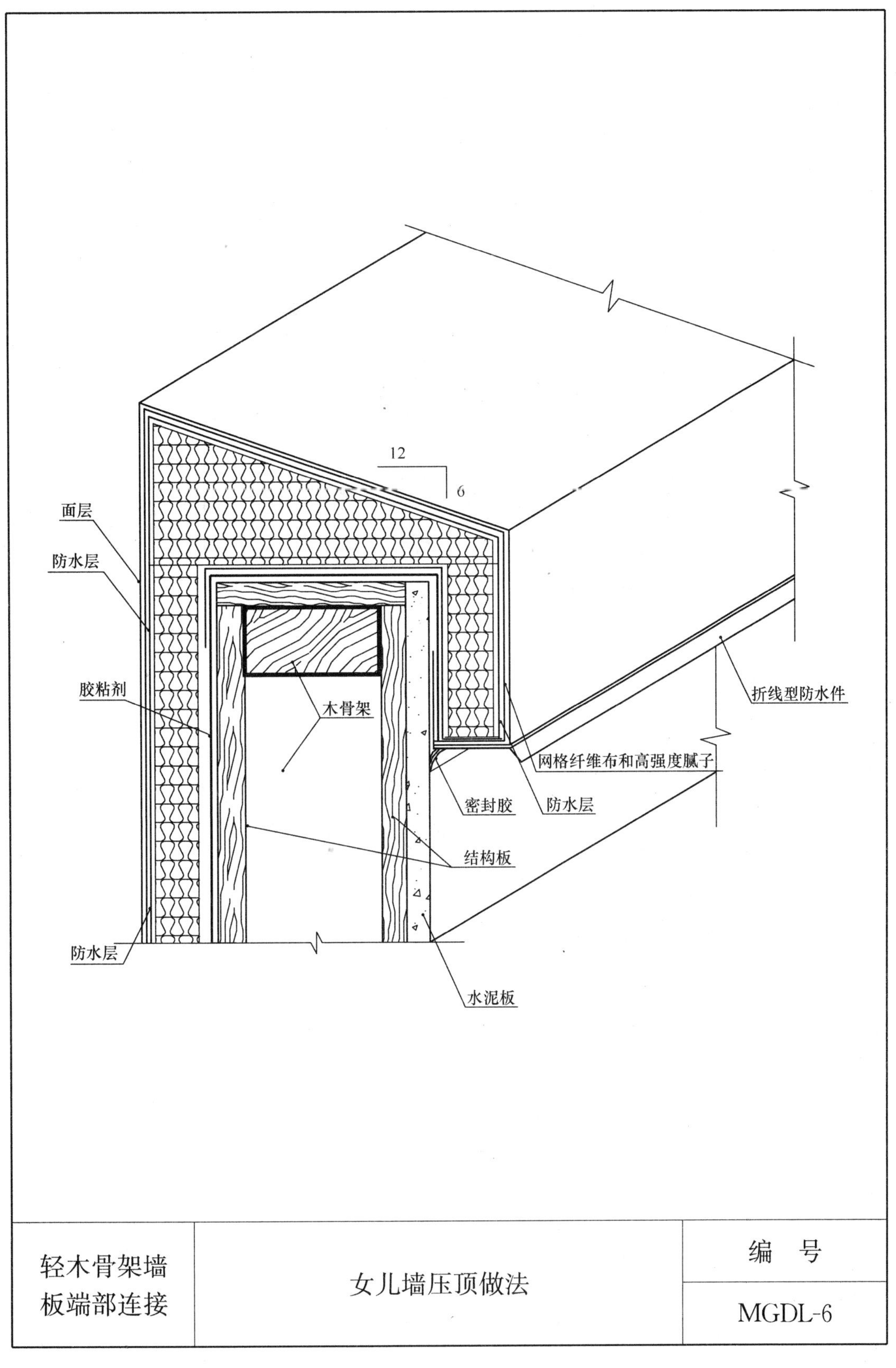

轻木骨架墙板端部连接	女儿墙压顶做法	编　号
		MGDL-6

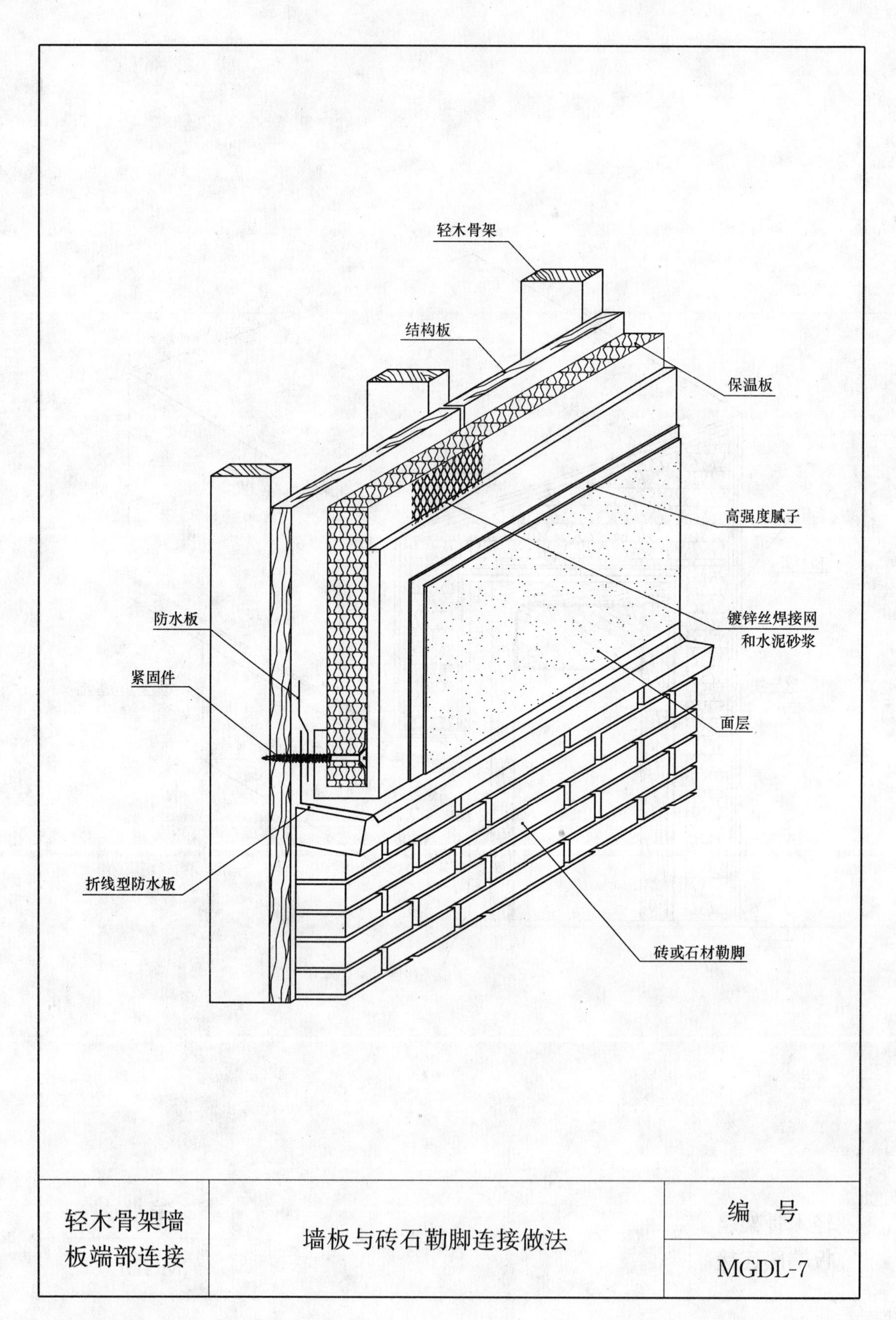
轻木骨架
结构板
保温板
高强度腻子
镀锌丝焊接网
和水泥砂浆
面层
防水板
紧固件
折线型防水板
砖或石材勒脚
轻木骨架墙
板端部连接
墙板与砖石勒脚连接做法
编 号
MGDL-7

第三节 木骨架墙板连接细部做法

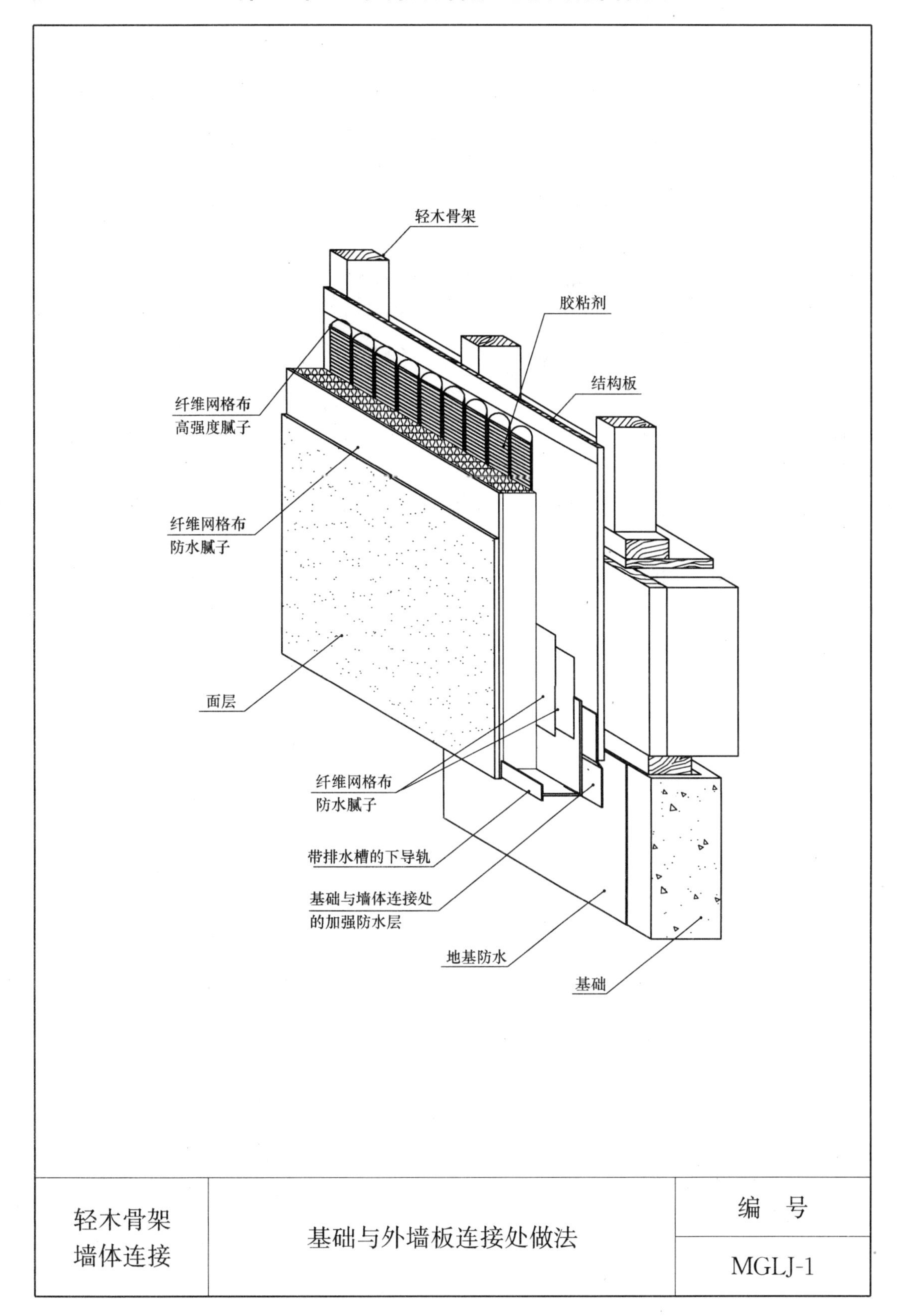

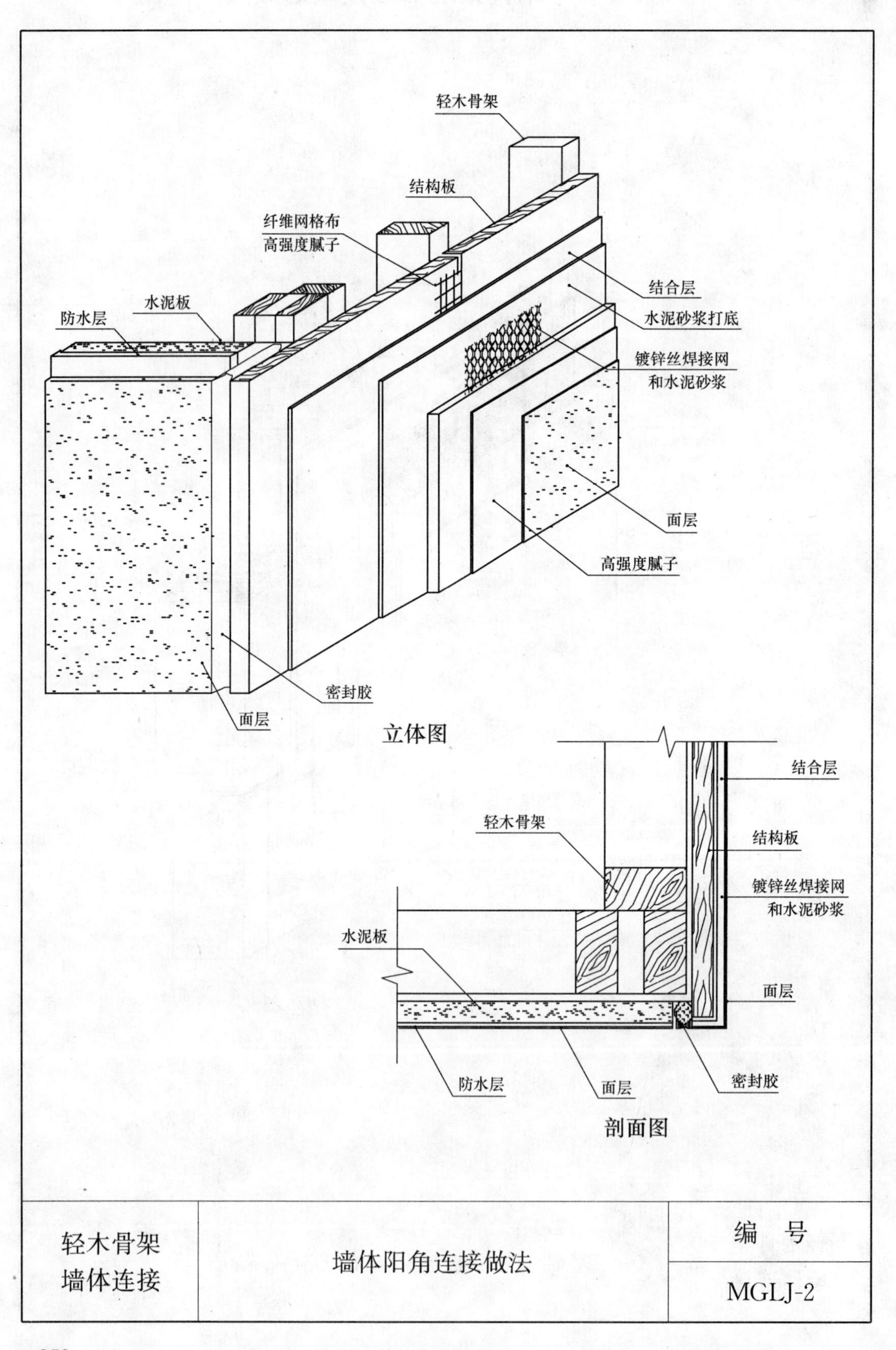
轻木骨架
结构板
纤维网格布
高强度腻子
结合层
水泥砂浆打底
水泥板
防水层
镀锌丝焊接网
和水泥砂浆
面层
高强度腻子
密封胶
面层
立体图
结合层
轻木骨架
结构板
镀锌丝焊接网
和水泥砂浆
水泥板
面层
防水层
面层
密封胶
剖面图
轻木骨架
墙体连接
墙体阳角连接做法
编　号
MGLJ-2

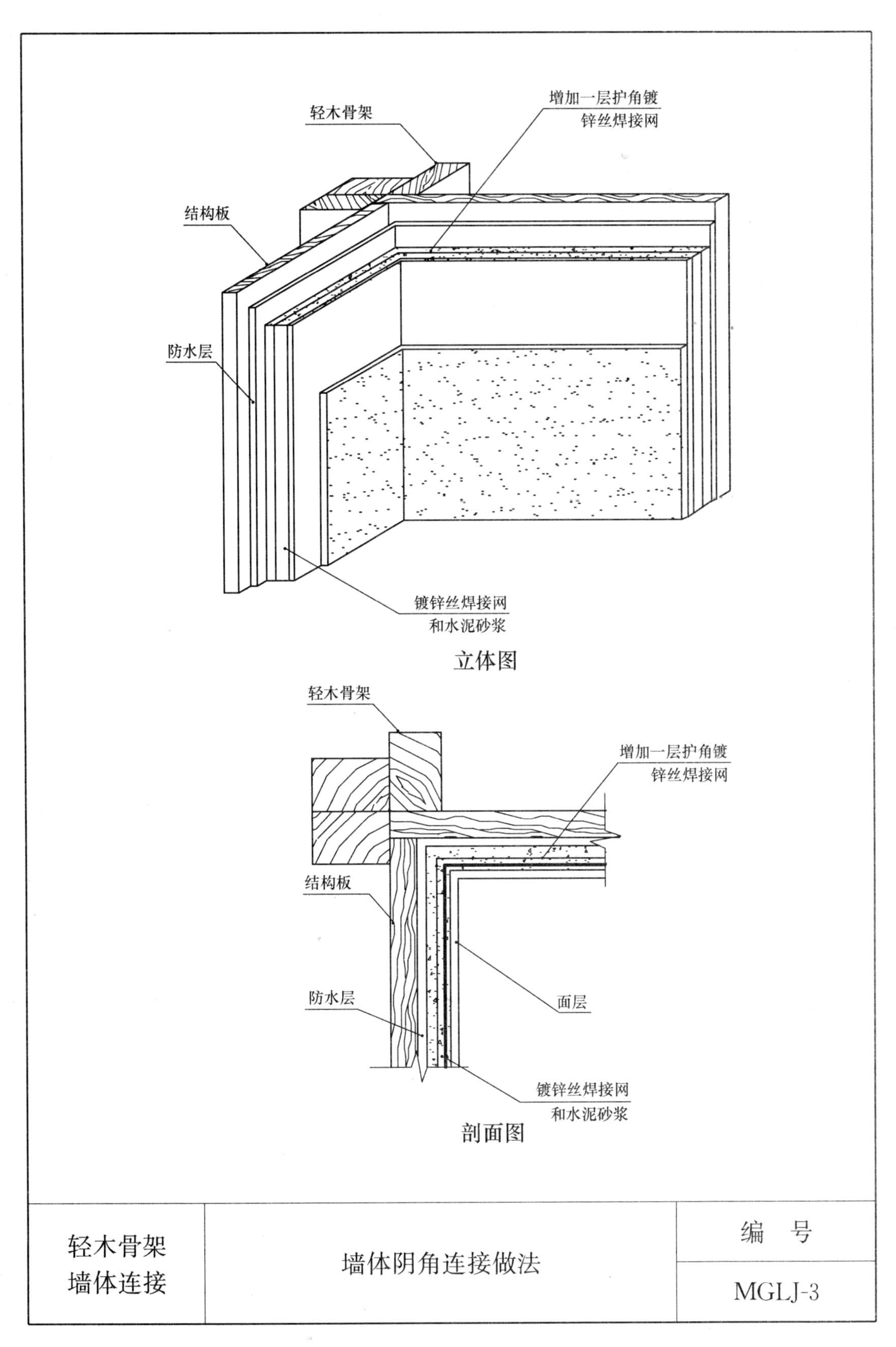
轻木骨架
增加一层护角镀
锌丝焊接网
结构板
防水层
镀锌丝焊接网
和水泥砂浆
立体图
轻木骨架
增加一层护角镀
锌丝焊接网
结构板
面层
防水层
镀锌丝焊接网
和水泥砂浆
剖面图
轻木骨架
墙体连接
墙体阴角连接做法
编　号
MGLJ-3

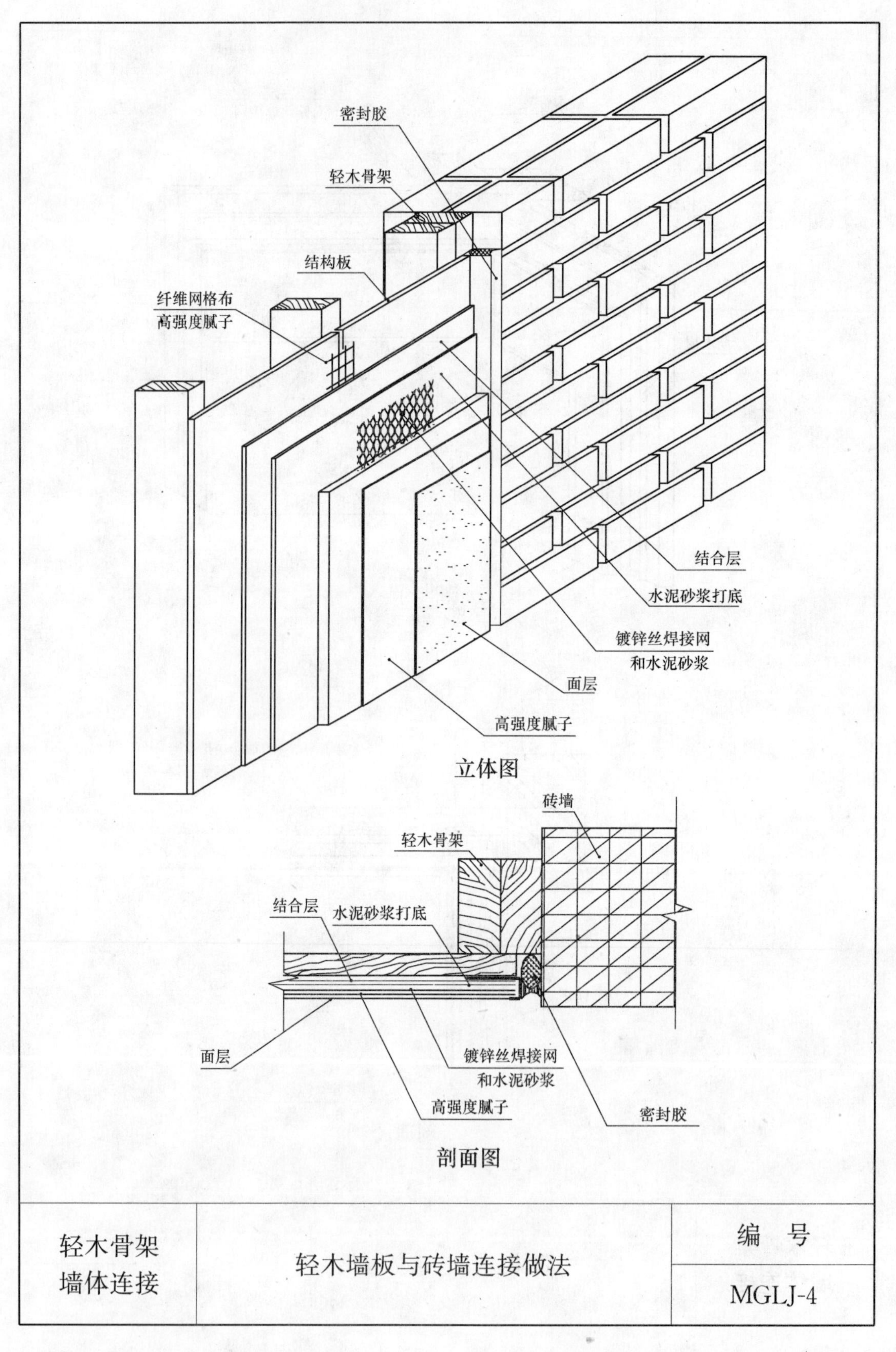
密封胶
轻木骨架
结构板
纤维网格布
高强度腻子
结合层
水泥砂浆打底
镀锌丝焊接网
和水泥砂浆
面层
高强度腻子
立体图
砖墙
轻木骨架
结合层
水泥砂浆打底
面层
镀锌丝焊接网
和水泥砂浆
高强度腻子
密封胶
剖面图
轻木骨架
墙体连接
轻木墙板与砖墙连接做法
编　号
MGLJ-4

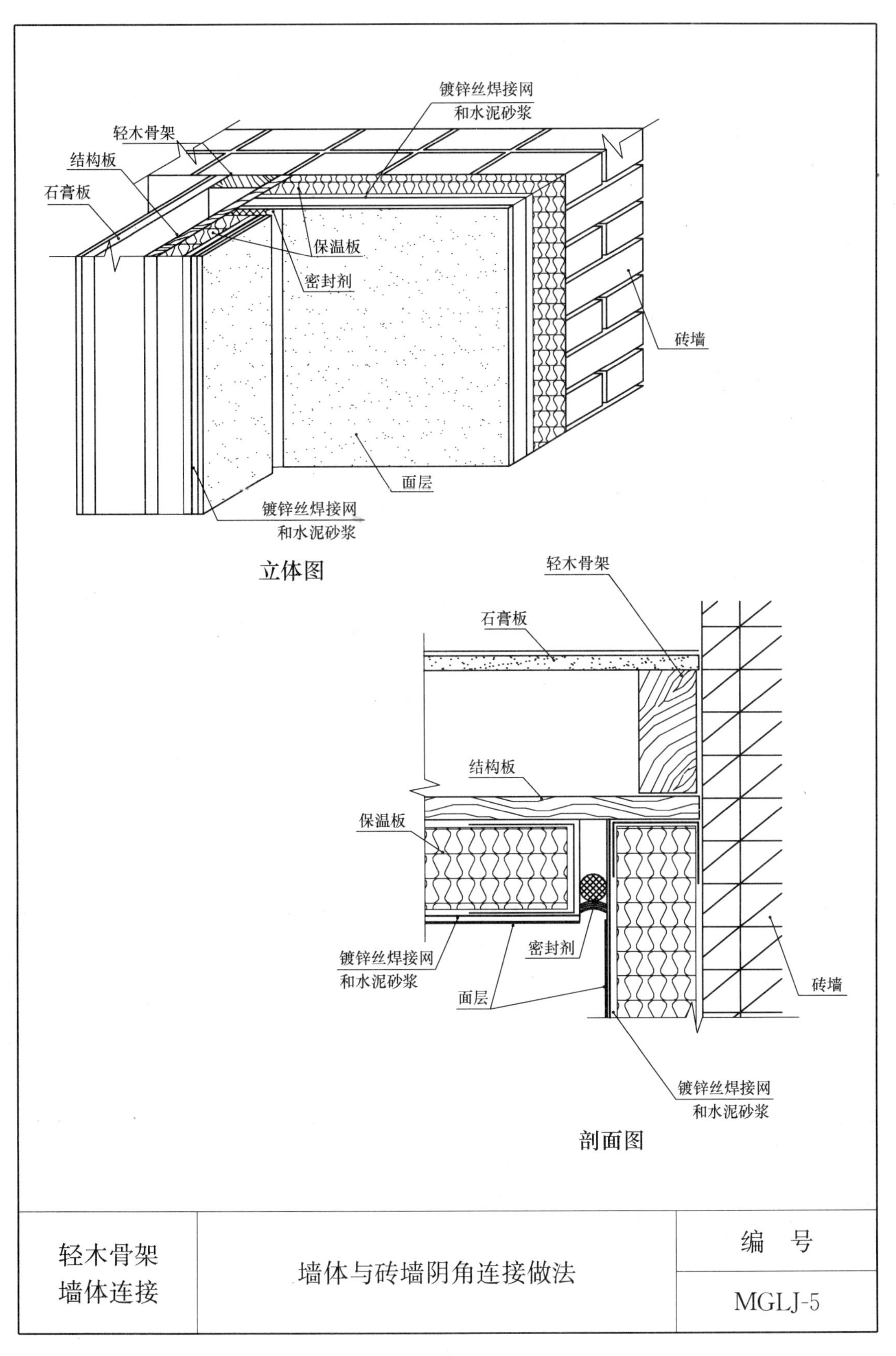

轻木骨架 墙体连接	墙体与砖墙阴角连接做法	编　号
		MGLJ-5

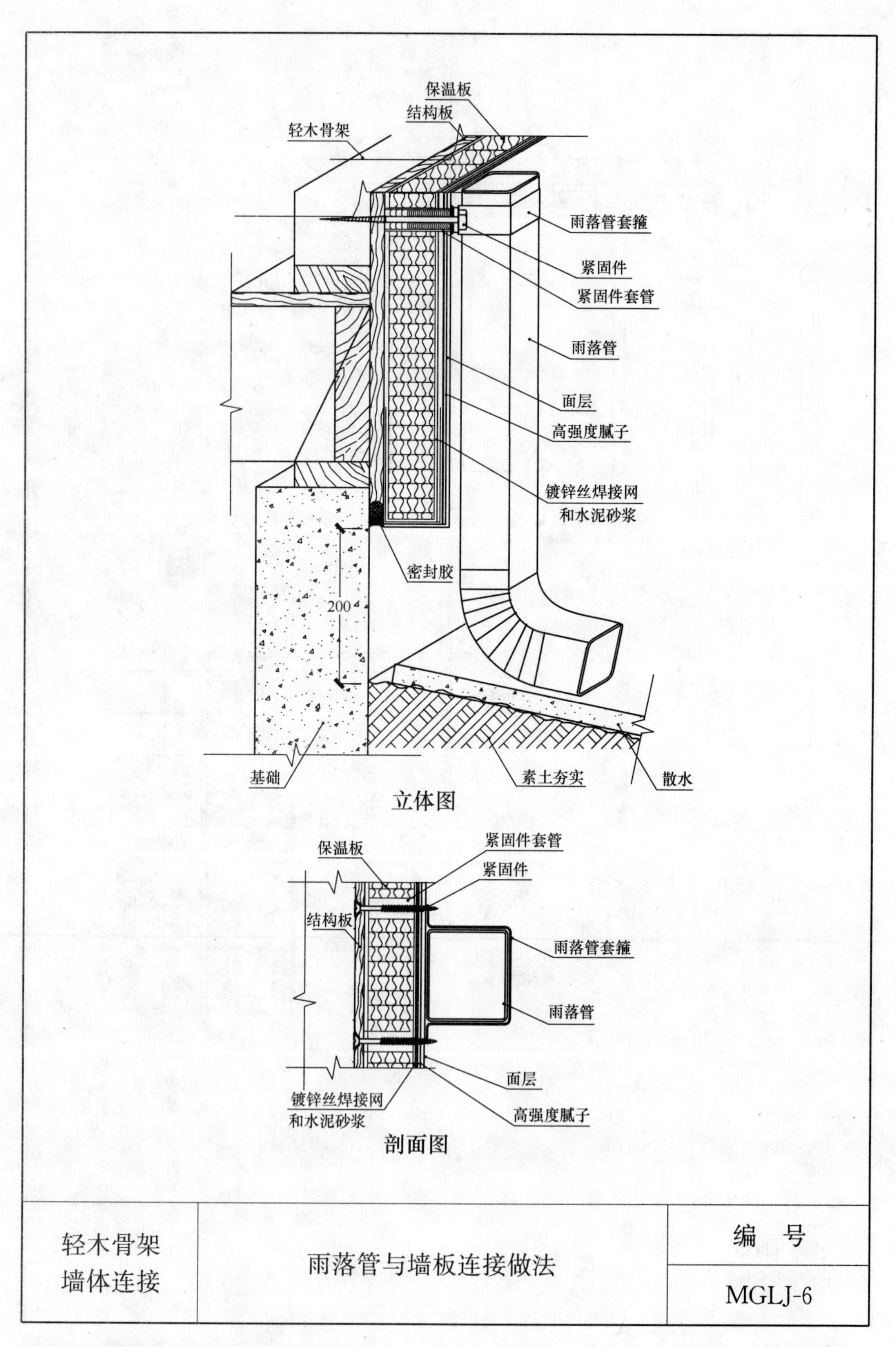

轻木骨架 墙体连接	雨落管与墙板连接做法	编　号
		MGLJ-6

第四节　木骨架墙板伸缩缝做法

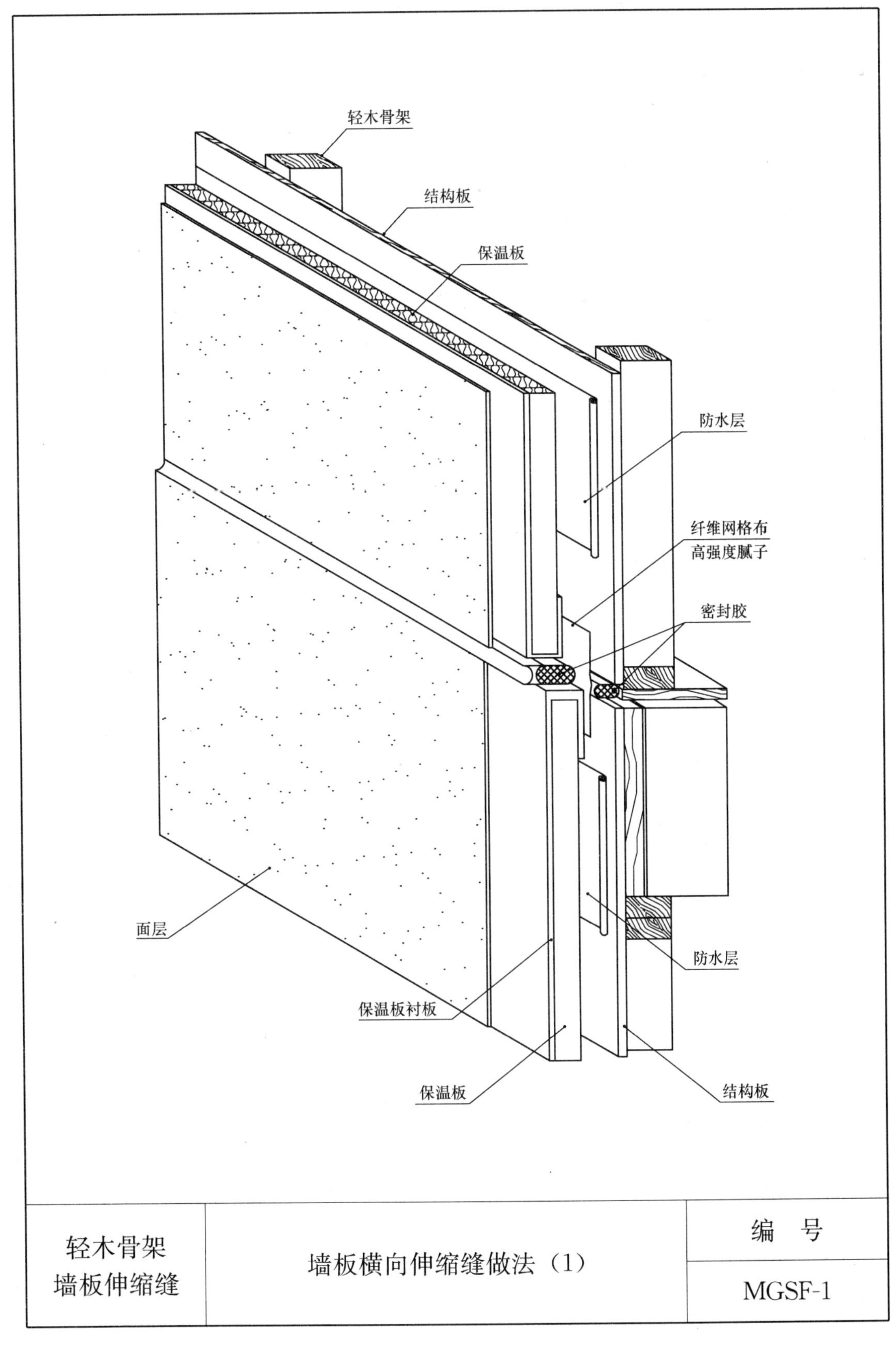

轻木骨架 墙板伸缩缝	墙板横向伸缩缝做法（1）	编　号
		MGSF-1

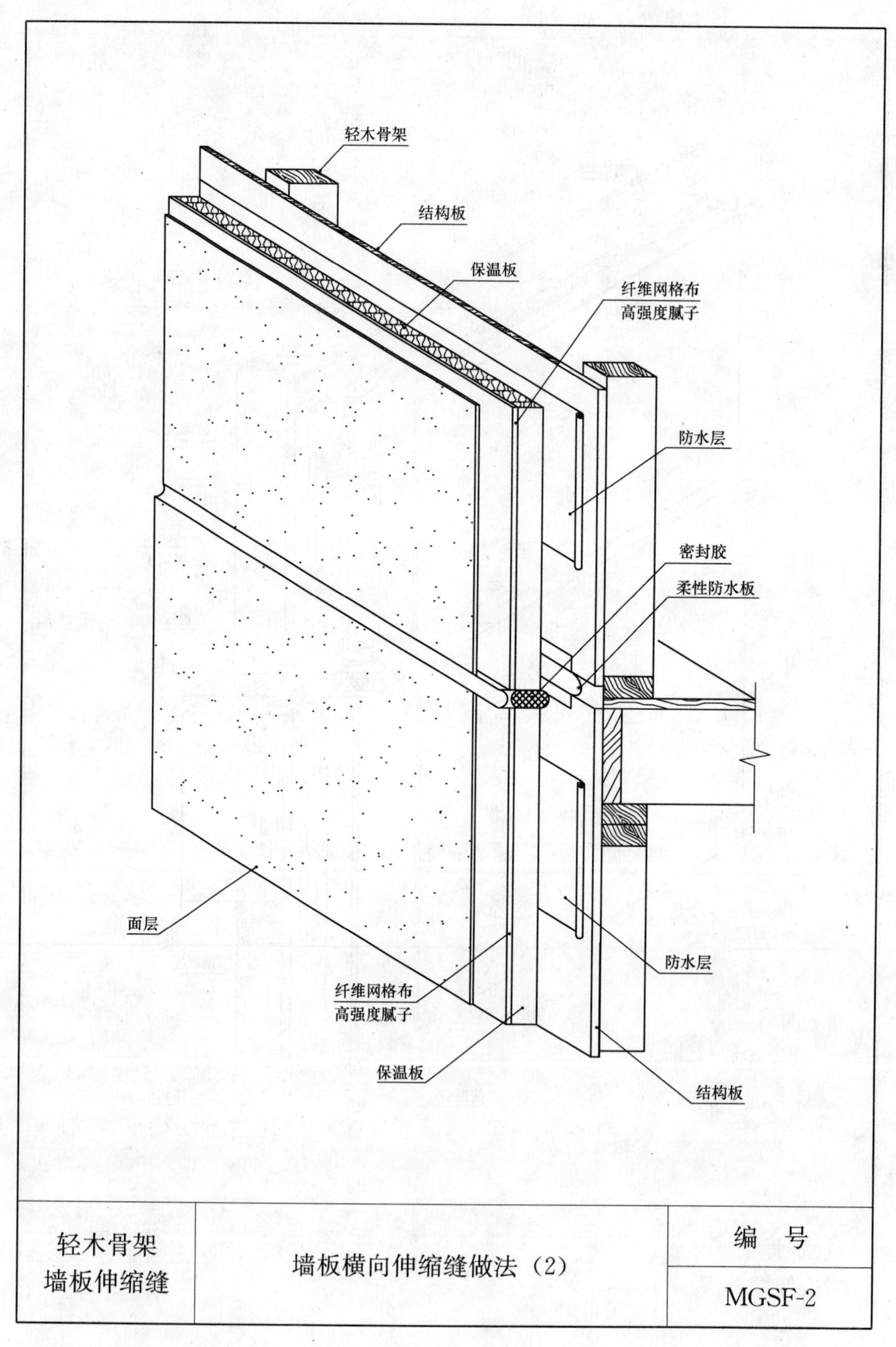

轻木骨架 墙板伸缩缝	墙板横向伸缩缝做法（2）	编　号
		MGSF-2

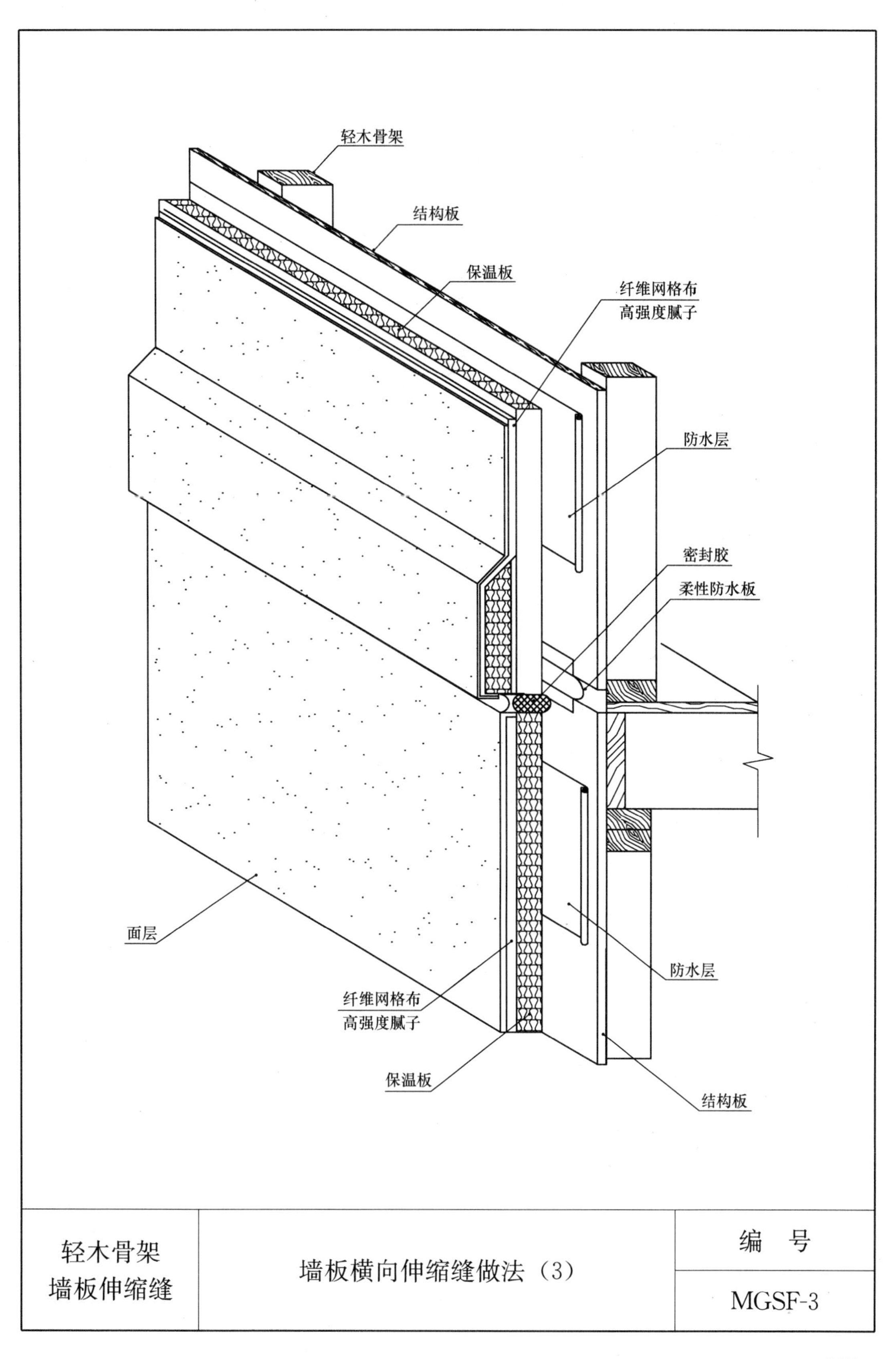

轻木骨架 墙板伸缩缝	墙板横向伸缩缝做法（3）	编　号
		MGSF-3

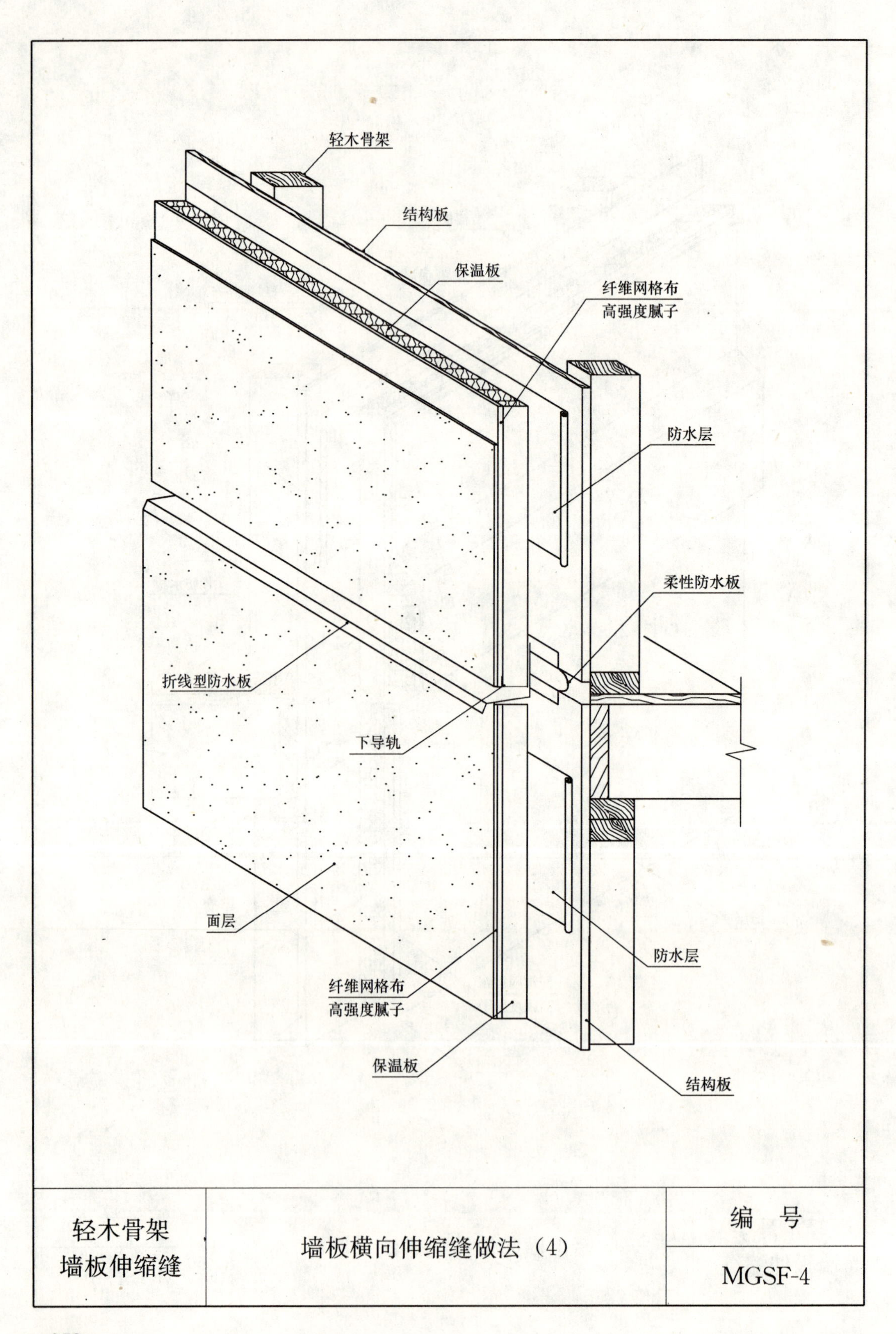
轻木骨架
结构板
保温板
纤维网格布
高强度腻子
防水层
柔性防水板
折线型防水板
下导轨
面层
防水层
纤维网格布
高强度腻子
保温板
结构板
轻木骨架
墙板伸缩缝
墙板横向伸缩缝做法（4）
编　号
MGSF-4

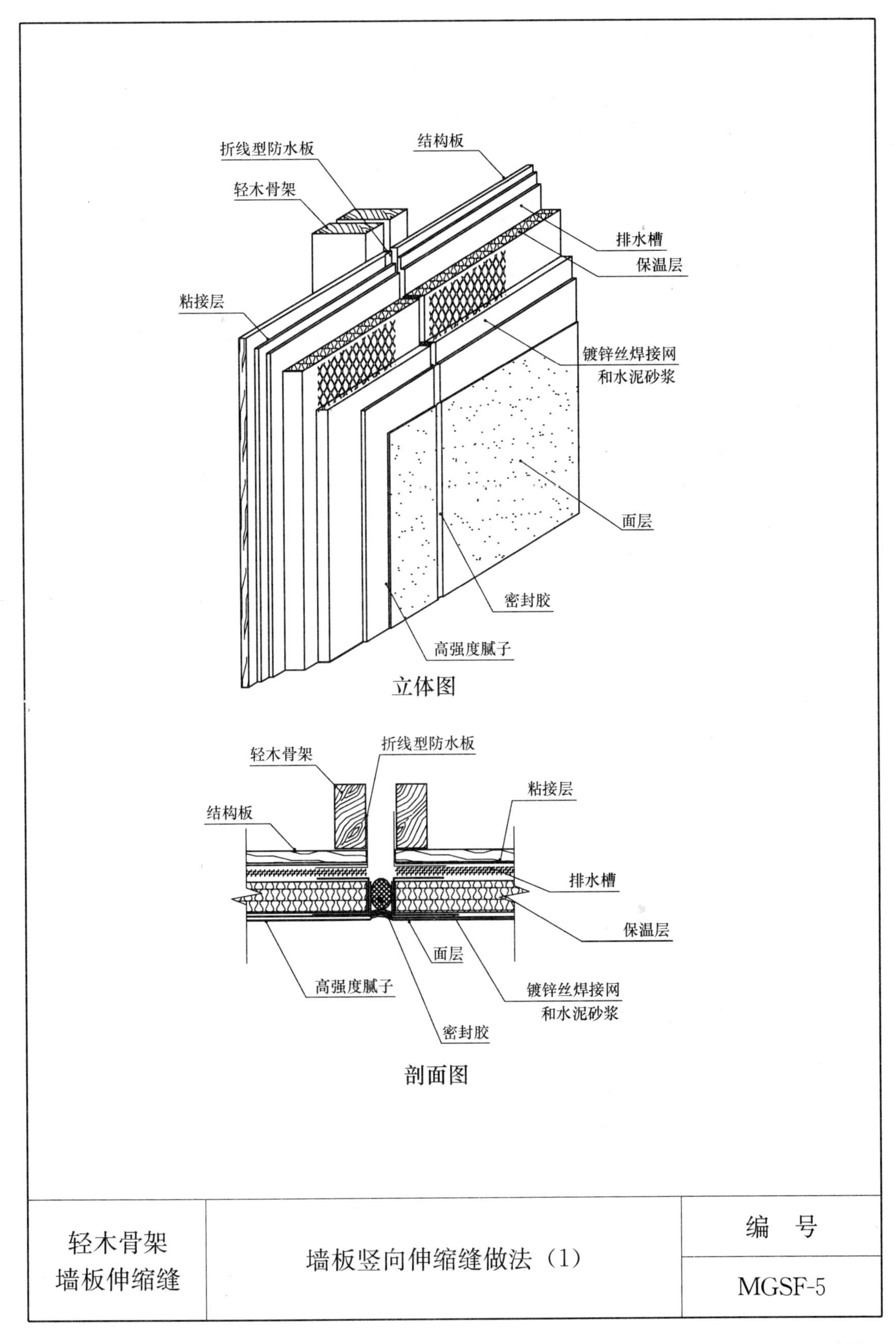

轻木骨架 墙板伸缩缝	墙板竖向伸缩缝做法（1）	编　号 MGSF-5

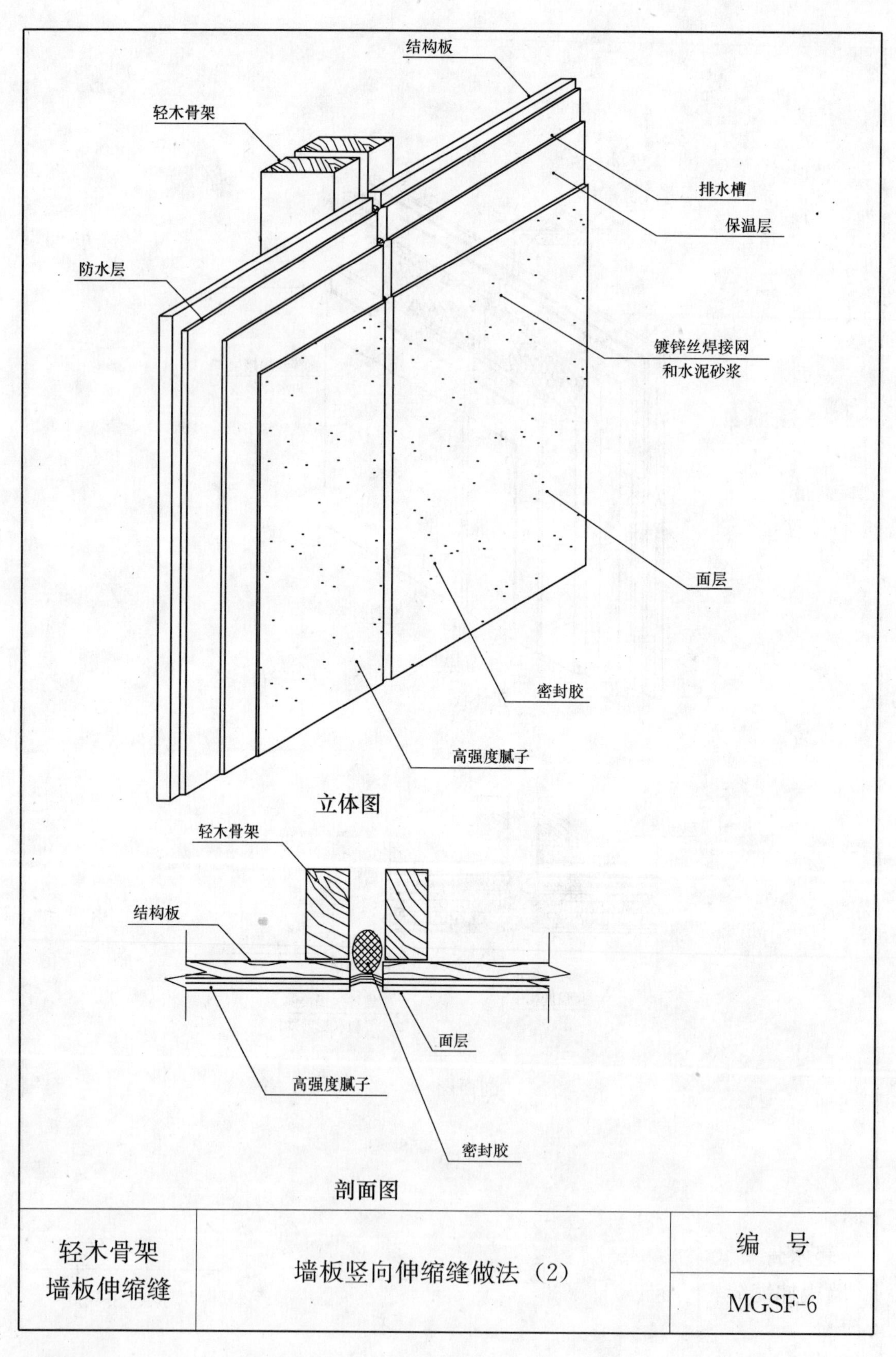

轻木骨架 墙板伸缩缝	墙板竖向伸缩缝做法（2）	编　号 MGSF-6

第五节　轻木骨架墙穿透做法

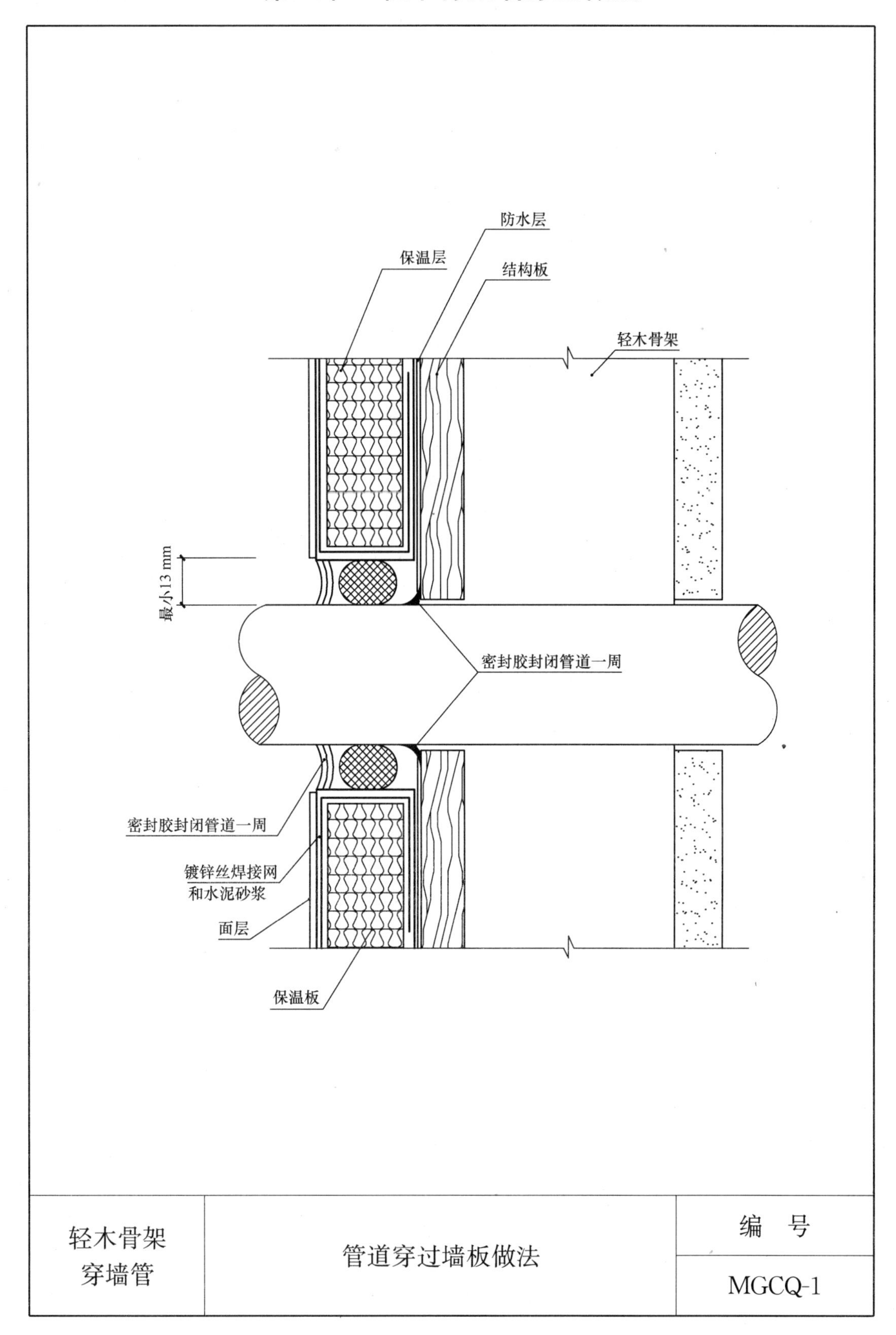

轻木骨架 穿墙管	管道穿过墙板做法	编　号
		MGCQ-1

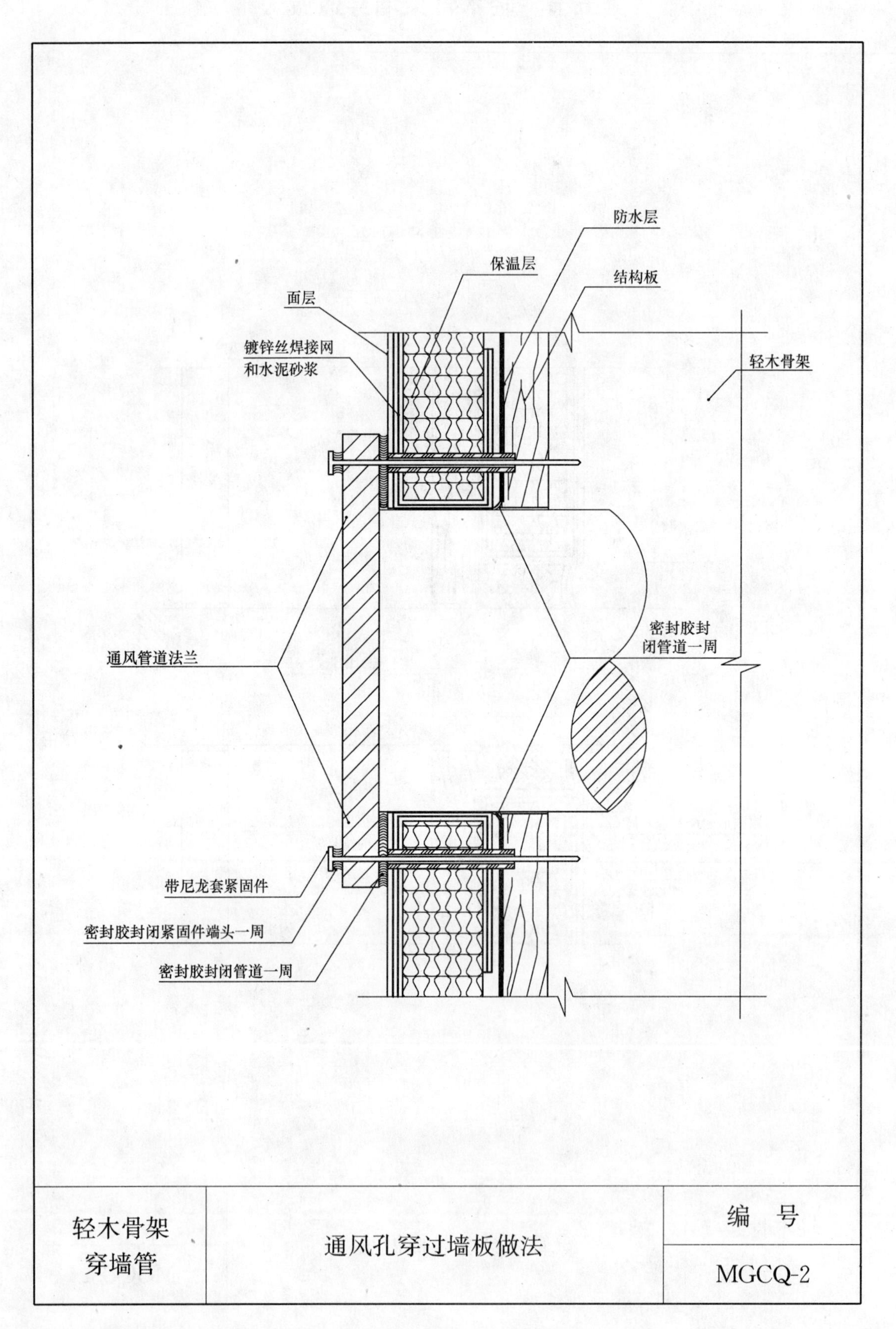
防水层
保温层
结构板
面层
镀锌丝焊接网
和水泥砂浆
轻木骨架
通风管道法兰
密封胶封
闭管道一周
带尼龙套紧固件
密封胶封闭紧固件端头一周
密封胶封闭管道一周
轻木骨架
穿墙管
通风孔穿过墙板做法
编 号
MGCQ-2

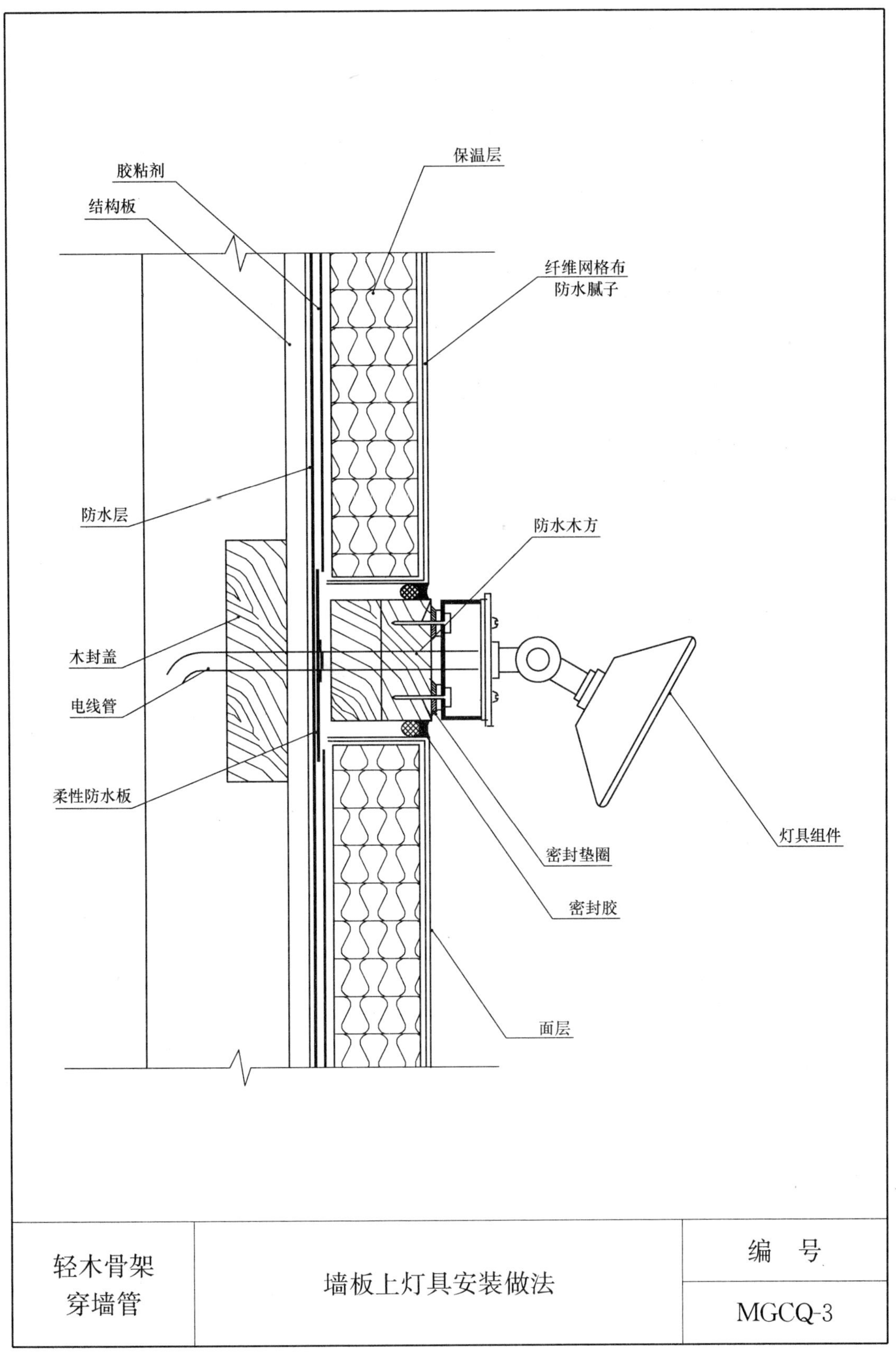

轻木骨架 穿墙管	墙板上灯具安装做法	编　号
		MGCQ-3

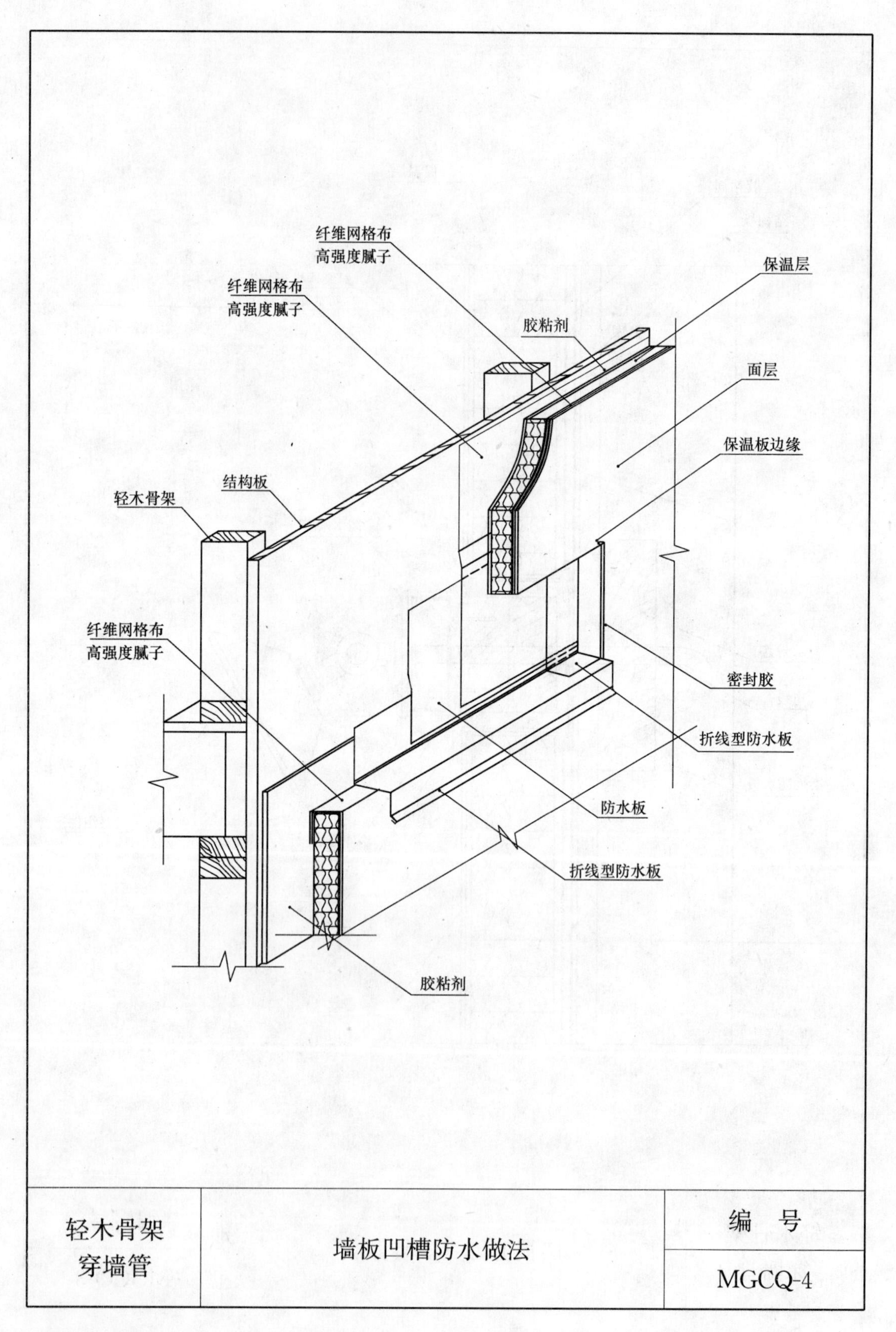

轻木骨架 穿墙管	墙板凹槽防水做法	编　号
		MGCQ-4

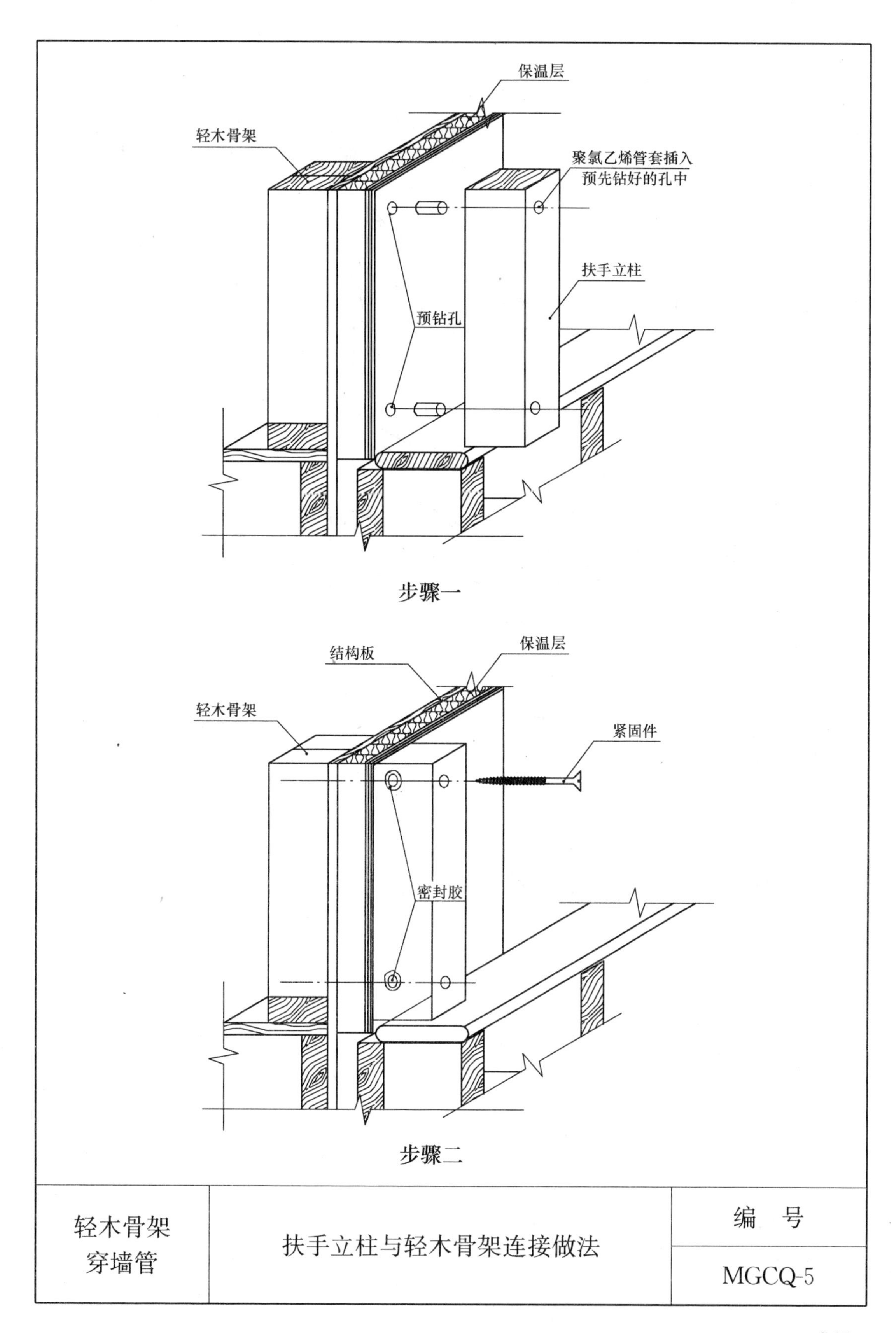

步骤一

步骤二

轻木骨架 穿墙管	扶手立柱与轻木骨架连接做法	编　号
		MGCQ-5

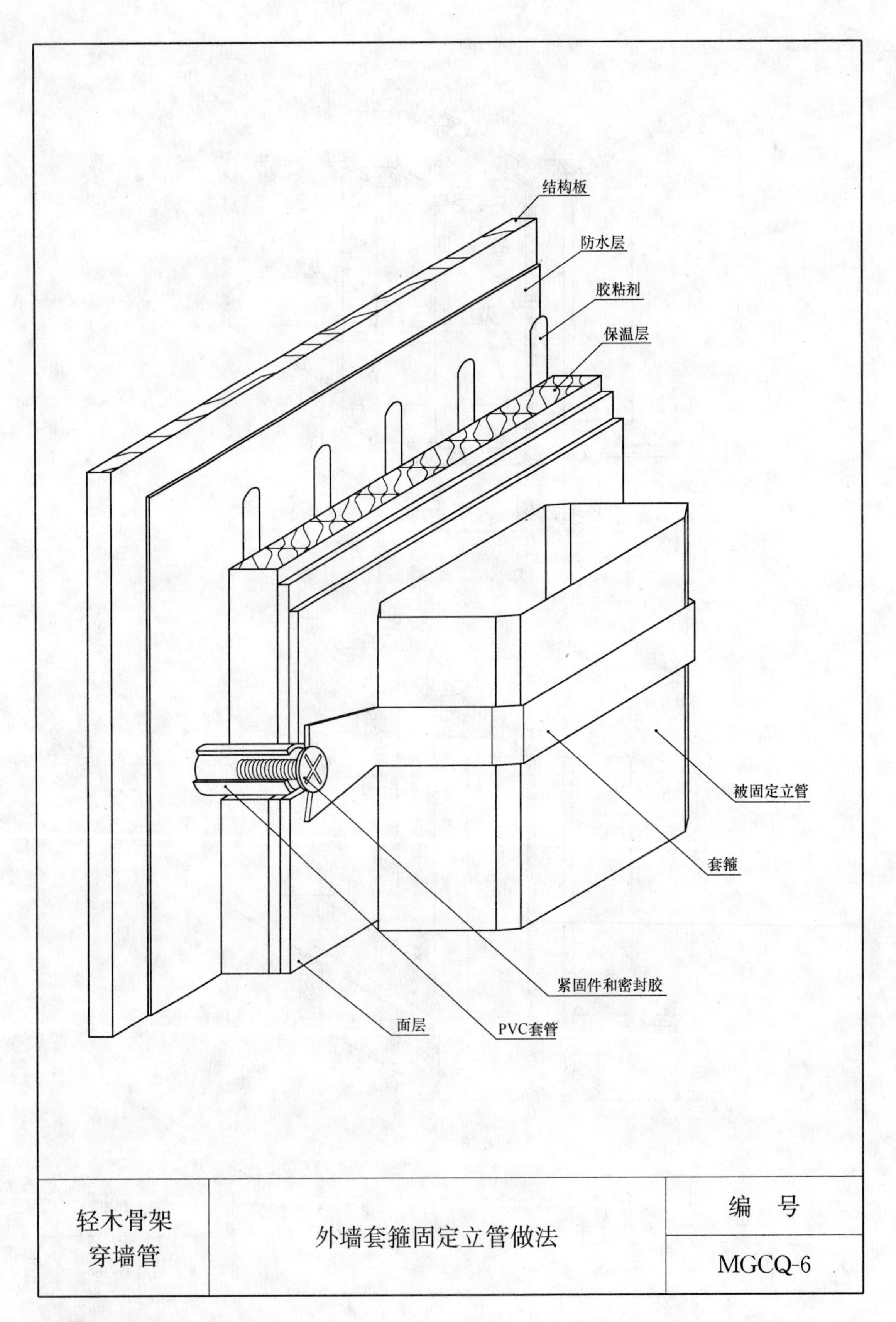

轻木骨架 穿墙管	外墙套箍固定立管做法	编　号
		MGCQ-6

第六节　轻木骨架外墙板装饰线做法

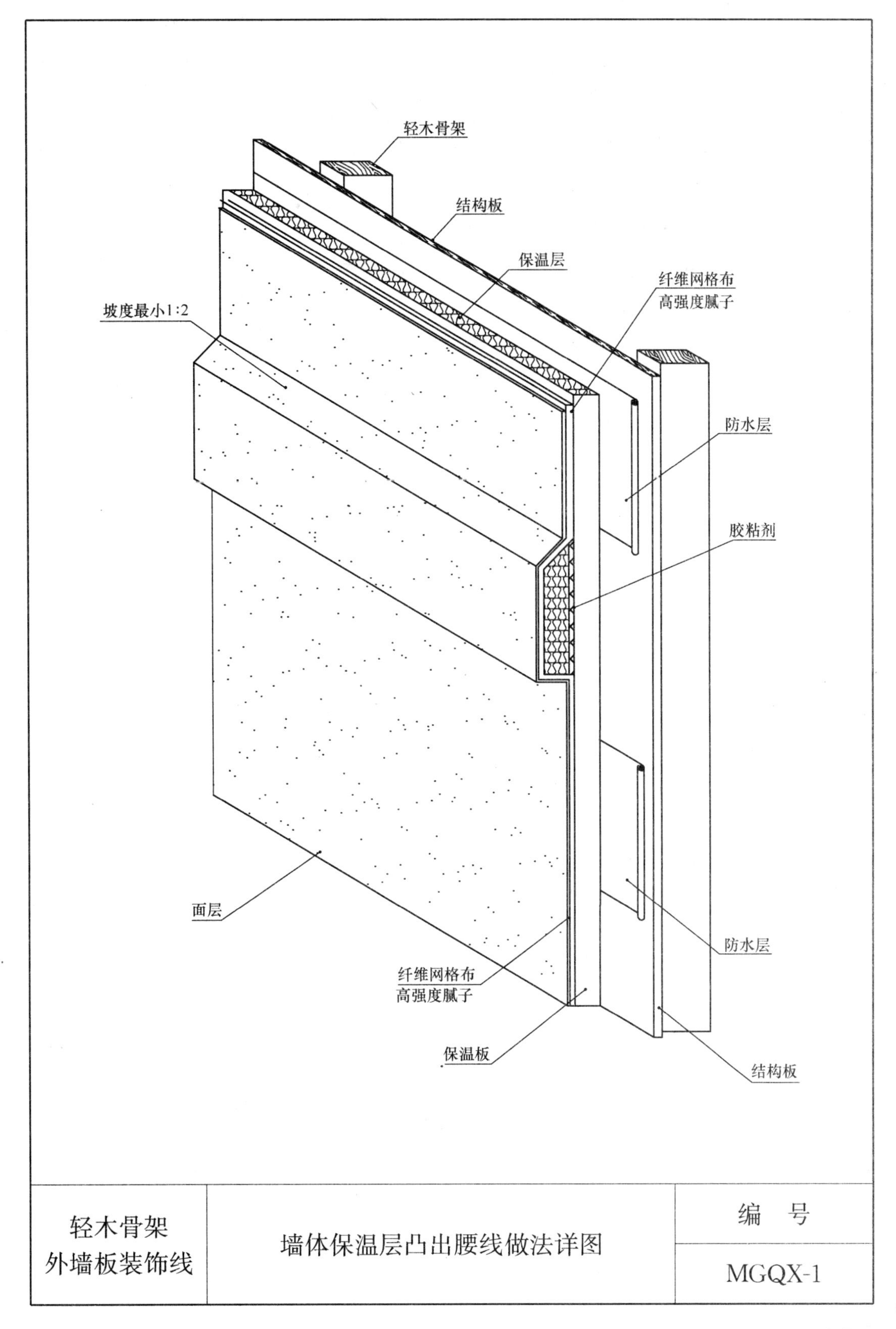

轻木骨架 外墙板装饰线	墙体保温层凸出腰线做法详图	编　号
		MGQX-1

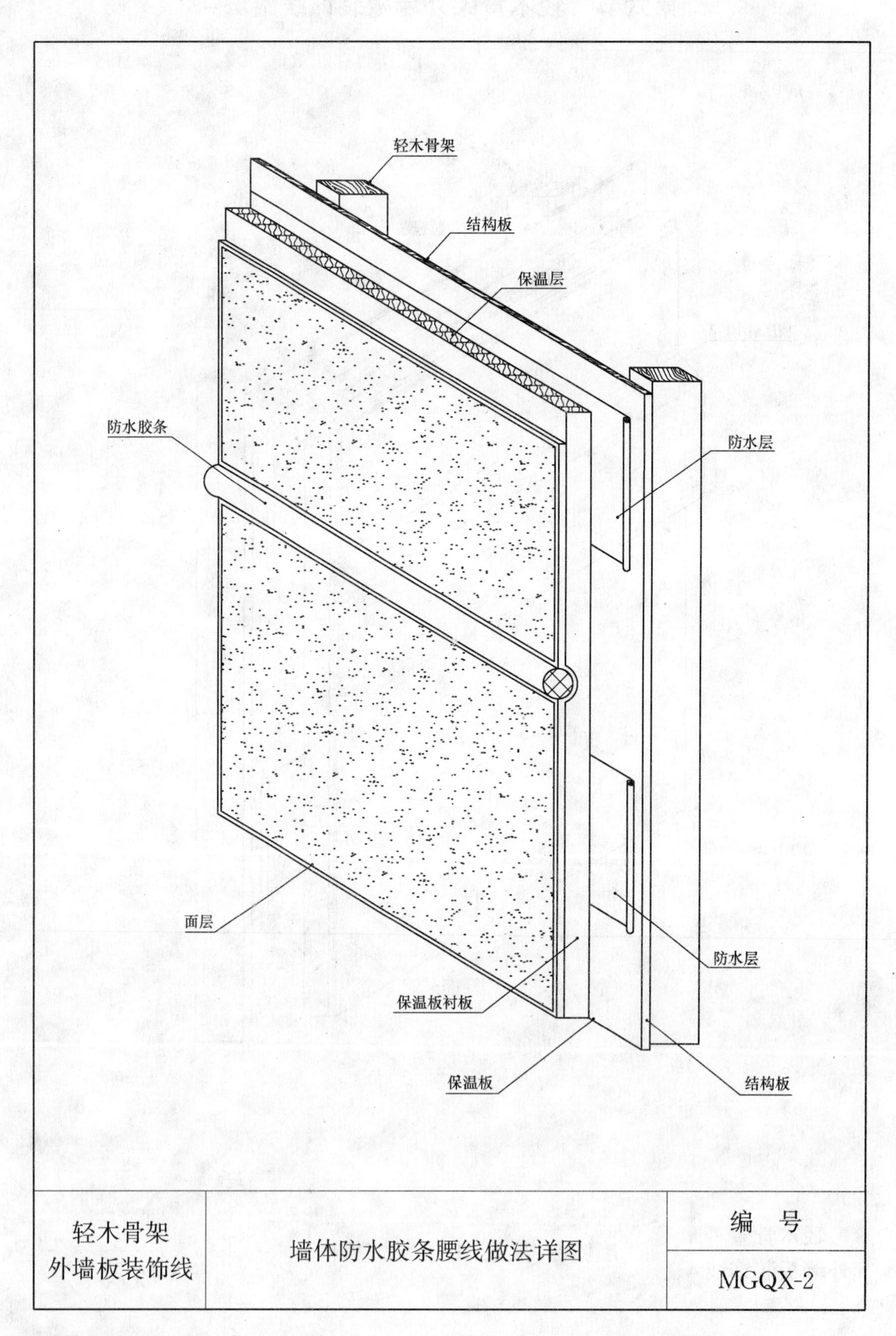
轻木骨架
结构板
保温层
防水胶条
防水层
面层
防水层
保温板衬板
保温板
结构板
轻木骨架
外墙板装饰线
墙体防水胶条腰线做法详图
编　号
MGQX-2

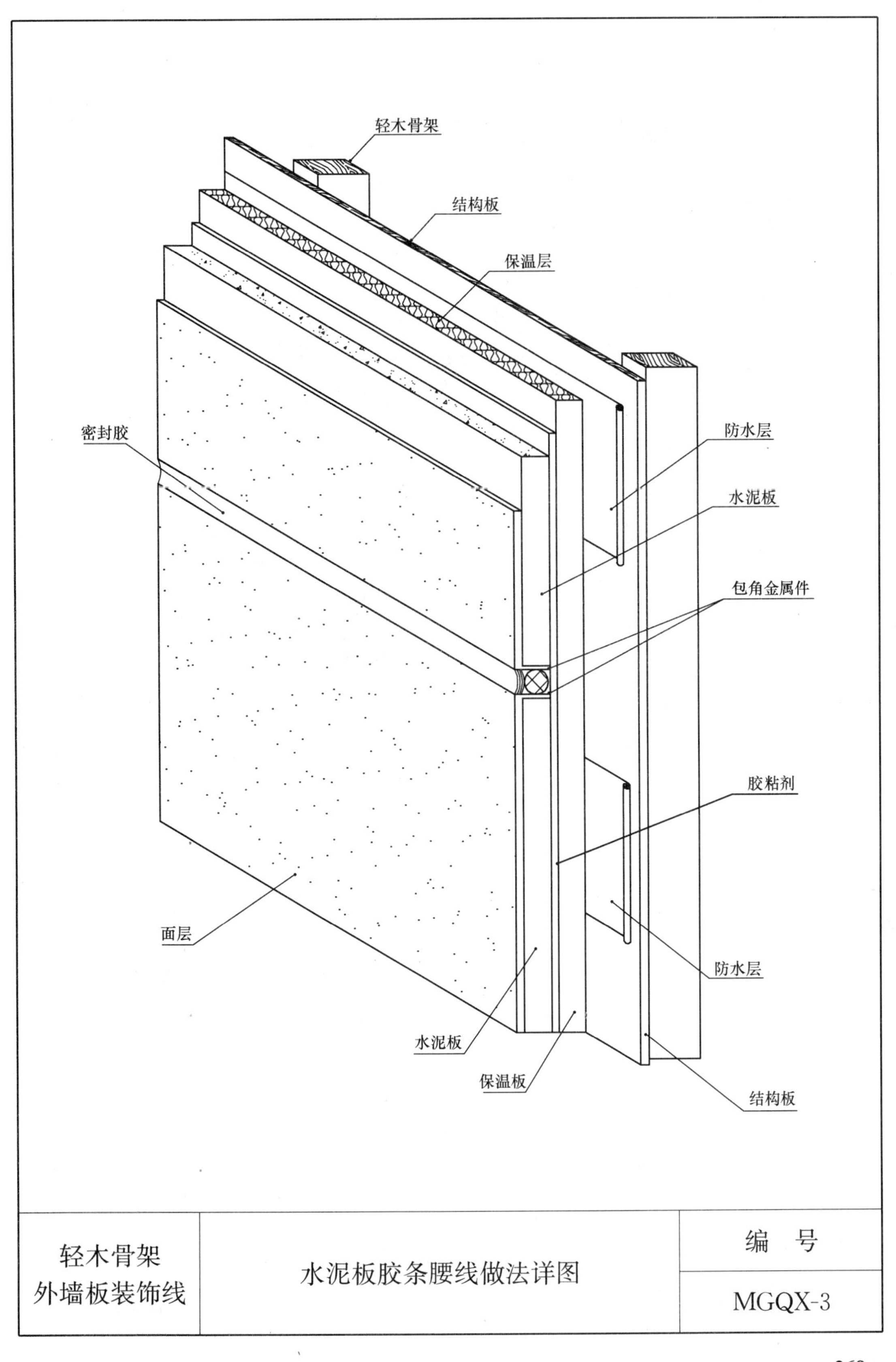
轻木骨架
结构板
保温层
密封胶
防水层
水泥板
包角金属件
胶粘剂
面层
防水层
水泥板
保温板
结构板
轻木骨架
外墙板装饰线
水泥板胶条腰线做法详图
编 号
MGQX-3

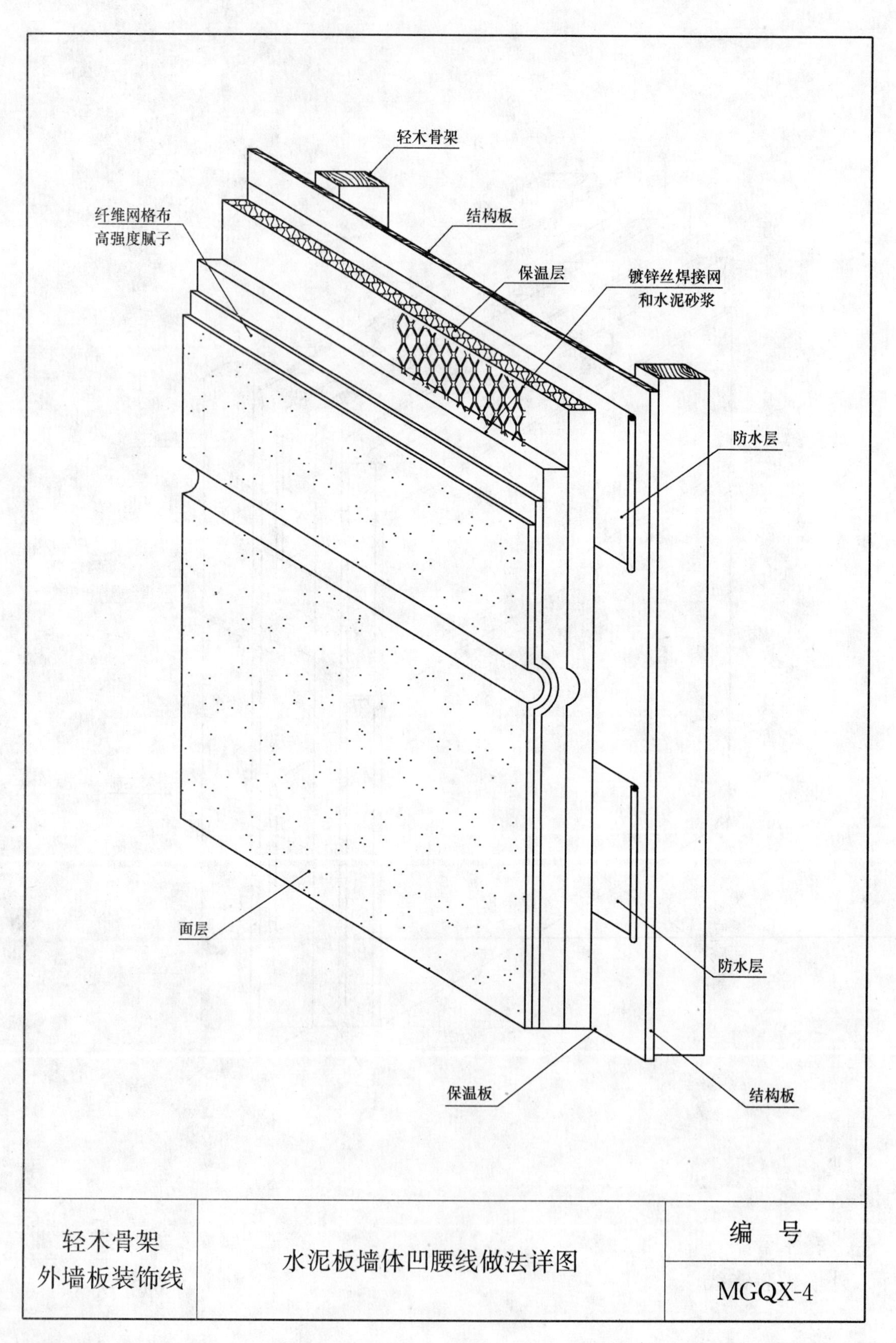

轻木骨架 外墙板装饰线	水泥板墙体凹腰线做法详图	编 号
		MGQX-4

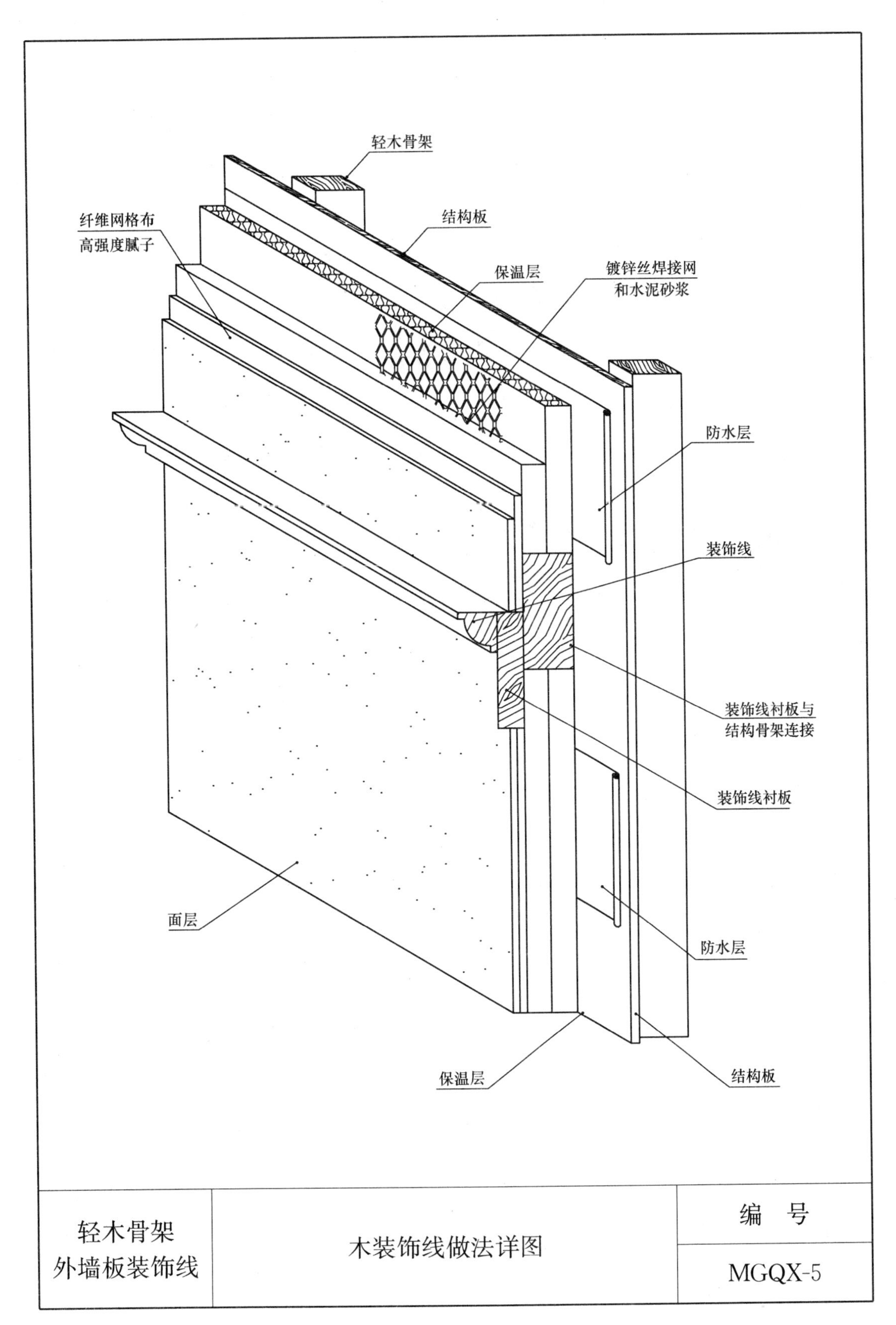
轻木骨架
纤维网格布
高强度腻子
结构板
保温层
镀锌丝焊接网
和水泥砂浆
防水层
装饰线
装饰线衬板与
结构骨架连接
装饰线衬板
面层
防水层
保温层
结构板
轻木骨架
外墙板装饰线
木装饰线做法详图
编 号
MGQX-5

第七节　轻钢骨架屋面连接做法详图

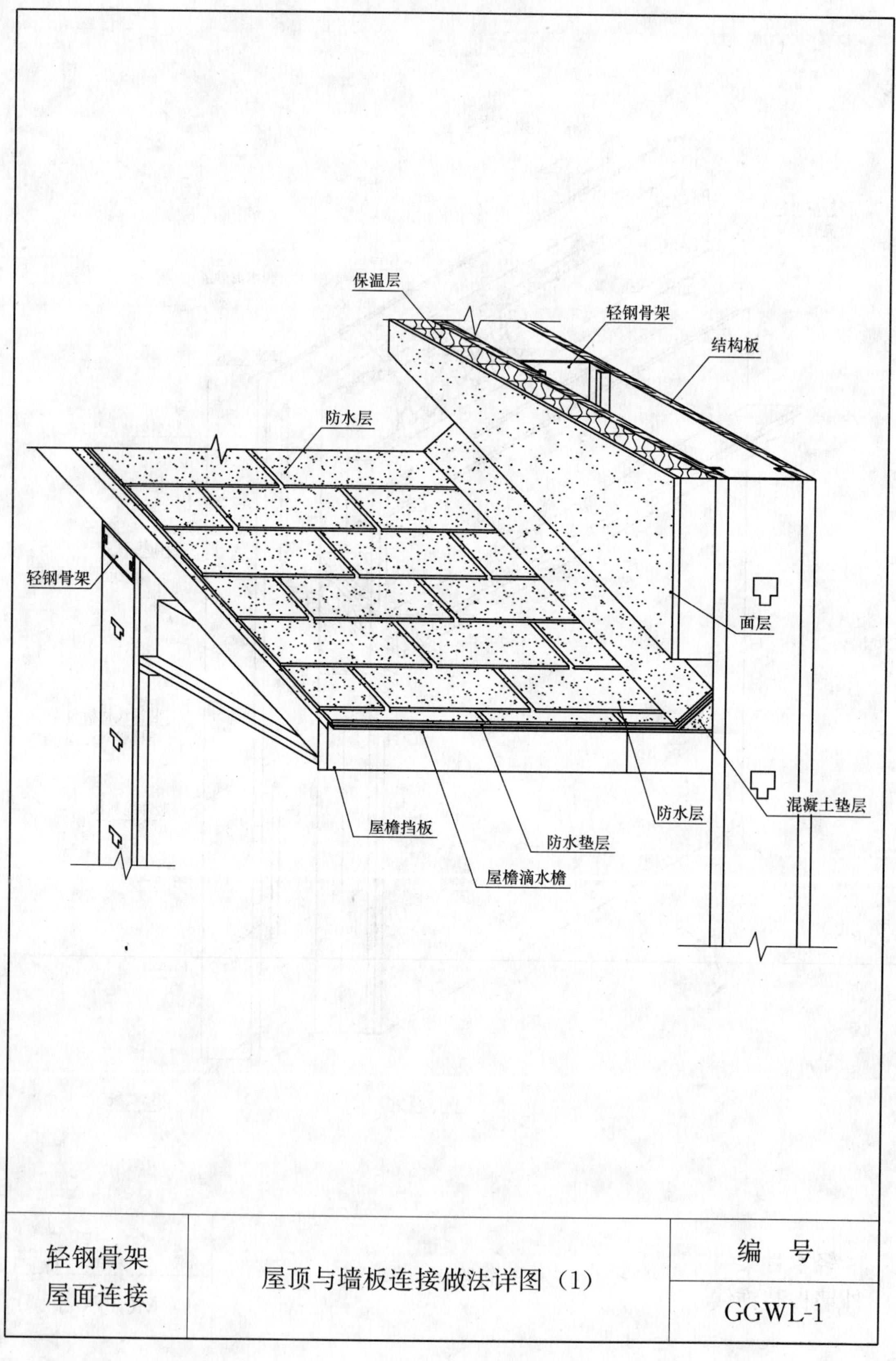

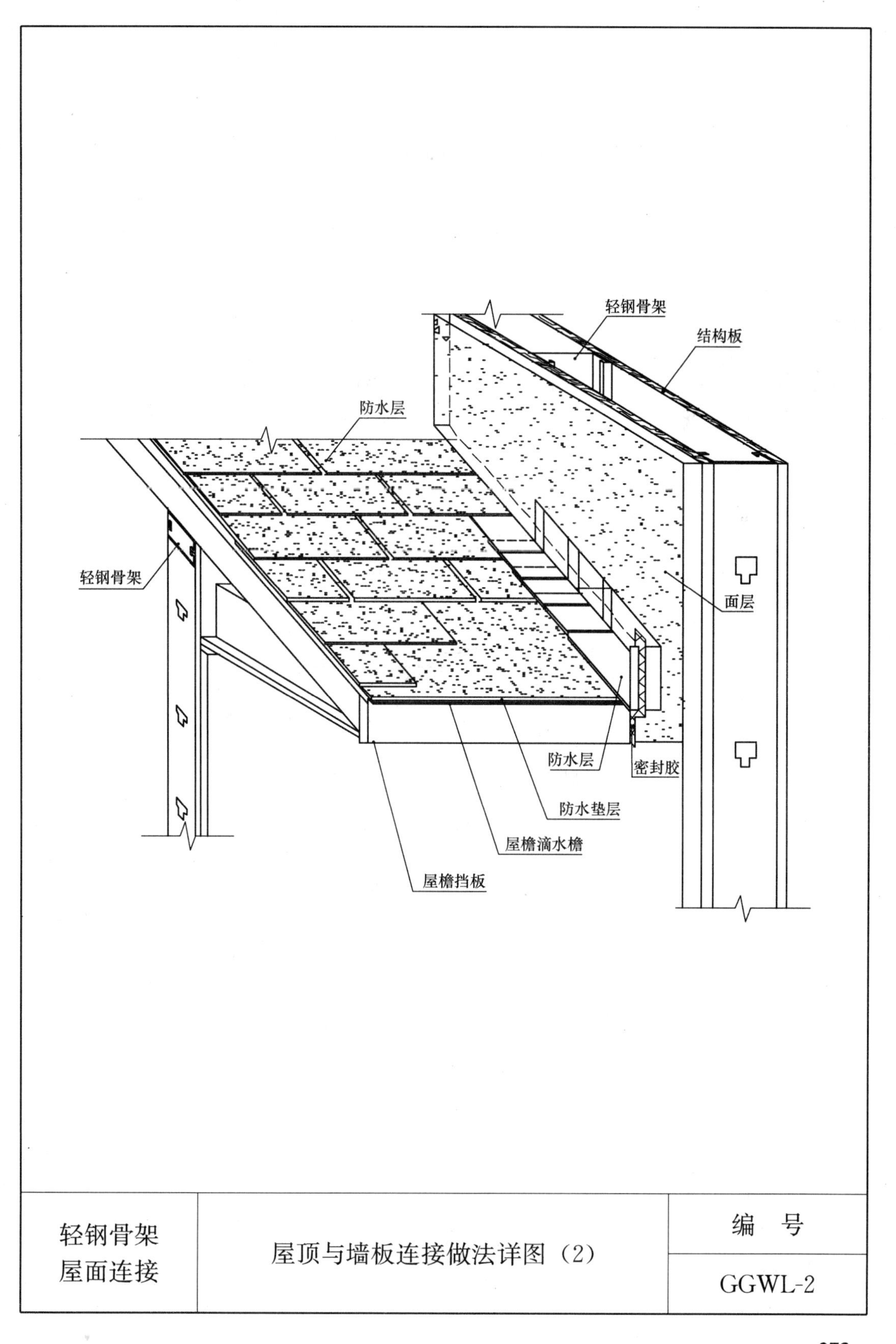

轻钢骨架
屋面连接

屋顶与墙板连接做法详图（2）

编　号
GGWL-2

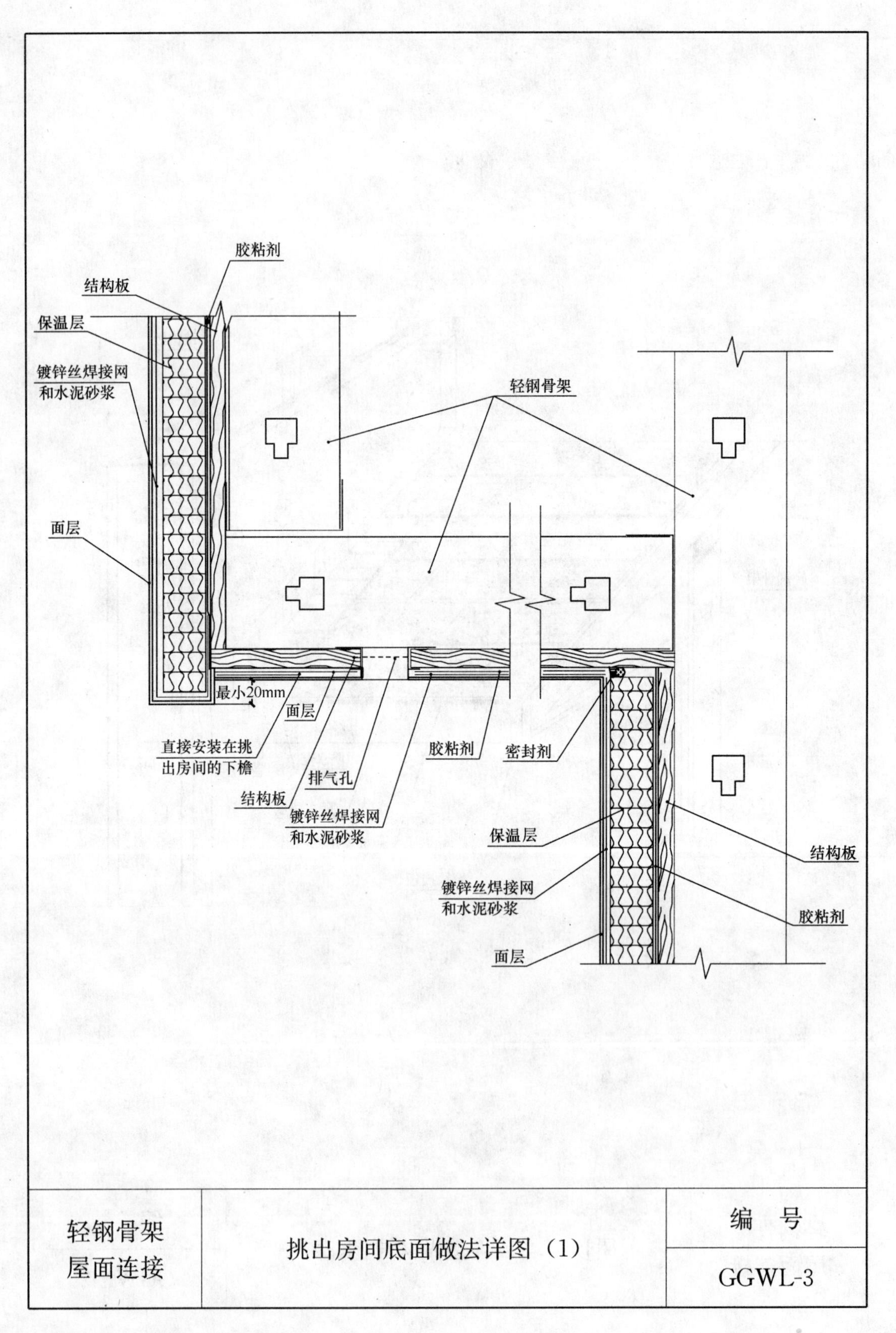

轻钢骨架 屋面连接	挑出房间底面做法详图（1）	编　号 GGWL-3

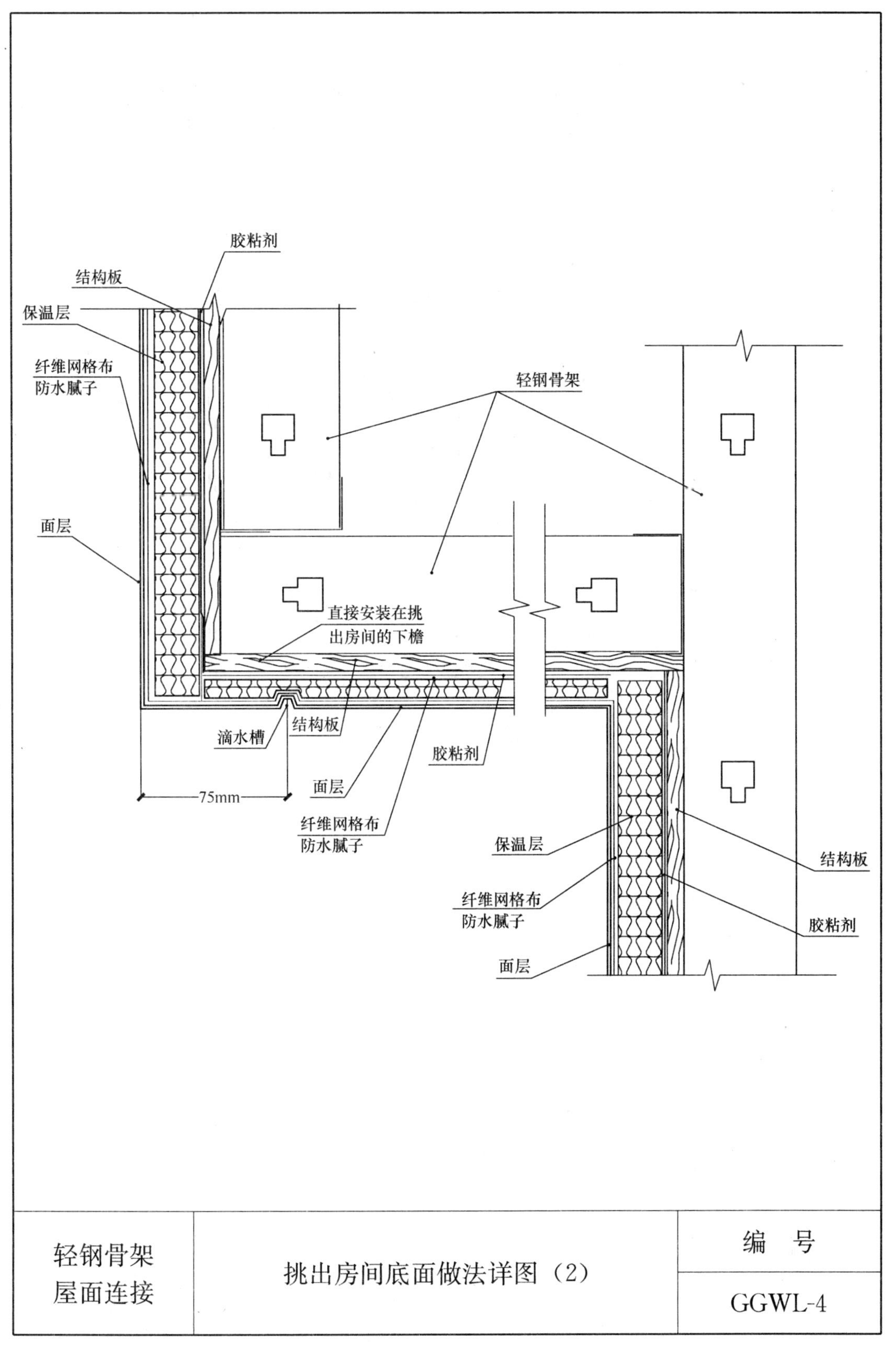

轻钢骨架 屋面连接	挑出房间底面做法详图（2）	编 号 GGWL-4

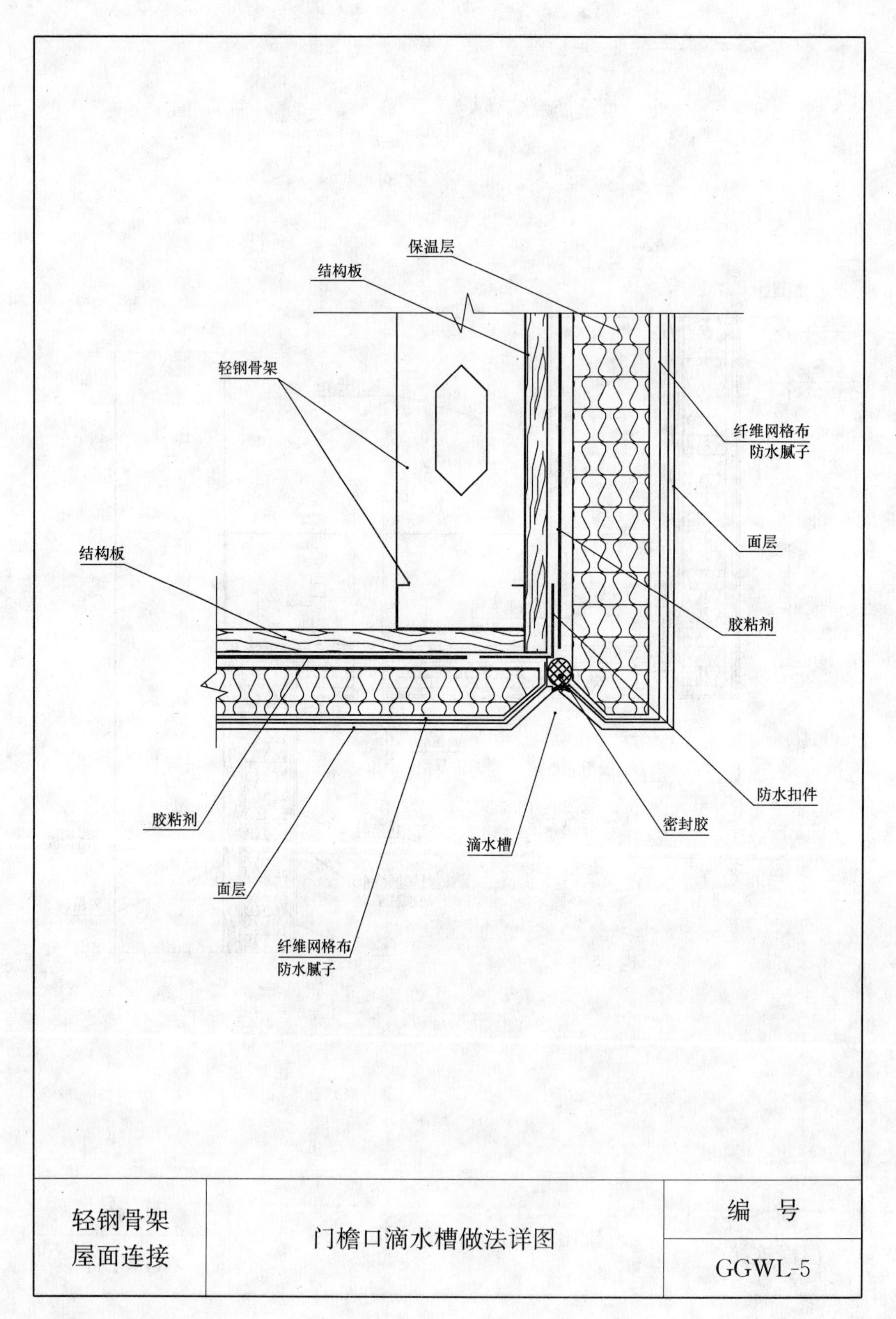
保温层
结构板
轻钢骨架
纤维网格布
防水腻子
面层
结构板
胶粘剂
防水扣件
密封胶
滴水槽
胶粘剂
面层
纤维网格布
防水腻子
轻钢骨架
屋面连接
门檐口滴水槽做法详图
编　号
GGWL-5

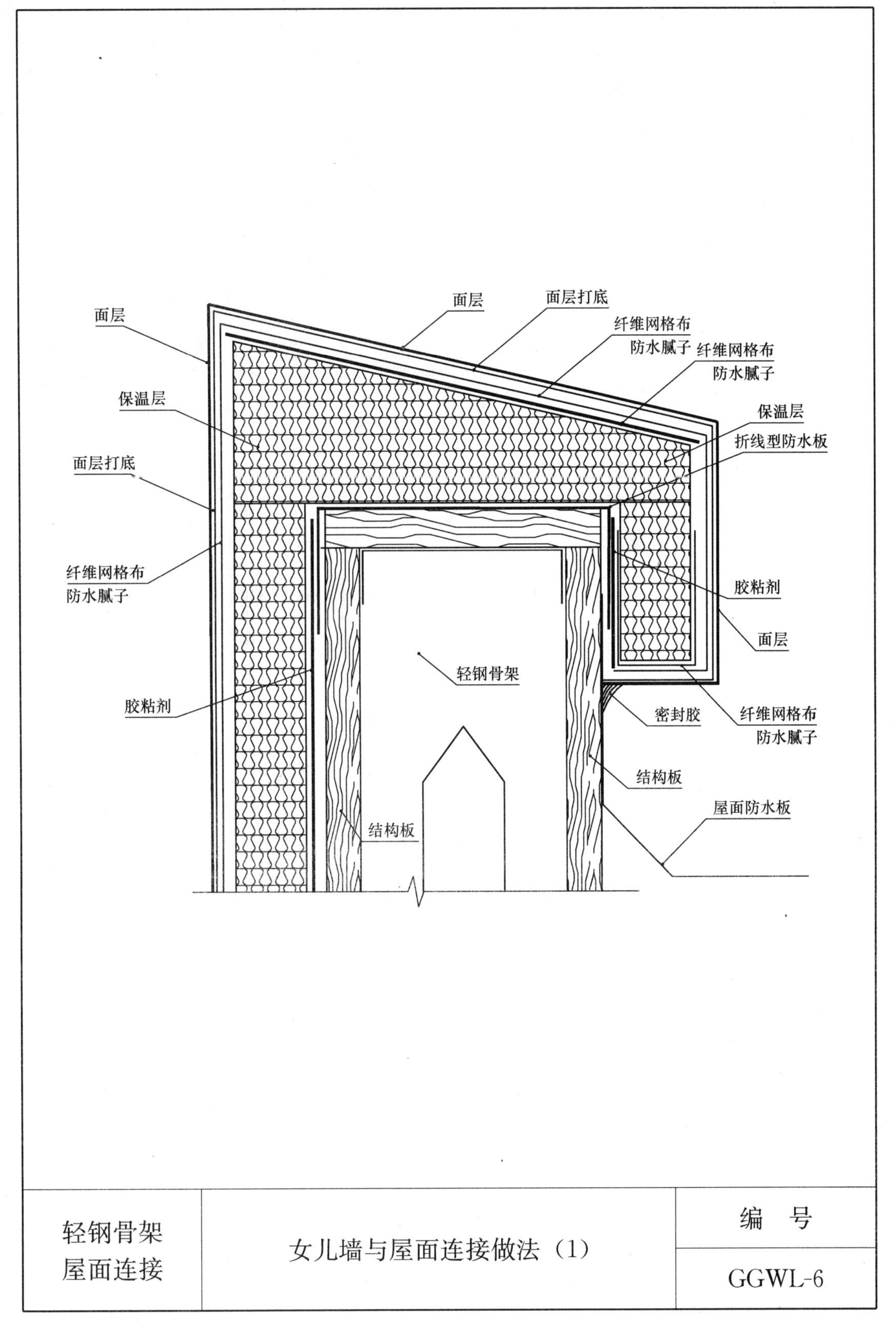

轻钢骨架 屋面连接	女儿墙与屋面连接做法（1）	编　号
		GGWL-6

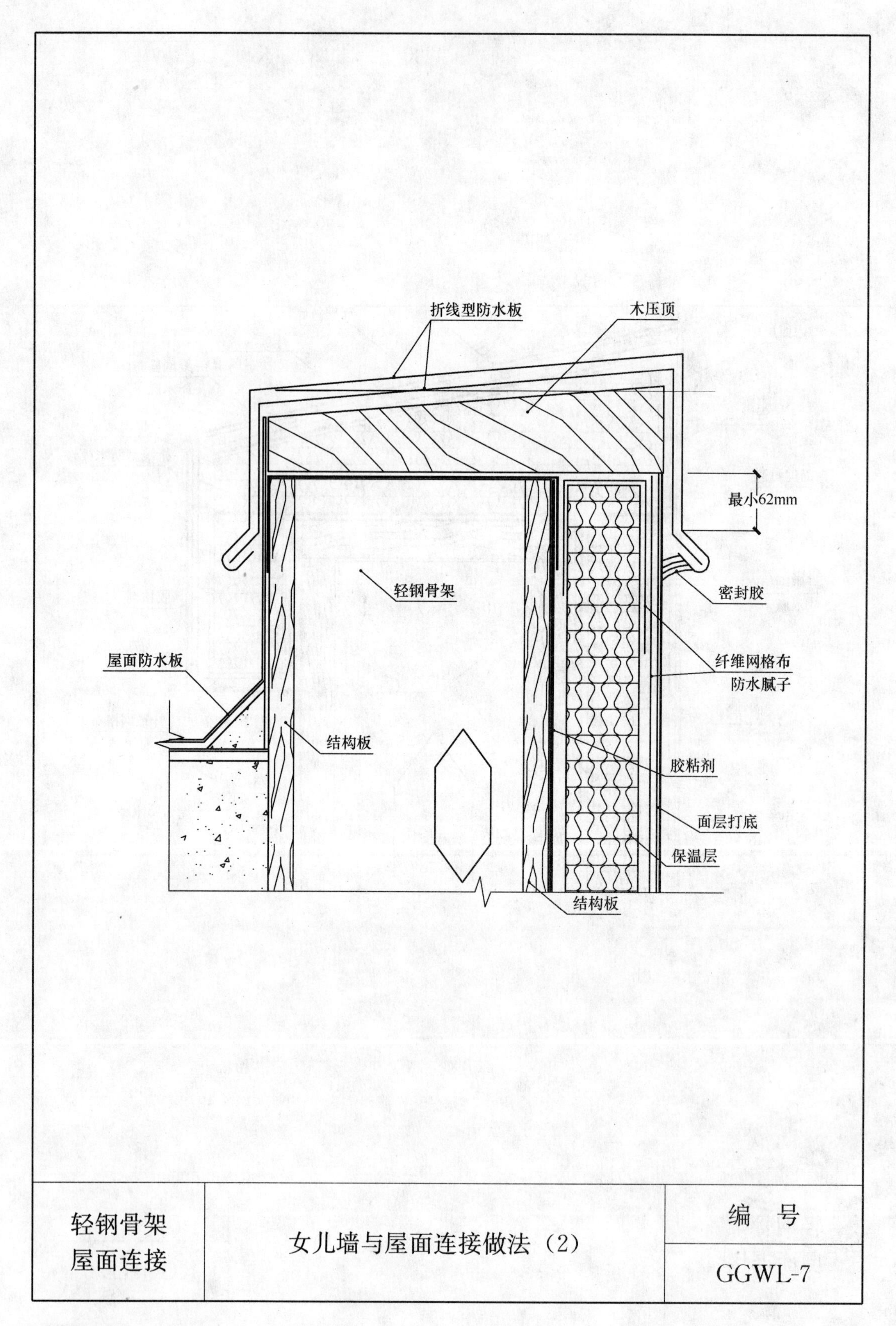

折线型防水板
木压顶
最小62mm
轻钢骨架
密封胶
纤维网格布
防水腻子
屋面防水板
结构板
胶粘剂
面层打底
保温层
结构板
轻钢骨架
屋面连接
女儿墙与屋面连接做法（2）
编　号
GGWL-7

第八节　轻钢骨架墙板端部连接做法

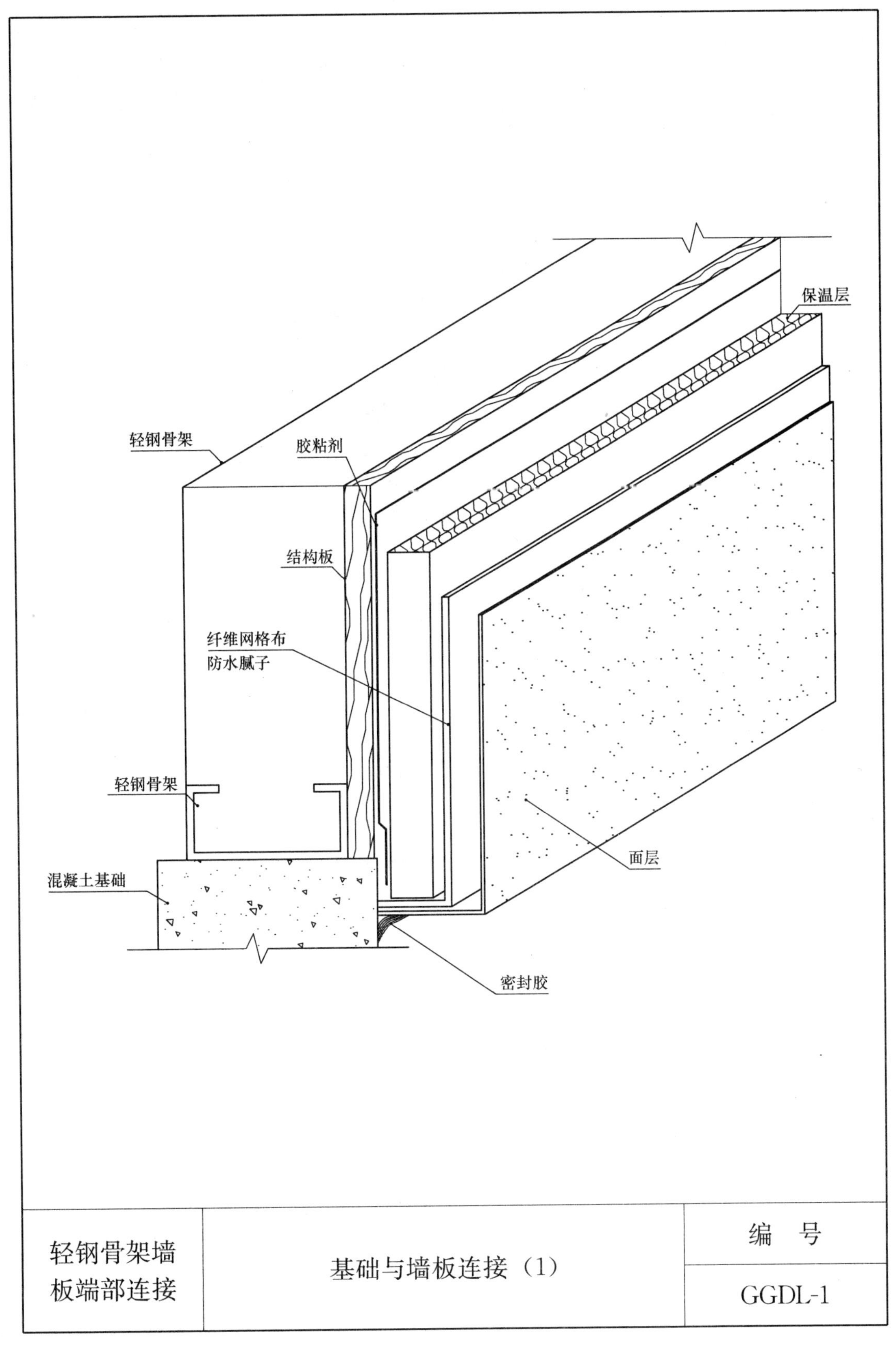

轻钢骨架墙板端部连接	基础与墙板连接（1）	编　号
		GGDL-1

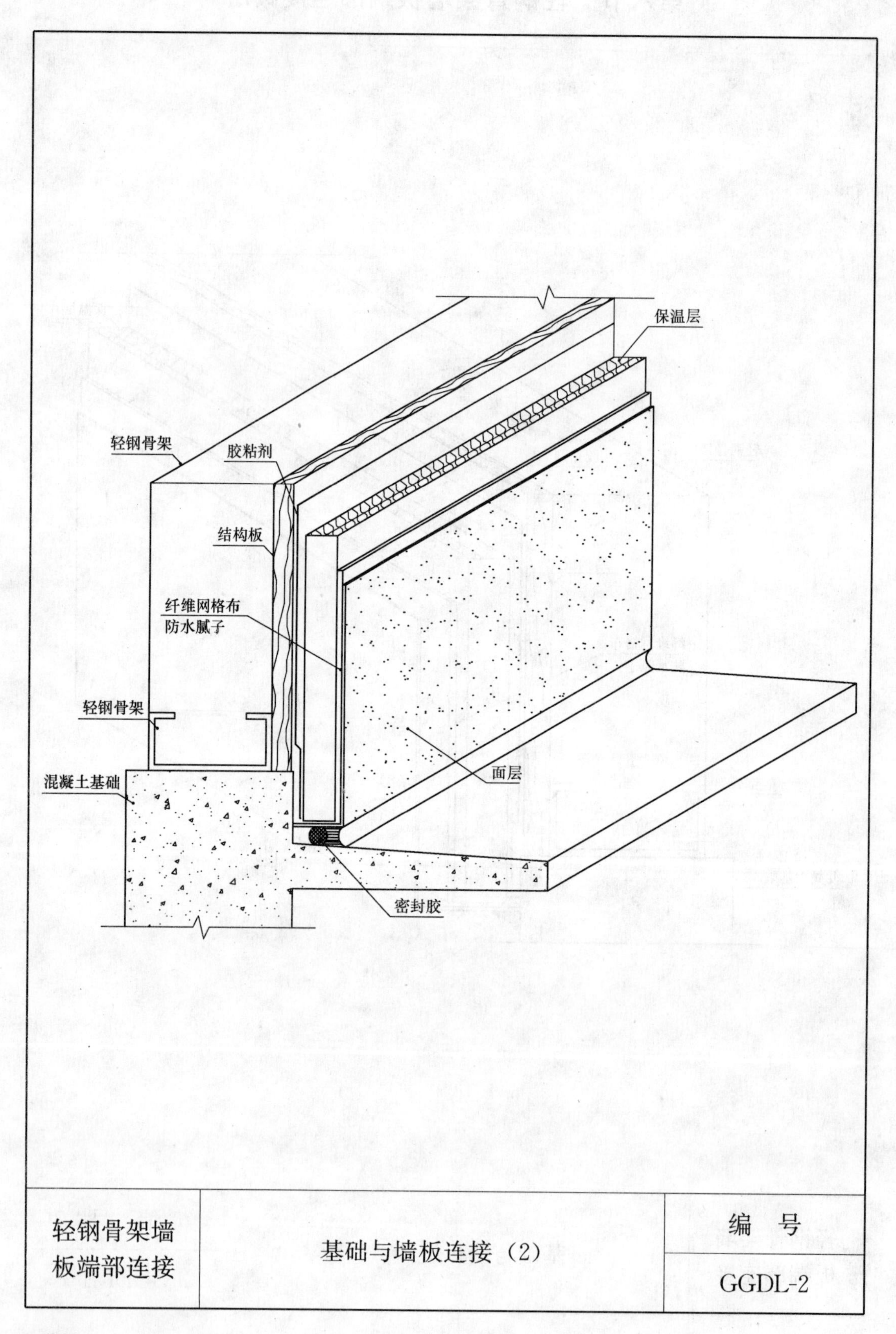

轻钢骨架墙板端部连接	基础与墙板连接（2）	编　号
		GGDL-2

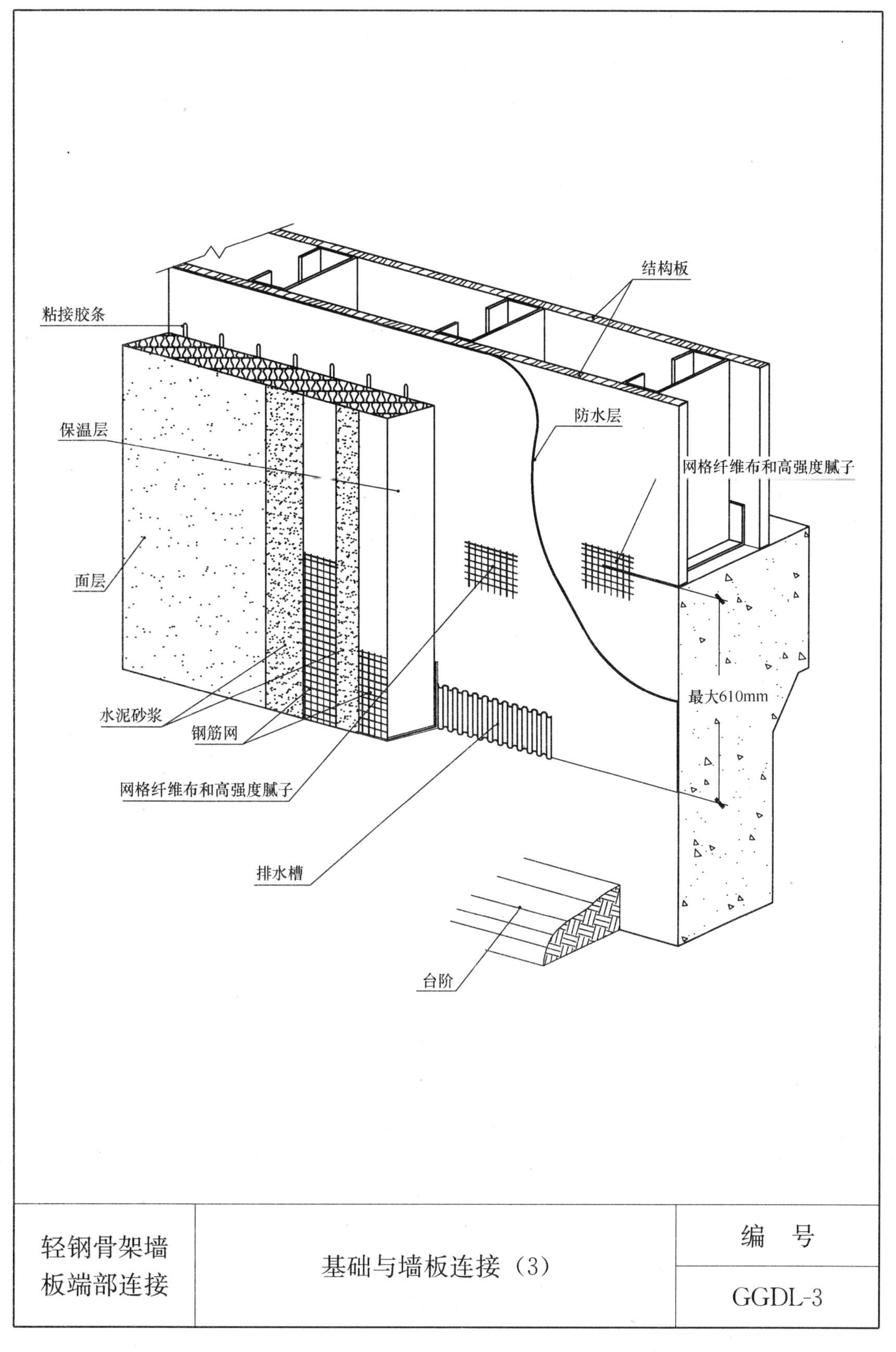

轻钢骨架墙板端部连接	基础与墙板连接（3）	编　号
		GGDL-3

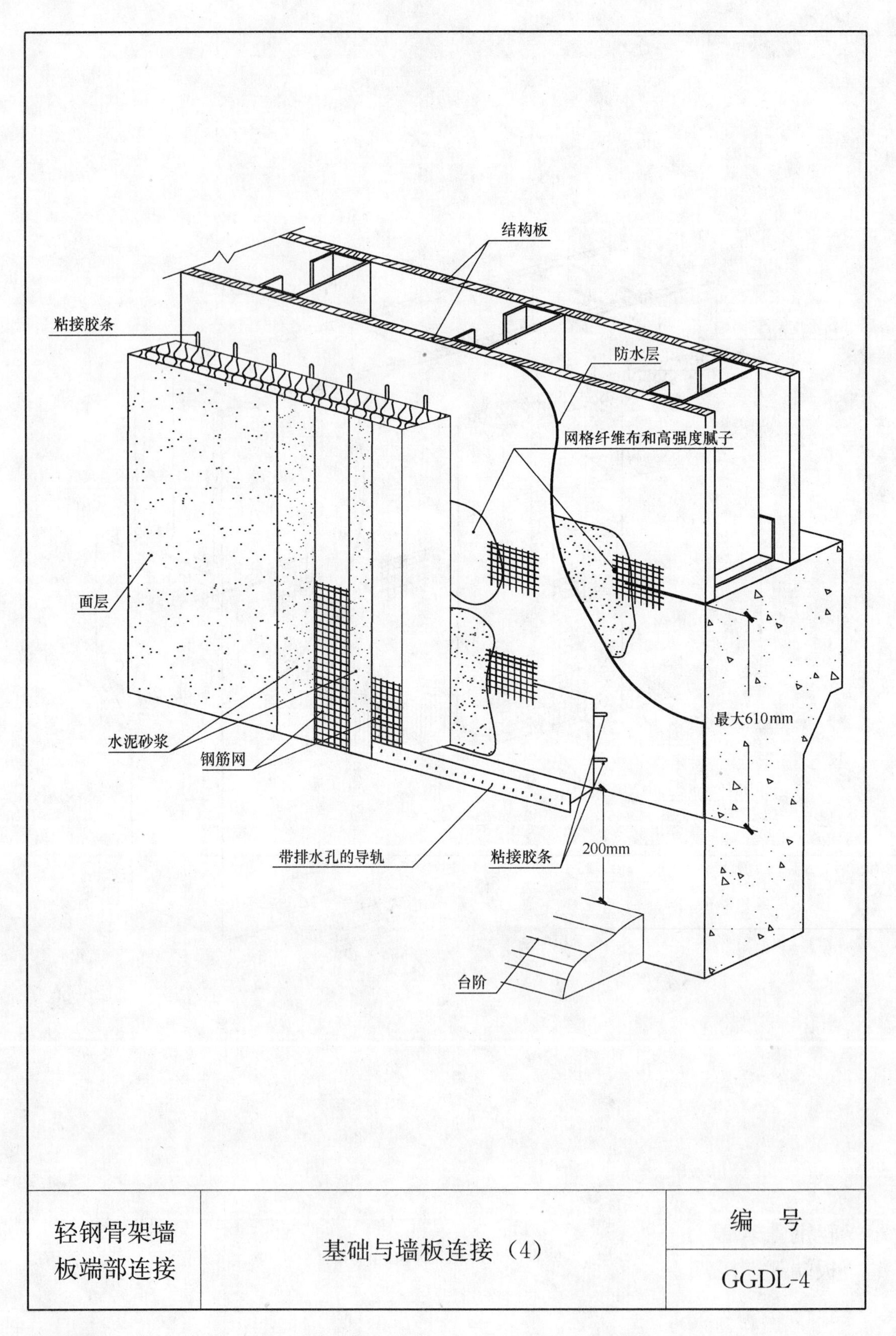
结构板
粘接胶条
防水层
网格纤维布和高强度腻子
面层
最大610mm
水泥砂浆
钢筋网
200mm
带排水孔的导轨
粘接胶条
台阶
轻钢骨架墙
板端部连接
基础与墙板连接（4）
编　号
GGDL-4

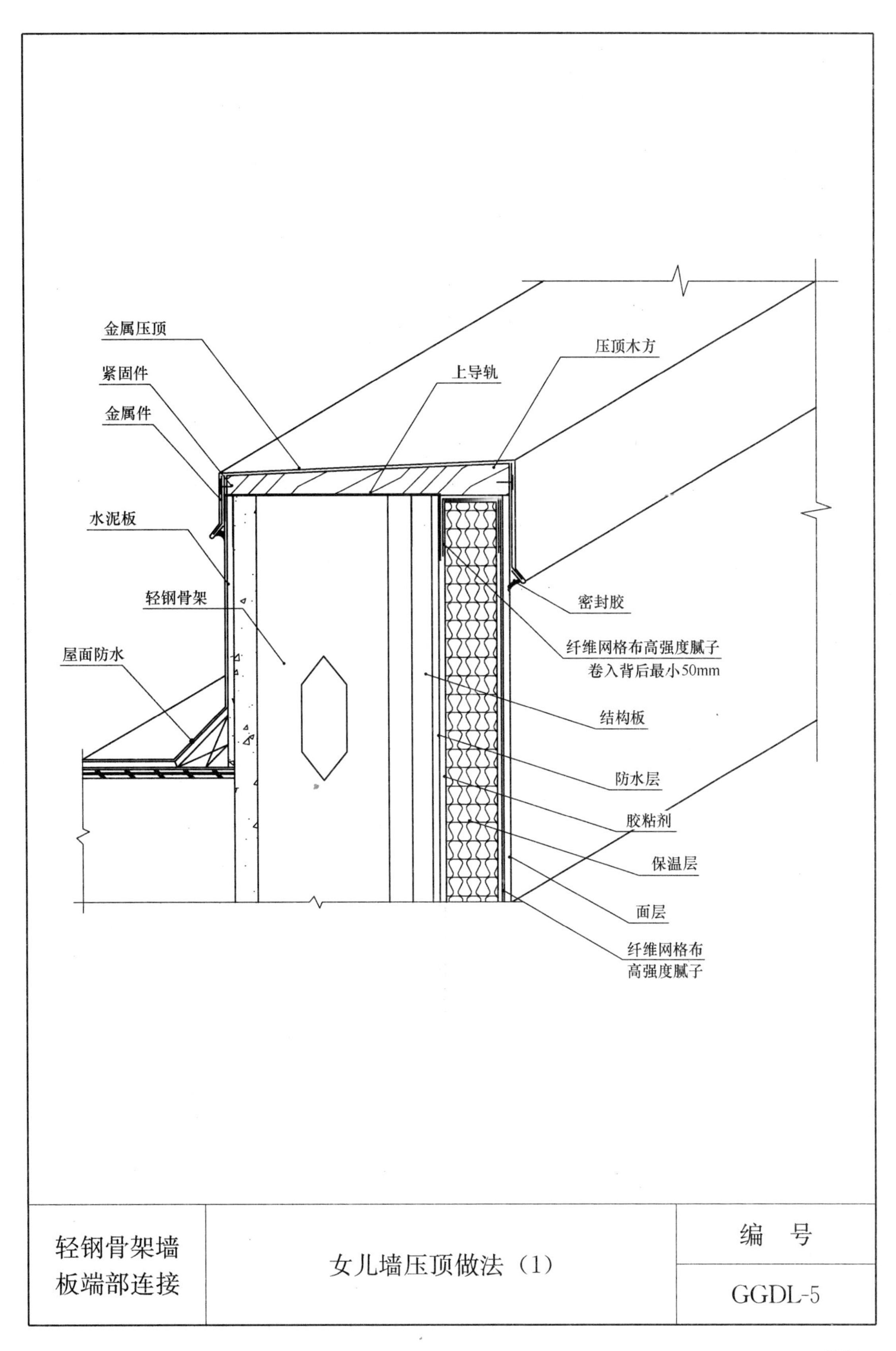
金属压顶
紧固件
金属件
水泥板
轻钢骨架
屋面防水
上导轨
压顶木方
密封胶
纤维网格布高强度腻子
卷入背后最小50mm
结构板
防水层
胶粘剂
保温层
面层
纤维网格布
高强度腻子
轻钢骨架墙
板端部连接
女儿墙压顶做法（1）
编 号
GGDL-5

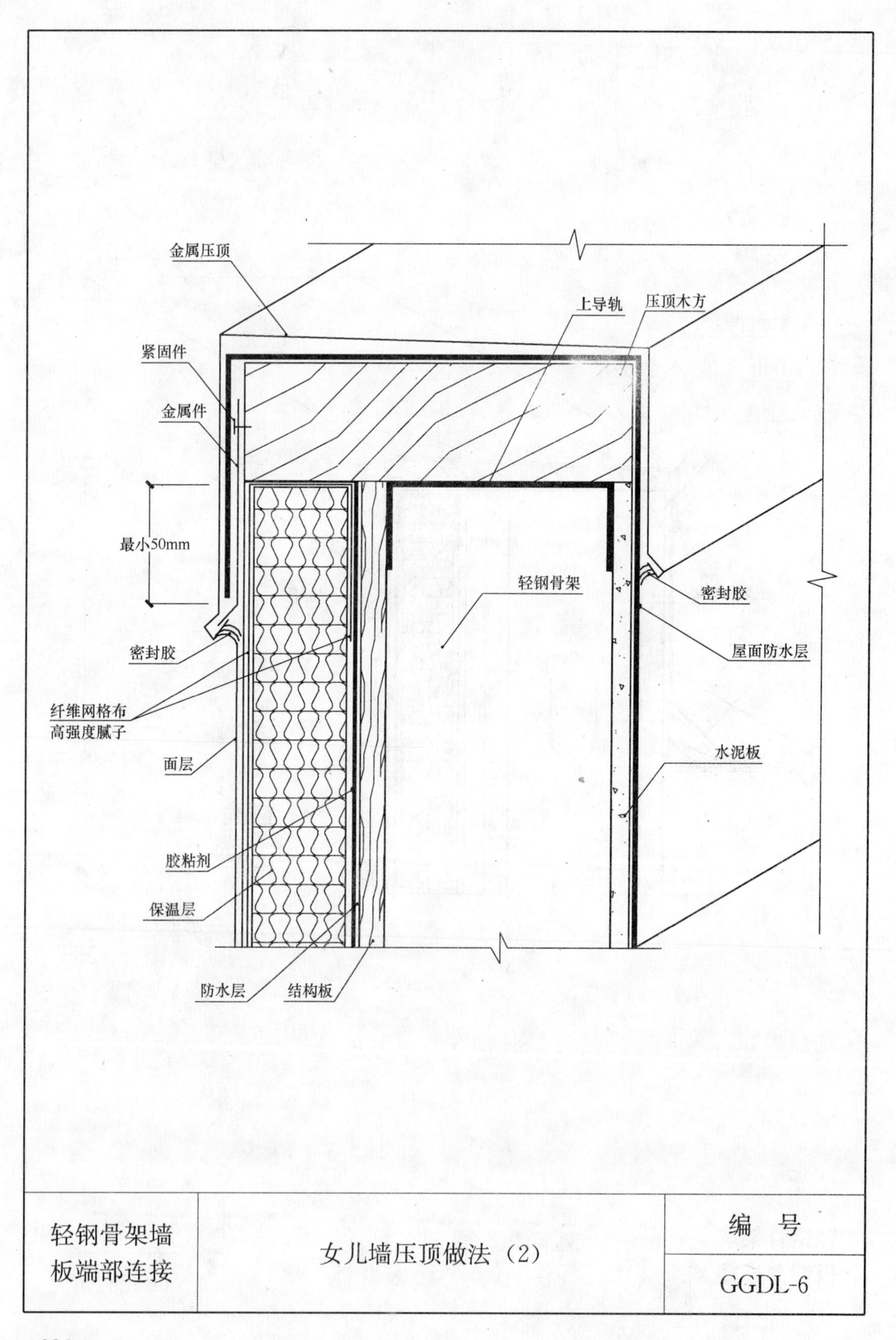
金属压顶
上导轨
压顶木方
紧固件
金属件
最小50mm
轻钢骨架
密封胶
密封胶
屋面防水层
纤维网格布
高强度腻子
面层
水泥板
胶粘剂
保温层
防水层
结构板
轻钢骨架墙
板端部连接
女儿墙压顶做法（2）
编　号
GGDL-6

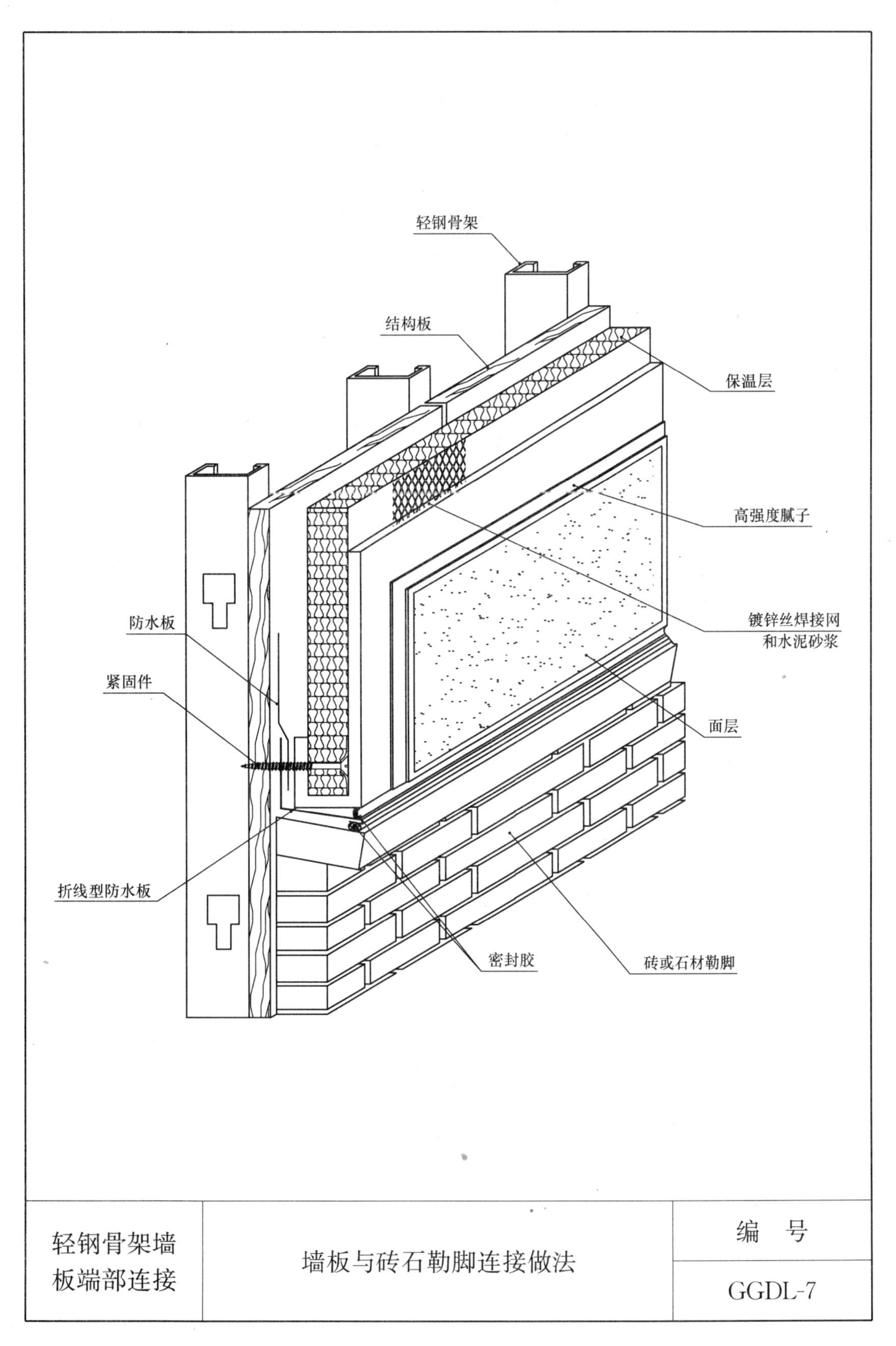

轻钢骨架墙 板端部连接	墙板与砖石勒脚连接做法	编　号
		GGDL-7

第九节　轻钢骨架墙板连接细部做法

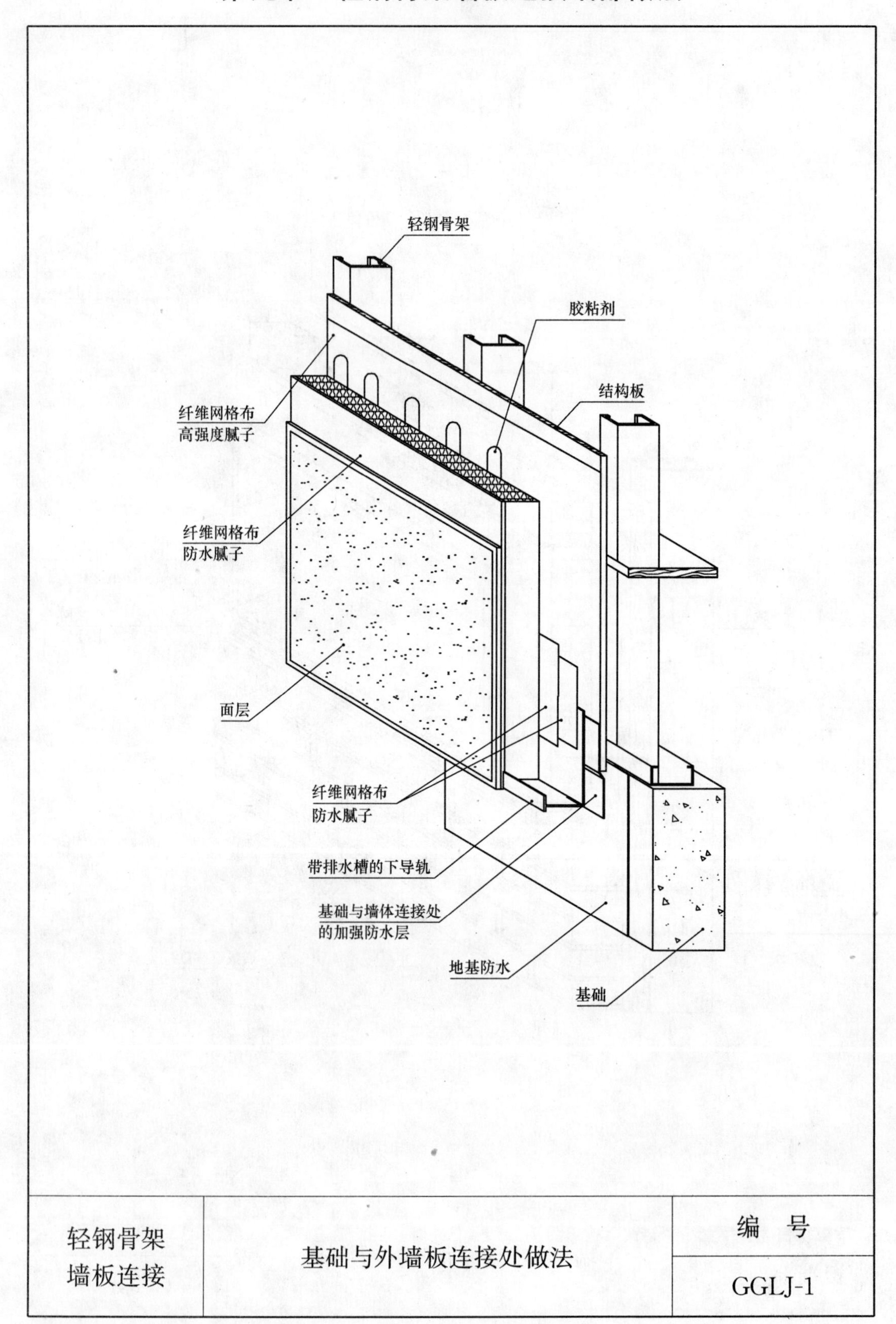

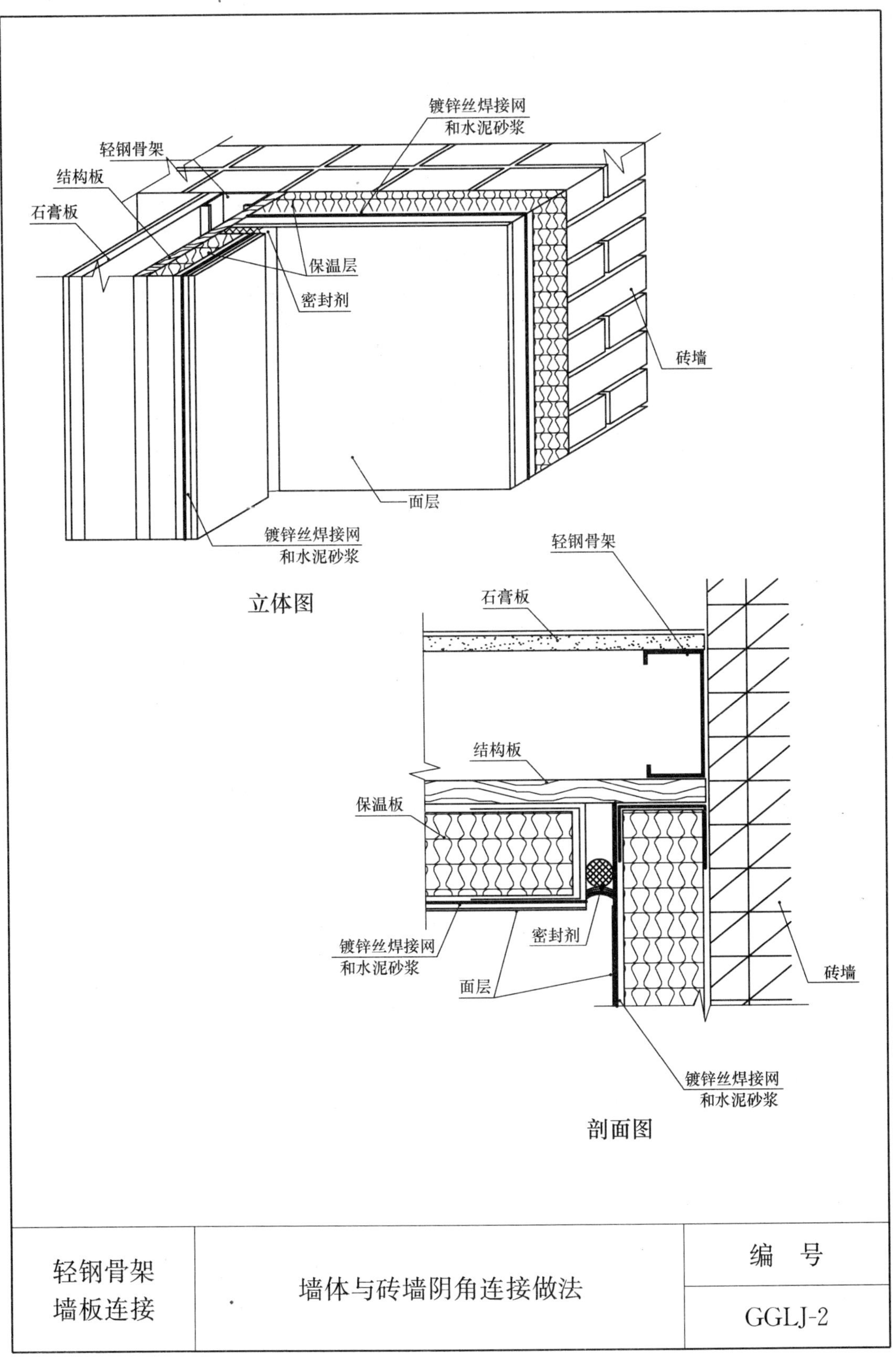

立体图

剖面图

轻钢骨架 墙板连接	墙体与砖墙阴角连接做法	编　号 GGLJ-2

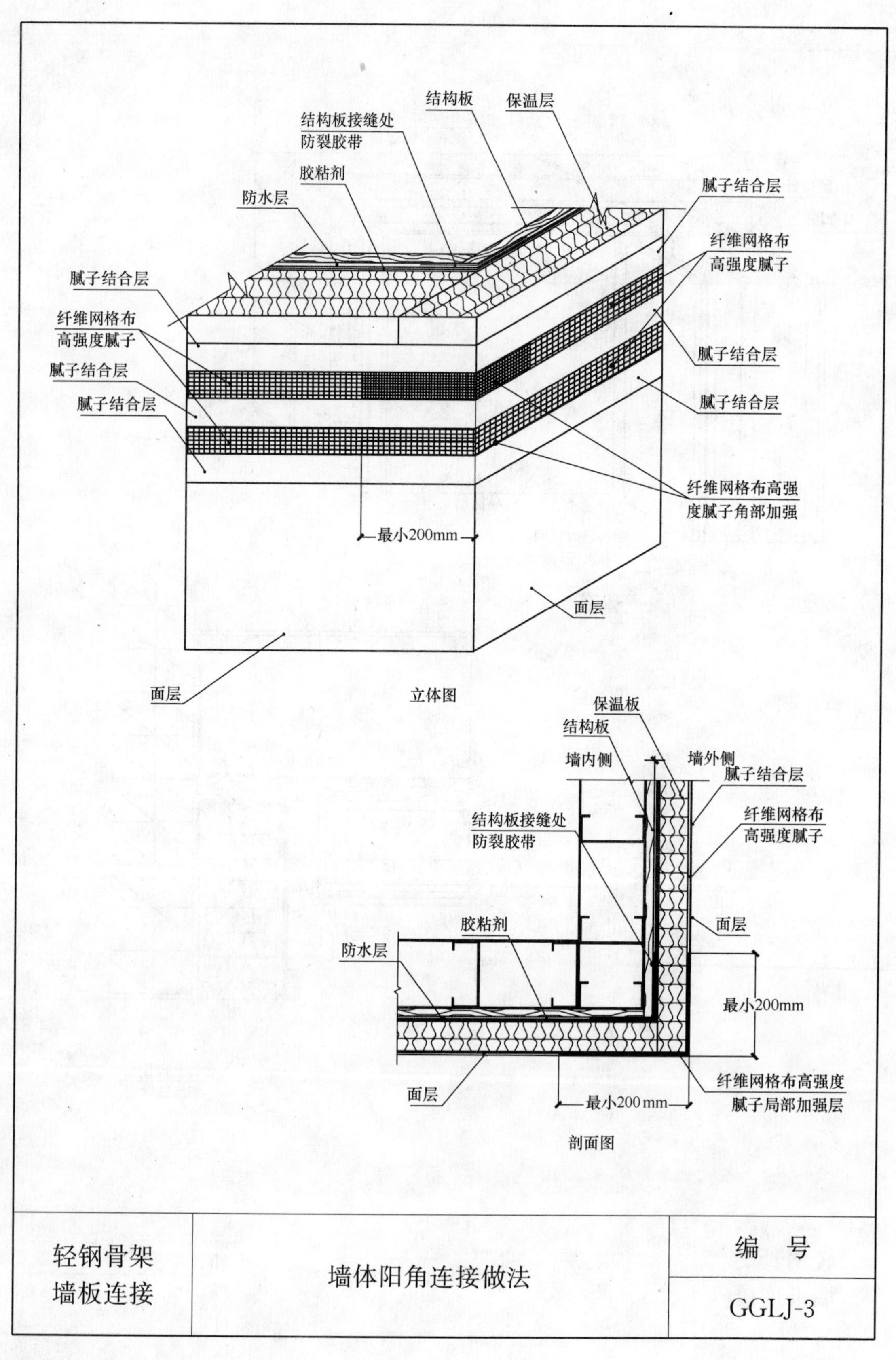

轻钢骨架 墙板连接	墙体阳角连接做法	编　号
		GGLJ-3

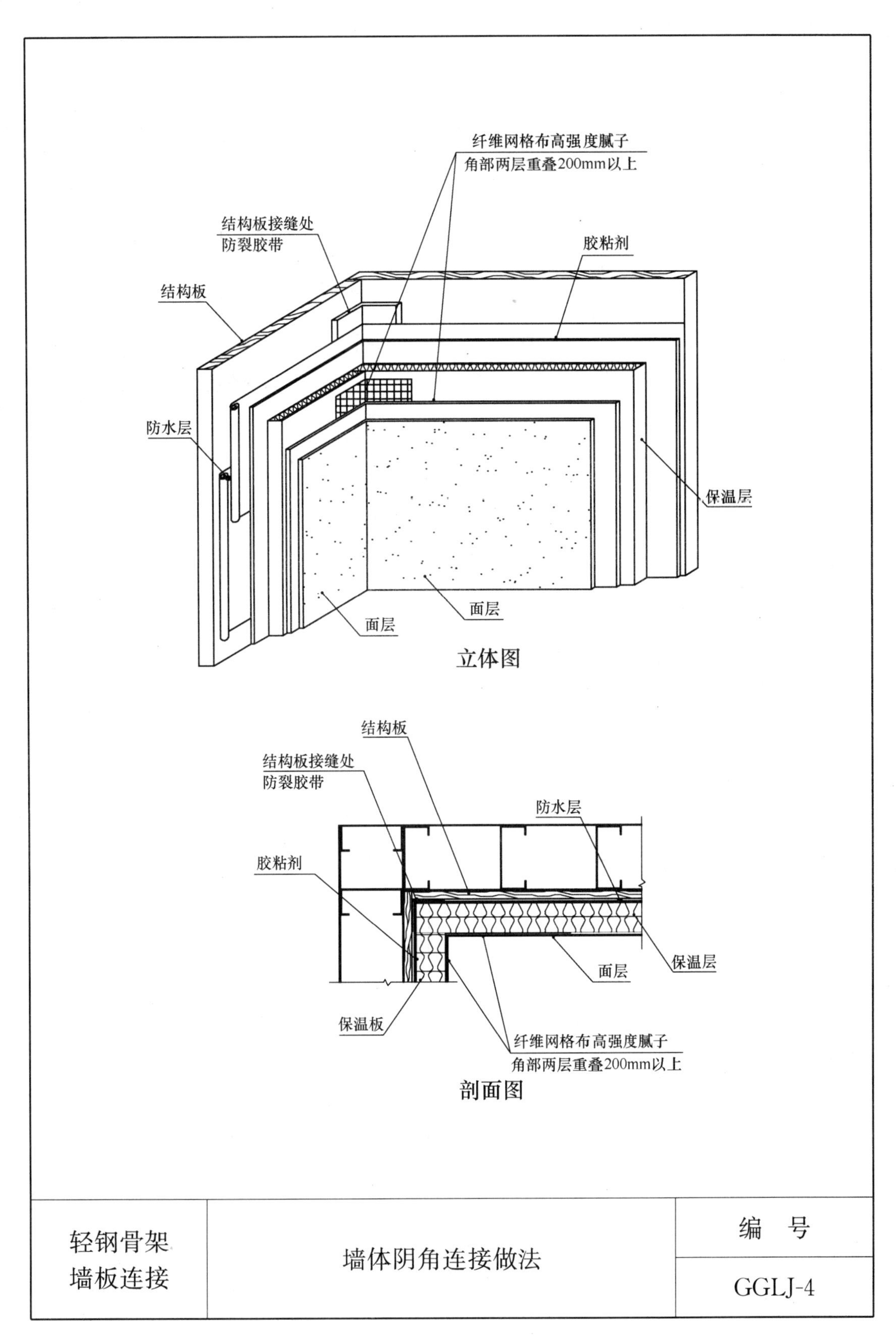

轻钢骨架 墙板连接	墙体阴角连接做法	编　号
		GGLJ-4

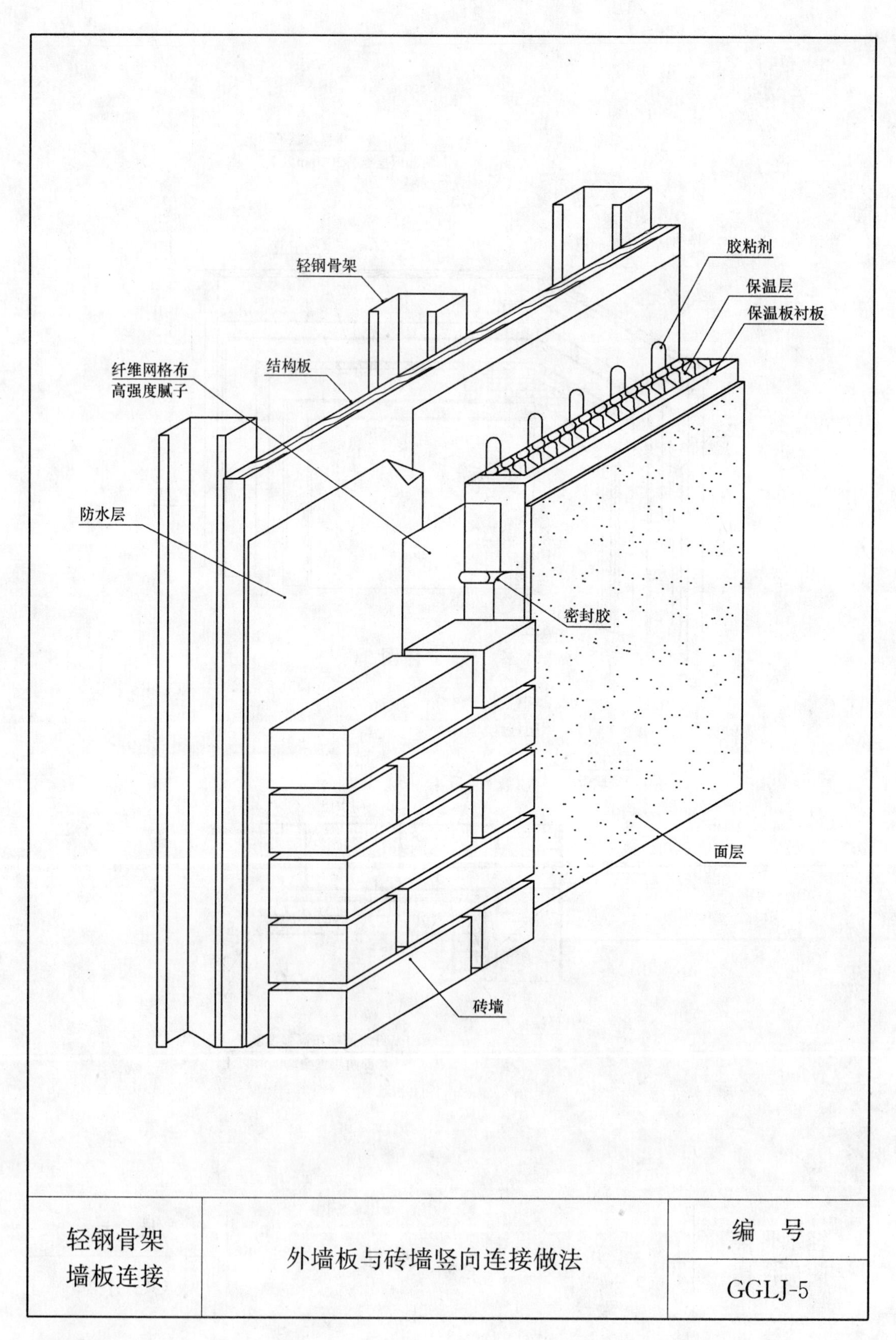

轻钢骨架
结构板
纤维网格布
高强度腻子
防水层
胶粘剂
保温层
保温板衬板
密封胶
面层
砖墙
轻钢骨架
墙板连接
外墙板与砖墙竖向连接做法
编　号
GGLJ-5

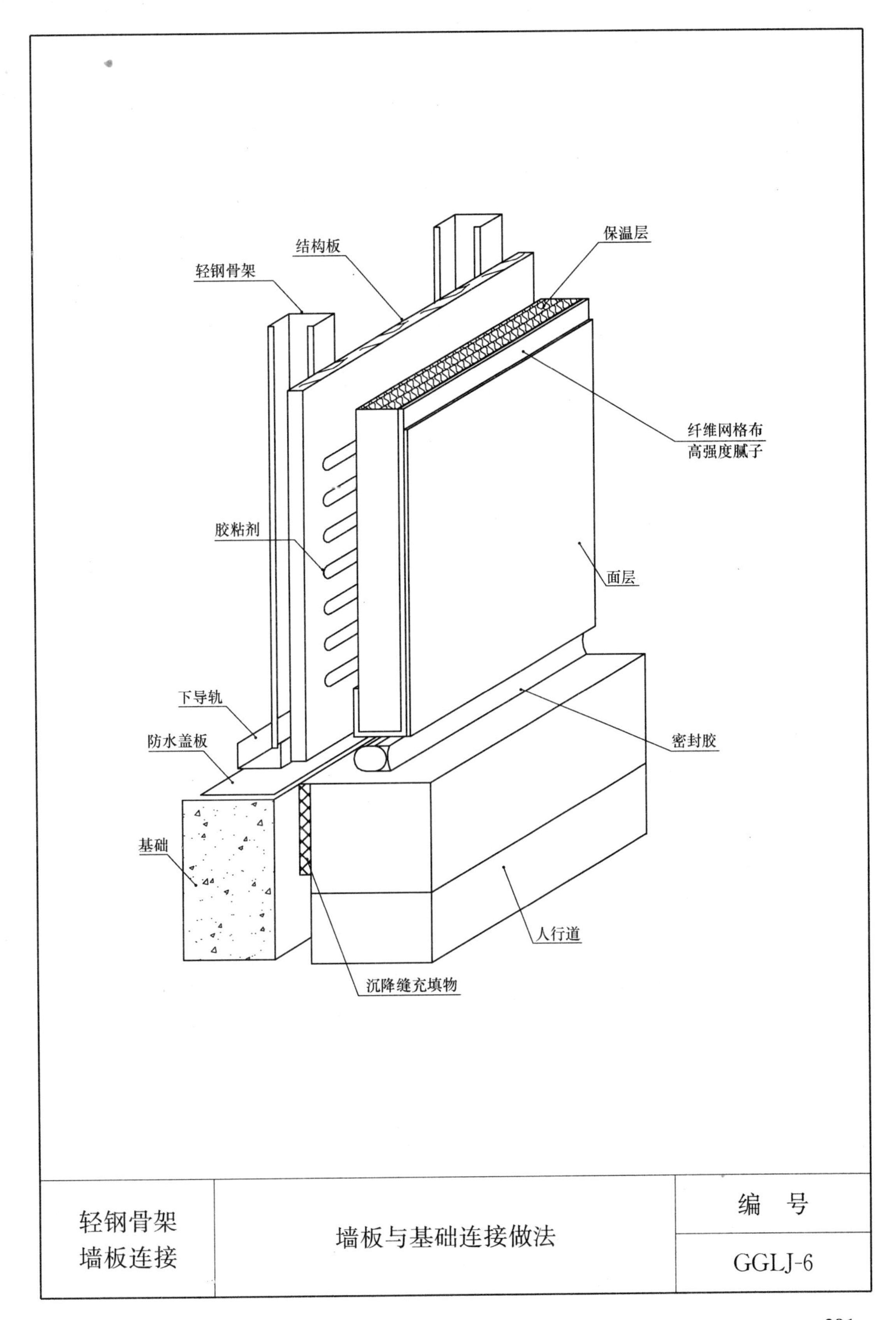

轻钢骨架 墙板连接	墙板与基础连接做法	编　号
		GGLJ-6

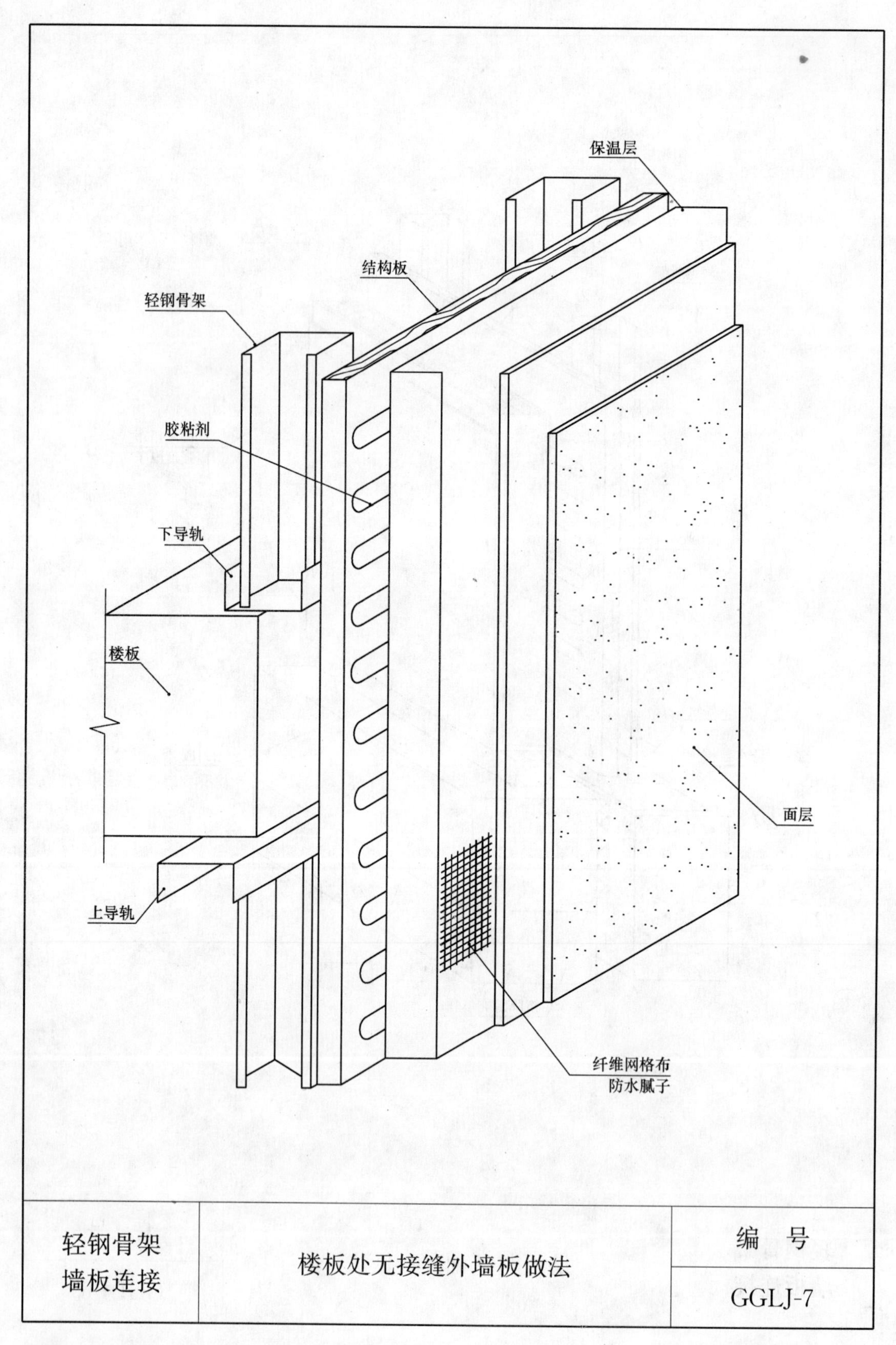

轻钢骨架 墙板连接	楼板处无接缝外墙板做法	编号
		GGLJ-7

第十节　轻钢骨架墙板伸缩缝做法

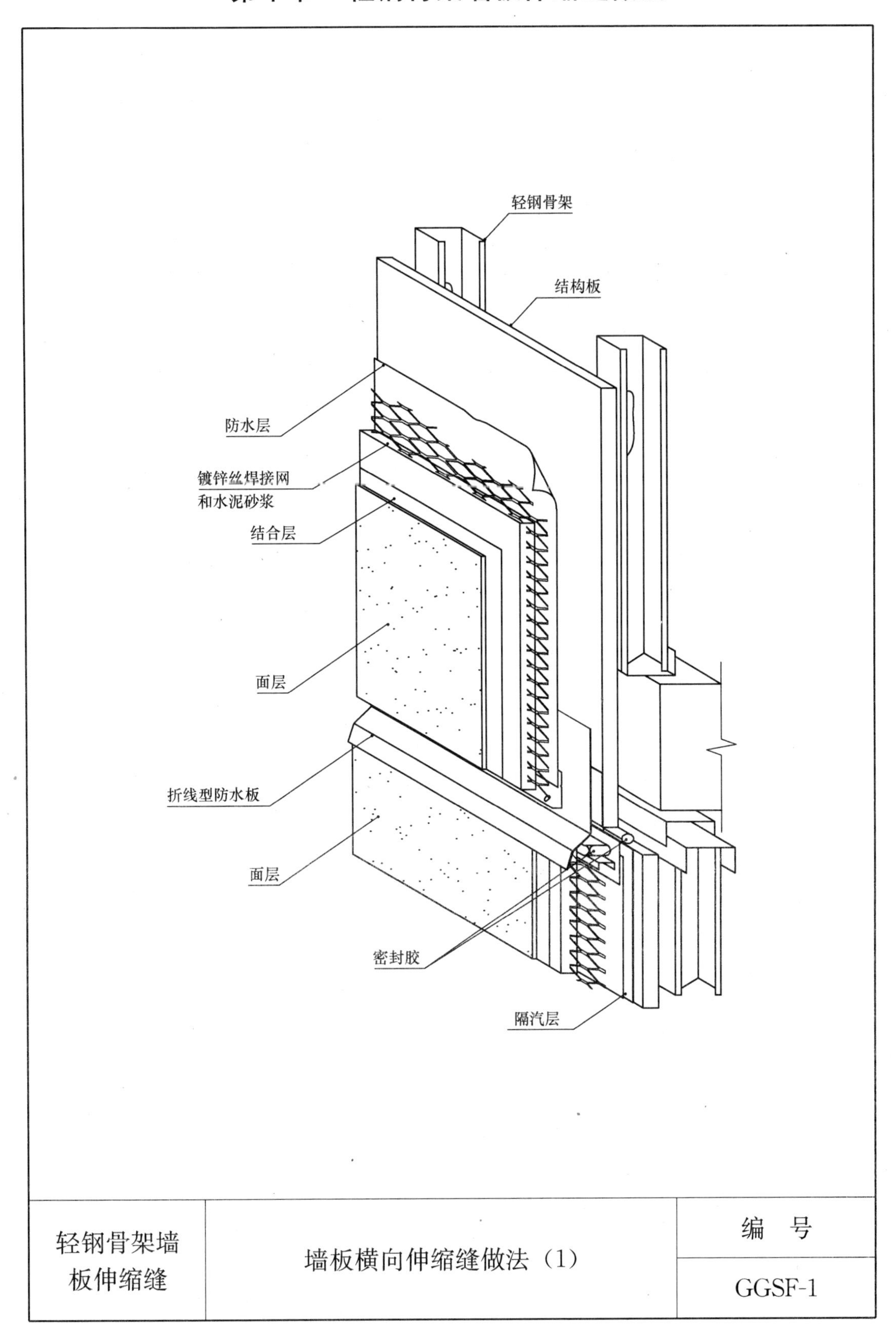

轻钢骨架墙板伸缩缝	墙板横向伸缩缝做法（1）	编　号
		GGSF-1

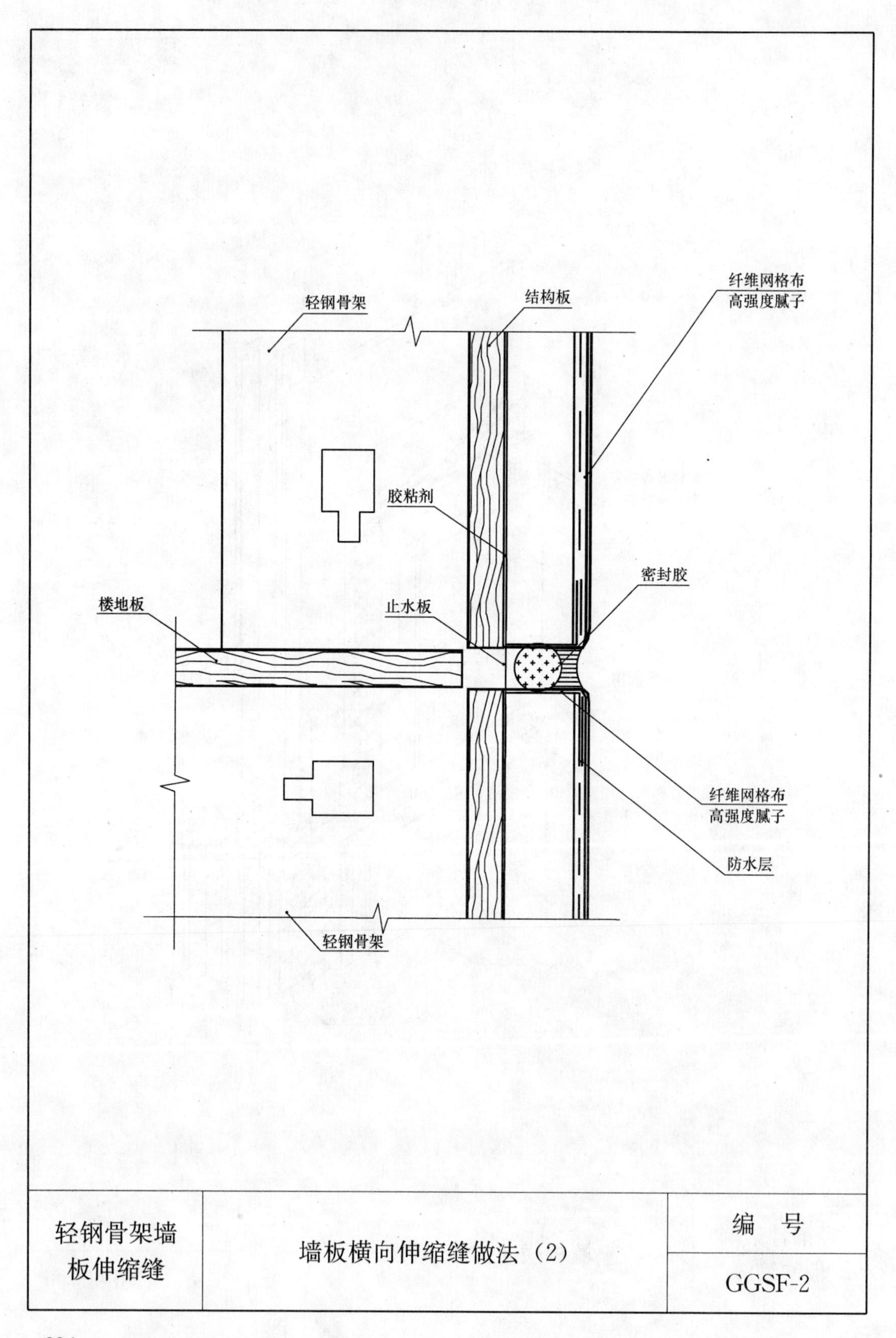
轻钢骨架
结构板
纤维网格布
高强度腻子
胶粘剂
密封胶
楼地板
止水板
纤维网格布
高强度腻子
防水层
轻钢骨架
轻钢骨架墙
板伸缩缝
墙板横向伸缩缝做法（2）
编　号
GGSF-2

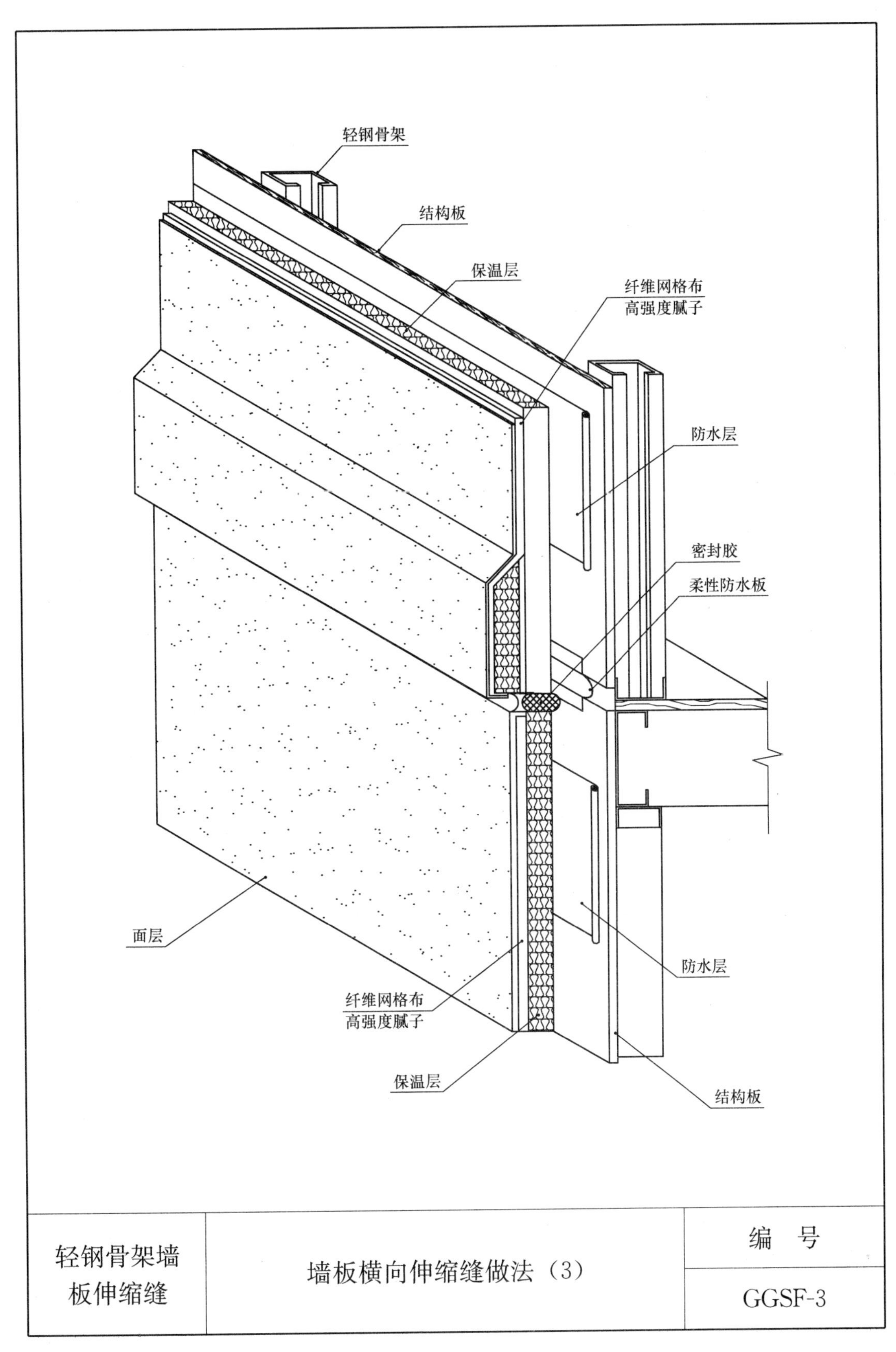

轻钢骨架墙板伸缩缝	墙板横向伸缩缝做法（3）	编　号
		GGSF-3

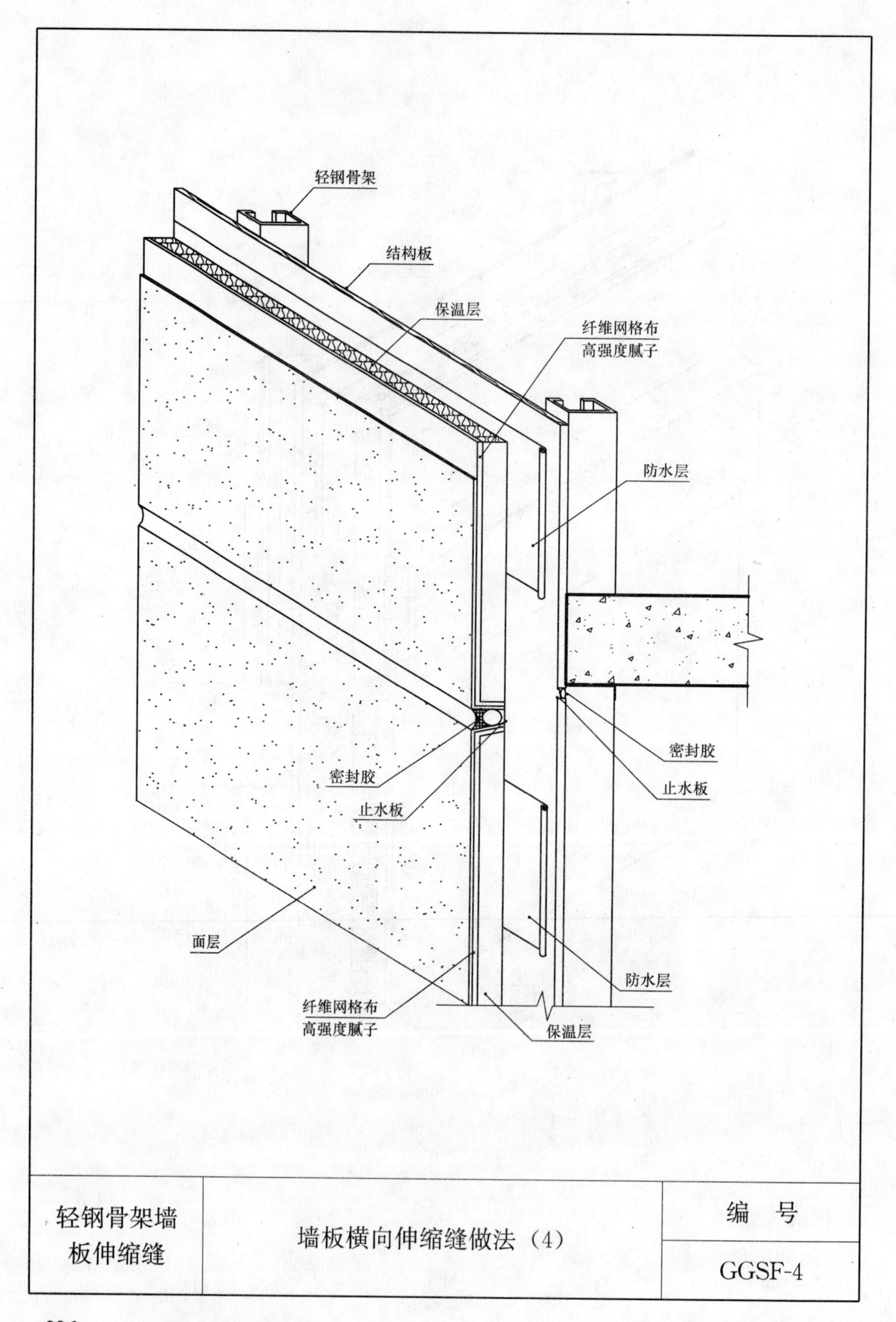

轻钢骨架墙板伸缩缝	墙板横向伸缩缝做法（4）	编　号
		GGSF-4

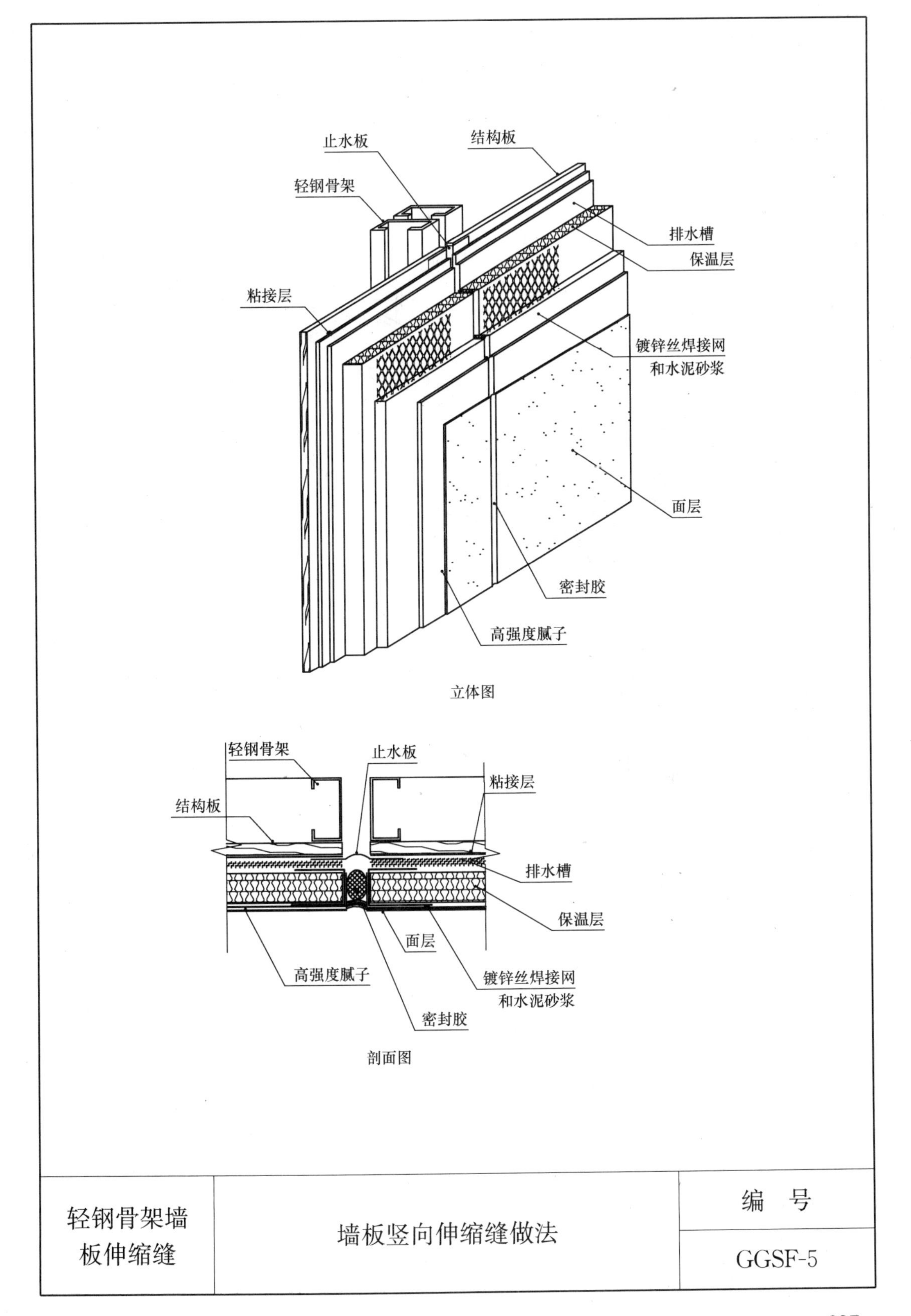

轻钢骨架墙板伸缩缝	墙板竖向伸缩缝做法	编　号
		GGSF-5

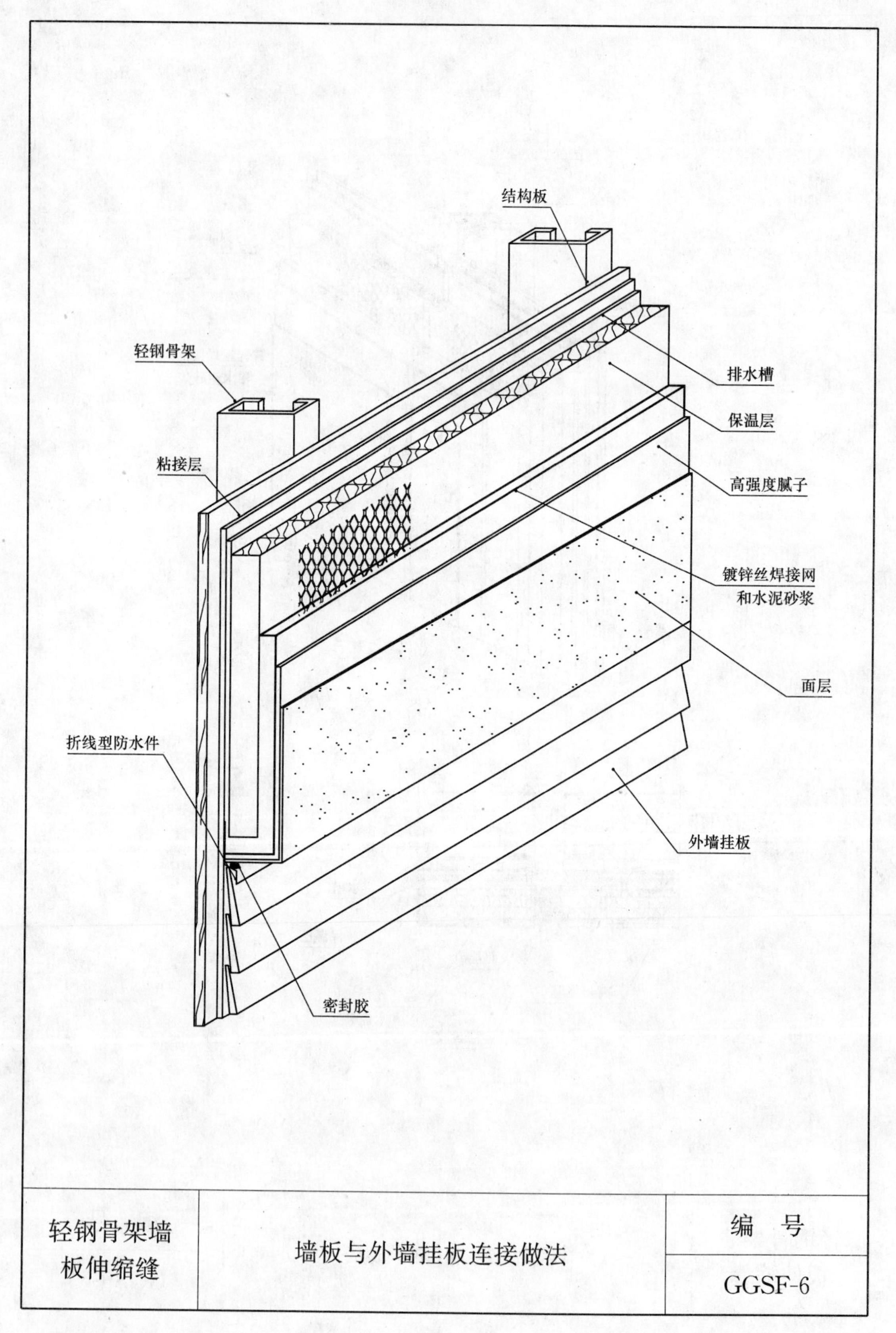
结构板
轻钢骨架
排水槽
保温层
粘接层
高强度腻子
镀锌丝焊接网
和水泥砂浆
面层
折线型防水件
外墙挂板
密封胶
轻钢骨架墙
板伸缩缝
墙板与外墙挂板连接做法
编　号
GGSF-6

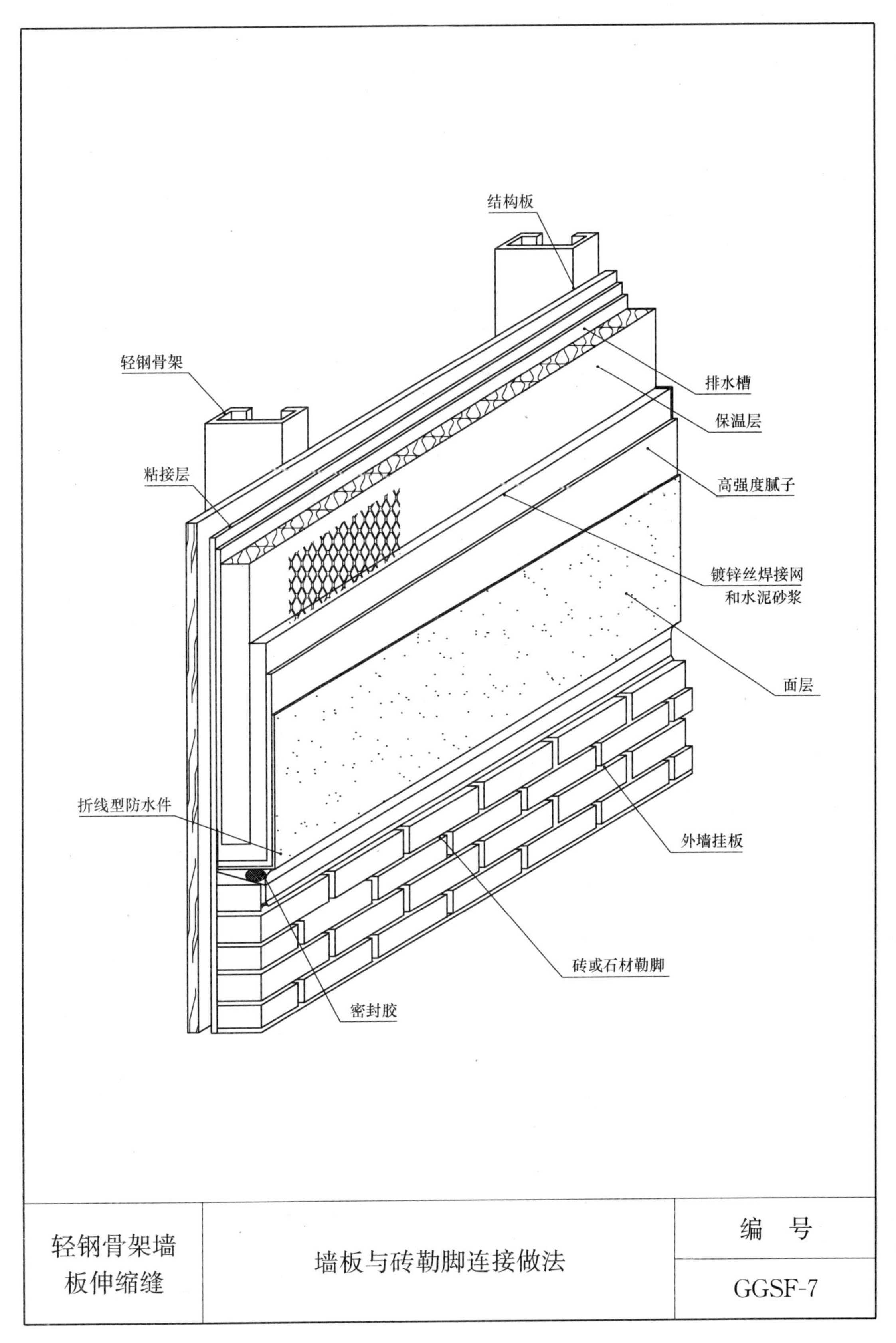
结构板
轻钢骨架
排水槽
保温层
粘接层
高强度腻子
镀锌丝焊接网
和水泥砂浆
面层
折线型防水件
外墙挂板
砖或石材勒脚
密封胶
轻钢骨架墙
板伸缩缝
墙板与砖勒脚连接做法
编 号
GGSF-7

第十一节　轻钢骨架穿墙做法

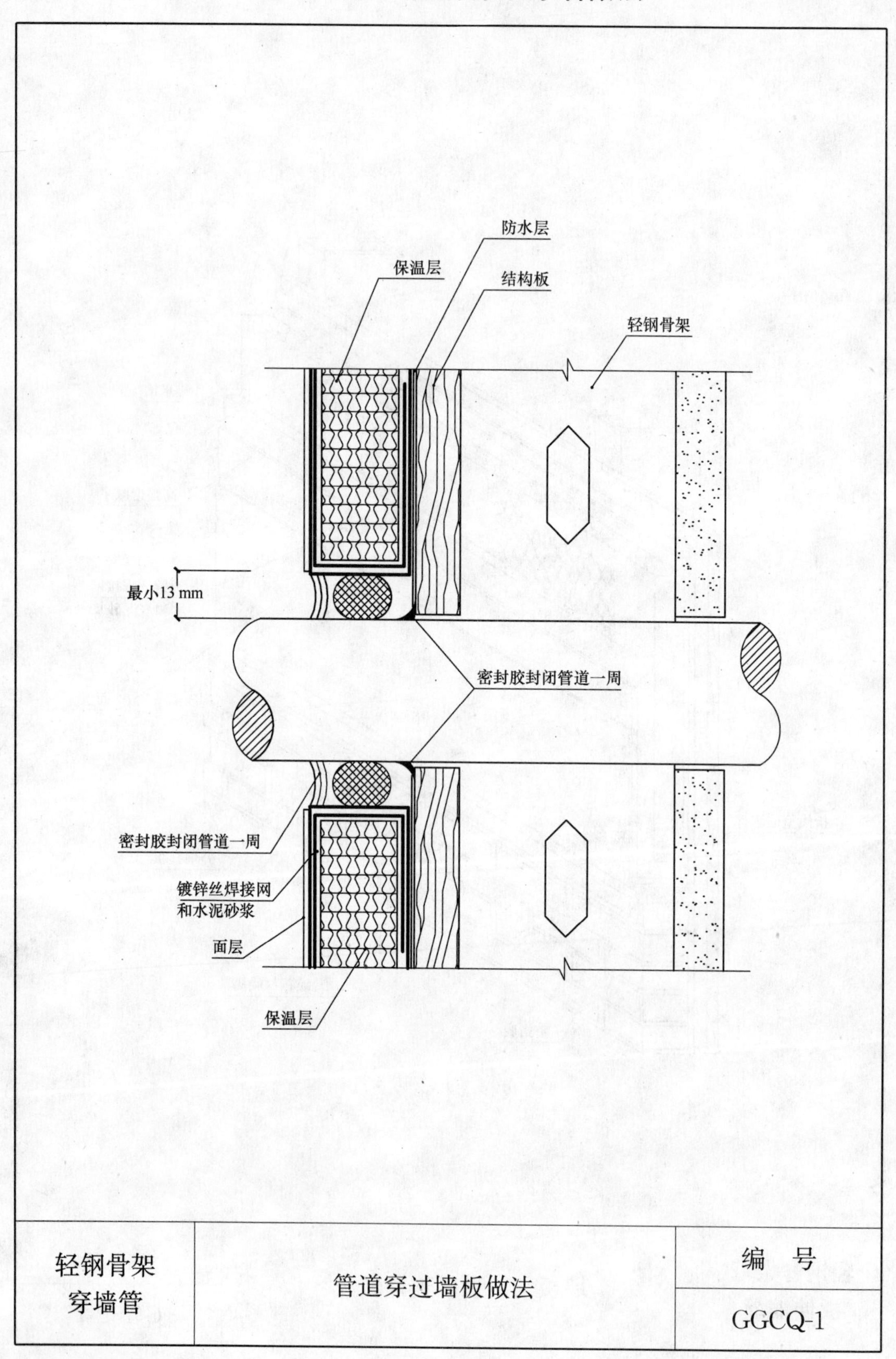

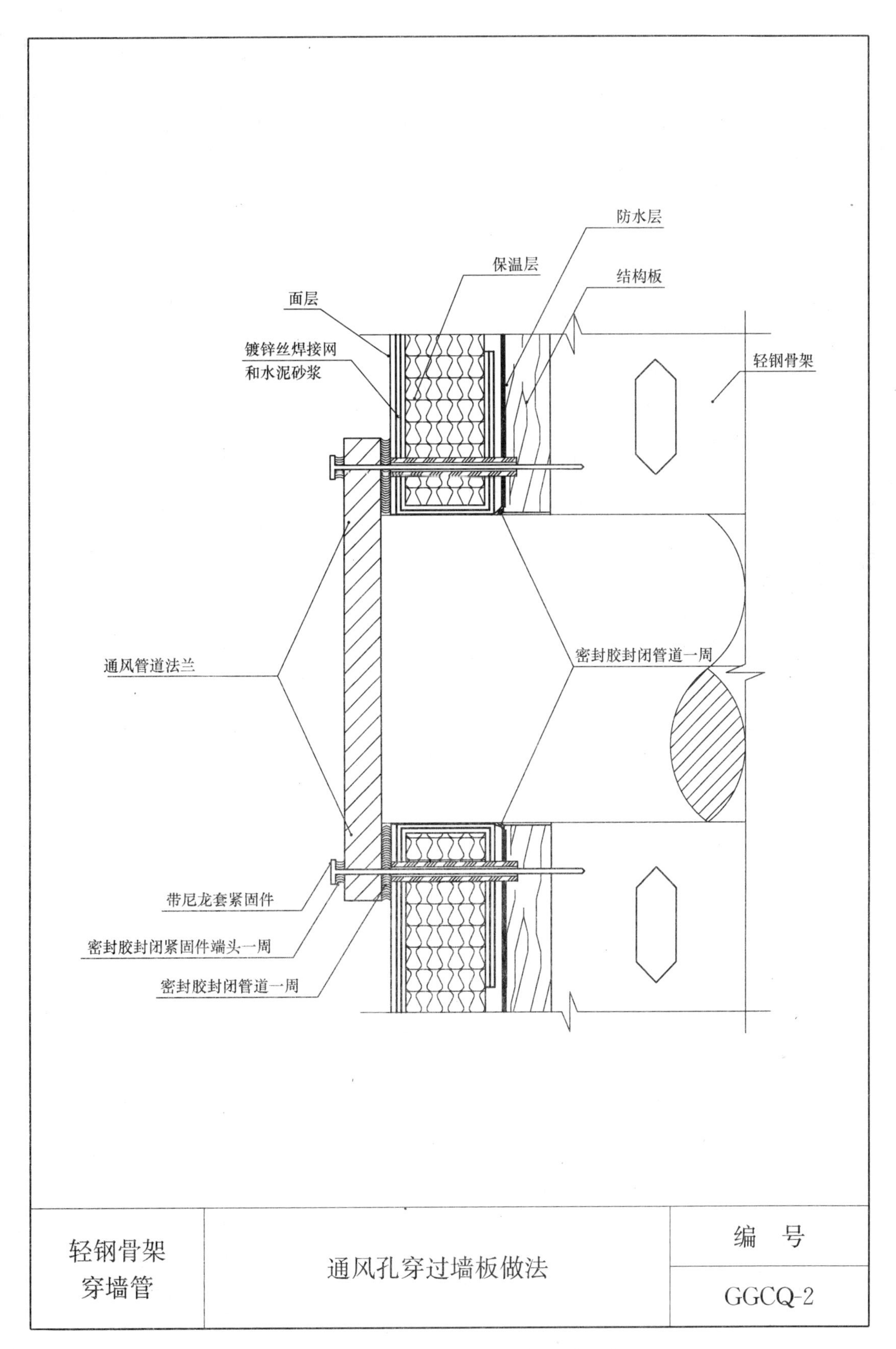
防水层
保温层
结构板
面层
镀锌丝焊接网
和水泥砂浆
轻钢骨架
通风管道法兰
密封胶封闭管道一周
带尼龙套紧固件
密封胶封闭紧固件端头一周
密封胶封闭管道一周
轻钢骨架
穿墙管
通风孔穿过墙板做法
编 号
GGCQ-2

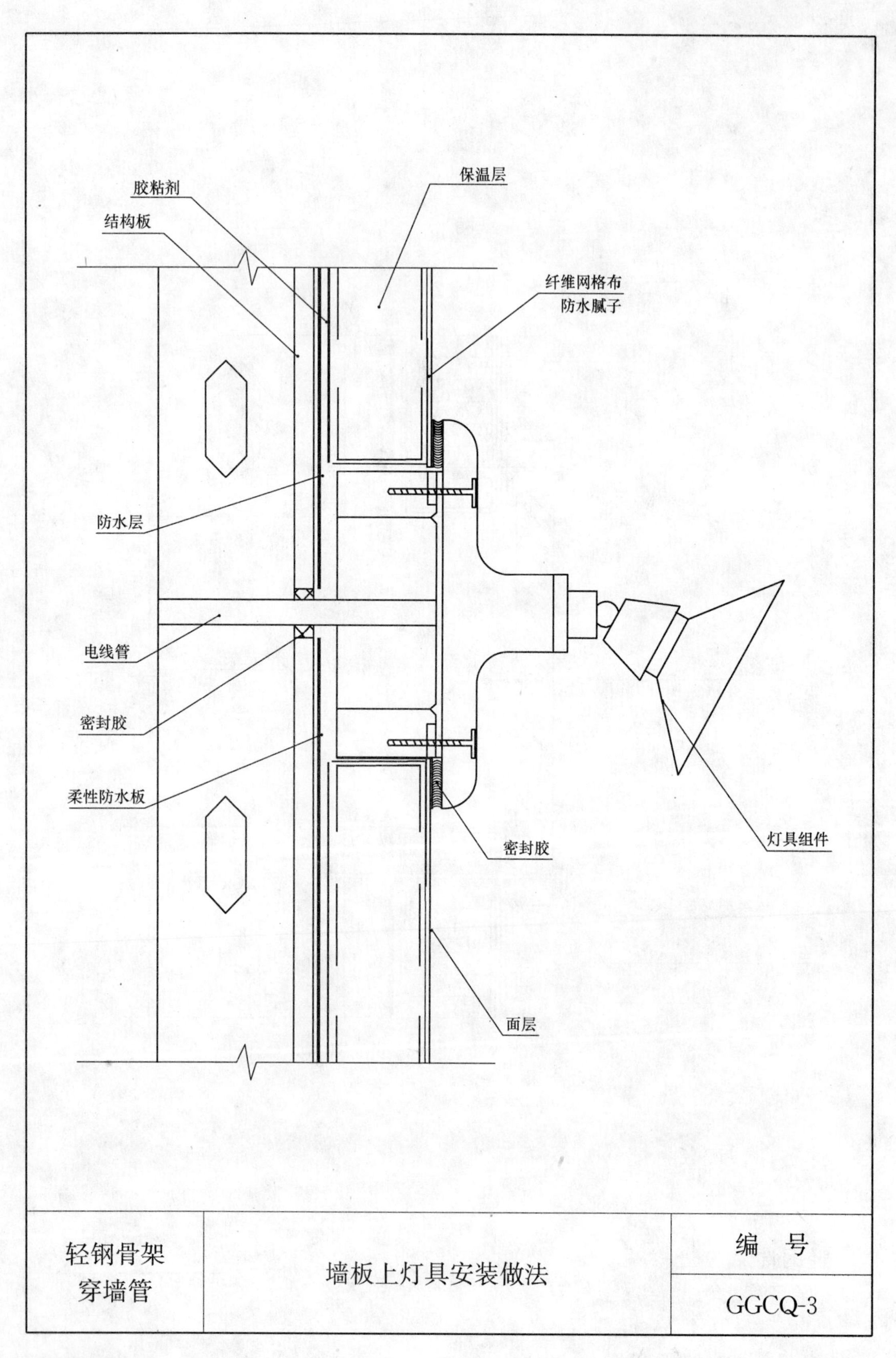
保温层
胶粘剂
结构板
纤维网格布
防水腻子
防水层
电线管
密封胶
柔性防水板
密封胶
灯具组件
面层
轻钢骨架
穿墙管
墙板上灯具安装做法
编　号
GGCQ-3

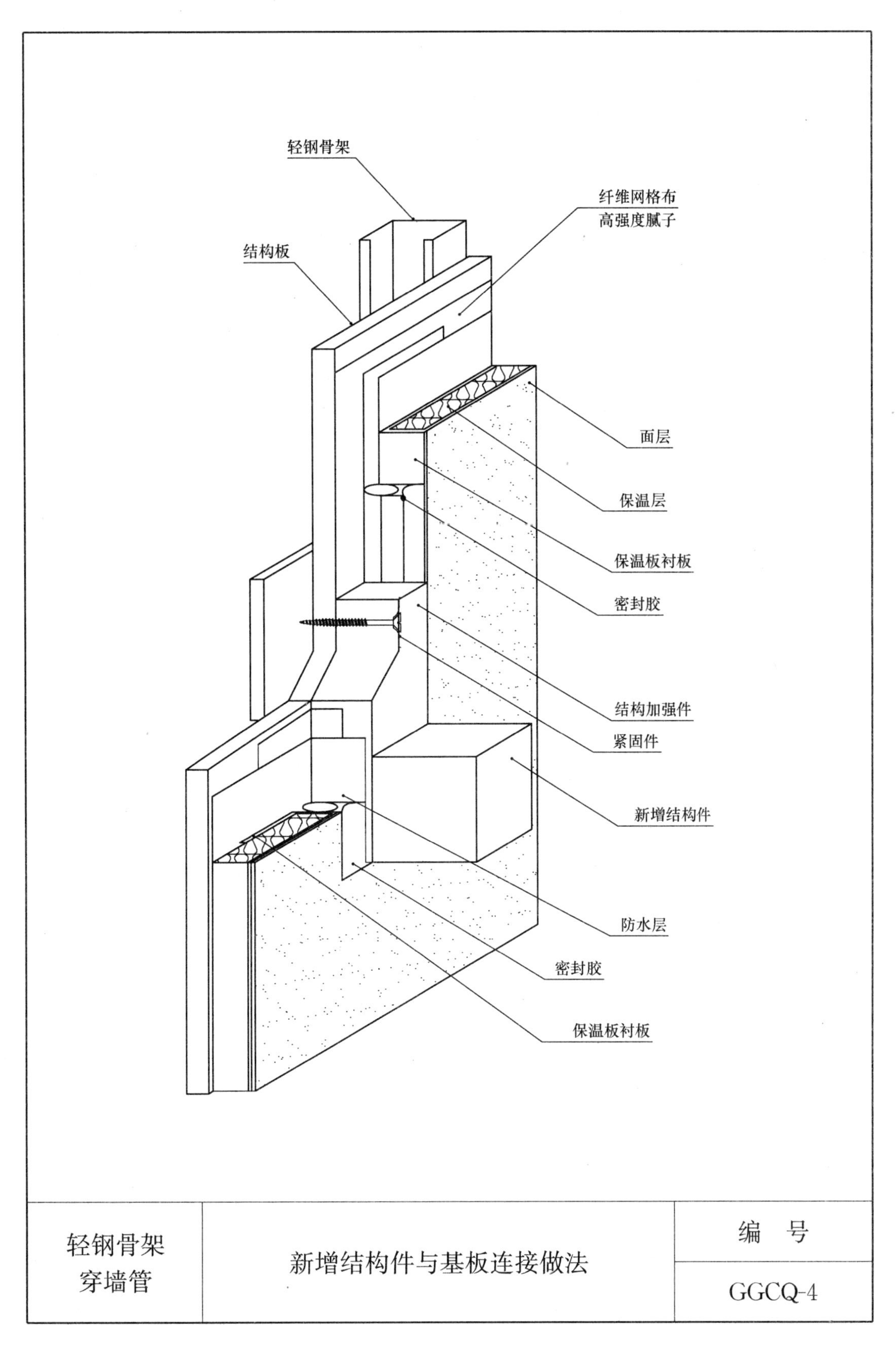
轻钢骨架
纤维网格布
高强度腻子
结构板
面层
保温层
保温板衬板
密封胶
结构加强件
紧固件
新增结构件
防水层
密封胶
保温板衬板
轻钢骨架
穿墙管
新增结构件与基板连接做法
编 号
GGCQ-4

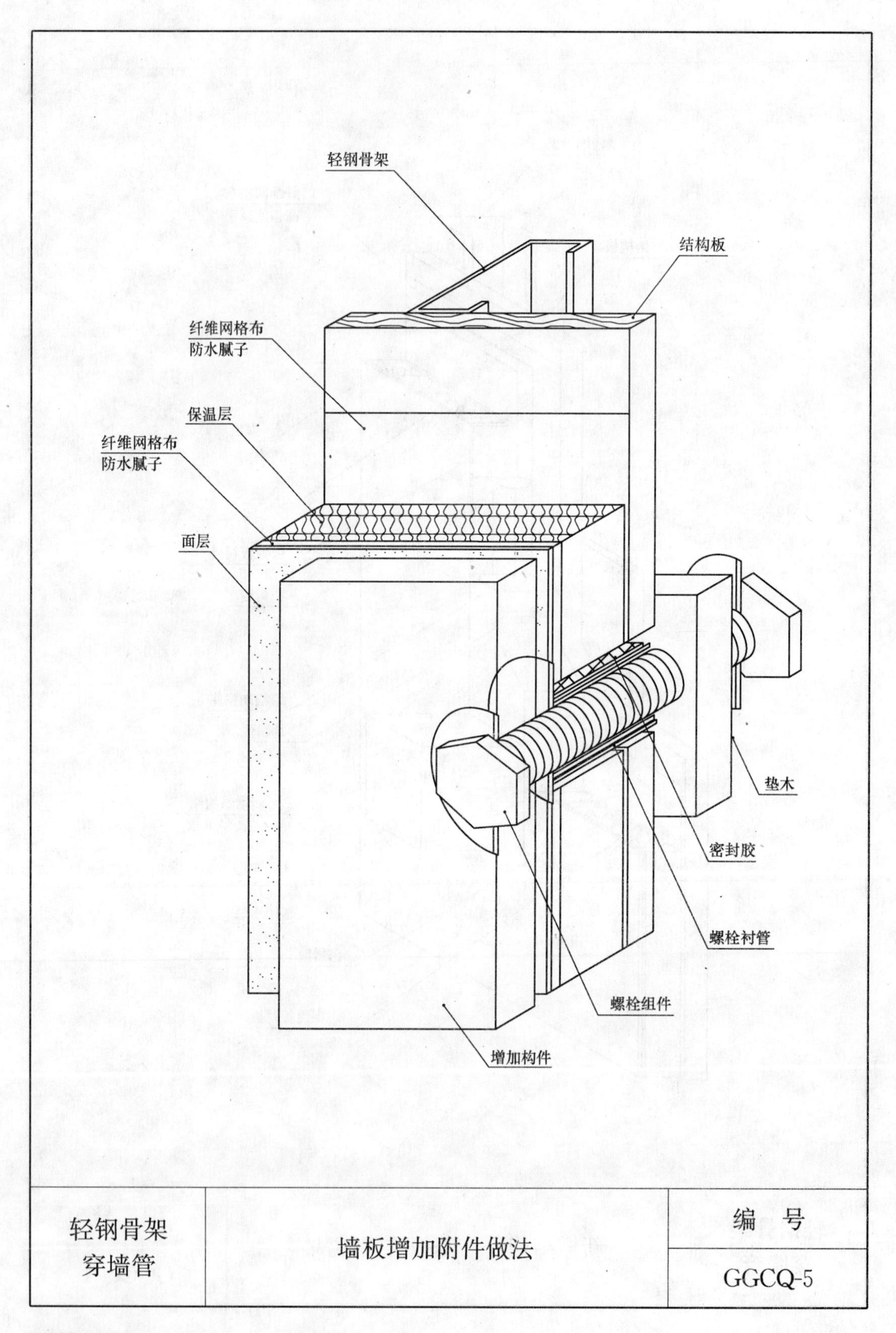

轻钢骨架 穿墙管	墙板增加附件做法	编　号 GGCQ-5

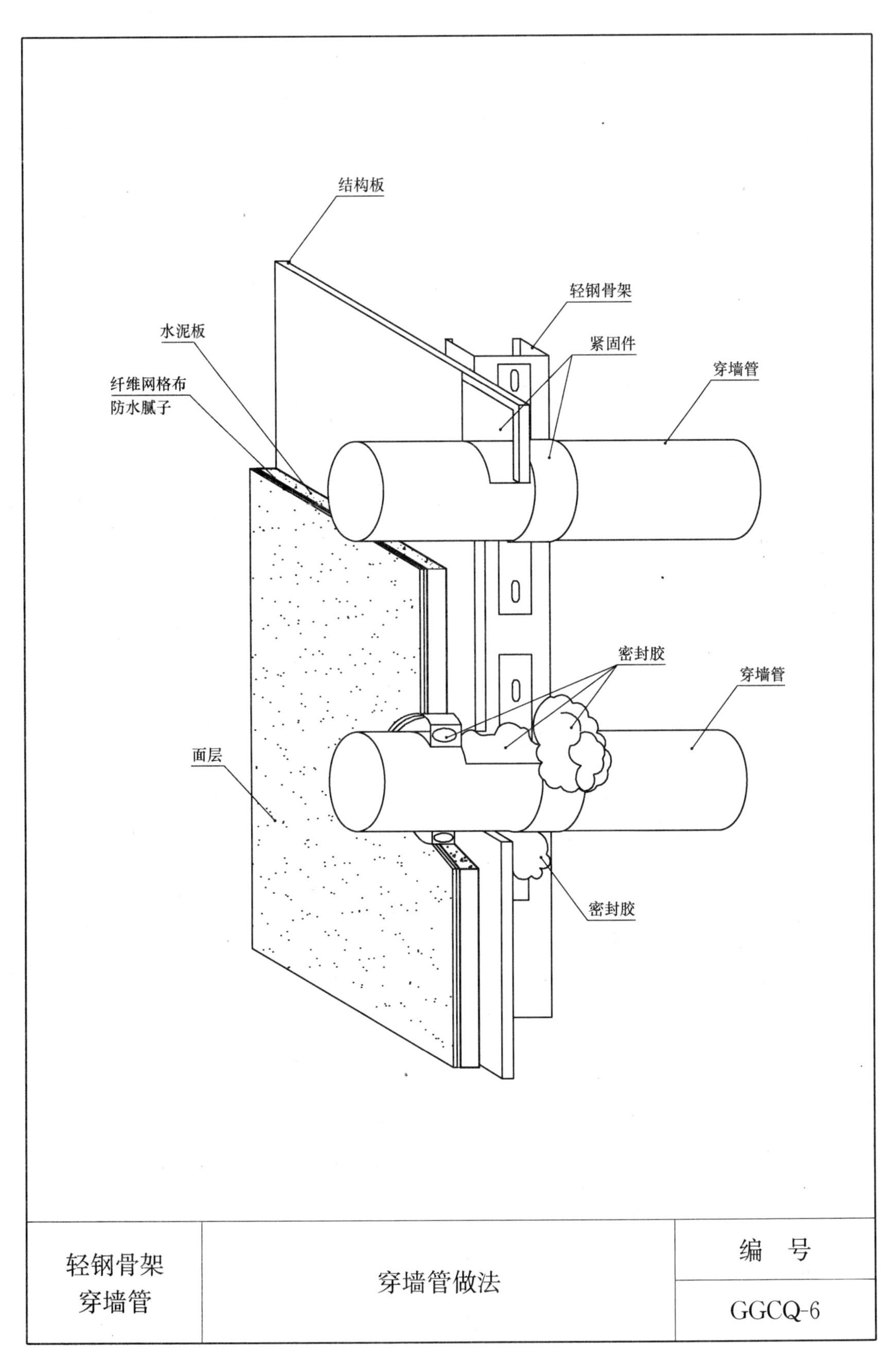

轻钢骨架 穿墙管	穿墙管做法	编　号
		GGCQ-6

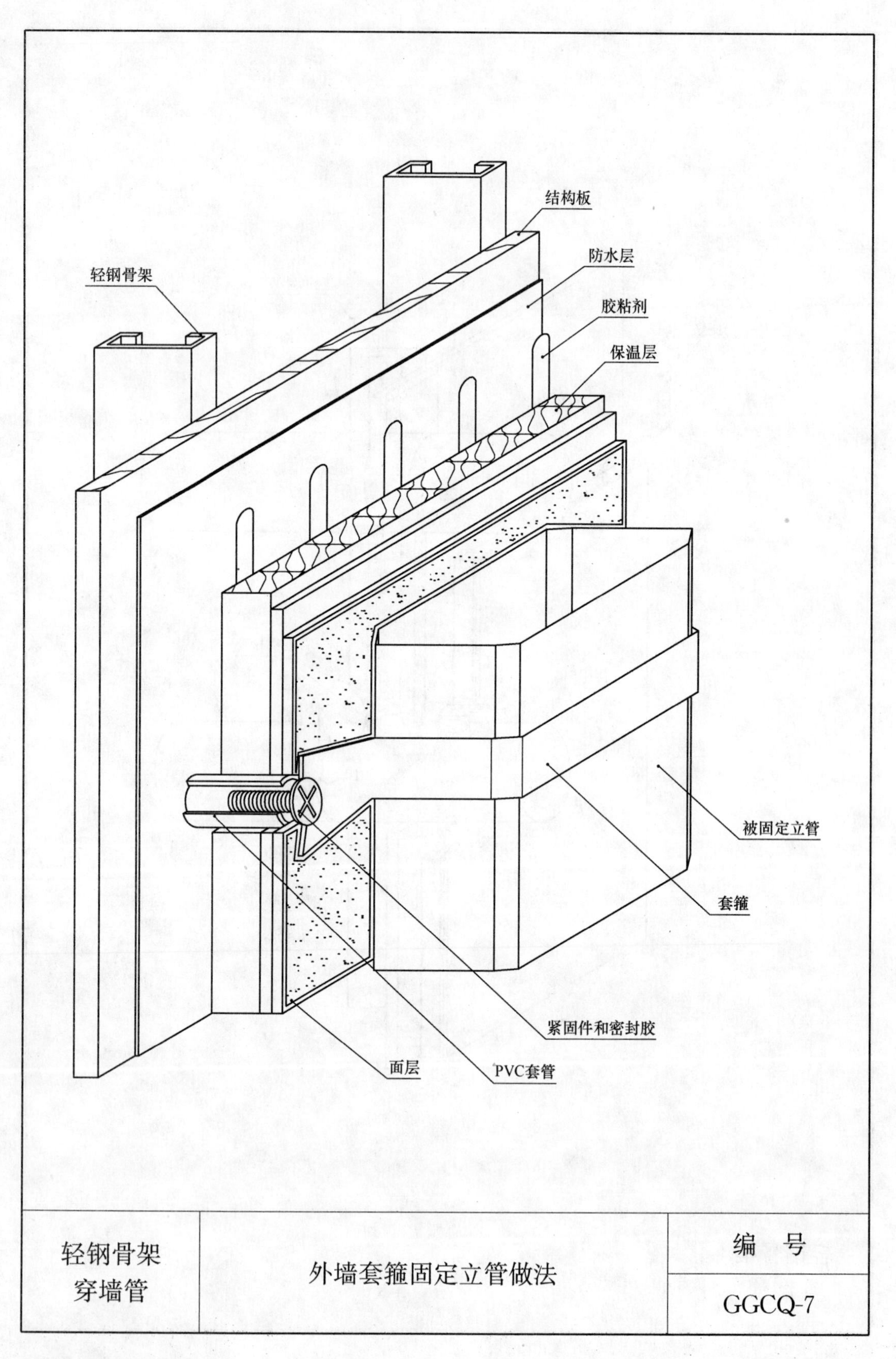
结构板
防水层
胶粘剂
保温层
轻钢骨架
被固定立管
套箍
紧固件和密封胶
面层
PVC套管
轻钢骨架
穿墙管
外墙套箍固定立管做法
编 号
GGCQ-7

第十二节　轻钢骨架外墙板装饰线做法

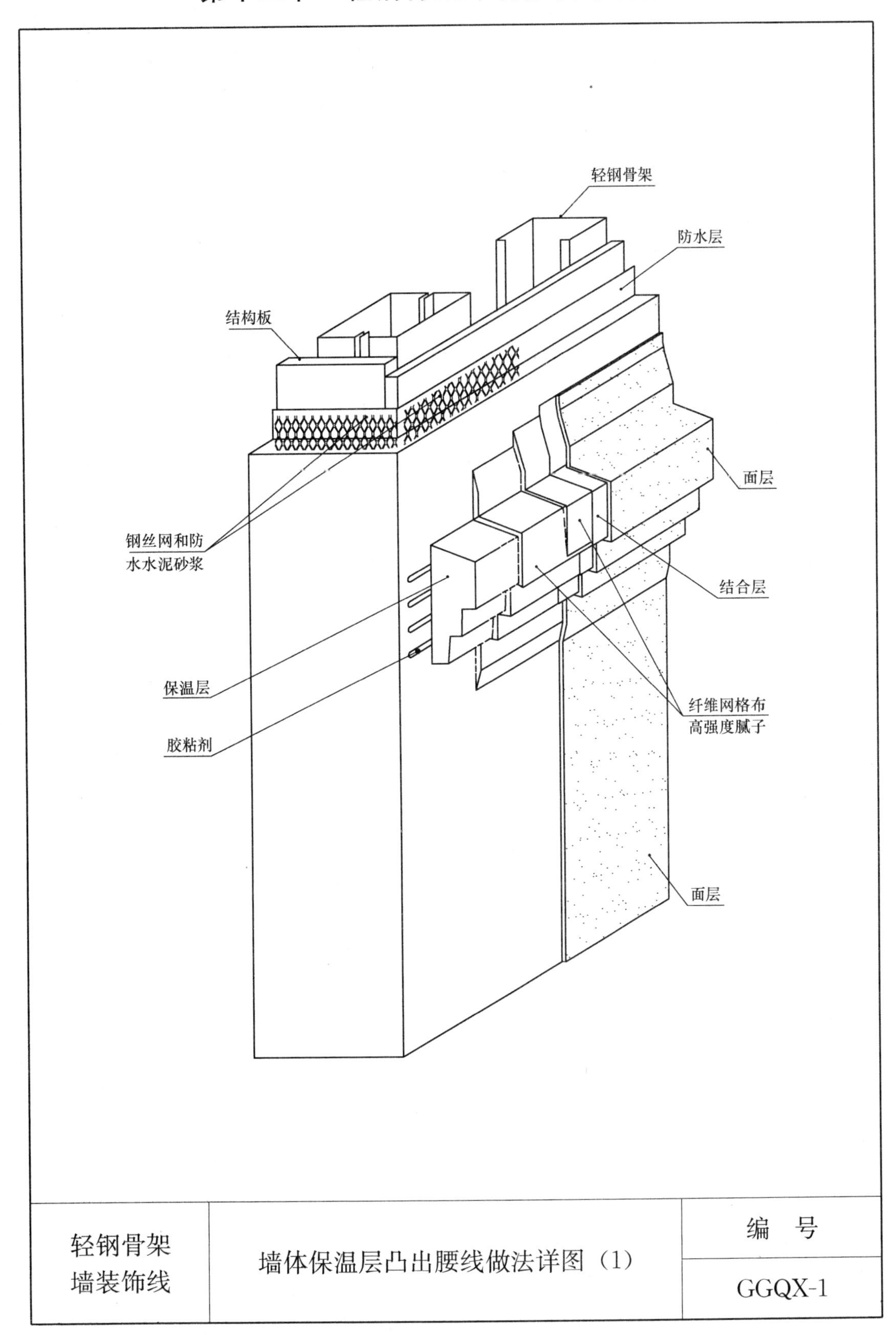

轻钢骨架 墙装饰线	墙体保温层凸出腰线做法详图（1）	编　号
		GGQX-1

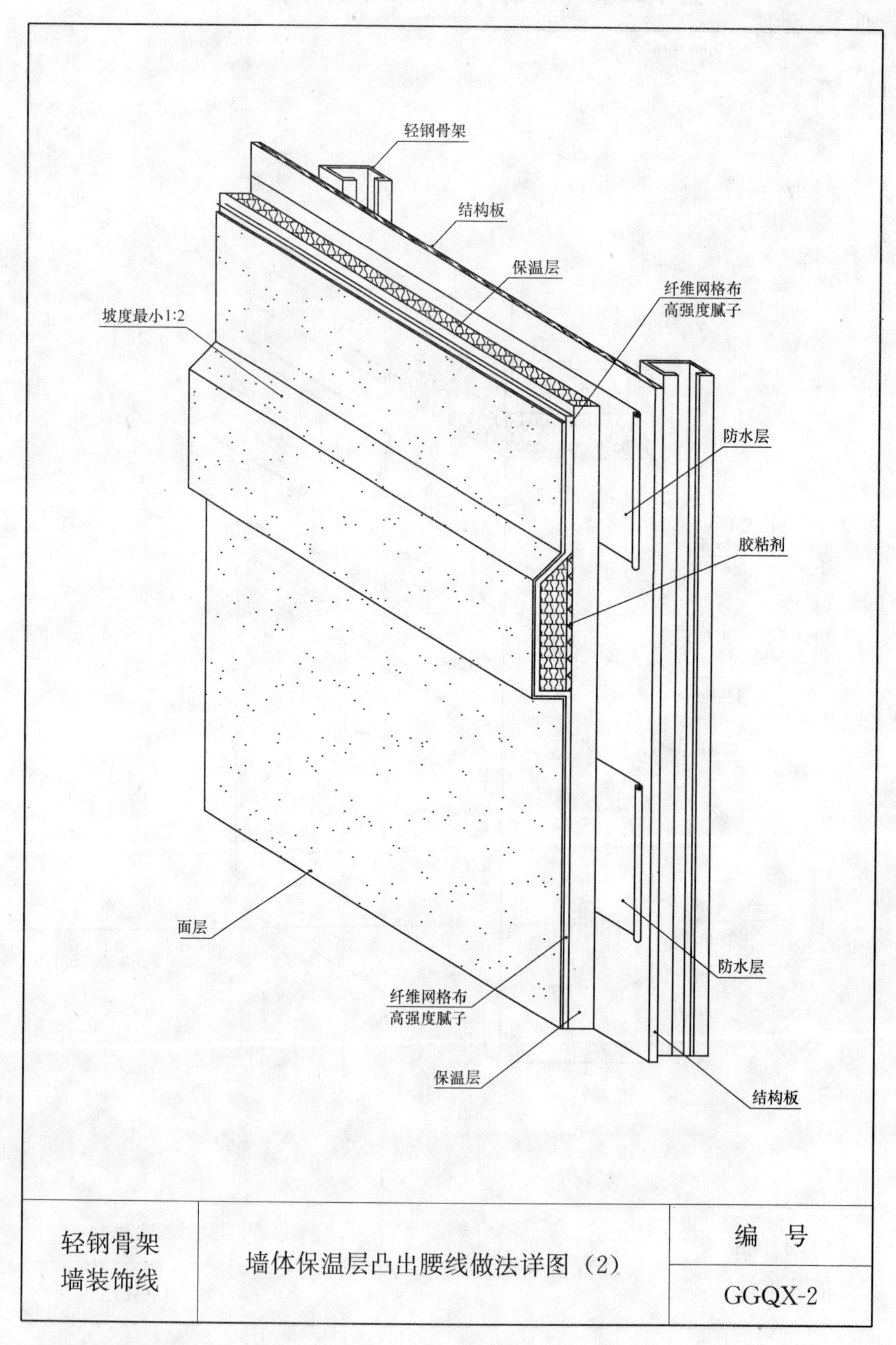

轻钢骨架 墙装饰线	墙体保温层凸出腰线做法详图（2）	编　号 GGQX-2

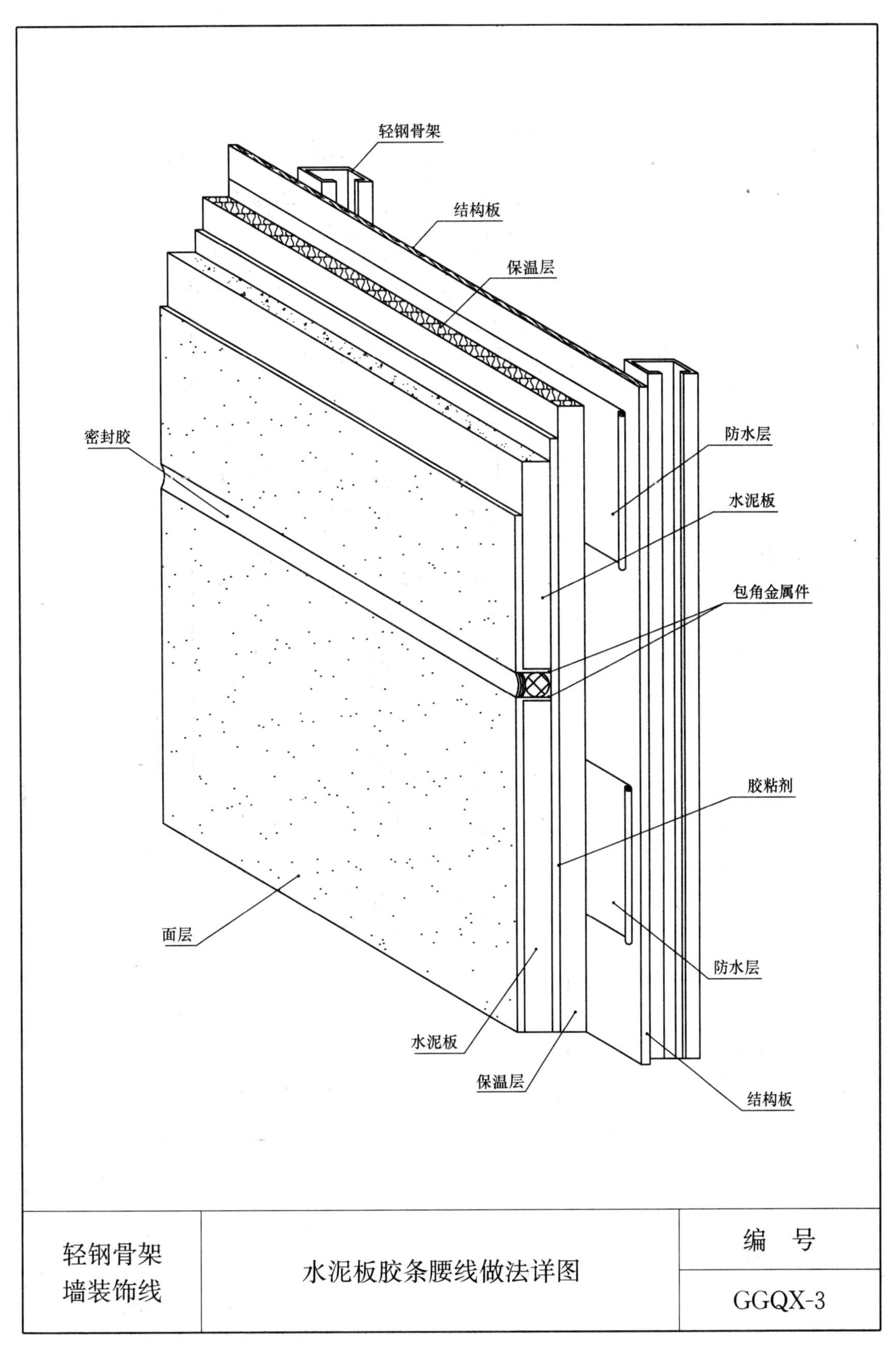

轻钢骨架 墙装饰线	水泥板胶条腰线做法详图	编　号
		GGQX-3

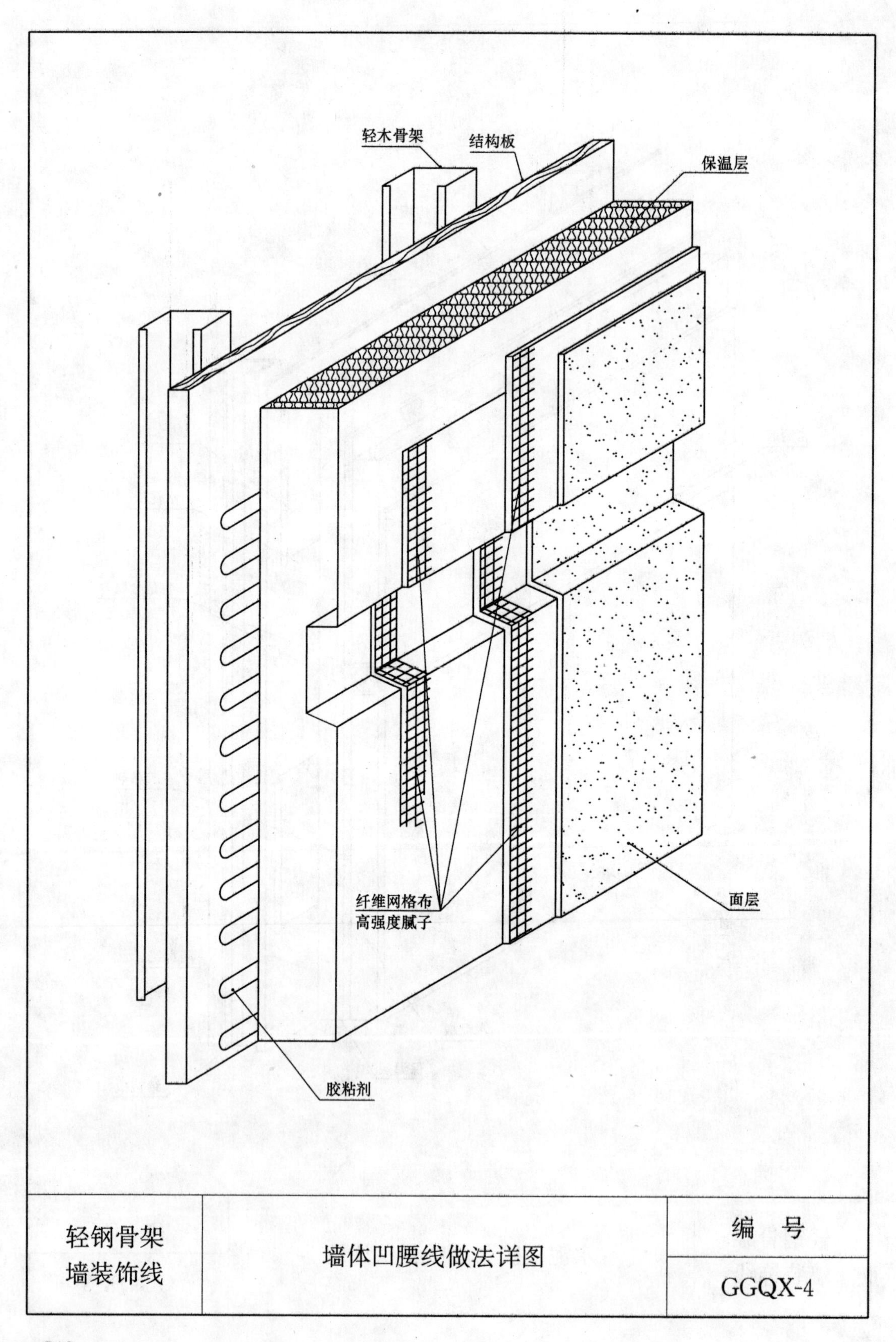
轻木骨架
结构板
保温层
纤维网格布
高强度腻子
面层
胶粘剂
轻钢骨架
墙装饰线
墙体凹腰线做法详图
编　号
GGQX-4

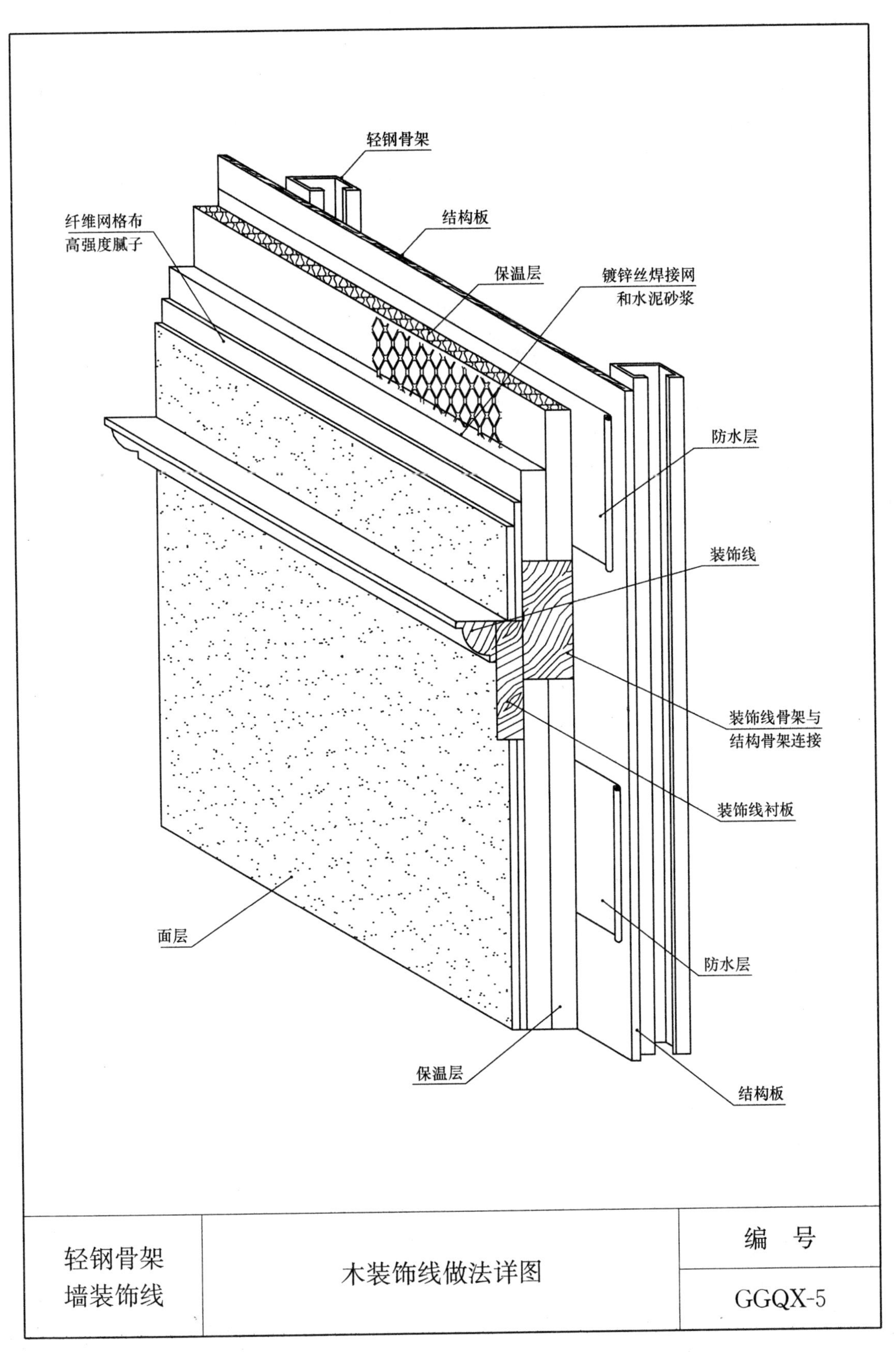

轻钢骨架 墙装饰线	木装饰线做法详图	编　号 GGQX-5

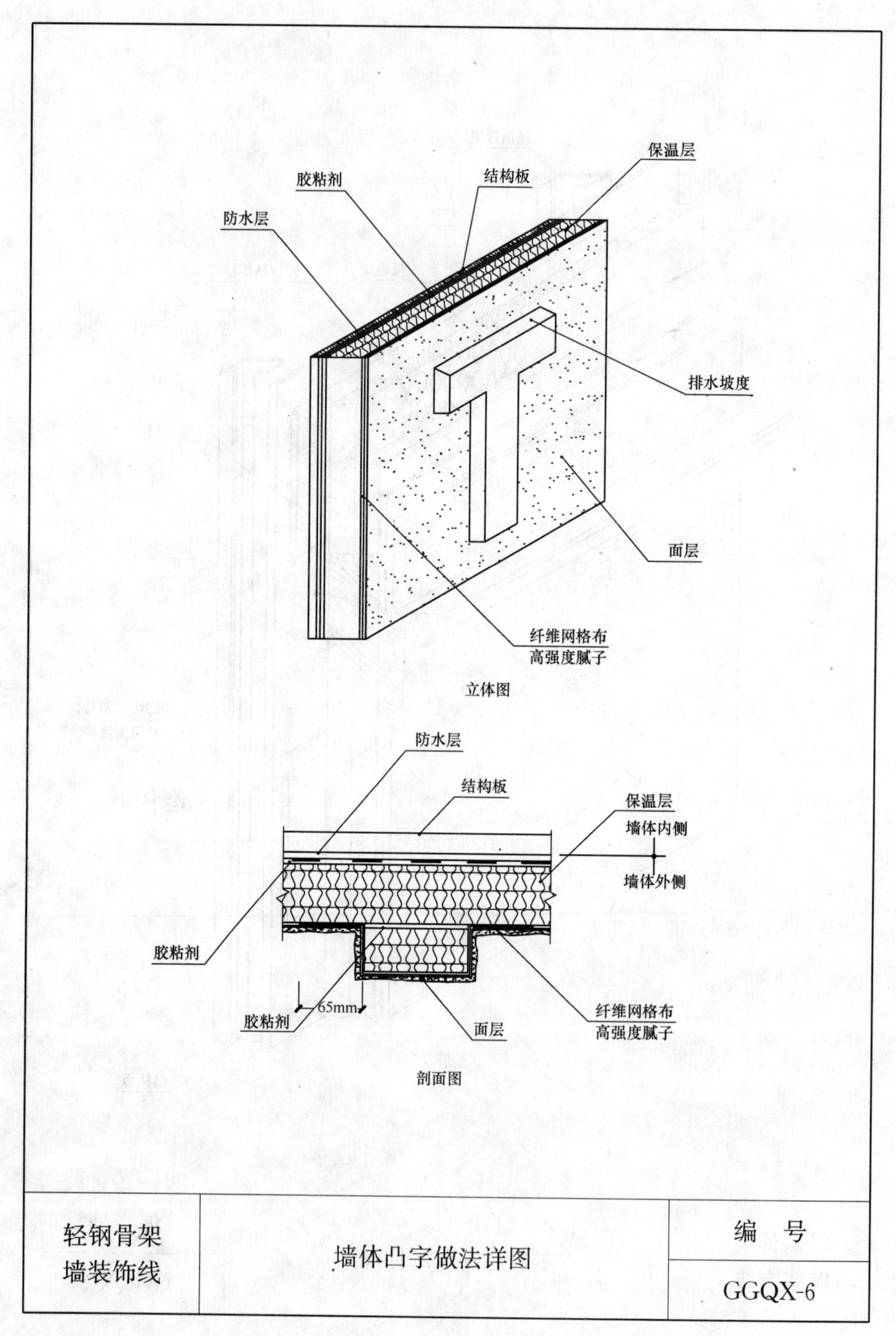
保温层
结构板
胶粘剂
防水层
排水坡度
面层
纤维网格布
高强度腻子
立体图
防水层
结构板
保温层
墙体内侧
墙体外侧
胶粘剂
65mm
胶粘剂
面层
纤维网格布
高强度腻子
剖面图
轻钢骨架
墙装饰线
墙体凸字做法详图
编　号
GGQX-6

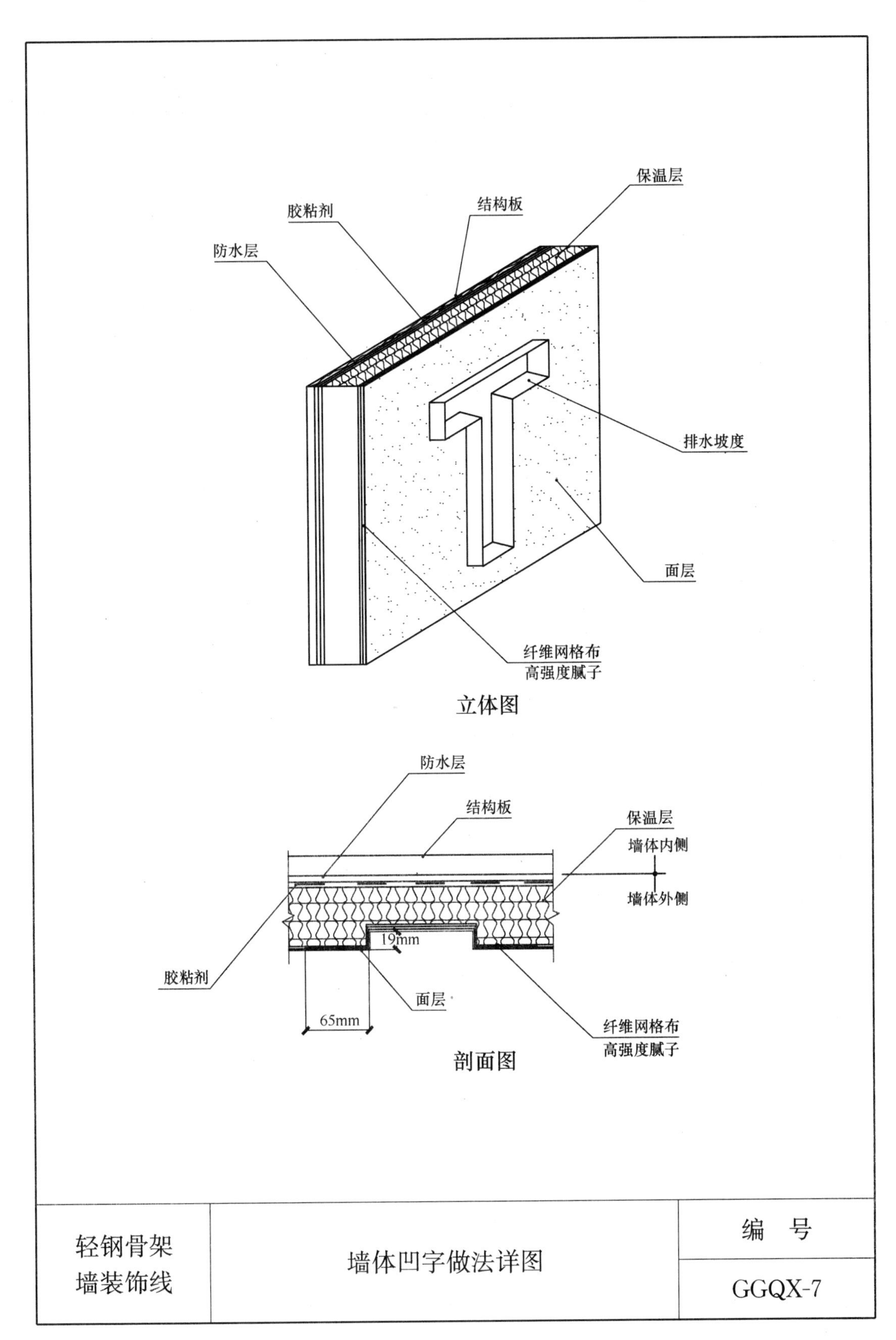
保温层
结构板
胶粘剂
防水层
排水坡度
面层
纤维网格布
高强度腻子
立体图
防水层
结构板
保温层
墙体内侧
墙体外侧
19mm
胶粘剂
面层
65mm
纤维网格布
高强度腻子
剖面图
轻钢骨架
墙装饰线
墙体凹字做法详图
编 号
GGQX-7